2023
토목시리즈 ❷

최근 출제경향을 완벽하게 분석한

토목기사·산업기사 필기

측 량 학

진성덕 저

예문사

머리말

본서는 토목(산업)기사 수험자들을 위한 기본서로서 기초이론부터 변경된 출제기준에 따라 연구, 분석하여 출제경향을 파악, 최근 기출문제 위주로 정리하였으며, 단순 암기보다는 근본적인 이해와 이를 통한 문제해결능력을 배양하는 데 중점을 두어 기술하였습니다.

또한 동일 개념 및 유사문제의 해결에 대비할 수 있도록 상세한 해설을 첨부하여, 처음 시험을 준비하는 분들이나 단기간에 복습 또는 총정리하기를 원하는 독자들도 목적에 따라 쉽게 이해할 수 있도록 구성하였습니다.

출제경향분석이나 예제, 기출문제를 통하여 출제 빈도를 파악할 수 있으며 상세한 해설을 통하여 목적에 따라 학습성취도를 극대화할 수 있도록 하였습니다.

본서를 통하여 수험자 여러분의 실력향상과 자격취득에 도움이 되길 바라며 부족한 부분들은 일선에서의 강의를 토대로 수험자 여러분의 기대에 부응할 수 있도록 개선하겠습니다. 끝으로 이 책을 만들기 위해 애써주신 카이스 학원과 도서출판 예문사에 감사드립니다.

진 성 덕

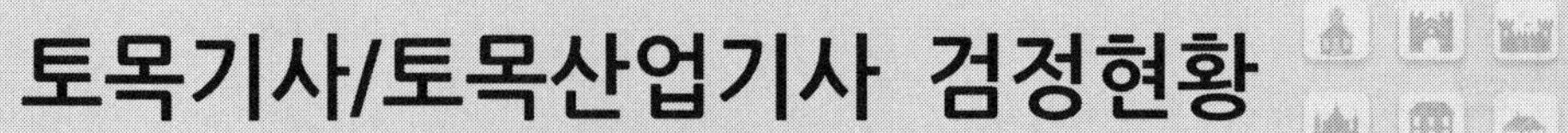

토목기사/토목산업기사 검정현황

✚ 개요

토목 자격시험은 도로, 철도, 교량, 터널, 공항, 항만, 댐, 하천, 해안, 플랜트 등의 구조물을 건설하는 일로서, 종합적인 국토개발과 국토건설사업의 조사, 계획, 설계 및 시공 등의 업무를 수행하는 데 필요한 전문적인 지식과 기술을 겸비한 인력을 양성하기 위하여 자격제도 제정하고 있다.

(1) 토목기사 : 1974년 토목기사1급으로 신설되어 1999년 3월 토목기사로 개정

(2) 토목산업기사 : 1974년 토목기사2급으로 신설되어 1999년 3월 토목산업기사로 개정

✚ 수행직무

(1) 토목시설을 포함하는 도로, 철도, 교량, 항만, 상하수도, 통신선로 등의 건설, 개량, 유지, 보수 등 토목사업에 대한 조사, 연구, 계획, 설계, 시공, 기술지도 또는 토목 관계법규의 정리 및 운용 등의 업무 수행

(2) 종합적인 국토계획, 지방계획, 도시계획 등을 세우고 토지, 항만, 천연자원의 이용, 공공시설의 규모와 배치의 조절 등을 위한 종합적인 개발계획을 연구, 수립하는 업무 수행

✚ 취득방법

(1) 시행처 : 한국산업인력공단

(2) 관련학과 : 대학 및 전문대학에 개설되어 있는 토목공학, 농업토목, 해양토목 관련학과

(3) 시험과목

① 필기 : 객관식 4지 택일형 과목당 20문항(과목당 30분)

1. 응용역학
2. 측량학
3. 수리수문학
4. 철근콘크리트 및 강구조
5. 토질 및 기초
6. 상하수도공학

② 실기 : 토목설계 및 시공실무

기사 : 필답형(3시간)

산업기사 : 작업형(3시간 정도)

✚ 진로 및 전망

건설회사와 토목설계 용역업체 등 일반 기업체의 설계나 시공·감리분야, 한국도로공사, 수자원공사, 토지개발공사, 주택공사 등 정부투자기관 및 국토해양부, 지방자치단체의 토목과로 진출할 수 있다.

최근 고속철도, 국제공학, 지하철 건설, 고속도로 건설 등 사회간접시설의 기반확충과 국가기반 산업으로서의 건설 및 도시설계와 관련된 각종 산업에 관한 투자가 지속적으로 증가하고 있는 추세로 이들에 대한 인력수요는 증가할 것이다.

✚ 종목별 검정현황(토목기사)

연도	응시	합격	합격률(%)
2021	11,523	3,220	27.9%
2020	9,940	3,555	35.8%
2019	10,304	3,424	33.2%
2018	10,118	3,073	30.4%
2017	10,385	3,125	30.1%
2016	10,722	3,005	28%
2015	11,579	2,756	23.8%
2014	11,583	2,939	25.4%
2013	13,045	3,532	27.1%
2012	14,240	2,682	18.8%
2011	15,366	3,303	21.5%
2010	17,062	3,849	22.6%
2009	15,187	4,184	27.5%
2008	15,674	3,793	24.2%
2007	15,281	4,496	29.4%
2006	16,039	5,470	34.1%
2005	14,724	4,879	33.1%
2004	14,582	4,717	32.3%
2003	13,073	4,385	33.5%
2002	13,202	4,402	33.3%
1978~2001	237,365	73,322	30.9%
소 계	500,994	148,111	29.6%

✚ 종목별 검정현황(토목산업기사)

연도	응시	합격	합격률(%)
2021	1,362	263	19.3%
2020	1,015	245	24.1%
2019	1,460	293	20.1%
2018	1,362	254	18.6%
2017	1,619	336	20.8%
2016	1,580	346	21.9%
2015	1,691	311	18.4%
2014	1,918	344	17.9%
2013	2,088	371	17.8%
2012	2,187	276	12.6%
2011	2,595	388	15%
2010	2,832	367	13%
2009	2,852	324	11.4%
2008	2,911	366	12.6%
2007	3,406	464	13.6%
2006	4,267	750	17.6%
2005	4,129	655	15.9%
2004	4,021	654	16.3%
2003	4,558	592	13%
2002	4,970	770	15.5%
1977~2001	161,162	24,758	15.4%
소 계	213,985	33,127	15.5%

출제 기준

✚ 토목기사

적용기간 : 2022.1.1~2025.12.31

시험과목	주요항목	세부항목	세세항목	
측량학	1. 측량학 일반	1. 측량기준 및 오차	1. 측지학 개요 3. 측량의 오차와 정밀도	2. 좌표계와 측량원점
		2. 국가기준점	1. 국가기준점 개요	2. 국가기준점 현황
	2. 평면기준점 측량	1. 위성측위시스템 (GNSS)	1. 위성측위시스템(GNSS) 개요 2. 위성측위시스템(GNSS) 활용	
		2. 삼각측량	1. 삼각측량의 개요 3. 수평각 측정 및 조정 5. 삼각수준측량	2. 삼각측량의 방법 4. 변장계산 및 좌표계산 6. 삼변측량
		3. 다각측량	1. 다각측량 개요 3. 다각측량 내업	2. 다각측량 외업 4. 측점전개 및 도면작성
	3. 수준점측량	1. 수준측량	1. 정의, 분류, 용어 3. 종・횡단측량 5. 교호수준측량	2. 야장기입법 4. 수준망 조정
	4. 응용측량	1. 지형측량	1. 지형도 표시법 3. 등고선의 측정 및 작성	2. 등고선의 일반개요 4. 공간정보의 활용
		2. 면적 및 체적 측량	1. 면적계산	2. 체적계산
		3. 노선측량	1. 중심선 및 종횡단 측량 2. 단곡선 설치와 계산 및 이용방법 3. 완화곡선의 종류별 설치와 계산 및 이용방법 4. 종곡선 설치와 계산 및 이용방법	
		4. 하천측량	1. 하천측량의 개요	2. 하천의 종횡단측량

✚ 토목산업기사

적용기간 : 2023.1.1~2025.12.31

시험과목	주요항목	세부항목	세세항목	
측량 및 토질	1. 측량학 일반	1. 측량기준 및 오차	1. 측지학 개요 3. 국가기준점	2. 좌표계와 측량원점 4. 측량의 오차와 정밀도
	2. 기준점측량	1. 위성측위시스템(GNSS)	1. 위성측위시스템(GNSS) 개요	2. 위성측위시스템(GNSS) 활용
		2. 삼각측량	1. 삼각측량의 개요 3. 수평각 측정 및 조정	2. 삼각측량의 방법
		3. 다각측량	1. 다각측량 개요 3. 다각측량 내업	2. 다각측량 외업
		4. 수준측량	1. 정의, 분류, 용어 3. 교호수준측량	2. 야장기입법
	3. 응용측량	1. 지형측량	1. 지형도 표시법 3. 등고선의 측정 및 작성	2. 등고선의 일반개요 4. 공간정보의 활용
		2. 면적 및 체적 측량	1. 면적계산	2. 체적계산
		3. 노선측량	1. 노선측량 개요 및 방법 2. 중심선 및 종횡단 측량 4. 완화곡선의 종류 및 특성	3. 단곡선 계산 및 이용방법 5. 종곡선의 종류 및 특성
		4. 하천측량	1. 하천측량의 개요	2. 하천의 종횡단측량

※ 토질과 관련된 항목(4. 토질역학, 5. 기초공학)은 생략함(자세한 사항은 큐넷 홈페이지 참조)

출제 빈도표

✚ 토목기사 / 산업기사

구 분	토목기사	토목산업기사	평 균
1. 일반사항	6.4%	5.6%	6.0%
2. 거리측량	11.8%	11.0%	11.4%
3. 평판측량	8.8%	9.7%	9.25%
4. 수준측량	9.2%	9.7%	9.45%
5. 각측량	5.2%	4.1%	4.65%
6. 트래버스측량	6.1%	7.5%	6.8%
7. 삼각측량	7.0%	6.6%	6.8%
8. 지형측량	6.4%	6.6%	6.5%
9. 노선측량	11.9%	11.6%	11.7%
10. 면, 체적량	6.7%	5.6%	6.15%
11. 하천측량	9.5%	8.5%	9.0%
12. 사진측량	7.6%	9.7%	8.65%
13. GPS GSIS (08년 추가)	3.4%	3.8%	3.6%
합 계	100%	100%	100%

•고득점을 목표로~ 핵심이론 부분과 과년도 문제 풀이에 중점을 두어 익힌다.

※ 토목산업기사는 2020년 4회 시험부터, 토목기사는 2022년 3회 시험부터 CBT로 변경되어 각 2020년, 2022년까지 반영된 통계자료입니다.

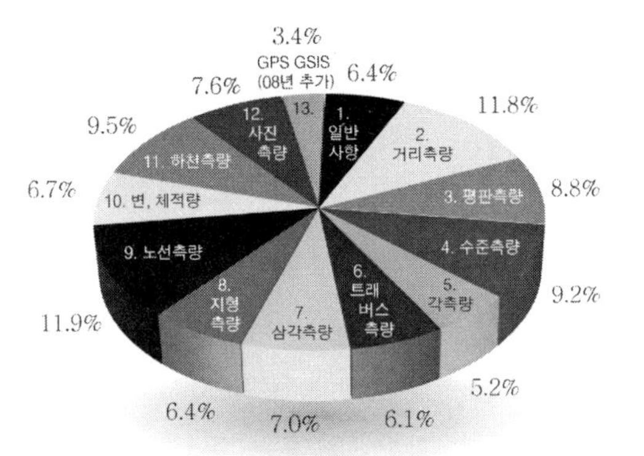

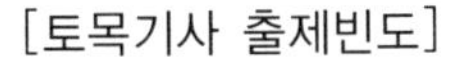
[토목기사 출제빈도]

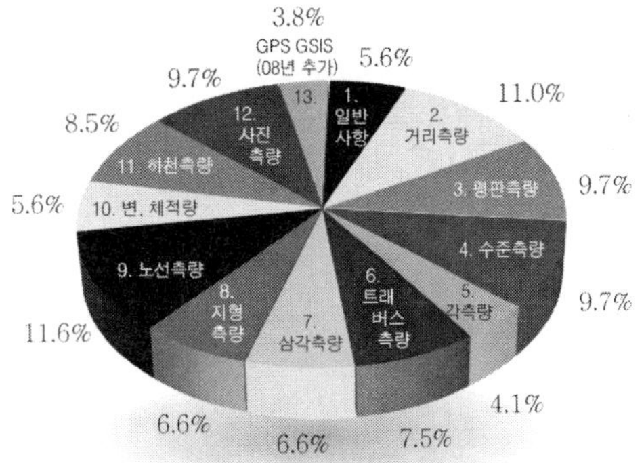

[토목산업기사 출제빈도]

CBT 모의고사 이용 가이드

• 인터넷에서 [예문사]를 검색하여 홈페이지에 접속합니다.
• PC, 휴대폰, 태블릿 등을 이용해 사용이 가능합니다.

STEP 1 회원가입 하기

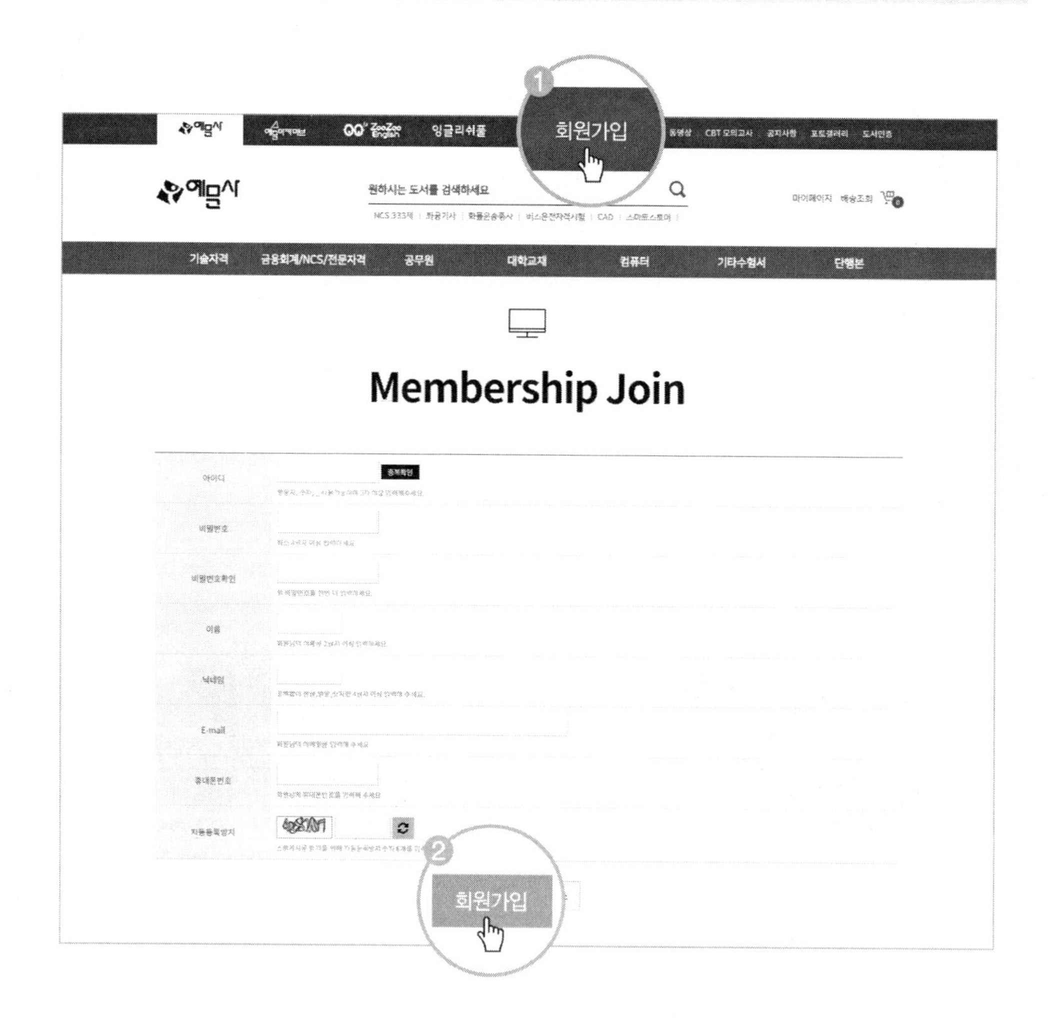

1. 메인 화면 상단의 [회원가입] 버튼을 누르면 가입 화면으로 이동합니다.
2. 입력을 완료하고 아래의 [회원가입] 버튼을 누르면 **인증절차 없이 바로 가입**이 됩니다.

STEP 2 시리얼 번호 확인 및 등록

1. 로그인 후 메인 화면 상단의 [CBT 모의고사]를 누른 다음 **수강할 강좌를 선택**합니다.
2. 시리얼 등록 안내 팝업창이 뜨면 [확인]을 누른 뒤 **시리얼 번호를 입력**합니다.

STEP 3 등록 후 사용하기

1. 시리얼 번호 입력 후 [마이페이지]를 클릭합니다.
2. 등록된 CBT 모의고사는 [모의고사]에서 확인할 수 있습니다.

목 차

C·O·N·T·E·N·T·S

c·o·n·t·e·n·t·s

Chapter 05 각측량

Chapter 06 트래버스측량

Chapter 07 삼각측량

Chapter 08 지형측량

Chapter 09 노선측량

Chapter 10 면적 및 체적측량

목 차

C·O·N·T·E·N·T·S

Chapter 11 하천측량

Chapter 12 사진측량

Chapter 13 GPS 및 GSIS측량

c·o·n·t·e·n·t·s

부록 과년도 출제문제 및 해설

※ 토목기사는 2022년 3회, 토목산업기사는 2020년 4회 시험부터 CBT(Computer－Based Test)로 전면 시행됩니다.

Chapter 01

일반사항

Contents

일반사항

1. 측량학의 정의

공간상에 존재하는 제점 간의 상호위치 관계와 그 특성을 해석하는 학문으로서, 그 대상은 지구와 우주공간 등의 모든 영역이며, 그 범위 내에서 자연물 인공물 등의 대상을 길이, 각, 높이와 시간 등의 요소에 의해 정량화시키고 환경과 자연에 대한 정보를 수집하고 이를 정성적으로 해석하는 학문이다.

측지학의 정의

지구의 형상, 크기, 운동, 지구 내부의 특성 등을 해석하는 학문이며, 지구표면의 지형과 중력의 변화를 헤아리는 측지측량을 하기 위해서는 측지학의 지식이 필요하다. 측지학은 지구의 특성을 해석하는 것이 주목적이며 측량학과는 상호보완적인 관계이다.

2. 측량학의 분류

(1) 기계에 따른 분류

거리, 평판, 컴퍼스, 트랜싯, 레벨, 사진측량 등

(2) 목적에 따른 분류

토지, 지형, 노선, 하해, 지적, 터널, 건축, 천체측량 등

(3) 법에 따른 분류

① 기본측량 : 모든 측량의 기초. 국토해양부장관명에 따라 국립지리원 실시
② 공공측량 : 공공의 이해에 관계있는 측량. 대통령령이 정하는 바에 따라 건설부장관이 지정한 측량 제외
③ 일반측량 : ①과 ②를 제외한 측량

(4) 면적에 따른 분류

1) 평면측량(소지측량)

지구의 곡률을 고려하지 않는 측량으로 측량정밀도를 $\frac{1}{10^6}$ 이하로 할 때 반경 11km 이내의 지역을 평면으로 간주하는 측량

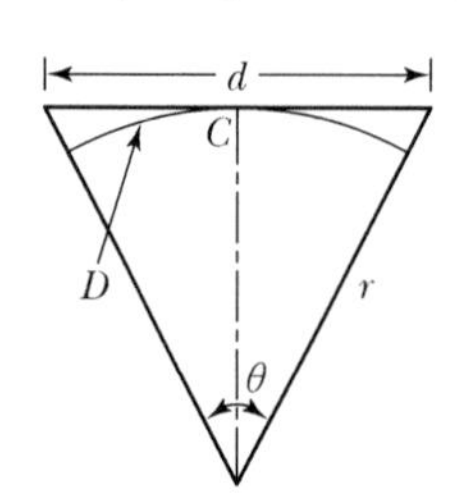

① 정밀도 $= \frac{d-D}{D} = \frac{1}{12}\left(\frac{D}{r}\right)^2 = \frac{1}{m}$

② 거리오차 $d-D = \frac{1}{12}\frac{D^3}{r^2}$

③ 평면거리 $D = \sqrt{\frac{12r^2}{m}}$

평면측량

- 지구의 반경이 6,370km이고 정밀도가 $\frac{1}{10^6}$ 이면 거리오차는 2.2cm
- 축척계수
  $K = \frac{\text{구면거리(평면)}}{\text{투영거리(곡률)}}$

2) 대지측량(측지측량)

지구곡률을 고려하여 행하는 정밀측량으로 측량정밀도가 $\frac{1}{10^6}$ 일 경우 반경 11km 이상 또는 면적 약 400km^2 이상의 넓은 지역의 측량

〈측지학의 분류〉

구분	기하학적 측지학	물리학적 측지학
정의	지구 및 천체 점들에 대한 상호 위치관계 결정	지구의 형상 및 운동과 내부의 특성을 해석
대상	1. 길이 및 시 결정 2. 수평위치 결정 3. 높이 결정 4. 측지학의 3차원 위치 결정 5. 천문측량 6. 위성측지 7. 하해측지 8. 면적/체적의 산정 9. 지도제작 10. 사진측정	1. 지구의 형상해석 2. 중력 측정 3. 지자기 측정 4. 탄성파 측정 5. 지구의 극운동/자전운동 6. 지각변동/균형 7. 지구의 열 8. 대륙의 부동 9. 해양의 조류 10. 지구의 조석

측지학의 측량학 도입
회전타원체인 지구의 형상을 정확히 결정하기 위해서는 지구의 형상과 운동 및 지구의 내부특성, 그 시간적 변화를 연구하는 측지학을 측량학에 도입하여야 한다.

지구물리측량

1. 중력측량(Gravity Survey)

1) 일반적인 물리량의 관측법과 마찬가지로 중력에 의하여 변화하는 현상을 이용하여 이것을 관측하기 쉬운 길이 또는 시간의 변화를 관측하여 중력을 구할 수 있다.

2) 중력이상은 실제 측정값과 이론상 중력값의 차이이다.
   ① 중력이상은 실제 측정값과 이론상 중력값의 차이이다.
   ② 중력이상=실제 측정값−이론상 중력값
   (⊕ 지표 아래 밀도가 높다. ⊖ 지표 아래 밀도가 낮다.)

3) 중력의 보정
   ① 지형보정　　② 고도보정
   ③ 아이소스타시(지각균형)보정　　④ 에토베스 보정

중력측량
중력관측, 절대중력관측, 중력분포, 지하자원, 지각변동, 지구형상 자료제공

중력에 의해 변하는 현상
① 물체의 낙하운동
② 물체의 중량

중력측량방법
표고를 알고 있는 기준이 되는 점에서 출발하여 그 점 혹은 기준이 되는 점에 폐합시킨다.
① 상대측정 : 기지점의 중력치 기준 동일기기 사용
② 절대측정 : 다른 지점 중력치기준 사용 안 함

지자기측량
편각, 복각, 수평분력관측 지자기 분포, 측량 이용 지하자원 측량

스칼라
크고 작은 양(이동거리, 속도, 질량, 시간)

벡터
시간 내에 변위를 갖고 양이 변함(변위, 속도, 힘, 가속도 등)

2. 지자기측량

지자기는 방향과 크기를 가진 양으로, 벡터량이다. 따라서 그의 방향과 크기를 구함으로써 알 수 있다.

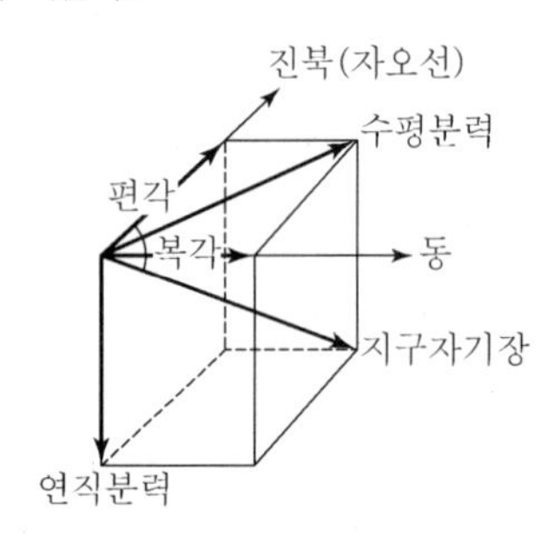

(1) 지자기의 3요소

① 편각 : 수평면 내에서 지구자기장 방향과 자오선(진북) 방향이 이루는 각
② 복각 : 수평면과 지구자기장 방향이 이루는 각
③ 수평분력 : 수평면 내에서의 자기장의 세기

탄성파측량
탄성파 전달특성 이용 지하물체, 자원조사 측량

탄성파 전파속도
P > S > L

한국의 측량기준
벳셀측정값을 사용

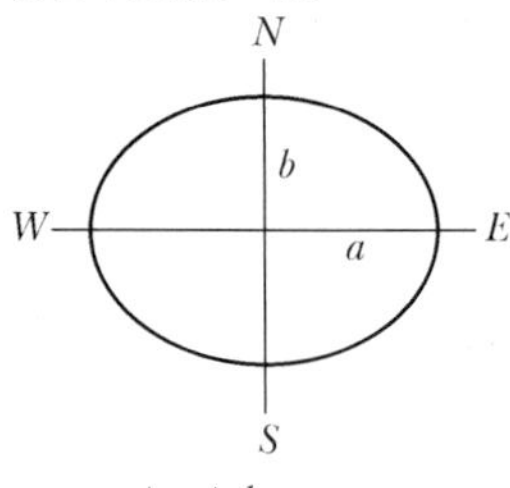

$R = \frac{a+a+b}{3}$

$= \frac{2a+b}{3} = \frac{1}{3}(2a+b)$

3. 탄성파측량(또는 지진파측량)

자연지진이나 인공적지진에 의하여 지진파를 발생시키고 관측하여 지하구조를 탐사한다.

(1) 탄성파측정법

① 굴절법 : 지표면으로부터 낮은 곳
② 반사법 : 지표면으로부터 깊은 곳

(2) 탄성파의 종류

① P파(종파) : 진동방향은 진행방향과 일치. 도달시간은 0분이며 속도는 7~8km/sec이고 모든 물체에 전파하며 아주 작은 폭으로 발생한다.
② S파(횡파) : 진동방향은 진행방향의 직각으로 일어나며 도달시간은 8분, 속도는 3~4km/sec이고 고체에만 전파하며 보통폭으로 발생한다.
③ L파(표면파) : 진동방향은 수평과 수직으로 일어나며 속도는 3km/sec 이하이고, 지표면이 진동하는 성질이 있는데, 아주 큰 폭으로 발생한다.

4. 지구의 형상

(1) 지구의 형태

1) 지구타원체

지구의 형태는 구에 가깝고 남북으로 약간 편평한 타원체인데, 이를 지구타원체라 한다.

〈지구타원체 측정값〉

명칭	연도	장반경(a)	단반경(b)	편평도	사용 국가
벳셀	1841	6,377,872m	6,356,079m	1/299.15	일본, 독일, 인도네시아
크라크	1866	6,378,206	6,356,584	1/294.98	미국, 캐나다, 필리핀
헤이포드	1909	6,378,388	6,356,912	1/297.00	유럽, 남미
크라소후스키	1942	6,378,245	6,356,863	1/298.30	러시아
천문학연합	1964	6,378,160	6,356,160	1/298.25	측지학, 천문학

2) 준거타원체

평균해수면을 육지의 내부까지 연장한 곡면인 지오이드가 지구 전체를 덮었다고 가정한 지구타원체

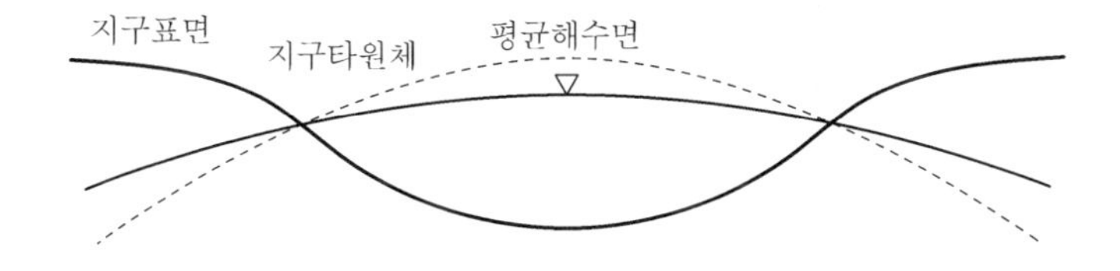

지오이드면의 특징

① 평균해수면과 일치하는 등포텐셜면이다.
② 어느 점에서나 중력에 수직이다.
③ 지오이드면은 높이가 0m이다.
④ 육지면에서는 지구타원체보다 높고 해양에서는 낮다. (지각의 인력)
⑤ 내부밀도에 따라 기복이 생긴다.

(2) 제성질

① 편심률(이심률, e) $= \dfrac{\sqrt{a^2-b^2}}{a} = \sqrt{\dfrac{a^2-b^2}{a^2}}$

② 편평률(P) $= \dfrac{a-b}{a} = 1-\sqrt{1-e^2}$

③ 자오선 곡률반경(M) $= \dfrac{a(1-e)^2}{W^3}$

$\therefore\ W=\sqrt{1-e^2\sin^2\phi}$

④ 횡곡률반경(N) $= \dfrac{a}{W} = \dfrac{a}{\sqrt{1-e^2\sin^2\phi}}$

⑤ 중등곡률반경(R) $= \sqrt{MN}$

(3) 구면삼각형(Spherical Triangle)

1) 구면삼각형

측량대상지역이 넓은 경우 평면삼각형법만에 의한 측량계산에는 오차가 생기므로 곡면각의 성질을 알아야 하며, 이용되는 곡면각은 대부분 타원체면이나 곡면삼각형에 관한 것이다.

2) 구과량

구면삼각형 ABC의 세 내각을 A, B, C라 할 때 내각의 합은 180°를 넘으며, 이 차이를 구과량(ε)이라 한다.

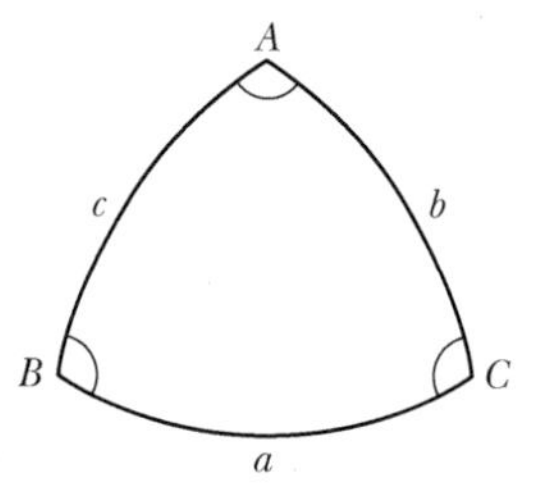

$$A+B+C > 180°$$

$$\varepsilon = A+B+C-180°$$

$$\varepsilon'' = \frac{F}{r^2}\rho''$$

여기서, ρ : 1rad = 206,265″
r : 지구반경
F : 삼각형 면적

(4) 경도와 위도

1) 경도

그리니치 천문대를 지나는 자오선과 임의 점(A)의 자오선이 이루는 중심각

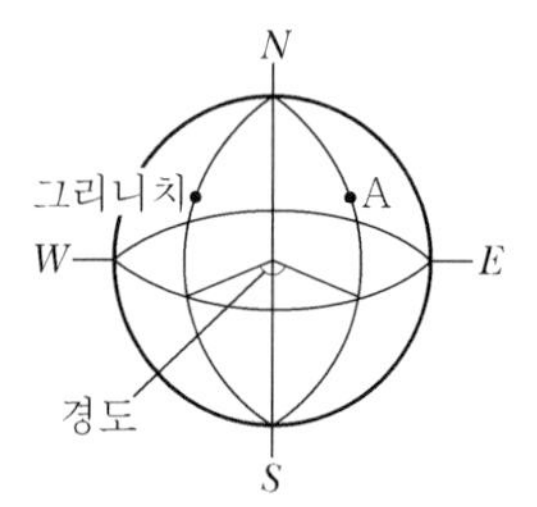

구과량

① 면적에 비례, 반경의 자승에 반비례
② 한 변의 길이가 20km 이상일 때, n다각형의 내각의 합은 180°(n−2)보다 크다.
③ 일반측량시 구과량은 미소하므로 구면삼각형 면적 대신 평면삼각형 면적 $\left(E=\frac{1}{2}ab\sin A\right)$를 사용해도 된다.

지구의 기하학적 성질

① 자오선
양극을 지나는 대원의 남극과 북극 사이의 절반
② 항정선
자오선과 항상 일정한 각도를 유지하는 선
③ 묘유선
한 점을 지나는 자오선과 직교하는 선
④ 측지선
지표상 두 점 간의 최단거리의 선
㉠ 2개의 법면선의 중간에 있다.
㉡ 2개의 법면선의 교각을 1 : 2로 나눈다.
㉢ 100km 이내일 경우 법면선의 길이와 같다고 본다.
㉣ 직접 측량이 어렵고 계산으로 결정한다.
⑤ 천문경위도
지오이드에 준거하여 천문측량으로 구한 경위도
⑥ 본초 자오선
그리니치를 지나는 자오선
⑦ 위도
측지, 천문, 지심, 화성 위도
⑧ Laplace 점
방위각, 경도를 측정, 측지망을 바로잡는 선

2) 위도

① 측지위도(ϕ_g) : 지구상 한 점 A에서 회전타원체의 법선이 적도면과 이루는 각

② 천문위도(ϕ_a) : 지구상 한 점 A에서 연직선이 적도면과 이루는 각

③ 지심위도(ϕ_c) : 지구상 한 점 A와 지구중심 0을 맺는 직선이 적도면과 이루는 각

④ 화성위도(ϕ_ϕ) : 지구중심으로부터 장반경 a를 반경으로 하는 원과 지구상 A점을 지나는 종선의 연장이 만나는 점 A′와 지구중심을 연결한 직선이 적도면과 이루는 각

지심좌표

① 원점 : 타원체의 중심
② x축 : 원점에서 그리니치자오선과 적도면이 만나는 지점방향의 연장선
③ y축 : x축으로부터 적도면을 따라 동쪽 90° 위치
④ z축 : 타원체의 회전축

연직선 편차

측지위도와 천문위도가 일치하지 않아 발생한다.

① 측지위도

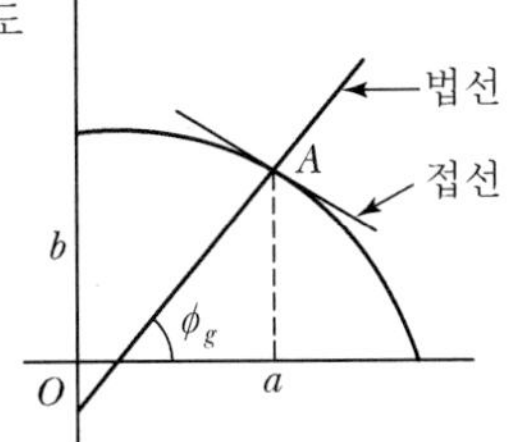

② 천문위도

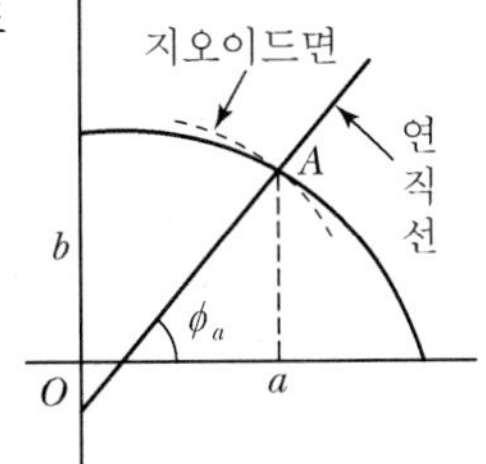

③ 지심위도

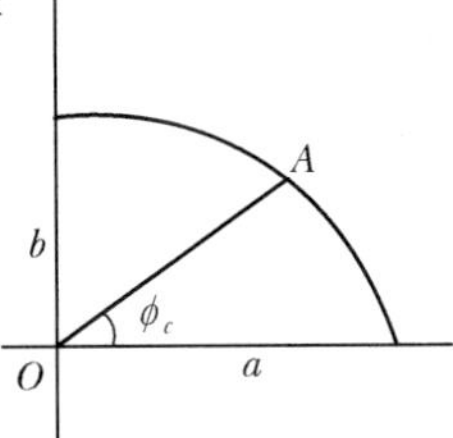

④ 화성위도

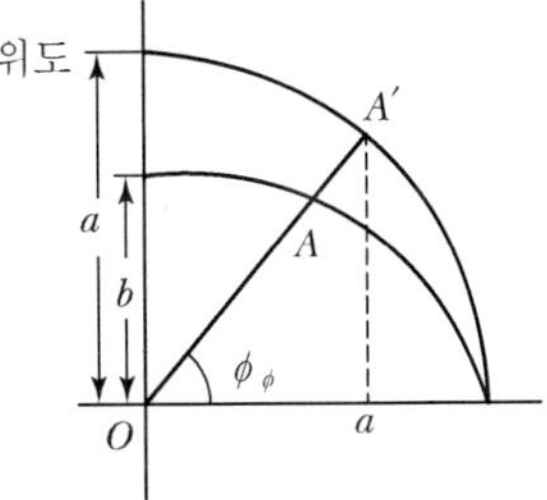

(5) 좌표계

1) 3차원 직각좌표(지심직각좌표)

① 원점으로부터 x축, y축, z축으로 표시한다.

② 대륙 간의 측지측량(VLBI) 인공위성측량(GPS), 우주개발 등에서는 측지좌표(경위도좌표)보다 편리하다.

2) 측지좌표(지리좌표)

① 경도(λ), 위도(ϕ), 높이(h)로 표시한다.

② 지구의 절대적 위치를 표시하는 데 사용한다.

③ 경위도 원점(대한민국)

경도	위도	방위각	위치
127°3′05″1451E	37°16′31″9034N	170°58′18″190	수원국립지리원 내

측지좌표

① 경도 동서로 0~180°로 구분
② 위도 남북으로 0~90°로 구분

수준원점(대한민국)

① 표고 : 26.6871m
② 위치 : 인하대 교정

평면직각좌표
① x축은 진북방향
② y축은 x축에 직각방향

3) 평면직각좌표

① x축, y축으로 표시한다.

㉠ 일반적인 측량에 사용하며 평면상의 위치를 결정하기 위하여 3가지 점을 가정, 4좌표계로 나누고 있다.

㉡ 평면직각 좌표원점(대한민국)

	동부도원점	중부도원점	서부도원점	동해원점
경도	동경 129°00′00″	동경 127°00′00″	동경 125°00′00″	동경 131°00′00″
위도	북위 38°	북위 38°	북위 38°	북위 38°

천문 좌표계
① 지평좌표
② 적도좌표
③ 황도좌표
④ 은하좌표

4) UTM 좌표

① 적도를 횡축, 자오선을 종축으로 지구를 회전타원체로 간주한다.

② 지구 전체를 경도 6° 간격으로 분할하여 1에서 60까지 번호를 부여한다.

③ 위도는 남북위 80°까지만 포함하며 8° 간격으로 20구역으로 분할, C에서 X까지 알파벳문자로 표시한다.(I와 O는 제외)

④ 경도의 원점은 중앙자오선이며 위도의 원점은 적도이다.

⑤ 중앙자오선의 축척계수는 0.9996이다.(단위는 m를 사용한다.)

⑥ 대한민국은 51~52 Zone, S~T Zone이다.
(51(120~126°E), 52(126~132°E), S(32~40°N), T(40~48°N))

5) UPS 좌표

① UTM 좌표계의 양극지방(80° 이상 지역)의 좌표를 표시하기 위한 독립된 좌표

② 지구타원체를 이에 상응하는 상이구체에 투영하고 다시 평면에 재투영하는 이중투영방식

6) WGS84 좌표

① 위성측량에서 사용한다.

② 지구타원체 좌표로 변환하여 사용한다.

Section 03

측량오차

1. 오차의 종류

(1) 정오차(누적오차, 누차)

① 조건이 같으면 언제나 같은 크기, 같은 방향으로 일어나는 오차

② 외업에서 될 수 있는 한 그 원인을 제거하고, 내업에서 그 관측값을 보정하여 제거할 수 있다.

③ 측정횟수에 비례하여 보정한다.

$$E = \delta \times n$$

여기서, E : 정오차
δ : 1회 관측시 정오차
n : 관측횟수

④ 정오차의 원인

㉠ 기계적 오차 : 관측에 사용하는 기계의 불완전성 때문에 발생

㉡ 자연적 오차 : 관측 중 온도변화 등 자연현상에 의해 발생

㉢ 개인적 오차 : 개인의 시각 또는 청각 등 관측습관에 의해 발생

(2) 우연오차(부정오차, 상차)

① 원인이 불명확하여 소거할 수 없거나, 원인을 알고 있어도 정오차로 처리할 수 없는 오차

② 일어나는 크기와 방향이 일정하지 않다.

③ 최소자승법에 의하여 소거한다.

④ 여러 번 측정시 +, −오차가 서로 상쇄된다.

⑤ 측정횟수의 제곱근에 비례한다.

$$E = \pm\delta\sqrt{n}$$

여기서, E : 우연오차
$\pm\delta$: 1회 관측시 우연오차
n : 관측횟수

(3) 착오(과실)

관측자의 과실이나 실수에 의해 생기는 오차

오차(Error)정의

어떤 양을 측정할 때 아무리 주의를 해도, 사용하는 기기나 정확성에는 한계가 있어 참값을 얻을 수 없다. 이때 참값과 측정값의 차를 오차라 한다.

오차론

① 관측량으로부터 최확값을 얻는 방법을 연구하는 학문

② 주로 우연오차를 대상으로 한다.

2. 오차의 법칙

① 큰 오차가 생길 확률은 작은 오차가 생길 확률보다 작다.
② 같은 크기의 (+)오차와 (−)오차가 생길 확률은 같다.
③ 매우 큰 오차는 생기지 않는다.

3. 오차의 성질

(1) 오차의 전파법칙

1) 구간거리가 다르고 평균제곱근 오차가 다른 경우

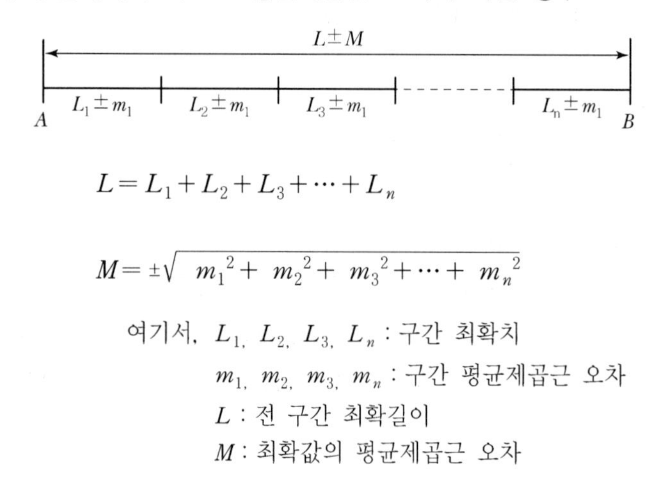

$$L = L_1 + L_2 + L_3 + \cdots + L_n$$

$$M = \pm\sqrt{m_1^2 + m_2^2 + m_3^2 + \cdots + m_n^2}$$

여기서, $L_1,\ L_2,\ L_3,\ L_n$: 구간 최확치
$m_1,\ m_2,\ m_3,\ m_n$: 구간 평균제곱근 오차
L : 전 구간 최확길이
M : 최확값의 평균제곱근 오차

2) 평균제곱근 오차가 같다고 할 경우

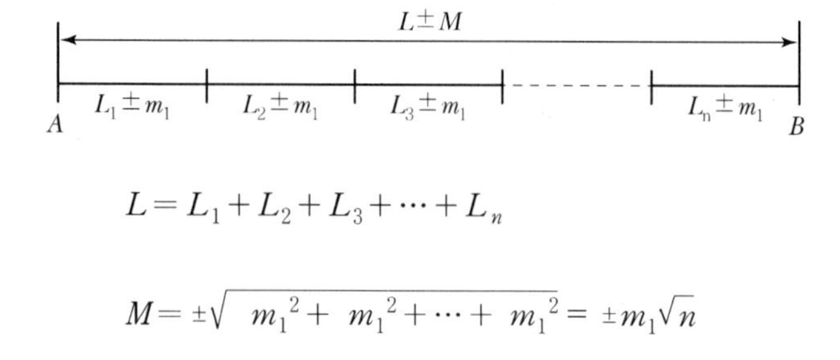

$$L = L_1 + L_2 + L_3 + \cdots + L_n$$

$$M = \pm\sqrt{m_1^2 + m_1^2 + \cdots + m_1^2} = \pm m_1\sqrt{n}$$

3) 면적관측시 최확값 및 평균제곱근 오차의 합

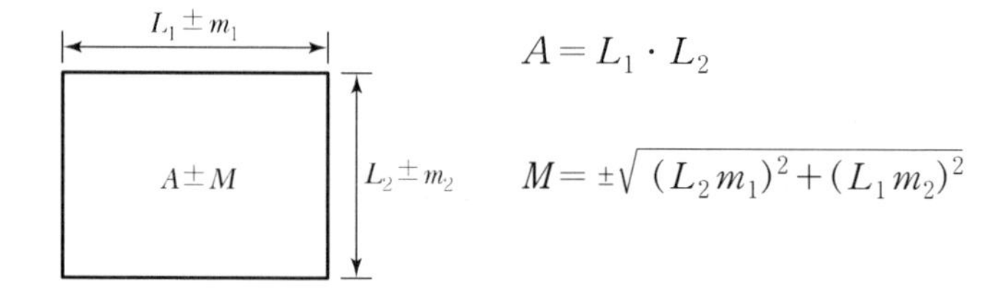

$$A = L_1 \cdot L_2$$

$$M = \pm\sqrt{(L_2 m_1)^2 + (L_1 m_2)^2}$$

거리 정밀도와 면적, 체적 정밀도의 관계

① $2\frac{\Delta L}{L} = \frac{\Delta A}{A}$

② $3\frac{\Delta L}{L} = \frac{\Delta V}{V}$

- 면적의 정밀도는 거리정밀도의 2배
- 체적의 정밀도는 거리정밀도의 3배

용어정리

① 최확값 : 측정값들로부터 얻을 수 있는 참값에 가장 가까운 추정값
② 잔차 : 최확값과 측정값과의 차이(측량에서 발생하는 차이)
③ 경중률 : 어느 한 측정값과 이와 연관된 다른 측정값에 대한 상대적인 신뢰성을 표현하는 척도

오차와 거리와의 관계

① 간접수준측량
$m_1 : m_2 = L_1 : L_2$
② 직접수준측량
$m_1 : m_2 = \sqrt{L_1} : \sqrt{L_2}$

4. 오차와 정밀도

(1) 정밀도

구분	경중률을 고려 안 한 경우	경중률을 고려한 경우
최확치 $\lvert L \rvert$ 관측값의 총합 n : 측정횟수	$L_0 = \frac{\lvert L \rvert}{n}$ $= \frac{L_1 + L_2 + L_3 + \cdots + L_n}{n}$	$L_0 = \frac{\lvert PL \rvert}{P}$ $= \frac{P_1L_1 + P_2L_2 + P_3L_3 + \cdots + P_nL_n}{P_1 + P_2 + P_3 + \cdots + P_n}$
잔차 (최확치－관측치)	$v = L_0 - L$	$v = L_0 - L$
중등오차 (평균제곱근오차) 밀도함수 68.26%	$m_0 = \pm\sqrt{\frac{[vv]}{n(n-1)}}$	$m_0 = \pm\sqrt{\frac{[Pvv]}{P(n-1)}}$
확률오차 밀도함수 50%	$r_0 = \pm 0.6745 m_0$	$r_0 = \pm 0.6745 m_0$
정도	$\frac{1}{M} = \frac{r_0}{L_0}$ or $\frac{m_0}{L_0}$	$\frac{1}{M} = \frac{r_0}{L_0}$ or $\frac{m_0}{L_0}$

실제거리, 도상거리

① 실제거리＝도상거리× M

② 도상거리＝ $\frac{실제거리}{M}$

(2) 경중률(P)과 측정횟수(n), 정도(h), 오차(m), 거리(s)와의 관계

① 경중률과 정도와의 관계 : 정도의 자승에 비례한다.

$$P_1 : P_2 = h_1^2 : h_2^2$$

② 경중률과 측정횟수와의 관계 : 측정횟수에 비례한다.

$$P_1 : P_2 = n_1 : n_2$$

③ 경중률과 오차와의 관계 : 오차의 자승에 반비례한다.

$$P_1 : P_2 = \frac{1}{m_1^2} : \frac{1}{m_2^2}$$

④ 경중률과 거리와의 관계 : 거리에 반비례한다.

$$P_1 : P_2 = \frac{1}{S_1} : \frac{1}{S_2}$$

축척과 단위면적

$$a_2 = \left(\frac{m_2}{m_1}\right)^2 a_1$$

a_1 : 주어진 단위면적

a_2 : 구하는 단위면적

m_1 : 주어진 단위면적의 축척분모수

m_2 : 구하는 단위면적의 축척분모수

5. 축척과 거리 및 면적과의 관계

(1) 축척과 거리

도상거리와 실제거리와의 비를 말한다.

$$\text{축적} = \frac{1}{M} = \frac{\text{도상거리}}{\text{실제거리}} \text{ or } \frac{1}{M} = \frac{l}{L}$$

(2) 축척과 면적

$$\left(\frac{1}{M}\right)^2 = \left(\frac{\text{도상거리}}{\text{실제거리}}\right)^2 = \left(\frac{\text{도상면적}}{\text{실제면적}}\right) \text{ or } \left(\frac{1}{M}\right)^2 = \frac{a}{A}$$

(3) 단위

① 1ha=100a

② 1a=100m^2

③ 1ha=10,000m^2

Item pool
예상문제 및 기출문제

01. 측지학에 대한 설명 중 옳지 않은 것은?(기사 03)

㉮ 물리학적 측지학은 지구 내부의 특성, 지구의 형상 및 운동을 결정하는 것이다.

㉯ 기하학적 측지학은 지구표면상에 있는 점들 간의 상호 위치관계를 결정하는 것이다.

㉰ 탄성파 측정에서 지표면으로부터 낮은 곳은 굴절법을 이용한다.

㉱ 중력 측정에서 중력은 관측한 곳의 표고와는 관계없이 행하여진다.

해설 중력측정은 표고를 알고 있는 수준점에서 실시하고 중력값은 표고가 높을수록 작아진다.

02. 측지학의 측지선에 관한 설명으로 옳지 않은 것은? (기사 12)

㉮ 측지선은 두 개의 평면곡선의 교각을 2 : 1로 분할하는 성질이 있다.

㉯ 지표면상 2점을 잇는 최단거리가 되는 곡선을 측지선이라 한다.

㉰ 평면곡선과 측지선의 길이의 차는 극히 미소하여 실무상 무시할 수 있다.

㉱ 측지선은 미분기하학으로 구할 수 있으나 직접 관측하여 구하는 것이 더욱 정확하다.

해설 측지선은 직접 관측이 어렵고 계산을 통하여 결정한다.

03. 다음 사항 중 옳지 않은 것은? (산기 05)

㉮ 측지학이란 지구 내부의 특성, 지구의 형상, 지구 표면의 상호위치 관계를 정하는 학문이다.

㉯ 기하학적 측지학에는 천문측량, 위성측지, 높이 결정 등이 있다.

㉰ 물리학적 측지학에는 지구의 형상 해석, 중력측정, 지자기측정 등을 포함한다.

㉱ 측지측량(대지측량)이란 지구의 곡률을 고려하지 않은 측량으로서 11km 이내를 평면으로 취급한다.

해설 대지측량은 지구의 곡률을 고려, 반경 11km, 면적 400km^2 이상의 대상을 측량한다.

04. 다음 중 측량법에 따른 분류가 아닌 것은? (산기 04)

㉮ 세부 측량　　㉯ 기본 측량
㉰ 일반 측량　　㉱ 공공 측량

해설 측량순서에 따른 분류
계획－답사－선점－조표－골격 측량－세부 측량－계산

05. 평면 측량에서 거리의 허용오차를 1/1,000,000까지 허용한다면 지구를 평면으로 볼 수 있는 한계는 몇 km인가?(단, 지구의 곡률반경은 6,370km이다.)

㉮ 22.07km　　㉯ 23.06km
㉰ 2,207km　　㉱ 2,306km

해설
정도$\left(\dfrac{\Delta L}{L}\right) = \dfrac{L^2}{12R^2}$

$$\frac{1}{1,000,000} = \frac{L^2}{12\times 6,370^2}$$

$$L = \sqrt{\frac{12\times 6,370^2}{1,000,000}} = 22.066\text{km} ≒ 22.07\text{km}$$

06. 구면 삼각형의 성질에 대한 설명으로 맞지 않는 것은?

㉮ 구면 삼각형의 내각의 합은 180°보다 크다.

㉯ 어떤 측선의 방위각과 역방위각의 차이는 180°이다.

㉰ 2점간 거리가 구면상에서는 대원의 호길이가 된다.

㉱ 구과량은 구반경의 제곱에 비례하고 구면삼각형의 면적에 반비례한다.

|해답| 1.㉱ 2.㉱ 3.㉱ 4.㉮ 5.㉮ 6.㉱

■해설 ① 구과량(ε'') = $\frac{E}{r^2}\rho''$

② 반경(r) 제곱에 반비례, 면적(E)에 비례한다.

07. 대단위 지역의 삼각 측량에서 구면 삼각형에 대한 설명으로 옳지 않은 것은? (기사 04)

㉮ 세 변이 대원의 호로 된 삼각형을 구면 삼각형이라 한다.

㉯ 평면 측량에서 이용되는 평면각은 대부분 타원체면이나 구면 삼각형에 관한 것이다.

㉰ 구면 삼각형의 세 내각의 합이 180°를 넘을 때 초과된 양을 구과량이라 한다.

㉱ 구과량은 구면 삼각형의 면적에 비례하고 구의 반경의 제곱에 반비례한다.

■해설 ① 평면(소지) 측량은 구과량을 무시 평면으로 보고 측량한다.(곡률을 무시한다.)

② 대지(측지) 측량은 구과량을 고려한 곡면으로 보고 측량한다.(곡률을 고려한다.)

08. 평면삼각형에서 2변의 길이가 30km, 25km이고 그 사이각이 50° 일 때 이 삼각형의 구과량은?(단, 지구의 반경은 6,370km로 가정함) (기사 04)

㉮ 0.9″ ㉯ 1.09″

㉰ 1.32″ ㉱ 1.46″

■해설 ① 구면삼각형 면적(E)

$E = \frac{1}{2}ab\sin\alpha = \frac{1}{2}\times30\times25\times\sin50°$

$= 287.26\text{km}^2$

② 구과량(ε'')

$\varepsilon'' = \frac{E\rho''}{r^2} = \frac{287.26\times206,265''}{6,370^2} = 1.46''$

09. 지구의 곡률반경이 6,370km이며 삼각형의 구과량이 2.0″일 때 구면삼각형의 면적은? (산기 03)

㉮ 193.4km^2 ㉯ 293.4km^2

㉰ 393.4km^2 ㉱ 493.4km^2

■해설 ① 구과량(ε'') = $\frac{E}{r^2}\rho''$

② 면적(E) = $r^2\times\frac{\varepsilon''}{\rho''} = 6,370^2\times\frac{2''}{206,265''}$

$= 393.4\text{km}^2$

10. 측점 A, B, C가 이루는 구면 삼각형의 면적이 983 km² 일 때 이 구면 삼각형의 내각의 합은 얼마이어야 하는가?(단, 지구의 곡률 반경은 6,370km로 가정한다.) (기사 06)

㉮ 179°59′50″ ㉯ 179°59′55″

㉰ 180°00′05″ ㉱ 180°00′10″

■해설 ① 구과량(ε) = $\frac{E}{R^2}\rho'' = \frac{983}{6,370^2}\times206,265'' = 5''$

② 구면삼각형 내각형

$= 180° + \varepsilon'' = 180° + 5'' = 180°00'05''$

11. 지자기측량을 위한 관측요소가 아닌 것은? (기사 12)

㉮ 지자기의 방향과 자오선과의 각

㉯ 지자기의 방향과 수평면과의 각

㉰ 자오선으로부터 좌표북 사이의 각

㉱ 수평면 내에서의 자기장의 크기

■해설 지자기의 3요소

① 편각 : 지자기의 방향과 자오선의 각

② 복각 : 지자기의 방향과 수평면과의 각

③ 수평분력 : 수평면 내에서의 자기장의 크기

12. 중력측량 시 이용되는 수준점은 다음 중 무엇을 기준으로 하는가? (산기 03)

㉮ 비고 ㉯ 표고

㉰ 높이 ㉱ 고도

■해설 중력측량 시 높이를 정확히 알고 있는 수준점(표고)에서 측정

|해답| 7.㉯ 8.㉱ 9.㉰ 10.㉰ 11.㉰ 12.㉯

13. 중력이상에 대한 설명 중 맞지 않는 것은?(기사 04)

㉮ 일반적으로 실측 중력값과 계산식에 의한 중력값은 일치하지 않는다.
㉯ 중력이상이 음(−)이면 그 지점 부근에 무거운 물질이 있다는 것을 의미한다.
㉰ 중력이상에 의해 지표밑의 상태를 측정할 수 있다.
㉱ 중력이상은 지하의 물질밀도가 고르게 분포되어 있지 않기 때문이다.

해설 중력이상 측정 ⊕ 값은 무거운 물질이 아래에 있고 ⊖ 값은 가벼운 물질이 아래에 있다.

14. 중력이상에 대한 다음 설명 중 옳지 않은 것은? (기사 04)

㉮ 중력이상이 양(+)이면 그 지점 부근에 무거운 물질이 있는 것으로 추정할 수 있다.
㉯ 중력이상에 대한 취급은 물리학적 측지학에 속한다.
㉰ 중력이상에 의해 지표면 밑의 상태를 추정할 수 있다.
㉱ 중력식에 의한 계산값에서 실측값을 뺀 것이 중력 이상이다.

해설 중력이상 = 실측중력값 − 표준중력식에 의한 값

15. A, B, C점에서의 중력탐사값을 이용하여 미지점 P의 중력값을 추정하고자 A, B, C로부터 P까지의 거리를 경중률로 활용하는 역거리 가중치(Inverse Distance Weight ; IDW) 기법을 사용했다. 이러한 역거리 가중치(IDW) 기법의 특징이 아닌 것은? (기사 05)

㉮ 거리를 이용하여 비교적 쉽게 미지점 P의 중력값을 추정할 수 있으므로 측량에서 많이 이용된다.
㉯ A, B, C 각 점에서 P까지의 거리는 보통 수평거리를 의미한다.
㉰ 거리가 가까울수록 경중률이 높아진다.
㉱ A, B, C 각 측점들과 P점 간의 방향성도 함께 고려할 수 있다는 장점이 있다.

해설 방향성은 무관하다.

16. 지구의 물리측정에서 지자기의 방향과 자오선이 이루는 각을 무엇이라 하는가? (기사 12)

㉮ 복각 ㉯ 수평각
㉰ 편각 ㉱ 수직각

해설 지자기의 3요소
① 편각 : 지자기 방향과 자오선이 이루는 각
② 복각 : 수평면과 지구자기장 방향이 이루는 각
③ 수평분력 : 수평면 내에서의 자기장의 세기

17. 다음 설명 중 옳지 않은 것은? (기사 06)

㉮ 지자기 측량은 지자기가 수평면과 이루는 방향 및 크기 등의 지자기 3요소를 측량하는 것이다.
㉯ 지구의 운동이란 극운동 및 자전운동을 의미하며, 이들을 조사함으로써 지구의 운동과 지구 내부의 구조 및 다른 혹성과의 관계를 파악할 수 있다.
㉰ 지도제작에 관한 지도학은 입체인 구면상에서 측량한 결과를 평면인 도지 위에 정확히 표시하기 위한 투영법을 다루는 것이다.
㉱ 탄성파 측량은 지진조사, 광물탐사에 이용되는 측량으로 지표면으로부터 낮은 곳은 반사법, 깊은 곳은 굴절법을 이용한다.

해설 탄성파 측량시 지표면으로부터 낮은 곳은 굴절법, 깊은 곳은 반사법을 이용한다.

18. 다음 설명 중 틀린 것은? (산기 03)

㉮ Geoid는 중력의 등포텐셜면이다.
㉯ 준거타원체는 일반적으로 해안선에서 조금 떨어진 곳에서 Geoid와 만난다.
㉰ 연직선편차란 준거타원체에 대한 수직선과 Geoid에 대한 수직선의 차이이다.
㉱ Geoid는 극지방을 제외한 전 지역에서 회전타원체와 일치한다.

해설 지오이드는 불규칙 면으로 회전타원체와 일치하지 않는다.

|해답| 13.㉯ 14.㉱ 15.㉱ 16.㉰ 17.㉱ 18.㉱

19. Geoid에 대한 설명 중 틀린 것은? (기사 03, 17)

㉮ 평균 해수면을 육지까지 연장하는 가상적인 곡면을 Geoid라 하며, 이것은 준거타원체와 일치한다.
㉯ Geoid는 중력장의 등포텐셜면으로 볼 수 있다.
㉰ 실제로 Geoid면은 굴곡이 심하므로 측지측량의 기준으로 채택하기 어렵다.
㉱ 지구의 형은 평균해수면과 일치하는 Geoid면으로 볼 수 있다.

해설 지오이드면은 불규칙한 곡면으로 준거타원체와 거의 일치한다.

20. 지오이드를 바르게 설명한 것은? (산기 04)

㉮ 육지 및 해저의 凹凸을 평균값으로 정한 면이다.
㉯ 평균 해수면을 육지 내부까지 연장했을 때의 가상적인 곡면이다.
㉰ 육지와 해양의 지평면을 말한다.
㉱ 회전 타원체와 같은 것으로 지구 형상이 되는 곡면이다.

해설 평균 해수면을 육지까지 연장했을 때의 가상적 곡면

21. 지오이드(Geoid)에 대한 설명 중 옳지 않은 것은? (기사 04)

㉮ 평균 해수면을 육지까지 연장하여 지구 전체를 둘러싼 곡면이다.
㉯ 지오이드면은 등포텐셜면으로 중력 방향은 이 면에 수직이다.
㉰ 지오이드는 지표 위 모든 점의 위치를 결정하기 위해 수학적으로 정의된 타원체이다.
㉱ 실제로 지오이드면은 굴곡이 심하므로 측지 측량의 기준으로 채택하기 어렵다.

해설 지오이드는 평균해수면을 육지까지 연결한 가상의 면으로 지구물리 표면과 비슷한 불규칙한 곡면이다.

22. 지오이드(Geoid)면을 가장 옳게 설명한 것은? (산기 05)

㉮ 지구의 형상 그대로의 표면
㉯ 지구를 회전 타원체로 가정한 표면
㉰ 지구를 베셀(Bessel)의 값으로 본 표면
㉱ 정지된 평균 해수면을 육지까지 연장한 가상 곡면

해설 평균 해수면을 육지까지 연장한 가상의 곡면으로 불규칙한 곡면이다.

23. 지오이드(Geoid)에 대한 설명으로 옳은 것은? (기사 06)

㉮ 육지 및 해저의 凹, 凸을 평균한 매끈한 곡면이다.
㉯ 회전 타원체와 같은 것으로서 지구의 형상이 되는 곡면이다.
㉰ 평균 해수면을 육지 내부까지 연장했을 때의 가상적인 곡면이다.
㉱ 육지와 해양의 지평면을 말한다.

24. 천구의 북극, 천정, 천저, 천구의 남극을 지나는 대원을 무엇이라 하는가? (산기 05)

㉮ 항정선　㉯ 묘유선
㉰ 측지선　㉱ 자오선

해설 자오선은 천구의 북극, 천구의 남극, 천정, 천저를 지난다.

25. 천문측량의 목적이 아닌 것은? (기사 03)

㉮ 경위도 원점 결정
㉯ 도서 지역의 위치 결정
㉰ 연직선 편차 결정
㉱ 지자기 변화 결정

해설 ① 천문측량 목적
- 경위도 원점 결정
- 독립된 지역의 위치 결정
- 측지측량망의 방위각 조정
- 연직선 편차 결정

② 지자기 변화는 지자기 측량으로 한다.

|해답| 19.㉮ 20.㉯ 21.㉰ 22.㉱ 23.㉰ 24.㉱ 25.㉱

26. 다음은 타원체에 관한 설명이다. 옳은 것은? (산기 04, 15)

㉮ 어느 지역의 측량 좌표계의 기준이 되는 지구 타원체를 준거 타원체(또는 기준 타원체)라 한다.
㉯ 실제 지구와 가장 가까운 회전 타원체를 지구 타원체라 하며, 실제 지구의 모양과 같이 굴곡이 있는 곡면이다.
㉰ 타원의 주축을 중심으로 회전하여 생긴 지구물리학적 형상을 회전 타원체라 한다.
㉱ 준거 타원체는 지오이드와 일치한다.

해설 ① 타원체는 실제 지구와 가까우나 지구 같은 굴곡은 없다.
② 회전타원체는 타원을 중심으로 회전하여 생긴 기하학적 형상이다.
③ 준거 타원체는 지오이드와 거의 일치한다.

27. 다음 중 준거타원체를 기준으로 하는 요소로서 가장 관계가 먼 것은?

㉮ 삼각점의 경위도 좌표
㉯ 지구의 편평률
㉰ 천문경위도
㉱ 측지경위도

해설 천문경위도는 지오이드를 기준으로 한다.

28. 우리나라 중부원점의 좌표값은? (기사 05)

㉮ 38°00′N, 127°00′E
㉯ 38°00′N, 129°00′E
㉰ 38°00′N, 125°00′E
㉱ 38°00′N, 123°00′E

해설 평면 직각 좌표 원점

원점명	경도(E)	위도(N)
서부원점	125°	38°
중부원점	127°	38°
동부원점	129°	38°

29. 평면직교좌표에서 동 · 서 거리로 표시하는 것은? (산기 06)

㉮ X좌표 ㉯ Y좌표
㉰ 경도(D) ㉱ 위도(L)

해설 동 · 서거리는 Y좌표로 표시한다.

30. 우리나라의 측량기준원점에 대한 설명 중 틀린 것은?

㉮ 지구상 제점의 수평위치는 경도와 위도로 표시함을 원칙으로 한다.
㉯ 평면직교 좌표는 동서축을 X축, 남북축을 Y축으로 하고 있다.
㉰ 육지 표고의 기준은 평균 해수면을 기준으로 한다.
㉱ 경도, 위도는 삼각점을 기준으로 측지측량, 천문측량, 위성측량에 의해 구한다.

해설 평면직교 좌표에서 동서축을 Y축, 남북축을 X축으로 한다.

31. 다음 중 UTM도법에 대한 설명이다. 옳지 않은 것은? (기사 03)(산기 06)

㉮ 중앙 자오선에서 축척계수는 0.9996이다.
㉯ 좌표계 간격은 경도를 6°씩, 위도는 8°씩 나눈다.
㉰ 우리나라는 51구역(Zone)과 52구역(Zone)에 위치하고 있다.
㉱ 경도의 원점은 중앙 자오선에 있으며 위도의 원점은 북위 38°이다.

해설 ① 경도의 원점 중앙자오선
② 위도의 원점 적도

32. 측량에서 위치를 좌표로 표시할 때 U.T.M좌표계에서는 우리나라가 52S 부분에 속한다. 이 좌표는 경도를 어디서 어떠한 방법으로 구분한 것인가? (기사 04)

㉮ 경도 180°에서 동쪽으로 6°씩 구분한 것
㉯ 경도 180°에서 서쪽으로 8°씩 구분한 것
㉰ 경도 0°에서 동쪽으로 8°씩 구분한 것
㉱ 경도 0°에서 서쪽으로 6°씩 구분한 것

|해답| 26.㉮ 27.㉰ 28.㉮ 29.㉯ 30.㉯ 31.㉱ 32.㉮

■ 해설 ① UTM 경도 : 경도 6°마다 61지대로 구분
② UTM 위도 : 남위 80°~북위 80°까지 8°씩 20등분

33. UTM 좌표에 대한 설명으로 옳은 것은?

㉮ 중앙자오선에서의 축척 계수는 0.9996이다.
㉯ 좌표계의 간격(Zone 간격)은 경도 3°씩이다.
㉰ 종 좌표(N)원점은 위도 38°이다.
㉱ 축척은 중앙 자오선에서 멀어짐에 따라 작아진다.

■ 해설 ① 경도 6간격으로 분할 1에서 60까지, 위도 8°간격으로 분할 c에서 x까지 알파벳 표시(I와 O는 제외)
② 경도에서 원점은 중앙 자오선, 위도의 원점은 적도

34. 국제 UTM 좌표의 적용범위는? (산기 05)

㉮ 북위 42°, 남위 40° ㉯ 북위 62°, 남위 60°
㉰ 북위 70°, 남위 70° ㉱ 북위 84°, 남위 80°

■ 해설 UTM 좌표는 북위 84°~남위 80°

35. 다음 좌표계의 설명 중 틀린 것은?

㉮ 지평좌표계는 관측자를 중심으로 천체의 위치를 간략하게 표시할 수 있다.
㉯ 지구좌표계는 측지경위도좌표, 평면직교좌표, UTM 좌표 등이 있다.
㉰ 적도좌표계는 지구공전궤도면을 기준으로 한다.
㉱ 태양계 내의 천체운동을 설명하는 데에는 황도좌표계가 편리하다.

■ 해설 ① 천문좌표계
㉠ 지평좌표 ㉡ 적도좌표
㉢ 황도좌표 ㉣ 은하좌표
② 적도좌표계 : 망원경을 통해 천체관측에 사용되는 좌표이며 측량하는 각도로는 경사각(적위), 적경, 시간각이 있다.

36. 다음 중 지구 좌표계에 대한 설명으로 옳지 않은 것은? (기사 06)

㉮ 준거 타원체에 대한 한 지점의 위치를 경도, 위도 및 평균 해수면으로부터의 높이로 표시한 것은 측지 측량 좌표 또는 지리 좌표라 한다.
㉯ UPS 좌표계는 위도 80° 이상의 양극을 원점으로 하는 평면 직교 좌표계를 사용한다.
㉰ 국제 지구 기준 좌표계(ITRE)는 좌표 원점을 태양 중심으로 한 국제 기준계이다.
㉱ GPS의 좌표계는 국제 측지 기준 좌표계인 WGS84를 이용한다.

■ 해설 ITRF의 좌표원점은 지구의 질량중심에 위치한다.

37. 다음 오차에 대한 설명 중 옳지 않은 것은?

㉮ 정오차는 원인과 상태만 알면 오차를 제거할 수 있다.
㉯ 부정오차는 최소제곱법에 의해 처리된다.
㉰ 잔차는 최확값과 관측값의 차를 말한다.
㉱ 누적오차는 정오차, 착오를 전부 소거한 후에 남는 오차를 말한다.

■ 해설 정오차를 누적오차, 누차라고도 한다.

38. 다음의 오차 중 최소제곱법으로 처리할 수 있는 오차는? (산기 05)

㉮ 물리적오차 ㉯ 정오차
㉰ 부정오차 ㉱ 잔차

■ 해설 최소제곱법으로 부정오차를 처리할 수 있다.

39. 최소제곱법의 원리를 이용하여 처리할 수 있는 오차는? (산기 05)

㉮ 정오차 ㉯ 부정오차
㉰ 착오 ㉱ 물리적 오차

■ 해설 부정(우연) 오차는 최소제곱법으로 소거한다.

|해답| 33.㉮ 34.㉱ 35.㉰ 36.㉰ 37.㉱ 38.㉰ 39.㉯

40. 상차라고도 하며 그 크기와 방향(부호)이 불규칙적으로 발생하고 확률론에 의해 추정할 수 있는 오차는? (기사 08, 13)

㉮ 착오　　㉯ 정오차
㉰ 우연오차　　㉱ 개인오차

■해설 우연오차는 오차원인이 불분명하여 제거할 수 없다.

41. 1회 측정할 때 생기는 우연오차를 ±0.01m라 하면 100회 연속하여 측정했을 때 발생하는 오차는? (기사 05)

㉮ $\pm\sqrt{100}$m　　㉯ $\pm\sqrt{0.01}\times\sqrt{100}$m
㉰ $\pm 0.01\sqrt{100}$m　　㉱ $\pm\sqrt{0.01+100}$m

■해설 총우연오차$(M)=\pm m\sqrt{n}=\pm 0.01\sqrt{100}$m

42. 각 변의 오차가 다음과 같은 직사각형에서 면적 평균 제곱오차는? (산기 08, 13)

가로 100cm±0.02cm, 세로 50cm±0.01cm

㉮ ±0.02cm²　　㉯ ±1.41cm²
㉰ ±1.58cm²　　㉱ ±2.06cm²

■해설 면적관측시 오차

$$M=\pm\sqrt{(L_2 m_1)^2+(L_1 m_2)^2}$$
$$=\pm\sqrt{(100\times 0.01)^2+(50\times 0.02)^2}$$
$$=\pm 1.41\text{cm}^2$$

43. 한 기선장을 4구간으로 나누어 각각 독립적으로 측정하여 다음과 같은 값을 얻었다.

$L_1=149.551\pm0.014$m, $L_2=149.884\pm0.012$m
$L_3=149.336\pm0.015$m, $L_4=149.449\pm0.015$m

전장 $L=L_1+L_2+L_3+L_4=598.220$m일 때 전장에 대한 표준오차는 얼마인가? (산기 05)

㉮ ±0.060m　　㉯ ±0.056m
㉰ ±0.015m　　㉱ ±0.028m

■해설 오차 전파의 법칙

$$M=\pm\sqrt{m_1^2+m_2^2+m_3^2+m_4^2}$$
$$=\pm\sqrt{0.014^2+0.012^2+0.015^2+0.015^2}$$
$$=\pm 0.028\text{m}$$

Chapter 02

거리측량

Contents

거리측량의 정의

1. 거리측량의 정의

길이의 관측경로가 되는 선형
① 평면거리(평면상의 선형)
→수평면, 수직면, 경사면
② 곡면거리(곡면상의 선형)
→구면, 타원체면
③ 공간거리(공간상 두 점을 잇는 선형)
→위성측량, 공간 삼각측량, 위성궤도 추적

1) 두 점 간의 거리를 직접 또는 간접으로 1회 또는 여러 회로 나누어서 측량하는 것
2) 측량에서 사용되는 거리는 수평, 연직, 경사거리를 말하며 일반적으로 측량에서 말하는 거리는 수평거리를 말한다.

① $L=\sqrt{D^2+H^2}$
② $D=L\cos\theta$
③ $H=L\sin\theta$
④ $\tan\theta=\dfrac{H}{D}$

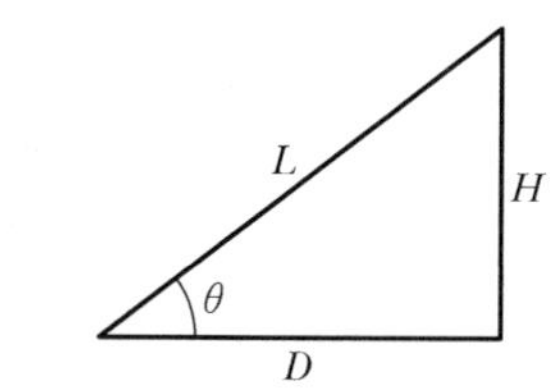

(D 수평거리, L 경사거리, H 연직거리)

거리측량의 분류

1. 직접거리측량

1) 줄자, 기계, 기구 등을 이용하여 직접거리를 측량하는 방법이다.
2) 사용되는 기계 및 기구
① 체인
② 배줄자 : 길이 20~50m, 신축이 심하고 정밀측량에 부적당하다.
③ 강철테이프 : 정밀측량에 사용한다.
④ 인바테이프 : 정밀도가 가장 좋고, 기선측량에 이용된다.
⑤ 폴 : 측점의 표시, 측선의 방향결정, 측선의 연장에 사용한다.
⑥ 대자 : 온도와 습기에 따른 신축이 적어 늪지, 습지에 사용한다.

2. 간접거리측량

1) 직접거리측량이 곤란한 경우 기구 등을 이용하여 거리를 간접적으로 구하는 방법

2) 간접거리측량의 종류

① 시거법

② 직교기선법

③ 수평표척

④ 삼각측량법

⑤ VLBI(Very Long Base Interferometer)

초장기선 전파간섭계라고 하며, 지구상에서 1,000~10,000km 정도 떨어진 1조의 전파간섭계를 설치하여 전파원으로부터 나온 전파를 수신하여 2개의 간섭계에 도달한 전파의 시간차를 이용하여 거리를 관측한다. 시간차로 인한 오차가 30cm 이하이며 10,000km의 긴 기선의 경우도 관측소 위치로 인한 오차 15cm 정도로 관측될 수 있다. 1m 정확도 이내로 관측지점의 위치를 구할 수 있다.

⑥ NNSS(U. S Navy Navigation Satellite System)

미해군의 항법위성체계로 선박의 항법지원용으로 삼변측정방식이다.

⑦ EDM(Electromagnetic Distance Measuringinstument)

전자기파 거리측정기라고 하며 광파나 전파를 일정파장의 주파수로 변조하여 이 변조파의 왕복위상 변화를 관측하여 거리를 구한다.

[전파, 광파거리 측정기의 비교]

	광파거리 측정기	전파거리 측정기
원리	강도를 변조한 빛을 측점에 세운 기계로부터 발사하여 이것이 목표점의 반사경에 반사하여 돌아오는 반사파의 위상과 발신파의 위상차를 이용하여 거리를 구한다.	측점에 세운 주국으로부터 목표점의 종국에 대하여 극초단파를 변조고주파로 하여 발사, 이것이 종국을 지나 다시 주국으로 돌아오는 반사파의 위상과 발신파의 위상차를 이용하여 거리를 구한다.
정확도	±(5mm+5ppm) : 높다.	±(15mm+5ppm) : 낮다.
최소 조작인원	1명 (목표점에 반사경이 놓여 있는 것으로 하여)	2명 (주, 종국 각 1명)
기상조건	안개나 눈으로 시통에 방해를 받는다.	안개나 구름에 좌우되지 않는다.
관측범위	• 단거리용(적외선, 가시광선) : 5km 이내 • 중거리용(레이저광선) : 60km 이내	• 장거리 : 30~150km
방해물	시준이 필요광로 및 프리즘 뒤에 방해를 해서는 안 된다. (두 점 간에 시준만 되면 가능하다.)	관측점 부근에 움직이는 장애물이 있어서 관측되지 않는 경우도 있다. (자동차, 송전선 부근, 반사파등의 간섭을 받는다.)
조작시간	한 변 10~20분(1회 관측시간 8초 이내)	한 변 20~30분(1회 관측시간 30초 이내)

VLBI

① VLBI는 가장 먼거리의 거리측량에 사용된다.

② 한 개의 전파원에 대하여 한 조의 간섭계로 미지량을 한 번에 관측하기가 어렵다.

㉠ 관측점수를 증가시킨다.

㉡ 전파원 준성수를 증가시킨다.

EDM에 의한 거리관측 오차

① 거리에 비례
- 광속도오차
- 광변조 주파수의 오차 (관측거리에 크게 영향)
- 굴절률오차

② 거리에 비례하지 않는
- 위상차 관측오차
- 기계상수, 반사경상수오차
- 편심으로 인한 오차

GPS의 특징

① 고밀도 측량이 가능
② 장거리측량에 이용
③ 관측점 간 시통이 필요 없다.
④ 중력과 관계없이 4차원 공간의 측위방법이다.
⑤ 기후에 영향 없고, 주야관측이 가능하다.
⑥ 위성의 궤도정보가 필요하다.
⑦ 전리층 영향에 대한 정보가 필요하다.
⑧ WGS84 타원체 좌표 사용으로 지역타원체로의 변환이 필요하다.

⑧ GPS(Global Positioning System)

NNSS의 개량형으로, 미 국방부의 군사적인 목적을 충족시키기 위해 1970년대초 군사용 위성항행시스템으로 개발되었다. 인공위성을 이용하여 위치를 알고 있는 위성에서 발사한 전파를 수신하여 관측점까지의 소요시간을 관측 지상의 대상물의 위치를 결정해주는 시스템이다.

Section 03 거리측량 방법

1. 직접거리측량

거리측량의 약측법

① 목측법
② 보측법
③ 알리다드에 의한 수평거리 측량(시각법)
④ 음측법
⑤ 윤정계

⊙ 줄자의 종류
- 인바, 쇠줄자, 배줄자 등

(1) 평지

줄자 등을 이용하여 측량

(2) 경사지

A, B가 경사지로 되어 있다면 적당한 구간으로 나누어 이것들에 대한 각 구간의 수평거리의 총합을 구한다.

① 강측법 : 높은 지점에서 낮은 지점으로 측정하며 정밀도가 좋다.
② 등측법 : 낮은 지점에서 높은 지점으로 측정하는 방법

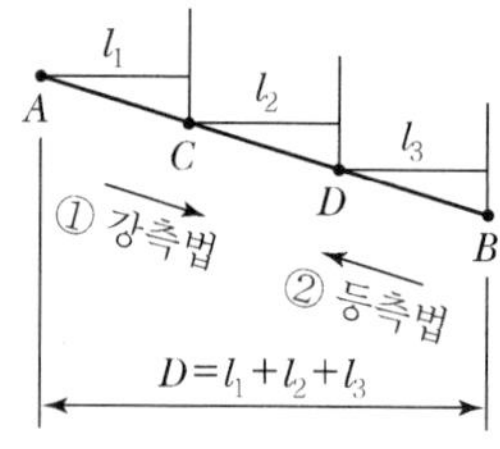

(3) 경사거리와 경사각에 의한 방법

$$D=L\cos\theta=L-\frac{H^2}{2L}$$

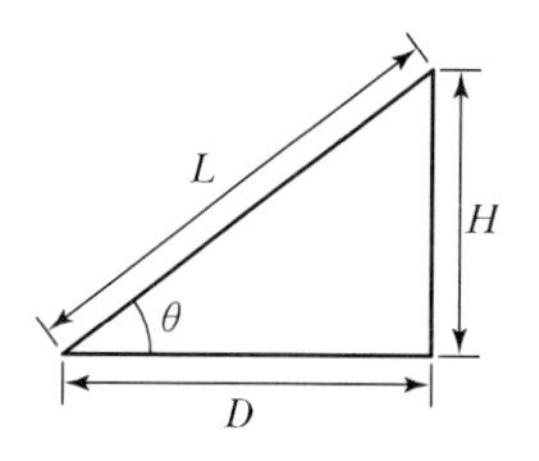

(4) 장애물이 있는 경우(간접관측)

산림, 건물, 하천, 호수 등의 방해로 직접관측이 곤란할 때 관측하는 경우

1) 두 측점에 접근할 수 있으나 직접적으로 관측할 수 없는 경우

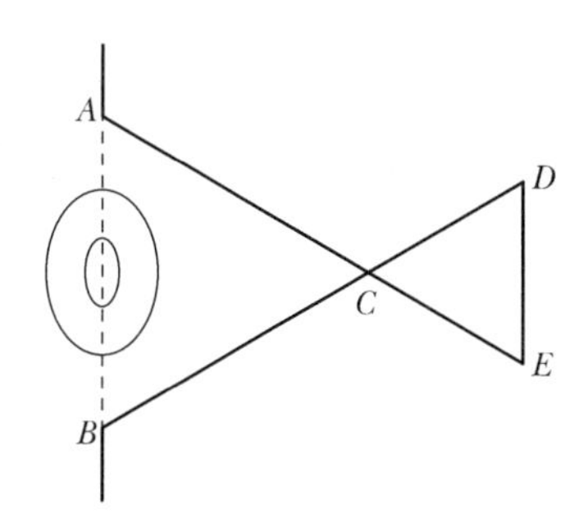

$\triangle ABC \propto \triangle CDE$

$AB : DE = BC : CD$

$\therefore\ AB = \dfrac{BC}{CD} \times DE$

or

$AB : DE = AC : CE$

$\therefore\ AB = \dfrac{AC}{CE} \times DE$

2) 두 측점 중 한 측점에만 접근이 가능한 경우

①

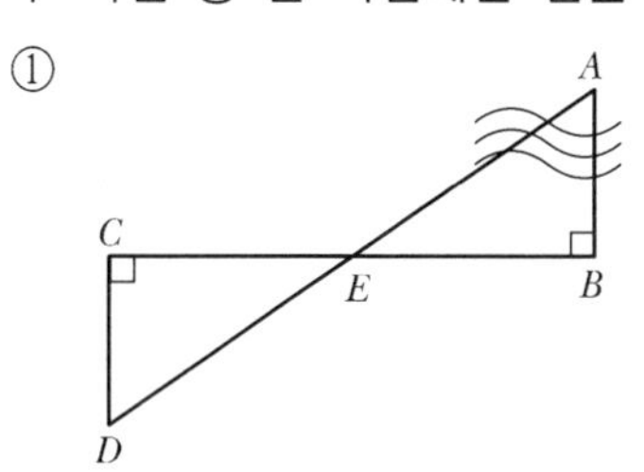

$\triangle ABC \propto \triangle CDE$

$AB : CD = BE : CE$

$\therefore\ AB = \dfrac{BE}{CE} \times CD$

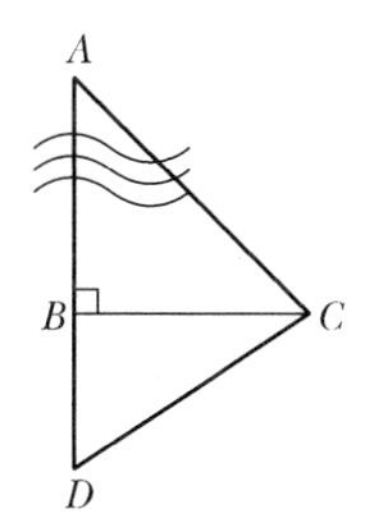

$\triangle ABC \propto \triangle BCD$

$AB : BC = BC : BD$

$\therefore\ AB = \dfrac{BC^2}{BD}$

3) 두 측점에 접근이 곤란한 경우

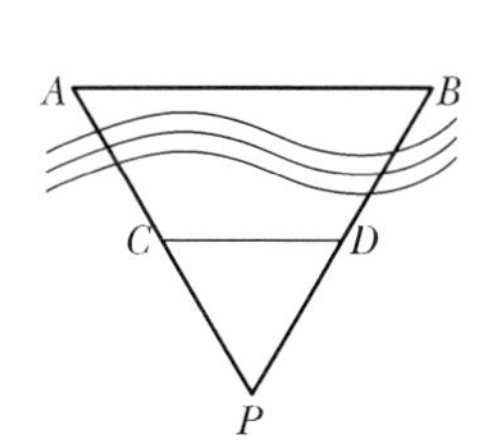

$AB : CD = AP : CP$

$\therefore\ AB = \dfrac{AP}{CP} \times CD$

$AB : CD = BP : DP$

$\therefore\ AB = \dfrac{BP}{DP} \times CD$

장애물이 있는 경우

직접관측의 방법으로 직선의 연장, 직선의 측설을 통해 구할 수 있다.

2. 직접거리측량 방법

(1) 거리측량의 순서

계획 → 답사 → 선점, 조표 → 골격측량 → 세부측량 → 계산

(2) 선점에 있어서 유의할 사항

① 측점은 시준이 될 수 있어야 하고 기기를 세우는 데 장애를 받지 말아야 한다.
② 측점수는 가능한 적을수록 좋다.
③ 측점은 지반이 견고한 지역에 설치한다. 후에도 필요에 따라 측량 표항을 활용할 수 있도록 한다.
④ 측선은 테이프를 인장하기 쉬운 장소에 설치한다.
⑤ 노면의 경우에는 교통의 방해를 주지 않도록 한다.
⑥ 측선은 지역의 경계선에 될 수 있는 한 가깝게 하고 측선장은 100m 이하가 되게 하면 좋다.

(3) 골격측량

기준점측량에 의하여 측량지역의 골격이 되는 측량

1) 방사법

측량구역 내에 장애물이 없고 좁은 지역의 측량에 이용되며 내부의 한 측점에서 이것을 기준으로 각 측점의 위치를 결정하는 방법이다.

2) 삼각구분법

측량구역 내에 장애물이 없고 투시가 잘 되며 그리 넓지 않은 비교적 좁고 긴 경우에 이용하는 방법이다.

3) 수선구분법

측량구역의 경계선상에 장애물이 있거나, 길고 좁은 경우 이용하는 방법이다.

4) 계선법

측량구역의 면적이 넓고 중앙에 장애물이 있어 대각선 투시가 곤란한 경우에 사용하는 방법이다.

계선설정의 유의사항

① 계선으로 만들어지는 삼각형은 가능한 정삼각형에 가까우면 좋고, 각 변장은 10m 이상이어야 한다.
② 측선의 교각이 둔각이 되는 경우 트래버스의 외각에 계선을 설정하여야 한다.
③ 삼각구분법에 비해 정밀도가 낮아서 부정확하기 쉬우므로 가능한 많은 검측선을 설정한다.

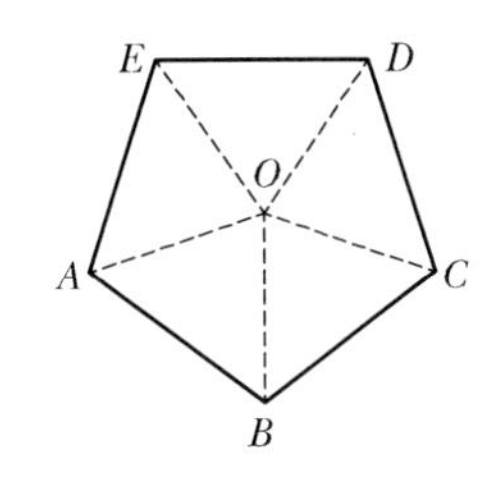

(a) 방사법

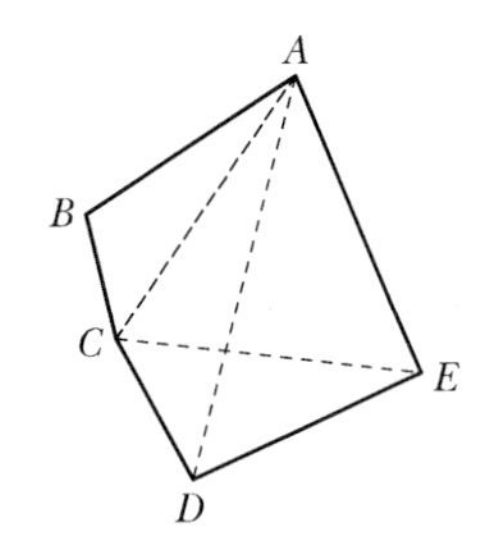

(b) 삼각구분법

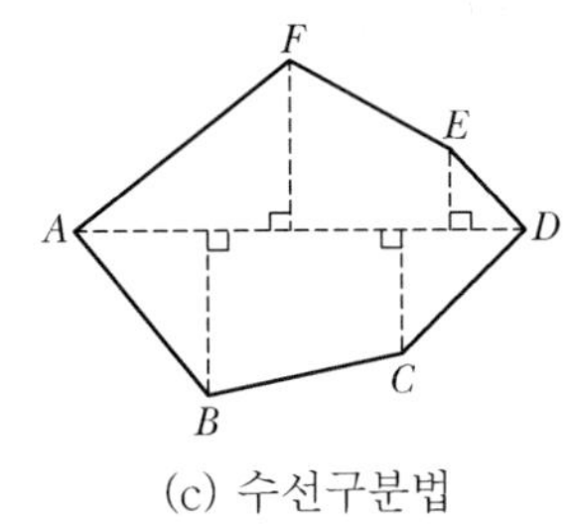

(c) 수선구분법

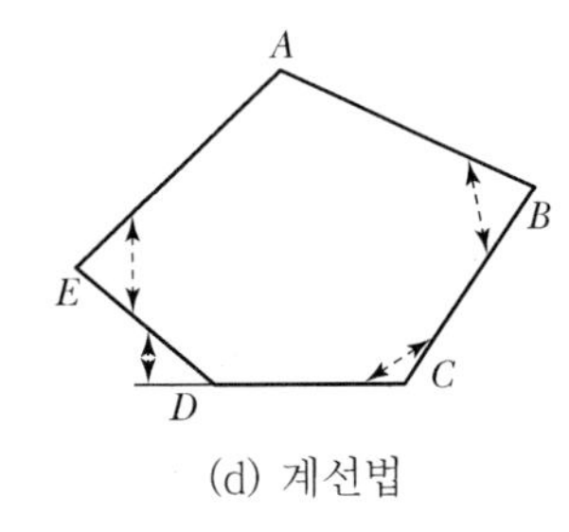

(d) 계선법

[골격측량]

(4) 세부측량

세부측량은 주로 지거측량에 의한다.

1) 지거측량

임의의 기준이 되는 측선을 설정하여 좌우의 지물까지 직각방향으로 측정한 거리를 지거라 하며, 이 지거를 이용한 측량방법을 지거측량이라 한다.

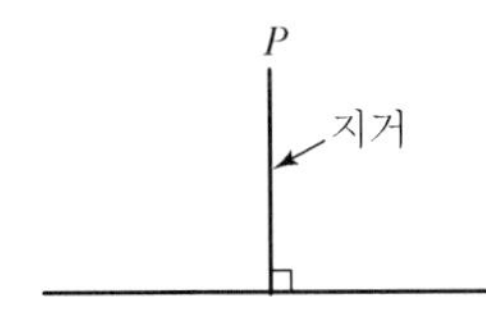

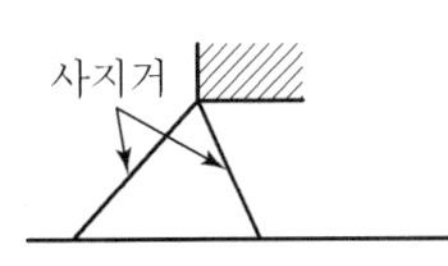

[지거]

2) 지거측량시 유의사항

① 평지에서 지거측량시 경사가 적을 때는 무시하고 경사를 고려할 필요가 있을 때에는 한 단계 올려 테이프를 수평으로 유지시키고 측정한다.

② 지거는 가능하면 짧게 하고, 허용 길이는 소요 정확도와 축척에 따라 지거설치 방법을 다르게 한다.

③ 중요 지물이나 큰 건물 등에 대해서는 정확한 위치를 위해 사지거로 측정한다.

사지거법

① 장애물 때문에 연장선을 내릴 수 없거나 정밀측량시 측정점과 측선상의 점을 연결하여 그 점의 위치를 구하는 방법

② 이때의 삼각형은 정삼각형에 가까워야 정확한 결과를 얻을 수 있다.

④ 지거는 10m 이하가 되게 측선을 선택함이 좋고, 지거의 길이가 테이프의 전장 이상으로 되는 것은 능률적이지 못하다.

3) 야장기입법

① 기록식 : 직접 고저측량의 야장처럼 기록만 한다.

② 약도식 : 약도를 그려 도상에 현지 관측한 결과를 기입한다.

③ 종란식 : 야장 중앙에 2개의 평행선을 약 2cm의 간격을 두고, 그 사이에 측선상 거리를 기입하며 평행선 양측에는 지거를 기입한다.

④ 기록약도식 : 야장 왼쪽 페이지에 기록하고 오른쪽 페이지에 약도를 그리는 형식이다.

(5) 거리측량의 오차보정

정오차의 원인

① 줄자의 길이가 표준길이와 다른 경우(줄자 특성값보정)
② 줄자의 온도가 관측시와 검정시 동일하지 않을 때(온도보정)
③ 줄자에 가한 장력이 검정시의 장력과 다른 경우(장력보정)
④ 줄자의 처짐(처짐보정)
⑤ 줄자가 수평이 되지 않은 경우(경사보정)
⑥ 줄자가 일직선이 되지 않은 경우(직선의 시준오차)

1) 줄자의 특성값보정

$$C_0 = \pm \frac{\Delta l}{l} L, \quad L_0 = L + C_0$$

$$L_0 = L\left(1 \pm \frac{\Delta l}{l}\right)$$

여기서, C_0 : 특성값보정량
Δl : 특성값
l : 줄자의 길이
L_0 : 보정한 길이
L : 측정길이

2) 온도보정

$$C_t = \alpha \cdot L(t - t_0)$$

여기서, t : 측정시 온도
t_0 : 표준온도
α : 줄자의 팽창계수
C_t : 온도보정량
L : 측정길이

3) 경사보정

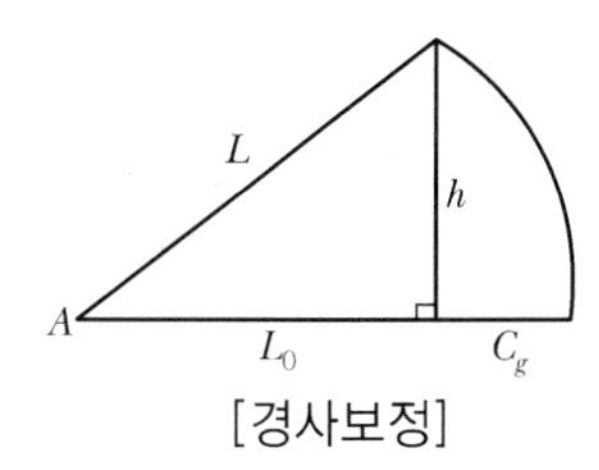

[경사보정]

$$C_g = -\frac{h^2}{2L}$$

여기서, C_g : 경사보정량

h : 기선 양끝의 고저차

4) 표고보정(평균해수면상 길이로 보정)

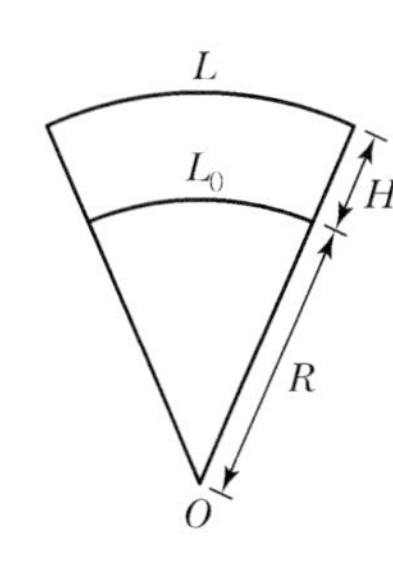

[표고보정]

$$C_h = -\frac{LH}{R}$$

여기서, C_h : 표고보정량

L : 수평거리

L_0 : 평균해수면상거리

R : 지구곡률반경

(약 6,370km)

H : 표고차

5) 장력 및 처짐보정

① 장력보정

$$C_p = \frac{(P - P_0)}{AE} L$$

여기서, C_p : 장력보정량

A : 줄자의 단면적

P : 관측시 장력

P_0 : 표준장력(10kg)

E : 줄자의 탄성계수

② 처짐보정

$$C_s = -\frac{L}{24}\left(\frac{Wl}{P}\right)^2$$

여기서, C_s : 처짐보정량

P : 장력

W : 줄자의 자중

L : 측정길이(nl)

l : 지지말뚝간격

n : 지지말뚝 구간수

경사보정

$$L_0 = \sqrt{L^2 - h^2}$$
$$= L\sqrt{\left(1 - \frac{h^2}{L^2}\right)}$$
$$= L\left(1 - \frac{h^2}{L^2}\right)^{\frac{1}{2}}$$
$$= L\left(1 - \frac{h^2}{2L^2} - \frac{h^4}{8L^4} \cdots\right)$$

( ) 안 우측 3항 이하 생략

$$L_0 = L - \frac{h^2}{2L}$$

표고보정(L)

수평거리는 줄자특성값보정, 온도보정, 경사보정, 장력 및 처짐보정을 한 거리이다.

$$\frac{L_0}{L} = \frac{R}{R+H}$$
$$L_0 = \frac{LR}{R+H} = \frac{L}{1+\frac{H}{R}}$$
$$= L\left(1 + \frac{H}{R}\right)^{-1}$$
$$\therefore\ L_0 = L\left(1 - \frac{H}{R} + \frac{H^2}{R^2} - \cdots +\right)$$
$$L_0 = L - \frac{LH}{R}$$

( ) 안 우측 3항 이하 생략

수평표척

$$\tan\frac{\alpha}{2}=\frac{\frac{H}{2}}{S}$$

$$S=\frac{\frac{H}{2}}{\tan\frac{\alpha}{2}}$$

$$\therefore\ S=\frac{H}{2}\cot\frac{\alpha}{2}$$

3. 간접거리측량

(1) 수평표척을 사용한 방법

수직표척의 눈금이 잘 보이지 않을 경우 사용하며, 거리가 멀어지면 측각의 정밀도가 크게 떨어지므로 정밀관측에서 사용하지 않는다.

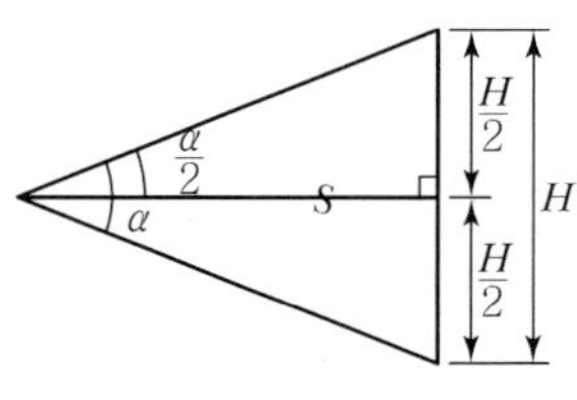

[수평표척 사용시]

$$S=\frac{H}{2}\cot\frac{\alpha}{2}$$

여기서, S : 수평거리
H : 수평표척길이
α : 양 끝을 시준한 사이각

(2) 정밀도에 영향을 주는 요인

① 트랜싯 각 관측의 정밀도
② 표척길이의 정밀도
③ 표척과 관측거리 방향의 직교성의 정밀도(표척 시준선의 직각정도)

(3) 장점

① 시거측량에 비해 고저차에 대한 보정이 필요 없다.
② 정밀도가 높은 트랜싯을 이용한다.
③ 적은 수의 사람으로 신속히 관측되므로 경제적이다.

Item pool

예상문제 및 기출문제

01. 사면(斜面)거리 50m를 측정하는 데 그 보정량이 1mm라면 그 경사도(傾斜度)는 약 얼마인가?

㉮ $\frac{1}{100}$　㉯ $\frac{1}{130}$
㉰ $\frac{1}{160}$　㉱ $\frac{1}{190}$

■ 해설 ① 경사보정$(C) = -\frac{h^2}{2L}$

$h^2 = C \times 2L$,

$h = \sqrt{2CL}$, $\sqrt{2 \times 0.001 \times 50} = 0.316\text{m}$

② 경사$(i) = \frac{h}{D} = \frac{0.316}{50 - 0.001}$

$= \frac{1}{158.22} \fallingdotseq \frac{1}{160}$

02. 기선의 길이 500m를 측정한 지반의 평균표고가 18.5m였다면 기선을 평균해면상의 길이로 환산할 때 보정량은?(단, 지구의 곡률반경은 6,370km이다.) (산기 05)

㉮ +0.35cm　㉯ −0.35cm
㉰ +0.15cm　㉱ −0.15cm

■ 해설 평균해면상 보정

$C = -\frac{L \cdot H}{R} = -\frac{500 \times 18.5}{6,370 \times 1,000}$

$= -0.00145\text{m} \fallingdotseq -0.15\text{cm}$

03. 표고가 500m인 관측점에서 표고가 700m 목표점까지의 경사거리를 측정한 결과가 2,545m였다면 평균해면상의 거리는?(단, 지구의 곡선 반지름 = 6,370km)

㉮ 2,537.14m　㉯ 2,466.26m
㉰ 2,466.06m　㉱ 2,536.94m

■ 해설 ① 경사보정$(C_h) = -\frac{H^2}{2L} = \frac{200^2}{2 \times 2,545}$

$= -7.859\text{m}$

② 평균해면상거리$(D) = L - C_h$

$= 2,545 - 7.859 = 2,537.141\text{m}$

04. 30m의 테이프로 측정한 거리는 300m였다. 이때 테이프의 길이가 표준길이보다 2cm가 짧아 있었다면 이 거리의 정확한 값은? (산기 05)

㉮ 299.80m　㉯ 300.20m
㉰ 330.20m　㉱ 328.80m

■ 해설 $L_0 = L\left(1 \pm \frac{\Delta l}{l}\right) = 300\left(1 - \frac{0.02}{30}\right) = 299.80\text{m}$

05. 1/25,000 지도상에서 거리가 6.73cm인 두 점 사이의 거리를 다른 축척의 지형도에서 측정한 결과 11.21cm이었다. 이 지형도의 축척은 약 얼마인가? (기사 03)

㉮ 1/20,000　㉯ 1/18,000
㉰ 1/15,000　㉱ 1/13,000

■ 해설 ① 실제거리 = 도상거리 × $M = 6.73 \times 25,000 = 168,250\text{cm}$

② $\frac{1}{M} = \frac{11.21}{168,250}$

$M = \frac{11.21}{168,250} = 15,008$

$\frac{1}{M} \fallingdotseq \frac{1}{15,000}$

06. 전자파 거리측정기(EDM)로 경사거리 165.360m(프리즘 상수 및 기상보정된 값)을 얻었다. 이때 두 점 A, B의 높이는 447.401m, 445.389m이다. A점의 EDM 높이는 1.417m, B점의 반사경(Reflector) 높이는 1.615m이다. AB의 수평거리는 몇 m인가? (기사 03)

㉮ 165.320m　㉯ 165.330m
㉰ 165.340m　㉱ 165.350m

| 해답 | 1.㉰ 2.㉱ 3.㉮ 4.㉮ 5.㉰ 6.㉱

■해설 ① $\Delta H = H_A + IH - H_R - H_B$
$= 447.401 + 1.417 - 1.615 - 445.389$
$= 1.814\text{m}$
② $\overline{AB}$ 수평거리
$D = \sqrt{L^2 - \Delta H^2}$
$= \sqrt{165.360^2 - 1.814^2} = 165.350\text{m}$

07. 다음 전자기파 거리측량기에 관한 사항 중 옳지 않은 것은? (기사 03)

㉮ 초장기선 간섭계(VLBI)는 1,000~10,000km 떨어진 지구상의 지점 간을 관측할 수 있는 것으로 1m 이내의 정도를 유지할 수 있다.
㉯ 정도에 있어서 광파거리측량기가 전파거리측량기보다 우수하다.
㉰ 광파거리측량기가 전파거리측량기보다 기상 조건의 영향이 적다.
㉱ 전자파거리측량기의 오차는 모든 주파수 및 굴절률에 관한 영향을 많이 받는다.

■해설 ① 광파거리측정기 : 비, 안개, 눈 등 기상의 영향을 받는다.
② 전파거리측정기 : 송전탑, 자동차 등 장애물의 영향을 받는다.

08. 어떤 거리를 같은 정확도로 8회 측정하여 8.0cm의 평균제곱근 오차를 얻었다. 지금 평균제곱근 오차를 6.0cm 이내로 얻기 위해서는 몇 회 측정하여야 하는가? (기사 03)

㉮ 6회 ㉯ 9회
㉰ 12회 ㉱ 15회

■해설 총우연오차 = ±1회 측정시 오차$\sqrt{\text{횟수}}$
∴ $\pm 8.0\sqrt{8} = \pm 6.0\sqrt{n}$
$n = 8 \times \left(\frac{8.0}{6.0}\right)^2 = 14.22 = 15$회

09. 거리가 450m인 두 점 사이를 50m Tape를 사용하여 측정할 때 Tape 1회 측정의 정오차가 3mm, 우연오차가 2mm일 때 전 길이의 확률오차는? (산기 03)

㉮ 27.66mm ㉯ 21.66mm
㉰ 17.66mm ㉱ 31.66mm

■해설 ① 횟수(n) = $\frac{450}{50} = 9$회
② 정오차(m_1) = $n\delta = 9 \times 3 = 27\text{mm}$
③ 우연오차(m_2) = $\pm \delta\sqrt{n} = \pm 2\sqrt{9} = 6\text{mm}$
④ 전 길이오차(M) = $\sqrt{m_1^2 + m_2^2} = \sqrt{27^2 + 6^2}$
$= 27.66\text{mm}$

10. 전 길이를 n구간으로 나누어 1구간 측정 시 3mm의 정오차와 ±3mm의 우연오차가 있을 때 정오차와 우연오차를 고려한 전 길이의 확률오차는?

㉮ $3\sqrt{n}$mm ㉯ $3\sqrt{n^3}$mm
㉰ $3n\sqrt{2}$mm ㉱ $3\sqrt{n^2+n}$mm

■해설 $M = \pm\sqrt{m_1^2 + m_2^2} = \pm\sqrt{(\delta \times n)^2 + (\delta\sqrt{n})^2}$
$= \pm\sqrt{(3n)^2 + (3\sqrt{n})^2} = \pm 3\sqrt{n^2 + n}$

11. 3km의 거리를 30m의 테이프로 측정하였을 때 1회 측정의 부정오차를 ±4mm로 보면 부정오차의 총합은? (산기 04)

㉮ ±30mm ㉯ ±35mm
㉰ ±40mm ㉱ ±45mm

■해설 ① 총부정오차(M) = $\pm \delta\sqrt{n}$
② $M = \pm 4\sqrt{\frac{3,000}{30}} = \pm 40\text{mm}$

12. 20m 줄자로 두 지점의 거리를 측정한 결과 320m를 얻었다. 1회 측정마다 ±3mm의 우연오차가 있을 때 옳은 것은? (기사 05, 17)

㉮ 320±0.048m ㉯ 320±0.013m
㉰ 320±0.012m ㉱ 320±0.024m

■해설 ① 우연오차(M)

$= \pm \delta\sqrt{n} = 3\pm\sqrt{\frac{320}{20}} = \pm 12\text{mm} = \pm 0.012\text{m}$

② $L_0 = 320 \pm 0.012\text{m}$

13. 120m의 측선을 30m 줄자로 관측하였다. 1회 관측에 따른 정오차는 +3mm, 우연오차는 ±3mm였다면, 이 줄자를 이용한 관측거리는?

㉮ 120.000±0.006m ㉯ 120.006±0.006m
㉰ 120.012±0.006m ㉱ 120.012±0.012m

■해설 ① 정오차 $= +\delta n = +3\times4 = 12\text{mm} = 0.012\text{m}$
② 우연오차 $= \pm\delta\sqrt{n} = \pm 3\sqrt{4} = \pm 6\text{mm} \pm 0.006\text{m}$
③ 정확한 거리(L_0) $= L +$ 정오차±우연오차
$= 120 + 0.012 \pm 0.006 = 120.012 \pm 0.006\text{m}$

14. 거리측정에서 생기는 오차 중 우연(遇然)오차에 해당되는 것은? (산기 06)

㉮ 측정하는 줄자의 길이가 정확하지 않기 때문에 생기는 오차
㉯ 줄자의 경사를 보정하지 않기 때문에 생기는 오차
㉰ 측선의 일직선상에서 측정을 하지 않기 때문에 생기는 오차
㉱ 온도나 습도가 측정 중에 때때로 변하기 때문에 생기는 오차

■해설 우연오차(거리 측량시)
① 읽기 오차
② 온도, 습도가 변할 때
③ 장력을 유지 못할 때

15. 거리측정에서 생기는 오차 중 우연오차에 해당되는 것은? (기사 03)

㉮ 온도나 습도가 측정 중에 변해서 생기는 오차
㉯ 일직선상에서 측정하지 않기 때문에 생기는 오차
㉰ 측정하는 줄자의 길이가 정확하지 않기 때문에 생기는 오차
㉱ 줄자의 경사를 보정하지 않기 때문에 생기는 오차

■해설 우연오차=우연히 발생 제거할 수 없다.
(온도나 습도가 시시각각 변할 때의 우연오차)

16. 어떤 측선의 길이를 3군으로 나누어 측정하였다. 이때 측선길이의 최확값은? (산기 05)

측정군	측정값	측정횟수
I	100.350	2
II	100.340	5
III	100.353	3

㉮ 100.344m ㉯ 100.346m
㉰ 100.348m ㉱ 100.350m

■해설 ① 경중률(P)은 횟수(n)에 비례
$P_1 : P_2 : P_3 = n_1 : n_2 : n_3 = 2 : 5 : 3$
② 최확치(L_0) $= \frac{P_1L_1 + P_2L_2 + P_3L_3}{P_1 + P_2 + P_3}$
$= \frac{100.350\times2 + 100.340\times5 + 100.353\times3}{2+5+3}$
$= 100.346\text{m}$

17. 동일 조건으로 기선 측정을 하여 다음과 같은 결과를 얻었다. 최확값은 얼마인가?(단, 100.521±0.030m, 100.526± 0.015m, 100.532±0.045m) (산기 04, 09)

㉮ 100.326m ㉯ 100.425m
㉰ 100.526m ㉱ 100.725m

■해설 ① 경중률(P)은 오차(m) 제곱에 반비례
$P_1 : P_2 : P_3 = \frac{1}{0.03^2} : \frac{1}{0.015^2} : \frac{1}{0.045^2}$
$= 9 : 36 : 4$
② $L_0 = \frac{9\times100.521 + 36\times100.526 + 4\times100.532}{9+36+4}$
$= 100.526\text{m}$

18. 어느 두 지점 사이의 거리를 A, B, C, D 네 사람이 각각 10회 측정한 결과가 다음과 같다. 가장 신뢰성이 높은 측정자는 누구인가?(단, 단위는 [m]) (산기 06)

A : 165.864±0.002	B : 165.867±0.006
C : 165.862±0.007	D : 165.864±0.004

㉮ A ㉯ B
㉰ C ㉱ D

해설 ① 경중률(P)은 오차($\frac{1}{m}$)의 제곱에 반비례

$P_A : P_B : P_C : P_D$

$= \frac{1}{{m_A}^2} : \frac{1}{{m_B}^2} : \frac{1}{{m_C}^2} : \frac{1}{{m_D}^2}$

$= \frac{1}{2^2} : \frac{1}{6^2} : \frac{1}{7^2} : \frac{1}{4^2}$

$=12.25 : 1.36 : 1 : 3.06$

② 경중률이 높은 A작업의 신뢰성이 높다.

Chapter

03

평판측량

Contents

평판측량의 정의

1. 평판측량의 정의

평판을 삼각위에 놓고 평판과 목표물을 시준하는 앨리데이드 등을 이용하여 방향, 거리 및 고저차를 측량하여 현장에서 직접 도면을 작성하는 측량이다.

2. 평판측량의 용도

① 골조측량에 의해 구해진 기준점으로부터 측량구역 내의 지물의 위치나 지형을 구하는 세부측량에 사용한다.

② 지역이 넓지 않은 곳이나 지형도 등을 작성할 때 등 정밀도는 낮으나 실용적인 면에서 널리 사용한다.

3. 특징

(1) 장점

① 현장에서 직접 측량결과를 제도하여 필요한 사항을 관측하는 중에 누락시키는 일이 없다.

② 측량 과실의 발견이 쉽다.

③ 측량방법이 간단하고 내업이 적으므로 작업이 신속하다.

④ 야장이 필요 없다.

(2) 단점

① 외업이 많아 일기에 영향을 받는다.

② 도지에 신축이 생기므로 정확도에 영향이 크다.

③ 높은 정확도를 기대할 수 없다.

④ 장비의 부품이 많아 휴대가 불편하고 분실의 우려가 있다.

평판의 설치

1. 평판에 사용되는 기구

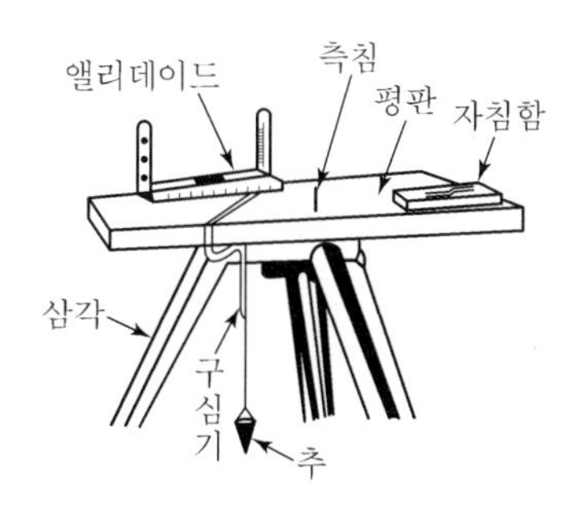

[평판 사용기구]

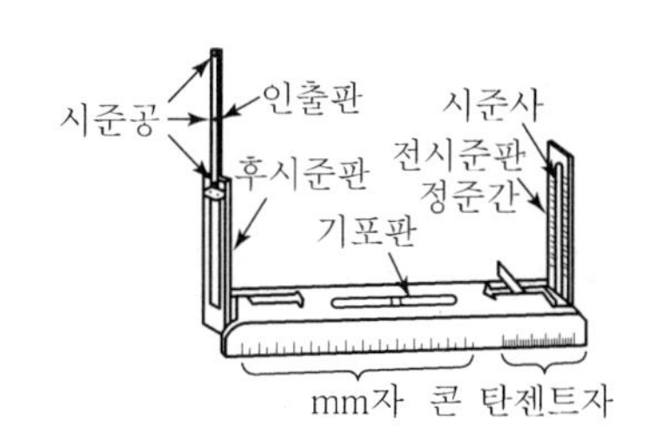

[앨리데이드]

앨리데이드 종류

① 보통앨리데이드
② 망원경앨리데이드
- 버니어가 있는 연직잣눈과 스타디아 선이 있어 편리하다.
- 원거리 시준과 정확한 방향선을 결정할 때 편리하나 세부측량시 시야가 좁아 불편하다.

(1) 평판(도판)

크기는 소형 30×40cm, 중형 40×50cm, 대형 50×60cm이며 이중 보통 40×50cm(중형)를 많이 사용한다.

(2) 앨리데이드

① 전시준판에 새겨있는 한 눈금의 크기는 양시준판 간격의 1/100로 나눈다.
② 전시준판의 시준사의 직경은 0.2mm, 시준공 1개이다.
③ 후시준판의 시준공의 직경 0.5mm의 시준공 3개이며 상시준공(35), 중시준공(20), 하시준공(0)이 있다.
④ 기포관의 곡률반지름은 1.0~1.5m이다.
⑤ 시준판의 간격은 22~27cm이다.

앨리데이드 조건

① 기포관의 감도가 적당할 것
② 전시준판의 눈금이 정확할 것
③ 3개의 시준공은 같은 시준면에 있을 것
④ 양 시준판이 앨리데이드에 대하여 전후 좌우로 경사되지 말 것
⑤ 기포관축은 시준선에 수평일 것
⑥ 시준공과 시준사의 지름과 두께가 적당할 것

(3) 자침함, 구심기, 추, 측량침 등

2. 평판의 정치

(1) 정준(수평맞추기)

평판을 수평으로 한다.

평판의 정치시

① 표정에 대한 오차가 평판측량에 영향이 가장 크다.
② 표정의 방법으로는 자침과 방향선을 이용한 표정이 있다.

(2) 구심(중심맞추기)

평판상의 점과 지상의 측점을 동일 연직상에 있도록 한다.

(3) 표정(방향맞추기)

평판을 일정한 방향으로 고정한다.

평판측량의 방법

1. 방사법

① 장애물이 적고 넓게 시준할 경우
② 평판을 한 번 세워 다수의 점을 관측할 수 있다.
③ 가옥, 도로, 하천, 수목 등의 위치도 같은 방법이나 지거에 의해 관측한다.

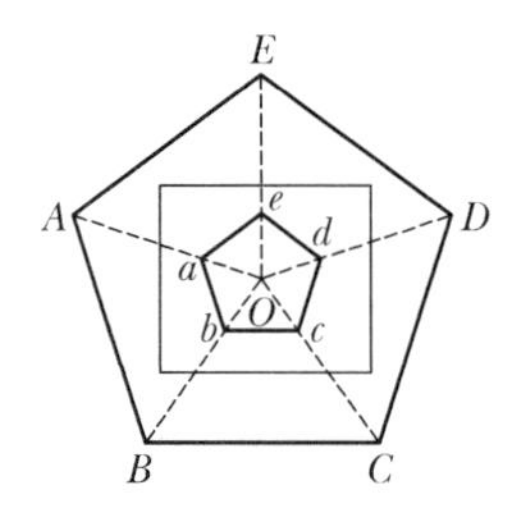

[방사법]

2. 전진법(도선법)

① 측량구역 안에 장애물이 있는 경우나 지형이 길고 좁은 지역
② 측량도중 오차를 즉시 발견할 수 있다.

(1) 복전진법

① 매 측점마다 평판을 설치한다.
② 폐합오차 : 발생오차를 보정한다.
③ 보정오차 = $\dfrac{\text{출발점에서 보정해야 할 점의 추가거리}}{\text{측선거리의 총합}}$ ×폐합오차

④ 도면상 폐합오차 허용범위 $\pm 0.3\sqrt{n}$(mm)

⑤ 폐합오차 발생시 허용범위 이내이면 변의 길이에 비례하여 분배한다.

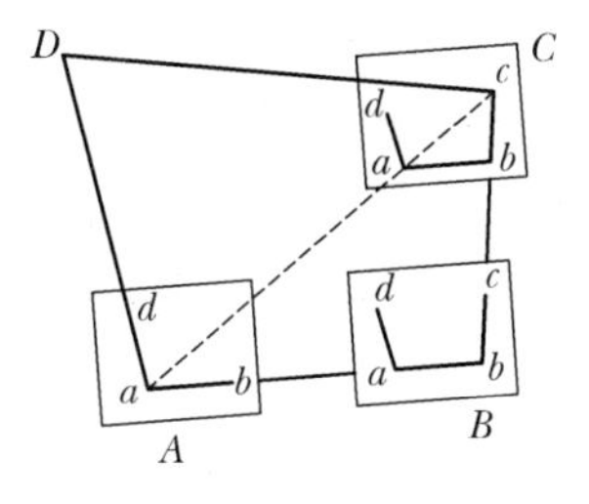

[복전진법]

(2) 단전진법

① 지침상자를 사용하여 표정하고 평판을 격점에 세운다.

② 자기의 국소인력이 있는 곳은 행하지 못한다.

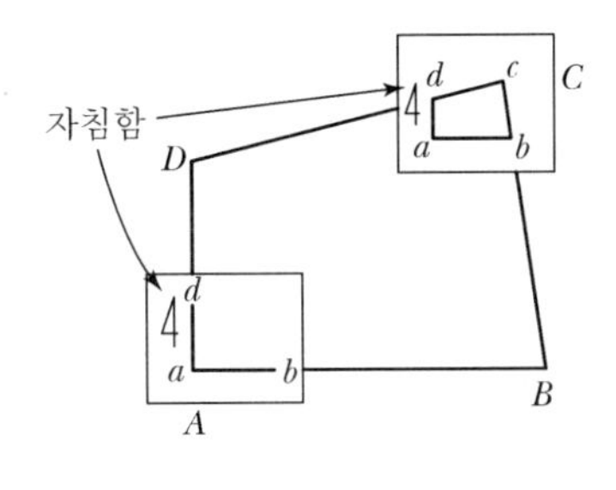

[단전진법]

(3) 전진법의 주의사항

① 복전진법을 원칙으로 하고 폐합다각형을 이용할 것

② 변의 수는 20개 이내이며 노선의 길이는 각 축척마다 5cm 이내일 것

3. 교회법

넓은 지역에서 세부도근 측량이나 소축척의 세부측량에 적합한 방법

(1) 전방교회법

장애물이 있어 직접거리측량이 곤란할 때 2개 이상의 기지점을 이용 미지점을 시준하여 교차점으로부터 점의 위치를 구한다. 측점이 많은 경우 혼잡하여 실수하기 쉬우며 시준오차나 표정오차 등을 검사할 수 없다.

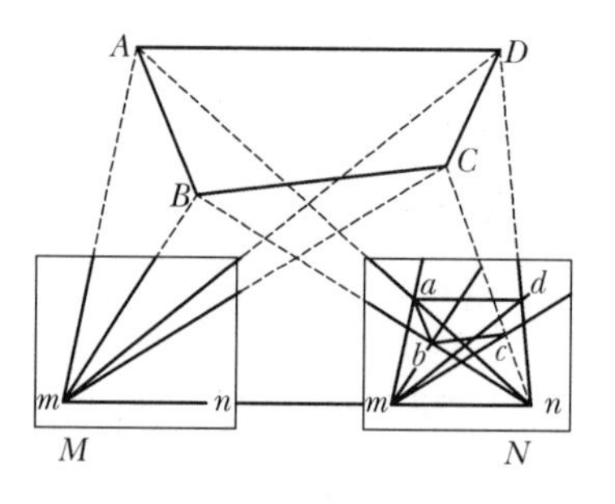

[전방교회법]

(2) 측방교회법

기지의 2점 중 한 점에 접근이 곤란한 경우 기지의 2점을 이용하여 미지의 한 점을 구하며, 전방교회법과 후방교회법을 겸한 방법이다.

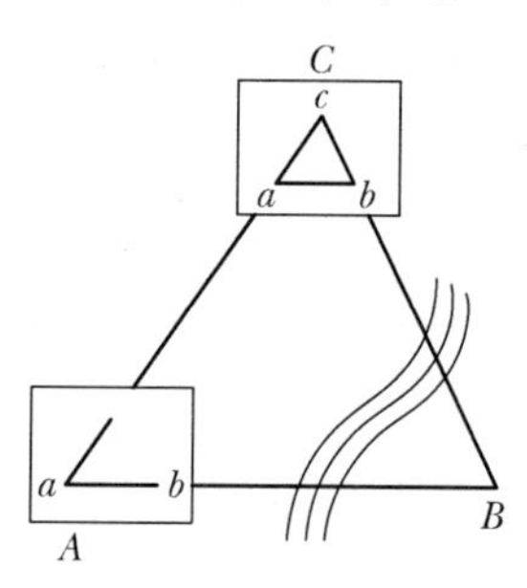

[측방교회법]

(3) 후방교회법

미지점에 평판을 세워 2점 또는 3점을 이용하여 미지점의 위치를 결정하는 방법이다.

1) 후방교회법의 3점 처리 문제

① 레만법(시오삼각형 이용) : 경험이 있으면 신속히 작업할 수 있으며 정확한 방법이다.

② 벳셀법(원의 기하학적 성질 이용)
매우 정확하며 경험을 요하지 않는다. 그러나 소요작도의 일부분이 평판 밖에 있어 해법이 불가능한 경우도 있으며, 작업이 복잡하고 시간이 많이 걸린다.

③ 투사지법(투사지를 이용) : 가장 간단하며 현장에서 많이 사용한다.

후방교회법
① 후시에 의한 방법
② 자침에 의한 방법
③ 2점문제
④ 3점문제
㉠ 레만법
㉡ 벳셀법
㉢ 투사지법

3점문제
1. 도면상에 기재되지 않는 미지점에 평판을 세워 3점을 기지점을 이용하여 평판을 세운 미지점의 위치를 도면상에 정하고 이것을 표정하는 작업
2. 도해법으로 해석
① 레만법
② 벳셀법
③ 투사지법
3. 지적측량, 해안측량 등에 이용한다.

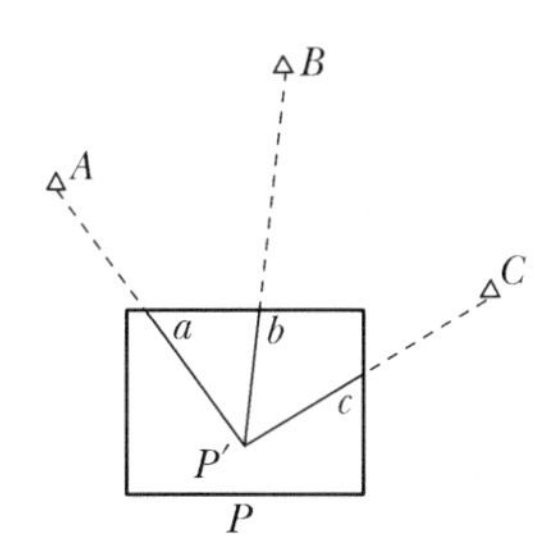

[후방교회법]

(4) 교회법의 주의사항

① 교각은 30~150°

② 시오삼각형의 내접원은 도상에서 5mm 이내로 한다.

③ 삼각망을 만들 때 평면위치의 폐합차는 0.5mm$\sqrt{n}$(n : 삼각형수)

④ 도상에서 5cm마다 1점씩 배치한다.

⑤ 방향선의 수는 측방교회법 3방향 이상, 후방교회법 4방향 이상으로 한다.

⑥ 방향선의 길이는 보통앨리데이드 도상 10cm 이내, 망원경앨리데이드 15cm 이내로 한다.

평판측량의 수평거리 및 높이 관측

1. 수평거리 관측

(1) 직접관측법

줄자 등을 이용하여 직접관측

(2) 간접관측법

1) 망원경앨리데이드

망원경에 장치된 시준선을 이용하여 관측한다.

2) 보통앨리데이드

시준판의 눈금과 폴의 높이 측정시	경사거리 l을 재고 수평거리를 구할 시
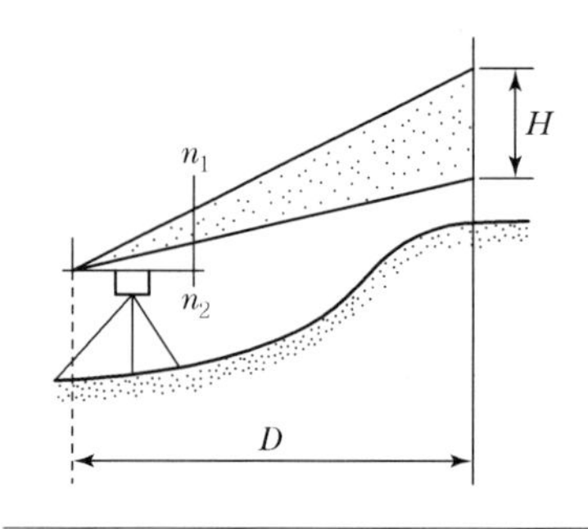	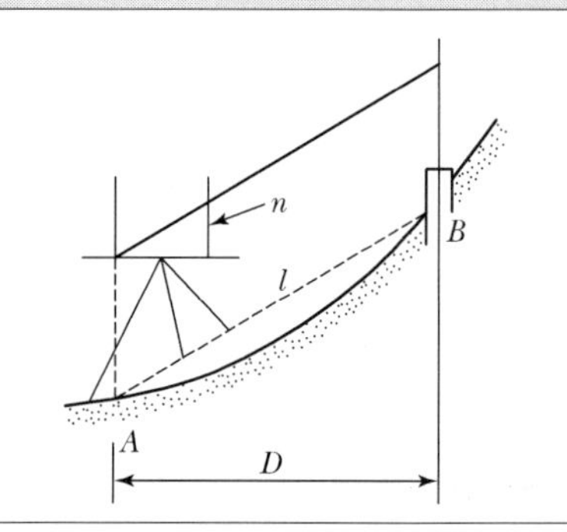
$D : H = 100 : (n_1 - n_2)$ $\therefore\ D = \dfrac{100}{n_1 - n_2} \cdot H$ 여기서, D : 수평거리 n_1, n_2 : 시준판 눈금 H : 상하 측표의 간격	$D : l = 100 : \sqrt{100^2 + n^2}$ $\therefore D = \dfrac{100l}{\sqrt{100^2 + n^2}} = \dfrac{1}{\sqrt{1 + \left(\dfrac{n}{100}\right)^2}} \times l$ 여기서, D : 수평거리 l : 경사거리 n : 시준판 눈금

2. 높이관측

(1) 망원경앨리데이드

망원경에 장치된 시준선, 연직분도원 및 표척을 이용

(2) 보통앨리데이드

전시의 경우	후시의 경우
$\therefore\ H_B = H_A + I + H - h$	$\therefore\ H_B = H_A + h - H - I$
여기서, H_A : A점의 표고, H_B : B점의 표고, I : 기계고	
$\therefore\ H = \dfrac{n}{100} D$ 여기서, n : 분획, H : 시준고	

평판측량의 오차 및 정확도

1. 평판측량의 오차원인

(1) 기계적 오차

① 평판의 구조는 간단하지만 완전한 조정이 불가능하며, 기계적 오차의 소거도 할 수 없다.

② 충분히 검사하여 사용에 편리하도록 하며, 보통 기계적 오차보다 취급시의 오차가 크다.

(2) 도상표시오차

도상식별 최소거리는 0.1mm이므로 점의 위치를 정할 경우 측점을 연직으로 세운 점의 크기를 0.2mm 이내로 한다.

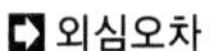

도상표시오차
표시오차라 하며 우연오차이다.

(3) 취급시 오차 및 시준오차

① 정준오차
② 구심오차
③ 표정오차
④ 시준오차
⑤ 평판이동오차

2. 평판측량의 오차

외심오차

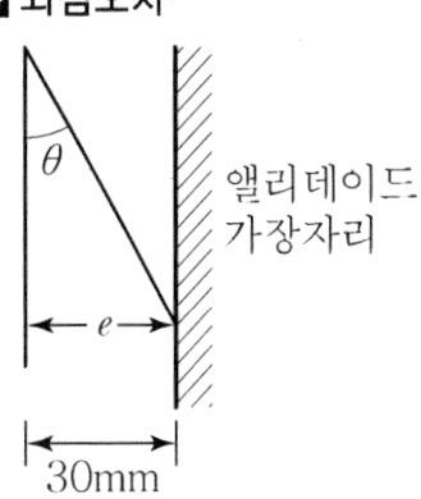

(1) 기계오차

1) 앨리데이드 외심오차

보통앨리데이드의 자와 시준선의 간격은 약 25~30mm이며 이때에 생기는 오차

$$q = \frac{e}{M}, \quad e = qM$$

여기서, q : 도상허용오차
e : 외심오차
M : 축척의 분모수

앨리데이드에 의한 고저측량 오차

① dn에 의한 오차
dn : 눈금읽음 오차
($dn = 0.1$)
dn : 고저차오차

$$dh_1 = \frac{D}{100} dn$$

② dD에 의한 오차

$$dh_2 = \frac{n}{100} dD$$

③ 종합오차(오차전파법칙)

$$dh = \pm\sqrt{(dh_1)^2 + (dh_2)^2}$$

2) 앨리데이드의 시준오차

시준공의 크기, 시준사의 굵기에 의하여 발생하는 시준선의 방향오차

$$e = \frac{\sqrt{d^2 + t^2}}{2l} L$$

여기서, d : 시준공의 지름
t : 시준사의 지름
l : 전후 시준판의 간격
L : 방향선의 길이
e : 시준오차

3) 자침오차

자침의 바늘이 정확히 일치하지 않아 생기는 오차

$$e = \frac{0.2}{K} L$$

여기서, L : 방향선 길이
K : 자침의 길이에 $\frac{1}{2}$

(2) 정치오차

1) 평판의 경사에 의한 오차(정준오차)

평판이 수평이 아닌 경우 방향 및 고저차에 의하여 생기는 오차

$$e = \frac{b}{r} \cdot \frac{n}{100} \cdot L$$

여기서, e : 도상허용오차(0.2mm)
b : 기포의 변위량
r : 기포관의 곡률반경
$\frac{n}{100}$: 평판의 경사
L : 방향선의 길이

평판경사오차(정준오차)

① 허용오차가 0.2mm 이내라면 평판경사는 1/100까지 허용한다.
② 기포관 눈금수로 표시

$$e = \frac{2a}{r} \cdot \frac{n}{100} \cdot L$$

a : 기포관 이동 눈금수

2) 구심오차

도상의 점과 지상의 측점이 동일 연직선에 있지 않은 경우에 생기는 오차

$$e = \frac{qM}{2}$$

여기서, q : 도상허용오차
M : 축척의 분모수

구심오차

① 축척분모수에 의해 좌우된다.
② 도상허용오차 0.2mm시 구심의 허용오차

축척	허용오차(cm)
1/100	1
1/500	5
1/1,000	10
1/5,000	50
1/10,000	100

(3) 측량오차

1) 방사법에 의한 오차

각 측점을 개별 시준하므로 시준오차(m_1)와 거리, 축척(m_2)에 의한 오차의 합으로 표시

$$S_1 = \pm\sqrt{m_1^2 + m_2^2}\text{(오차전파의 법칙)}$$

2) 전진법에 의한 오차

방사법과 마찬가지로 시준과 거리의 오차를 합한 것과 측선수(n)의 제곱근의 곱으로 표시

$$S_2 = \pm\sqrt{n(m_1^2 + m_2^2)}$$

3) 교회법에 의한 오차

점의 위치가 2개의 방향선을 그은 교점에 의해 결정되고, 이 방향선이 변위될 때 발생하는 오차

$$S_3 = \pm\sqrt{2}\frac{a}{\sin\theta} = \sqrt{2}\frac{0.2}{\sin\theta}$$

여기서, θ : 방향선의 교각
a : 방향선의 변위(보통 0.2mm)

측량오차

m_1 =0.2mm, m_2 =0.2mm라면

$S_1 = \pm\sqrt{0.2^2+0.2^2}$

$= \pm 0.3$mm

$S_2 = \pm 0.3\sqrt{n}$mm

3. 평판측량의 정밀도

(1) 폐합비

$$\text{폐합비} = \frac{\text{폐합오차}}{\text{측선의 전길이}}$$

정밀도의 표시

정밀도는 폐합비로 표시

(2) 폐합비의 정밀도

구분	정밀도
평탄지	1/1,000
완경사지	1/800~1/600
산지, 복잡한 지형	1/500~1/300

(3) 폐합오차의 배분

① 허용정도 이내일 때는 거리에 비례하여 배분한다.

② 허용정도 이상일 때는 재측량한다.

$$\text{조정량} = \frac{\text{폐합오차}}{\text{측선의 전길이}} \times \text{배분할 측선까지의 거리}$$

Item pool
예상문제 및 기출문제

01. 평판측량에서 평판을 정치하는 데 생기는 오차 중 측량 결과에 가장 큰 영향을 주므로 특히 주의해야 할 것은? (산기 04, 12)

㉮ 수평 맞추기 오차
㉯ 중심 맞추기 오차
㉰ 방향 맞추기 오차
㉱ 앨리데이드의 수준기에 따른 오차

■ 해설 정준, 구심, 표정(방향 맞추기) 중 표정이 오차에 영향이 가장 크다.

02. 평판을 정치할 때 오차에 가장 큰 영향을 주는 것은 무엇인가? (산기 05)

㉮ 수평맞추기(정준) ㉯ 중심맞추기(구심)
㉰ 방향맞추기(표정) ㉱ 높이맞추기(표고)

■ 해설 정준, 표정, 구심의 3요소 중 표정이 오차에 가장 영향이 크다.

03. 평판측량의 후방교회법에서 시오삼각형이 생기는 가장 주된 원인은? (산기 04)

㉮ 교회각이 너무 작을 때
㉯ 도지가 늘어났을 때
㉰ 평판의 표정이 불완전할 때
㉱ 평판의 방위가 틀렸을 때

■ 해설 시오삼각형은 표정의 불량으로 발생한다.

04. 평판측량을 할 경우 기지의 A, B점을 이용하여 미지점 C의 위치를 결정하고자 한다. 이때 기지점 B에 기계를 설치할 수 없어 기지점 A와 미지점 C에 기계를 설치하여 미지점 C의 위치를 결정하는 방법은? (산기 03)

㉮ 전방교회법
㉯ 후방교회법
㉰ 측방교회법
㉱ 시오삼각형법

■ 해설 측방교회법은 기지점과 미지점에 기계를 세우는 방법이며 전방교회법+후방교회법이다.

05. 평판측량의 후방교회법을 설명한 것으로 옳은 것은?

㉮ 어느 한 점에서 출발하여 측점의 방향과 거리를 측정하고 다음 측점으로 평판을 옮겨 차례로 측정하는 방법
㉯ 임의의 지점에 평판을 세우고 방향과 거리를 측정하여 도상의 위치를 결정하는 방법
㉰ 2개 이상의 기지점에 평판을 세우고 방향선만으로 구하려고 하는 점의 도상 위치를 결정하는 방법
㉱ 구하려고 하는 점에 평판을 세워서 기지점을 시준하여 도상의 위치를 결정하는 방법

■ 해설 후방교회법은 미지점에 평판을 세워 기지점을 시준하여 도상의 위치를 결정한다.

06. 도상에서 방향선 길이 10cm, 도상의 허용외심오차를 0.1mm라 하면 외심거리 3cm인 앨리데이드로 관측할 때의 축척은? (산기 03)

㉮ 1/100 ㉯ 1/200
㉰ 1/300 ㉱ 1/600

■ 해설 ① 외심오차 $q = \frac{e}{M}$

② $\frac{1}{M} = \frac{q}{e} = \frac{0.01}{3} = \frac{1}{300}$

07. 25mm의 외심오차가 있는 앨리데이드로 축척 1/200인 측량을 할 때 외심오차로 인해 도상에는 얼마의 위치 오차가 생기는가? (산기 03)

㉮ 0.063mm ㉯ 0.125mm
㉰ 0.188mm ㉱ 0.300mm

■해설 $q=\frac{e}{M}=\frac{25}{200}=0.125\text{mm}$

08. 축척 1/600의 도형을 평판으로 측량할 때 앨리데이드의 외심 거리에 의하여 생기는 허용오차량은?(단, 외심거리는 24mm) (산기 05, 11)

㉮ 0.04mm ㉯ 0.4mm
㉰ 4mm ㉱ 40mm

■해설 ① 외심오차 $q=\frac{e}{M}$

② 도상 허용오차 $=\frac{24}{600}=0.04\text{mm}$

09. 축척 1/600인 평판측량에서 도상 위치오차를 0.2mm 이하로 하였을 때 허용되는 구심오차의 한계는? (산기 03, 06)

㉮ 12cm ㉯ 8cm
㉰ 6cm ㉱ 4cm

■해설 ① 구심오차 $q=\frac{2e}{M}$

② $e=\frac{qM}{2}=\frac{0.2\times600}{2}=60\text{mm}=6\text{cm}$

10. 평판측량에서 도상점의 위치 허용오차를 0.2mm로 볼 때 구심오차를 6cm까지 허용할 수 있는 축척은 얼마까지인가? (기사 10, 12)

㉮ 1/100 ㉯ 1/200
㉰ 1/300 ㉱ 1/600

■해설 ① 구심오차 $q=\frac{2e}{M}$

② $M=\frac{2e}{q}=\frac{2\times60}{0.2}=600$

③ $\frac{1}{M}=\frac{1}{600}$

11. 제도오차를 0.2mm로 하는 평판측량에서 구심오차를 3cm까지 허용한다면 축척은 얼마가 적합한가? (기사 05)

㉮ $\frac{1}{300}$ ㉯ $\frac{1}{400}$
㉰ $\frac{1}{500}$ ㉱ $\frac{1}{600}$

■해설 ① 구심오차 $q=\frac{2e}{M}$

② 축척$\left(\frac{1}{M}\right)=\frac{q}{2\cdot e}=\frac{0.2}{2\times30}=\frac{1}{300}$

12. 평판측량에서 중심맞추기 오차가 6cm까지 허용한다면 이때의 도상 축척의 한계는 얼마인가?(단, 도상오차는 0.2mm로 한다.)

㉮ $\frac{1}{200}$

㉯ $\frac{1}{400}$

㉰ $\frac{1}{500}$

㉱ $\frac{1}{600}$

■해설 ① 구심오차$(e)=\frac{q\cdot M}{2}$

$M=\frac{e}{q}\cdot2=\frac{6.0}{0.2}\times2=600$

② $\frac{1}{M}=\frac{1}{600}$

13. 1/1,000 축척으로 평판측량을 할 때 추가 측점을 중심으로 최대 몇 cm 반경 내에 들어가도록 구심해야 하는가?(단, 도상제도의 허용오차는 0.2mm임) (산기 06)

㉮ 5cm ㉯ 10cm
㉰ 15m ㉱ 20m

■해설 구심오차$(e)=\frac{q\cdot M}{2}$

$=\frac{0.2\times1,000}{2}=100\text{mm}=10\text{cm}$

|해답| 7.㉯ 8.㉮ 9.㉰ 10.㉱ 11.㉮ 12.㉱ 13.㉯

14. 축척 1/500의 평판측량에서 제도허용오차가 0.2mm일 때 구심하는 경우 가장 올바르게 표현된 것은? (산기 10, 12)

㉮ 오차가 허용되지 않으므로 말뚝 중앙에 정확히 맞추어야 한다.
㉯ 말뚝 중앙에서 10cm까지 오차가 허용된다.
㉰ 말뚝 중앙에서 5cm까지 오차가 허용된다.
㉱ 말뚝이 평판 밑에 있으면 된다.

해설 구심오차(e) $= \dfrac{qM}{2} = \dfrac{0.2\times500}{2}$ =50mm=5cm

15. 평판측량에서 전진법에 의하여 측점 16개의 폐합트래버스를 측정할 때 허용 폐합오차는? (산기 04)

㉮ ±1.2mm ㉯ ±1.5mm
㉰ ±1.8mm ㉱ ±2.1mm

해설 폐합오차(M) $= \pm0.3\sqrt{n}$mm $= \pm0.3\sqrt{16} = \pm1.2$mm

16. 전진법(前進法)에 의하여 6각형의 토지를 측정하였다. 측점 A를 출발하여 B, C, D, E, F, A에 돌아 왔을 때 폐합오차가 30cm이었다면 측점 D의 오차 분배량은?(단, AB=60m, BC=40m, CD=30m, DE=50m, EF=20m, FA=50m) (기사 04, 09)

㉮ 0.072m ㉯ 0.120m
㉰ 0.156m ㉱ 0.216m

해설 조정량(e) $= \dfrac{\text{측점까지의 거리}}{\text{총거리}} \times$폐합오차

$= \dfrac{60+40+30}{250} \times 0.3 = 0.156$m

17. 어떤 다각형의 전측선의 길이가 900m일 때 폐합비를 1/5,000로 하기 위해서는 축척 1/500의 도면에서 폐합오차는 얼마까지로 허용되는가? (기사 06)

㉮ 0.26mm ㉯ 0.36mm
㉰ 0.46mm ㉱ 0.50mm

해설 ① $\dfrac{1}{m} = \dfrac{\Delta L}{L}$, $\dfrac{1}{5,000} = \dfrac{\Delta L}{900}$

$\therefore\ \Delta L = 0.18$m

② $\dfrac{1}{m} = \dfrac{\text{도상거리}}{\text{실제거리}}$, $\dfrac{1}{500} = \dfrac{\text{도상거리}}{0.18}$

$\therefore$ 도상거리=0.00036m=0.36mm

18. 전진법에 의해 5각형의 토지를 측정하였다. 측점 A를 출발하여 B, C, D, E, A에 돌아왔을 때 폐합 오차가 20cm이었다면 측점 D의 오차 분배량은?(단, AB=60m, BC=50m, CD=40m, DE=30m, EA=40m)이다. (산기 06)

㉮ 0.036m ㉯ 0.072m
㉰ 0.108m ㉱ 0.136m

해설 비례식을 이용

$(\Sigma L) : E = L_D : E_D$

$220 : 0.2 = 150 : E_D$

$E_D = \dfrac{150\times0.2}{220} = 0.136$m

19. 다각형의 완경사 토지를 평판측량의 전진법으로 측량하여 축척 1/600도면을 작성하였다. 측점 A를 출발하여 B, C, D, E, F를 지나 A점에 폐합시켰을 때 도상 오차가 0.7mm로 나타났다. 측점 E의 도상 오차배분량은 얼마인가?(단, 실제거리는 AB=50m, BC=40m, CD=50m, DE=40m, EF=45m, FA=55m임) (산기 06)

㉮ 0.35mm ㉯ 0.45mm
㉰ 0.55mm ㉱ 0.65mm

해설 ① 비례식 이용

전체길이(ΣD) : 도상오차(E) $= \Sigma D_E : E_E$

② $280 : 0.7 = 180 : E_E$

$E_E = \dfrac{0.7\times180}{280} = 0.45$mm

|해답| 14.㉰ 15.㉮ 16.㉰ 17.㉯ 18.㉱ 19.㉯

20. 평지에서 A점에 평판을 세워 B점을 세워 놓은 표척의 상하간격(2m)를 앨리데이드로 시준하여 +4.5, +0.5의 읽음 값을 얻었다. AB 간의 거리는? (기사 03)

㉮ 15m ㉯ 25m
㉰ 36m ㉱ 50m

■해설 $100 : n = D : H$

$$D = \frac{100H}{n} = \frac{100 \times 2}{(4.5 - 0.5)} = 50\text{m}$$

21. 기지점 A에 평판을 세우고 B점에 수직으로 목표판을 세우고 시준하여 눈금 12.4와 9.3을 얻었다. 목표판 실제의 상하간격이 2m일 때 AB 두 지점의 거리는? (기사 03, 12)

㉮ 32.2m ㉯ 64.5m
㉰ 96.7m ㉱ 21.5m

■해설 $100 : n = D : H$

$$D = \frac{100H}{n} = \frac{100 \times 2}{(12.4 - 9.3)} = 64.5\text{m}$$

22. 한 점 A에 평판을 세우고 또 한 점 B에 세운 2m의 표척을 앨리데이드로 시준하니 눈금차가 6이었다. AB 간의 수평거리는? (기사 05)

㉮ 33m ㉯ 45m
㉰ 50m ㉱ 55m

■해설 ① $100 : n = D : H$

② $D = \frac{100H}{n} = \frac{100 \times 2}{6} = 33.3\text{m} ≒ 33\text{m}$

23. 축척 1/600의 도형을 평판으로 측량할 때 앨리데이드의 외심 거리에 의하여 생기는 허용오차량은?(단, 외심거리는 24mm) (기사 05)

㉮ 0.04mm ㉯ 0.4mm
㉰ 4mm ㉱ 40mm

■해설 ① 외심오차 $q = \frac{e}{M}$

② 도상 허용오차 $= \frac{24}{600} = 0.04\text{mm}$

24. 다음 간접거리 측정에서 수평거리 D를 구하는 식은?(단, A점에서의 기계고와 B점에서의 폴의 시준점까지의 높이는 같다.) (산기 05)

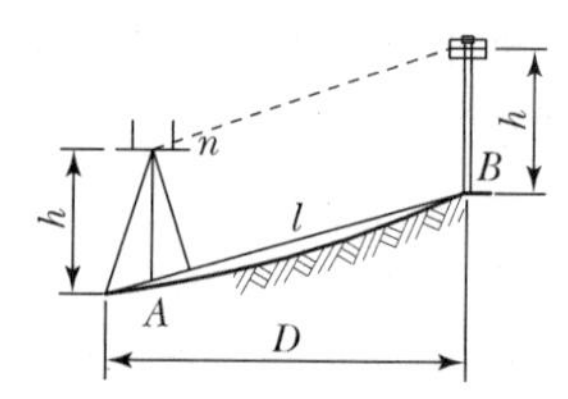

㉮ $D = l \times \frac{100}{\sqrt{100^2 + n^2}}$

㉯ $D = l\left\{1 - \left(\frac{n}{100}\right)^2\right\}$

㉰ $D = l\left\{1 + \frac{1}{1 - \sqrt{1 + (n/100)^2}}\right\}$

㉱ $D = l \times \sqrt{1 + \frac{1}{1 + (n/100)^2}}$

■해설 $D : l = 100 : \sqrt{100^2 + n^2}$

$$D = \frac{100}{\sqrt{100^2 + n^2}} \cdot l$$

25. 평판의 중심으로부터 측점까지의 거리가 35m이고, 이때 읽은 앨리데이드의 경사분획이 15라고 한다면 두 점 간의 수평거리는?

㉮ 34.613mm ㉯ 33.613mm
㉰ 32.613mm ㉱ 31.613mm

■해설 ① 경사거리를 재고 수평거리 재는 방법

$D : L = 100 : \sqrt{100^2 + n^2}$

② $D = \frac{100L}{\sqrt{100^2 + n^2}} = \frac{1}{\sqrt{1 + \left(\frac{n}{100}\right)^2}} L$

$$= \frac{1}{\sqrt{1 + \left(\frac{15}{100}\right)^2}} \times 35 = 34.613\text{m}$$

|해답| 20.㉱ 21.㉯ 22.㉮ 23.㉮ 24.㉮ 25.㉮

Chapter

04

수준측량

Contents

수준측량의 정의

1. 수준측량의 정의

지구상에 있는 점들의 고저차를 구하는 측량

수준측량의 목적
① 도로 및 철도, 운하의 설계
② 지도의 제작
③ 토공량 산정과 배수특성의 조사

2. 수준측량의 용어

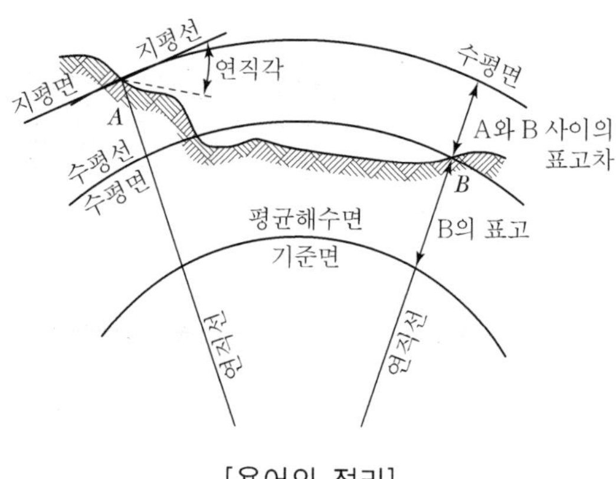

[용어의 정리]

기본측량의 분류
① 1등수준측량 : 공공측량이나 그밖의 측량의 기준이 되며 1등수준점 간의 거리는 평균 4km이다.
② 2등수준측량 : 공공측량이나 그밖의 측량의 기준이 되며 1등수준점 간의 거리는 평균 2km이다.

특별기준면
한 나라에서 떨어진 섬 등은 기준면을 직접 연결할 수 없어 그 섬 특유의 기준면을 사용한다.

(1) 수평면(Level Surface, 수준면)

중력방향에 직각으로 이루어진 곡면으로 지오이드면, 회전타원체면이라 가정하지만 소범위의 측량에서는 평면으로 가정해도 무방하다.

(2) 수평선(Level Line, 수준선)

지구중심을 포함한 평면과 수준면이 교차하는 선(모든 점에서 중력방향에 직각이 되는 선)

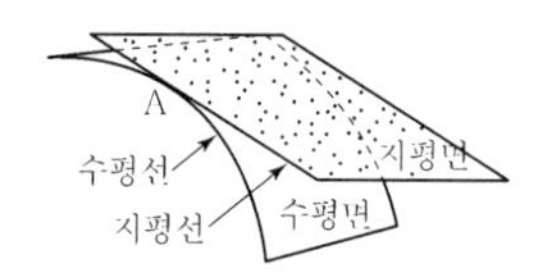

(3) 수준점(Bench Mark)

기준 수준면에서 높이를 정확히 구분해 놓은 점으로 수준측량의 기준이 되는 점

① 1등 수준점은 4km마다 설치
② 2등 수준점은 2km마다 설치

(4) **수준망(Leveling Net)**

수준점 간은 왕복측량하여 그 측정오차가 허용오차범위 이내가 되도록 하며, 수준점수가 많으면 정밀하게 측량해도 오차가 누적되므로 수준점을 연결한 노선길이가 적당하면 원점으로 되돌아가든지 다른 수준점에 연결한다. 이와 같이 수준노선은 망의 형태가 되며 이를 수준망이라 한다.

(5) **지평면(Horizontal Plone)**

수준면의 한 점에 접한 평면

(6) **지평선(Horizontalline)**

수준면의 한 점에 접한 직선

(7) **기준면(Datum Level)**

표고의 기준이 되는 수준면

(8) **표고(Elevation)**

기준면에서 어떤 점까지의 연직높이

수준측량의 분류

1. 방법에 의한 분류

(1) **직접수준측량**

레벨로 그 점에 세운 표척의 눈금차로 직접 고저차를 측정하는 방법

(2) **간접수준측량**

레벨 이외의 기구로 고저차를 결정하는 방법

① 삼각수준측량 : 측각기(트랜싯 등)를 이용하여 연직각 및 거리 등을 측정하여 삼각법에 의해 계산하여 고저차를 구하는 방법

간접수준측량을 하는 이유

① 간편하고 신속하게 구하려는 경우

② 산악지형이나 시설물의 높이 등 직접수준측량이 불가능한 경우

② 시거수준측량 : 협거와 연직각을 측정하여 두 점 간의 고저차를 구하는 방법
③ 기압수준측량 : 기압계를 이용하여 고저차를 구하는 방법
④ 사진수준측량 : 실체시에 의하여 두 점의 시차차에 의해 고저차를 구하는 방법

(3) 교호수준측량

하천 또는 강을 사이에 두고 있는 두 점 간의 표고차를 구하는 간접수준측량

(4) 약측수준측량(근사수준측량)

간단한 레벨로서 정밀을 요하지 않는 측점의 고저차

2. 목적에 의한 분류

(1) 고저수준측량

두 점 간의 높이차를 측정하는 측량

(2) 종단수준측량

철도, 도로, 수로 등의 중심선과 같은 측선상의 제점의 고저차를 측정하여 그것을 수직으로 절단한 지표면의 형태를 결정하는 측량(종단면도를 작성하기 위한 측량)

(3) 횡단수준측량

종단측량의 측선에 직각방향인 측선의 고저차를 구하여 횡단면도를 구하는 측량

(4) 면수준측량

토지의 고저차를 구하는 측량

종단 · 횡단수준측량

(1) 종단수준측량
① 종단도의 작성이 필요하다.
② 중간점이 많고 기고식 야장이 주로 이용된다.

(2) 횡단수준측량
① 레벨에 의한 방법(가장 정밀)
② 테이프와 폴에 의한 방법
③ 폴에 의한 방법(경사가 급한 곳에 이용)
④ 야장기입시 표기는 $\frac{고저차}{수평거리}$로 표기

수준측량시 사용하는 기기 및 기구

1. 레벨의 종류

(1) 덤피레벨(Dumpy Level)

망원경이 2개의 지가에 고정되어 구조가 견고하고 정밀하며, 표척수가 필요하고 조정에 시간이 많이 걸린다.

(2) 와이레벨(Wye Level)

모양 때문에 Y라 불리는 받침대에 망원경 튜브를 갖고 있다. 망원경을 와이지가에서 틀어 좌우로 돌려 바꿀 수 있어 조정이 간단하다.

(3) 경독식 레벨(Tilting Level)

정밀수준측량에 사용되며 기포관을 수직축에 관계없이 기울일 수 있어 수직축을 움직이지 않고 기포를 중앙에 오게 할 수 있다.

(4) 핸드레벨(Hand Level)

손에 들고 직접 목표시준과 동시에 내부거울에 의해 기포의 위치를 알 수 있다. 간단하고 휴대 및 취급이 편리하여 답사나 횡단측량에 사용한다.

(5) 자동레벨(Ompensator Level)

보정기(Ompensator)가 부착되어 사용하기 쉽고 신속하게 측정할 수 있으며 가장 많이 사용한다.

(6) 전자레벨(Electron Level)

바코드 등의 형식으로 제작된 표척을 자동으로 읽도록 설계된 레벨

(7) 레이저레벨(Laser Level)

전자파를 이용하여 먼 거리의 거리측정 및 높·낮이 결정에 이용할 수 있는 레벨

표척사용시 주의사항
① 표척은 수직으로 세운다.
② 앞뒤로 조금씩 움직여 제일 작은 값을 읽는다.
③ 지반의 침하에 주의할 것 (표척대를 사용)
④ 이음매를 주의할 것
⑤ 바닥에 흙이 묻지 않도록 할 것

2. 표척의 종류

① 수준척 또는 표척(Leveling Staff)
② 표적 수준척(Target Rod)
④ 자동 수준척(Self-reading Rod)
④ 인바 수준척(Invar Rod)

Section 04 레벨의 구조

망원경의 배율

$$m=\frac{F}{f}=\frac{\text{대물렌즈 초점거리}}{\text{접안렌즈 초점거리}}$$

1. 망원경

① 대물렌즈 : 물체를 십자선 상에 오게 하며 합성렌즈(이중렌즈)를 이용하여 구면수차와 색수차를 없앤다.
② 접안렌즈 : 십자선 상의 물체를 확대하여 측정자의 눈에 잘 보이게 함
③ 십자선 : 거미줄, 백금선, 유리판에 새긴 것 등이 있다.

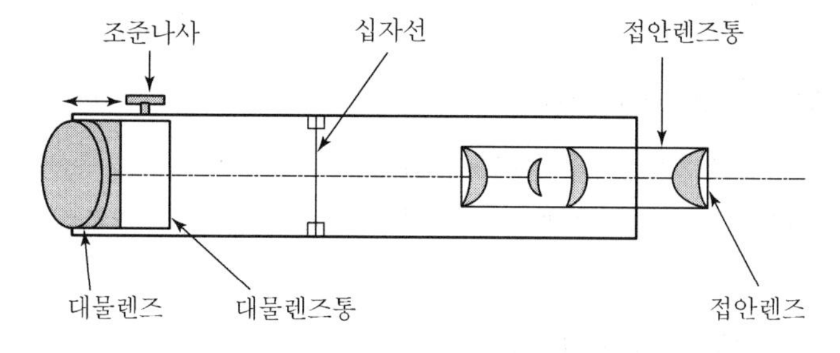

[망원경의 구조]

2. 기포관

(1) 재료

알코올, 에테르

(2) 기포관의 구비조건

기포관 재료의 구비조건
① 같은 경사에 대해 기포관의 움직임이 같을 것
② 유리관의 변질이 없을 것
③ 기포의 움직임이 민감할 것

① 곡률 반지름이 클 것
② 점성 및 표면장력이 적을 것
③ 관의 곡률이 일정하고 관의 내면이 매끈할 것
④ 기포의 길이는 될 수 있는 한 길게 할 것

(3) 기포관의 감도

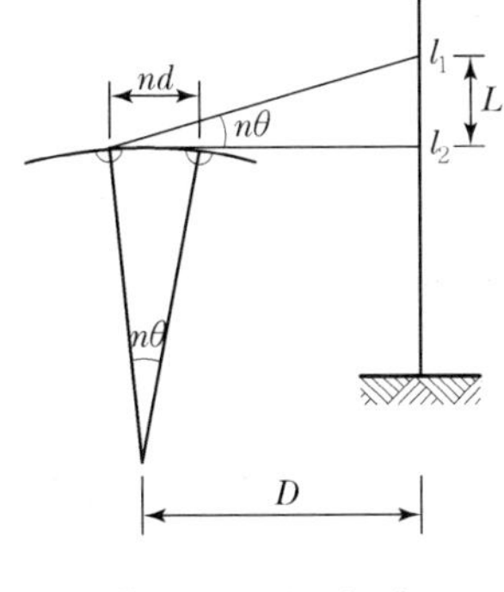

[기포관의 감도]

기포관의 1눈금이 이동하는 데 대한 중심각을 말하며 중심각이 작을수록 감도는 좋다.

① 기포관의 곡률반경(R)

$$nd : R = L : D$$

$$R = \frac{nd}{L} D$$

여기서, L : 표척읽음값($l_2 - l_1$)
R : 기포관의 곡률반경
d : 기포관 한 눈금의 크기(2mm)
D : 수평거리
n : 이동눈금수

② 기포관의 감도(θ'')

$$L = Dn\theta''\text{Rad},\ 180° = \pi\text{Rad}$$

$$1\text{Rad}(\rho'') = \frac{180°}{\pi} = 206265''$$

$$\text{감도}(\theta'') = \frac{L}{nD}\rho'' = \frac{L}{nD}206265''$$

기포관의 감도와 곡률반경

① 곡률반경

$$R = \frac{nd}{L} D$$

② 기포관의 감도

$$\theta'' = \frac{L}{nD}\rho''$$

정준장치
① 정준나사 3개 : 안전성이 좋으며, 정밀한 기계에 사용한다.
② 정준나사 4개 : 견고성이 좋으나 안전도는 나쁘다.

(4) 정준장치 : 수평을 맞추는 장치

정준나사 3개	정준나사 4개
① ② ①	② ① ① ②

레벨의 조정
① 시준선 // 기포관축
② 기포관축 ⊥ 연직축

(5) 레벨의 조정

1) 기포관축과 연직축은 직각으로 한다.

2) 시준선과 기포관축은 나란하게 한다.
① 기포관축과 시준선이 평행하지 않아 생기는 오차를 시준축 오차라 한다.
② 시준축 오차는 전시와 후시를 같게 하여 소거한다.

전 · 후시를 같게 하는 이유(기계오차 제거)
① 레벨조정 불완전으로 인한 시준축오차 제거
② 구차의 소거 $\left(\frac{D^2}{2R}\right)$
③ 기차의 소거 $\left(\frac{-KD^2}{2R}\right)$

3) 항정법(덤피레벨의 3조정)
① 기포관축과 시준선을 나란히 한다.

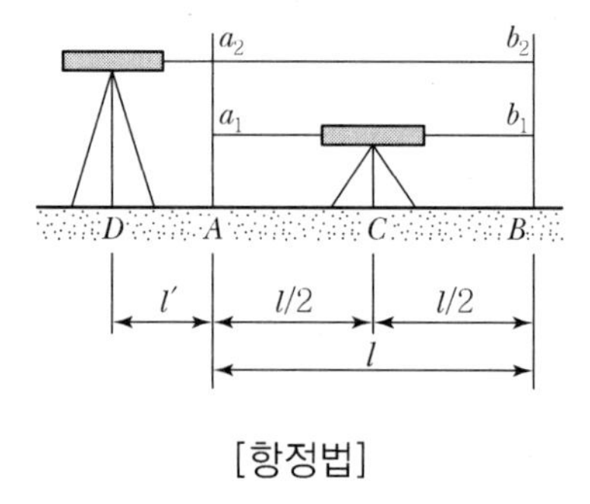

[항정법]

② 조정량(e)
㉠ $(b_1 - a_1) \neq (b_2 - a_1)$일 경우 조정한다.
㉡ 조정량(e) $= \dfrac{L + L'}{L}\{(a_1 - b_1) - (a_2 - b_2)\}$
㉢ 조정 $= b_2$ 읽음값 $- e$

수준측량시 사용되는 용어

1. 후시(B.S ; Back Sight)

이미 알고 있는 점에 표척을 세워 이를 시준하여 읽은 값

2. 전시(F.S ; Fore Sight)

표고를 구하고자 하는 점에 표척을 세워 이를 시준하여 읽은 값

(1) 이기점(T.P ; Turnning Point)

시준거리가 멀거나 고저차가 심할 때 기계를 옮겨 세울 필요가 있다. 이때 전시와 후시를 동시에 취하는 점

(2) 중간점(I.P ; Intermediate Point)

두 점의 지반고를 구하기 위해 전시만 취하는 점

3. 기계고(I.H ; Instrument Height)

기준면에서 시준선까지의 높이

기계고(I.H) = 지반고(G.H) + 후시(B.S)

4. 지반고(G.H ; Ground Height)

지점의 표고

지반고 = 기계고(I.H) − 전시(F.S)

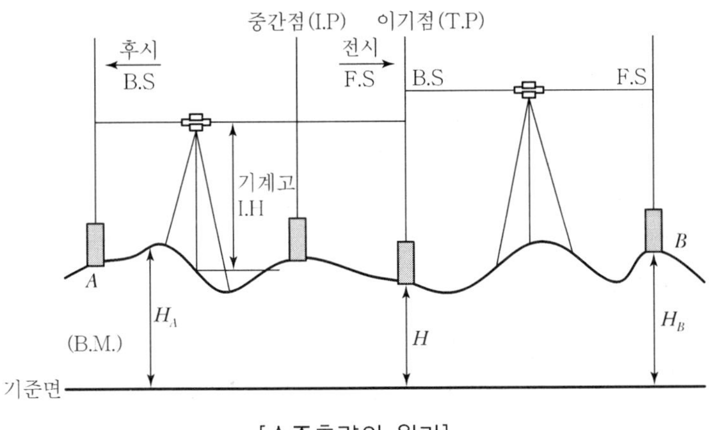

[수준측량의 원리]

일반식

① 기계고(I.H) = 지반고(G.H) + 후시(B.S)
② 지반고 = 기계고(I.H) − 전시(F.S)
③ 계획고 = 첫 측점의 계획고 ±(추가거리×구배)
④ 절, 성토고 = 지반고 − 계획고

계산방법

일반적으로 그림이 주어지고 지반고를 구하는 문제라면 기준선으로부터 올라가면 (+), 내려가면 (−)를 이용하여 간단히 문제를 해결한다.

Section 06 수준측량 방법

1. 직접수준측량

(1) 원리

고저차(ΔH)
① 고차식(ΔH) $= \Sigma B.S - \Sigma F.S$
② 기고식, 승강식(ΔH) $= \Sigma B.S - \Sigma T.P$

① 고저차(ΔH) $= (a_1 - b_1) + (a_2 - b_2) + \cdots = \Sigma B.S - \Sigma F.S$

② B점의 표고(H_B) = A점의 표고(H_A) + $\Delta H(\Sigma B.S - \Sigma F.S)$

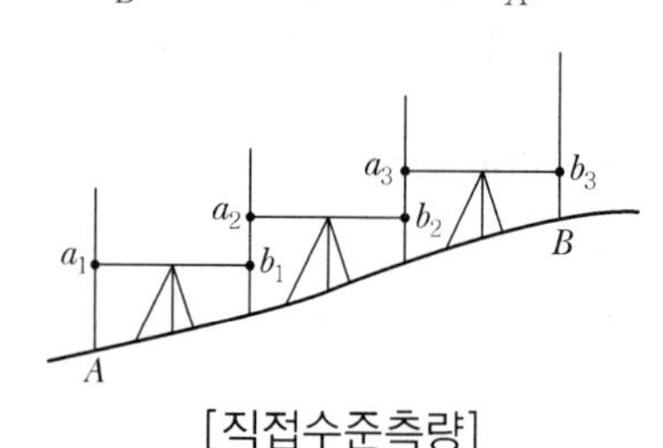

[직접수준측량]

(2) 직접수준측량의 시준거리

적당한 시준거리는 60m이다.

① 아주 높은 정확도의 수준측량 : 40m
② 보통 정확도의 수준측량 : 50~60m
③ 그 외의 수준측량 : 5~120m

구분	작업속도	표척눈금읽기	정밀도
시준거리 길 때	빠르다.	부정확	높다.
시준거리 짧을 때	늦다.	정확	낮다.(레벨 세우는 횟수 증가)

(3) 직접 수준측량시 주의사항

0눈금 오차소거 방법
레벨을 세우는 횟수를 짝수로 한다.

전, 후시를 같게 하면
① 레벨 조정 불완전 오차소거
② 기차의 소거
③ 구차의 소거

① 수준측량은 왕복측량을 원칙으로 한다.
② 왕복측량시 노선거리는 다르게 한다.
③ 전시와 후시의 거리를 같게 한다.
④ 이기점(T.P)은 1mm, 그 외의 점은 5~10mm 단위까지 읽는다.
⑤ 레벨을 세우는 횟수를 짝수로 한다.

(4) 야장기입법

1) 고차식 야장기입법

① 두 점의 높이만 구하는 것이 목적이며 점검이 용이하지 않다.
② 고저차(ΔH) $= \Sigma B.S - \Sigma F.S$

2) 기고식 야장기입법

① 중간점이 많은 경우에 사용한다.

② 완전한 검산을 할 수가 없다.

③ 고저차(ΔH) = $\Sigma B.S - \Sigma F.S(T.P)$

측점	후시	기계고	전시		지반고
			이기점	중간점	
1	1	11	−		10
2		+	−	2	9
3	1	9	3		8
4			2		7

■ 승강식 야장기입법
① 승(+)=후시−전시
② 감(−)=후시−전시

3) 승강식 야장기입법

① 완전한 검산을 할 수 있어 정밀측량에 적합하다.

② 중간점이 많은 경우 계산이 복잡하고 시간과 비용이 많이 소요된다.

③ 양식은 기고식과 비슷하나 기계고 대신 승(+), 감(−)을 이용한다.

④ 고저차(ΔH) = $\Sigma B.S - \Sigma F.S = \Sigma$(승) − Σ(감)

구분	BS	FS		승(+)	감(−)	GH
		TP	IP			
A	6	−				10
B		−	5	1		11
C	3	4		2		12
D		−	2	1		13
E	4	1		2		14
F		3		1		15

2. 교호수준측량

(1) 교호수준측량의 고저차(ΔH)

① $\Delta H = \dfrac{(a_1 - b_1) + (a_2 - b_2)}{2} = \dfrac{(a_1 + a_2) - (b_1 + b_2)}{2}$

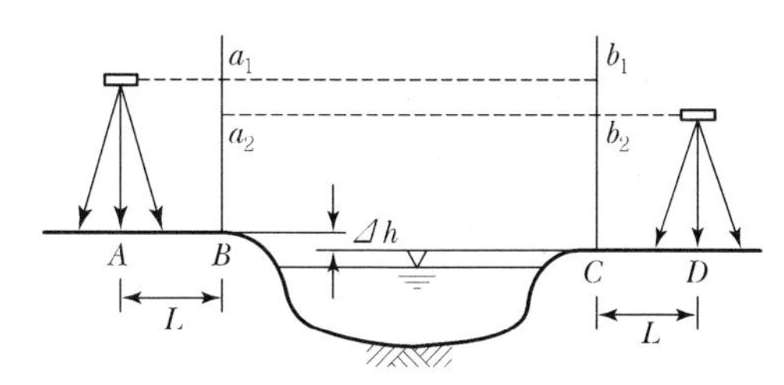

[교호수준측량]

■ 교호수준측량으로 소거되는 오차
① 레벨 시준축 오차
② 구차
③ 기차

② $H_B = H_A \pm \Delta H$

읽음값	A점	B점
$a_1 > b_1$, $a_2 > b_2$	지반이 낮다.	지반이 높다.
$a_1 < b_1$, $a_2 < b_2$	지반이 높다.	지반이 낮다.

3. 간접수준측량

(1) 앨리데이드에 의한 수준측량

① $H = \dfrac{n}{100} D$

② $H_B = H_A + I + H + \Delta h$

여기서, I : 기계고

n : 분획($n_2 - n_1$)

D : 수평거리

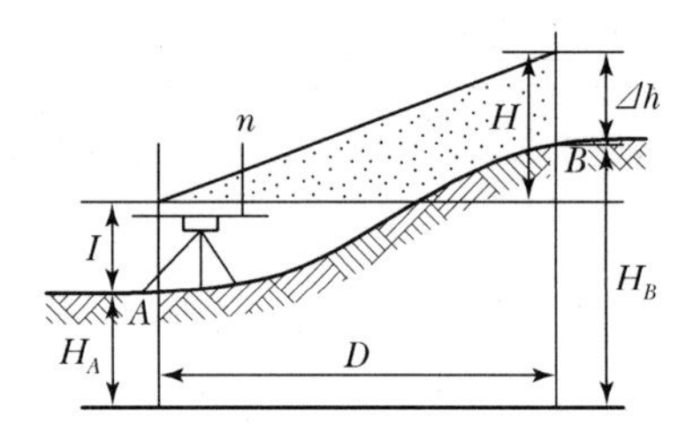

[앨리데이드 수준측량]

(2) 기압수준측량

① 단측법 : 하나의 기압계 및 온도계를 이용하여 각 측점의 기압차를 구한다. 가장 간단한 방법이다.

② 동시관측법 : 2개의 기압계를 고저차를 구하려는 고, 저 양 지점에 하나씩 놓고 동시에 값을 구하는 방법이다.

(3) 삼각수준측량

삼각수준측량시 양차

삼각수준측량시 양차를 무시하려면 A, B 양 지점에서 관측하여 평균하면 서로 상쇄되어 없어진다.

1) 두 점 간의 거리와 고저각을 알고 있는 경우

① 두 점 간의 거리가 가까워 양차(기차, 구차)를 무시할 경우

$$H_B = H_A + I + D\tan\theta - h$$

② 양차(기차, 구차)를 고려할 경우

$$H_B = H_A + I + D\tan\theta - h + \frac{D^2}{2R}(1-K)$$

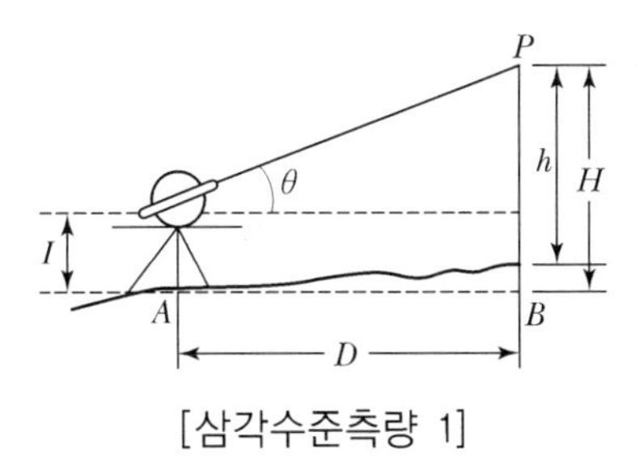

[삼각수준측량 1]

2) 두 점 간의 거리측정이 불가능한 경우

① 점 A와 점 B에서 점 P를 시준한 시준선의 가상의 교점이 B_1이 라면

$$H = \{D + (I - I')\cot\theta'\}\left\{\frac{\sin\theta'\sin\theta}{\sin(\theta-\theta')} + I\right\}$$

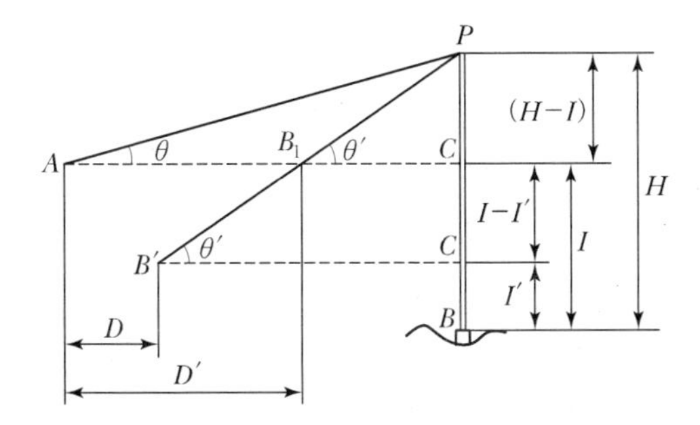

[삼각수준측량 2]

두 점 간의 거리측정이 불가능한 경우

① $D' = D + (I + I')\cot\theta'$ ……㉠

② $(H-I)\cot\theta - (H-I)\cot\theta'$
$= D'$
$D' = (H-\ )(\cot\theta - \cot\theta')$
$\therefore\ H = D'\dfrac{\sin\theta'\sin\theta}{\sin(\theta'-\theta)} + I$
……………………………㉡

③ ㉡에 ㉠을 대입
$H\{D + (I - I')\cot\theta'\}$
$\times\left\{\dfrac{\sin\theta'\sin\theta}{\sin(\theta'-\theta)} + I\right\}$

3) 두 점 간의 거리측정이 불가능한 경우(동일 연직면 내에 없는 경우)

① A점 주위에 C점을 잡고 $\overline{AC}$거리 D' 측정

② 그림 (b)와 같이 A, C점에 기계를 세워 β, γ를 관측

③ △ABC에서 sin법칙 이용

④ D를 구하면 1)의 경우와 같다.

$$\therefore\ \frac{D'}{\sin 180° - (\beta + r)} = \frac{D}{\sin\gamma'}$$

$$D = D'\frac{\sin\gamma}{\sin(\beta+\gamma)}$$

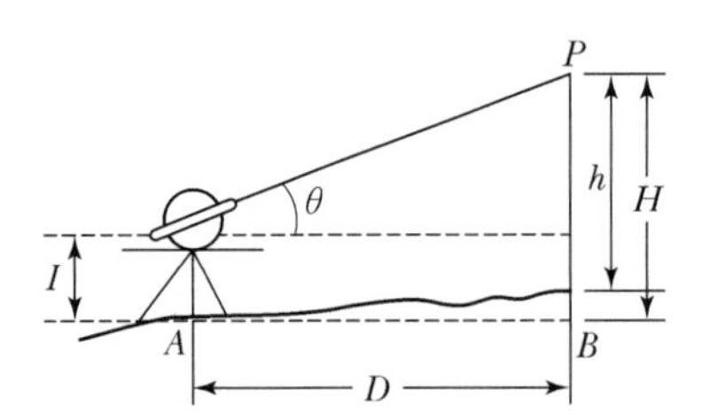

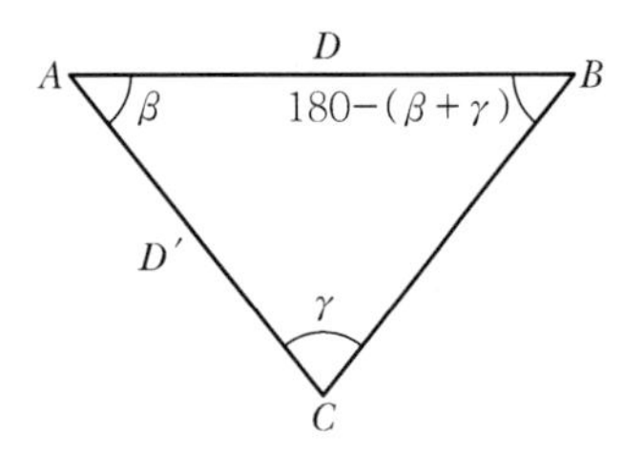

[삼각수준측량 3]

Section 07

오차와 정밀도

1. 오차의 분류

(1) 정오차

① 표척의 0점 오차는 기계정치횟수를 짝수로 하면 소거된다.
② 표척눈금부정의 오차
③ 광선의 굴절오차(기차)
④ 지구의 곡률오차(구차)
⑤ 표척기울기의 오차는 표척을 전후로 움직여 최소값을 읽는다.
⑥ 온도변화에 따른 신축오차
⑦ 시준축(시준선)오차는 기포관축과 시준선이 평행하지 않아 발생하며 가장 큰 오차로 전, 후시 거리를 같게 하면 소거된다.
⑧ 레벨 및 표척의 침하오차는 측량시 수시로 점검한다.

측정횟수와 오차의 관계

① 수준측량오차는 측정횟수의 제곱근에 비례
$E_1 : E_2 = \sqrt{n_1} : \sqrt{n_2}$
② 각 측량의 오차는 측정횟수의 제곱근에 반비례
$E_1 : E_2 = \frac{1}{\sqrt{n_1}} : \frac{1}{\sqrt{n_2}}$

(2) 우연오차

① 시차에 의한 오차는 시차로 인해 정확한 표척값을 읽지 못할 때 발생
② 레벨의 조정 불안정
③ 기상변화에 의한 오차는 바람이나 온도가 불규칙하게 변화하여 발생
④ 기포관의 둔감
⑤ 기포관 곡률의 부등에 의한 오차
⑥ 진동, 지진에 의한 오차
⑦ 대물렌즈의 출입에 의한 오차

2. 직접수준측량의 오차와 정밀도

(1) 오차

$$E = \pm K\sqrt{L} = C\sqrt{n}$$

여기서, K : 1km 수준측량시 오차
L : 수준측량의 거리
C : 1회 관측에 의한 오차

(2) 오차의 허용범위

왕복측정시 허용오차	1등 : $\pm 2.5\sqrt{L}$mm, 2등 : $\pm 5.0\sqrt{L}$mm
폐합수준측량시 폐합차	1등 : $\pm 2.0\sqrt{L}$mm, 2등 : $5.0\sqrt{L}$mm
하천측량시 (4km에 대하여)	유조부 : 10mm, 무조부 : 15mm, 급류부 : 20mm

(3) 정밀도

정밀도는 허용오차로 대신한다.

$$E = \pm K\sqrt{L} \qquad K = \pm \frac{E}{\sqrt{L}}$$

K값이 작을수록 정밀하다.

직접수준측량의 오차
직접수준측량의 오차는 거리와 횟수의 제곱근에 비례한다.

3. 오차의 조정

(1) 환폐합의 수준측량인 경우

동일지점의 왕복측량, 또는 다른 표고점에 폐합한 경우 각 측점의 오차는 노선거리에 비례하여 조정한다.

$$\text{조정량} = \frac{\text{조정할 측점까지의 거리}}{\text{총거리}} \times \text{폐합오차}$$

(2) 두 점 간의 직접수준측량의 오차조정

① 동일조건으로 두 점 간을 왕복관측한 경우는 산술 평균방식으로 최확값 산정

② 두 점 간의 거리를 2개 이상의 다른 노선을 따라 측량한 경우 경중률을 고려하여 최확값을 산정한다.

두 점 간의 직접수준측량 오차

① 경중률은 노선거리에 반비례한다.

$$P_1 : P_2 = \frac{1}{L_1} : \frac{1}{L_2}$$

② 최확치(H_0)

$$\frac{P_1H_1 + P_2H_2 + P_3H_3}{P_1 + P_2 + P_3} = \frac{\Sigma P \cdot H}{\Sigma P}$$

③ 평균제곱오차(m_0)

$$= \pm\sqrt{\frac{\Sigma P\nu\nu}{\Sigma P(n-1)}}$$

④ 확률오차(r_0)

$= \pm 0.6745\ m_0$

⑤ 정밀도

$$= \frac{1}{m} = \frac{r_0}{L_0} \text{ or } \frac{m_0}{L_0}$$

Item pool

예상문제 및 기출문제

01. 지구상의 어떤 점에서 중력방향에 90°를 이루는 평면은 무슨 면인가? (기사 03)

㉮ 수준면(Level Surface)
㉯ 수평면(Horizontal Plane)
㉰ 기준면(Datum Level)
㉱ 평균해면(Mean Sea Level)

해설 어떤 점에서 수선을 내릴 때 그 방향이 지구의 중력방향을 향하는 면

02. 지표상의 임의점에서 지구중력 방향으로 수준면에 이르는 수직거리와 관계가 있는 용어는? (기사 03)

㉮ 수평면　　㉯ 높이
㉰ 표고　　㉱ 지평선

해설 수준면에서 수직방향으로 측정한 임의점까지의 수직거리

03. 수준측량시 중간점(I.P)이 많을 경우 가장 많이 사용하는 측량 방법은? (산기 04)

㉮ 승강식 야장 기입법
㉯ 횡단식 야장 기입법
㉰ 고차식 야장 기입법
㉱ 기고식 야장 기입법

해설 ① 기고식 : 중간점이 많고 길고 좁은 지형
② 승강식 : 정밀한 측정을 요할 때

04. 다음 용어의 설명 중 틀린 것은? (산기 03)

㉮ 후시(B.S) : 기지점에 세운 표척의 눈금을 읽는 것
㉯ 전시(F.S) : 표고를 구하려는 점에 세운 표척의 눈금을 읽는 것
㉰ 기계고(I.H) : 지표면으로부터 망원경의 시준선까지의 높이
㉱ 전환점(T.P) : 전시만 하는 점으로 표고를 관측할 점

해설 T.P : 전시와 후시를 동시에 취하는 점

05. 다음은 수준측량에 관한 설명이다. 틀린 것은? (산기 06)

㉮ 우리나라에서는 인천만의 평균해면을 표고의 기준면으로 하고 있다.
㉯ 수준측량에서 고저의 오차는 거리의 제곱근에 비례한다.
㉰ 고차식 야장기입법은 중간점이 많을 때 편리한 야장기입법이다.
㉱ 종단측량은 일반적으로 횡단측량보다 높은 정확도를 요구한다.

해설 ① 고차식야장기입법 : 두 점 간의 고저차를 구할 때 주로 사용, 전시와 후시만 있는 경우
② 중간점이 많을 때는 기고식 야장기입법을 사용한다.

06. 수준측량에 관한 다음의 설명 중 틀린 것은? (산기 03)

㉮ 우리나라에서는 인천만의 평균해면을 표고의 기준면으로 하고 있다.
㉯ 수준측량에서 고저의 오차는 거리의 제곱근에 비례한다.
㉰ 중간점이 많을 때 편리한 야장기입법은 고차식이다.
㉱ 종단측량은 일반적으로 횡단측량보다 높은 정확도를 요구한다.

해설 중간점(I.P)이 많을 때 기고식이 편리하다.

|해답| 1.㉯ 2.㉰ 3.㉱ 4.㉱ 5.㉰ 6.㉰

07. 기포관의 감도에 대한 설명으로 옳지 않은 것은? (기사 05)

㉮ 기포관의 1눈금이 곡률중심에 낀 각으로 감도를 표시한다.
㉯ 곡률중심에 낀 각이 작을수록 감도가 높다.
㉰ 필요 이상으로 감도가 높은 기포관을 사용하는 것은 불합리하다.
㉱ 기포의 움직임은 관이 굵고, 기포가 길수록 둔감해진다.

■해설 감도는 관이 가늘고 길수록 감도가 좋다.

08. 기포관의 기포를 중앙에 있게 하여 100m 떨어져 있는 곳의 표척 높이를 읽고 기포를 중앙에서 5눈금 이동하여 표척의 눈금을 읽은 결과 그의 차가 0.05m이었다면 감도는 얼마인가? (산기 03, 11)

㉮ 19.6″　　㉯ 20.6″
㉰ 21.6″　　㉱ 22.6″

■해설 $감도(\theta'') = \frac{L}{nD}\rho'' = \frac{0.05}{5\times 100}\times 206265'' = 20.6''$

09. 레벨로부터 60m 떨어진 표척을 시준한 값이 1.258m이며 이때 기포가 1눈금 편위되어 있었다. 이것을 바로 잡고 다시 시준하여 1.267m를 읽었다면 기포의 감도는? (기사 03, 11)

㉮ 25″　　㉯ 27″
㉰ 29″　　㉱ 31″

■해설 $감도(\theta'') = \frac{L}{nD}\rho'' = \frac{1.267-1.258}{1\times 60}\times 206265''$
$= 30.93'' \fallingdotseq 31''$

10. 수준측량에서 경사거리 S, 연직각이 α일 때 두 점 간의 수평거리 D는? (산기 03)

㉮ $D = S\sin\alpha$
㉯ $D = S\cos\alpha$
㉰ $D = S\tan\alpha$
㉱ $D = S\cot\alpha$

■해설 $D = S\cos\alpha$
$H = S\sin\alpha$
$S = \sqrt{D^2 + H^2}$

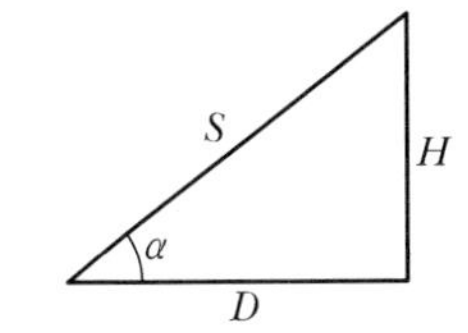

11. 직접법으로 등고선을 측정하기 위하여 A점에 레벨을 세우고 기계 높이 1.5m를 얻었다. 70m 등고선 상의 P점을 구하기 위한 표척(Staff)의 관측값은?(단, A점 표고는 71.6m이다.) (기사 12)

㉮ 1.0m　　㉯ 2.3m
㉰ 3.1m　　㉱ 3.8m

■해설 $H_p = H_A + I - h$
① $h = H_A + I - H_p = 71.6 + 1.5 - 70 = 3.1\text{m}$

12. 수준측량에서 담장 PQ가 있어 O점에서 QP방향으로 거꾸로 세워 아래 그림과 같은 결과를 얻었다. A점의 표고 H_A =51.25m이면 B점의 표고는?

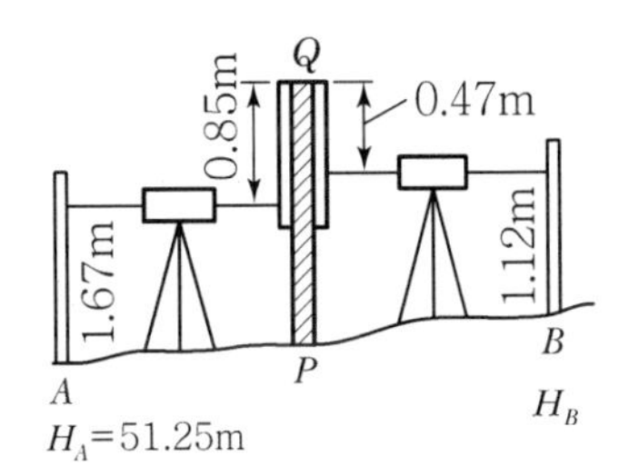

㉮ 15.42m　　㉯ 52.18m
㉰ 51.08m　　㉱ 52.22m

■해설 $H_B = H_A + 1.67 + 0.085 - 0.47 - 1.12$
$= 51.25 + 1.67 + 0.85 - 0.47 - 1.12 = 52.18\text{m}$

13. 사갱의 고저차를 구하기 위해 측량을 하여 다음 결과를 얻었다. A, B 간의 고저차는 얼마인가?(단, A점의 기계고와 B점의 시준고는 천상(天上)으로부터 잰 값이다. A점의 기계고=1.15m, B점의 시준고=1.56m, 사거리=31.69m, 연직각=+17° 41′) (기사 05)

㉮ 9.63m　　㉯ 10.04m
㉰ 15.60m　　㉱ 31.69m

■해설 $고저차(\Delta H) = D\times\sin\alpha - IH + h$
$= 31.69\times\sin 17°41' - 1.15 + 1.56 = 10.04\text{m}$

|해답| 7.㉱ 8.㉯ 9.㉱ 10.㉯ 11.㉰ 12.㉯ 13.㉯

14. 다음과 같은 수준 측량에서 B점의 지반고(Elevation)는 얼마인가?(단, a=12° 13′00″, A점의 지반고=46.40m, I.H=1.54m(기계고), Rod Reading =1.30m, $\overline{\text{AB}}$=46.8m(수평 거리)) (기사 04)

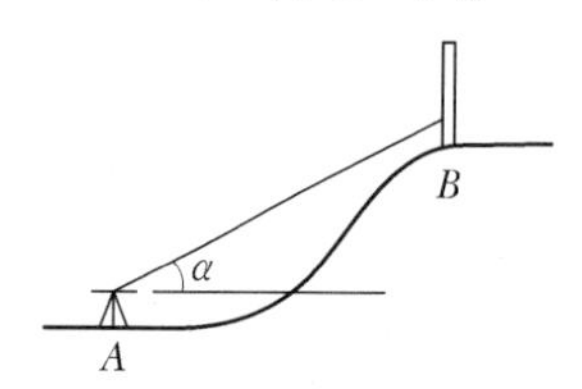

㉮ 55.23m　　㉯ 56.53m
㉰ 56.77m　　㉱ 58.07m

■해설 $H_B = H_A + IH + D\tan\alpha - \Delta h$
$= 46.40 + 1.54 + 46.8 \times \tan 12°13' - 1.3 = 56.77\text{m}$

15. 표와 같은 횡단수준측량에서 우측 12m 지점의 지반고는?(단, 측점 No.10의 지반고는 100.00m이다.) (산기 04)

좌	NO	우
$\frac{2.50}{12.0}$ $\frac{3.40}{6.00}$	NO.10	$\frac{2.40}{6.00}$ $\frac{1.50}{12.00}$

㉮ 99.50m　　㉯ 99.60m
㉰ 100.00m　　㉱ 101.50m

■해설 우측 12m 지반고
=No.10+우측(12m 지점)
=100+1.50=101.50m

16. 그림에서와 같이 B점의 표고를 구하고자 간접 수준 측량을 하였다. 양차를 고려할 때 B점의 표고는?(단, 굴절계수 K=0.14, 지구 곡률 반경 R=6,400km) (기사 04)

• A점의 표고
$H_A = 100.00\text{m}$
$D = 3\text{km}$
$i = 1.45\text{m}$
$h = 2.50\text{m}$
$\alpha = -3'20''$

㉮ 102.46m　　㉯ 98.74m
㉰ 96.65m　　㉱ 96.04m

■해설 ① 양차 $(\Delta h) = \dfrac{D^2}{2R}(1-K)$
$= \dfrac{3^2}{2 \times 6,400}(1-0.14) = 0.000604\text{km} = 0.605\text{m}$
② $H_B = H_A + I + D\tan\alpha - h + \Delta h$
$= 100 + 1.45 - 3,000 \times \tan 3'20'' - 2.5 + 0.605$
$= 96.646\text{m} = 96.65\text{m}$

17. 교호수준측량의 결과가 다음과 같다. A점의 표고가 55.423m일 때 B점의 표고는?(단, a_1=2.665m, a_2=0.530m, b_1=3.965m, b_2=1.116m) (산기 05)

㉮ 52.930m
㉯ 54.480m
㉰ 56.366m
㉱ 57.916m

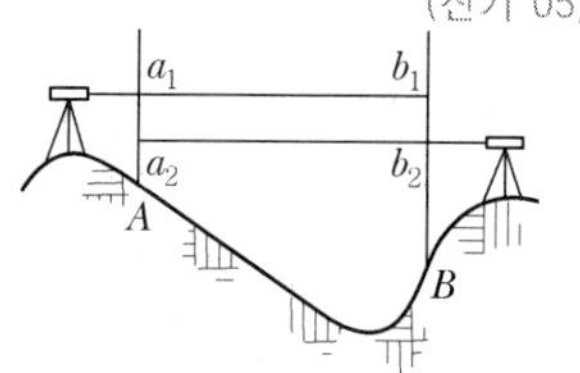

■해설 ① $\Delta H = \dfrac{(a_1 + a_2) - (b_1 + b_2)}{2}$
$= \dfrac{(2.665 + 0.53) - (3.965 + 1.116)}{2}$
$= -0.943\text{m}$
② $H_B = H_A \pm \Delta H = 55.423 - 0.943 = 54.480\text{m}$

18. 교호수준측량을 하여 다음과 같은 결과를 얻었다. A점의 표고가 120.564m이면 B점의 표고는? (산기 06)

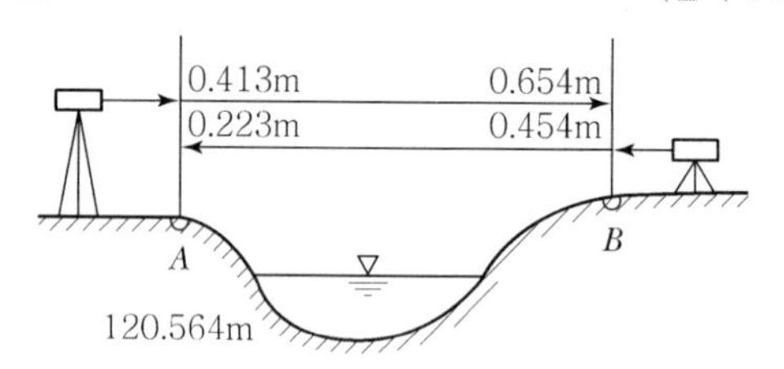

㉮ 120.800m　　㉯ 120.672m
㉰ 120.524m　　㉱ 120.328m

■해설 ① $\Delta H = \dfrac{(a_1 - b_1) + (a_2 - b_2)}{2}$
$= \dfrac{(0.413 - 0.654) + (0.223 - 0.454)}{2}$
$= \dfrac{(-0.241) + (-0.231)}{2} = -0.236\text{m}$
② $H_B = H_A + \Delta H = 120.564 - 0.236 = 120.328\text{m}$

|해답| 14.㉰ 15.㉱ 16.㉰ 17.㉯ 18.㉱

19. 하천 양안의 고저차를 측정하기 위하여 교호수준측량을 행하는 이유로 가장 옳은 것은? (산기 05)(기사 12)

㉮ 지상의 변화에 의한 오차나 기계오차를 제거하기 위하여
㉯ 기구의 곡률오차를 없애기 위하여
㉰ 과실에 의한 오차를 없애기 위하여
㉱ 개인오차를 없애기 위하여

해설 교호수준측량은 시준 길이가 길어지면 발생하는 기계적 오차를 소거하고 전·후시 거리를 같게 해서 평균 고저차를 구하는 방법

20. 다음은 교호수준측량의 결과이다. A점의 표고가 10m일 때 B점의 표고는? (기사 05, 13)

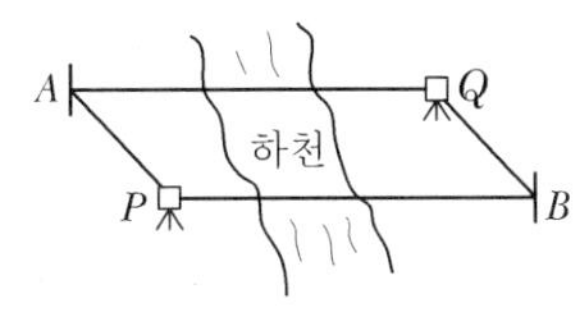

레벨 P에서 A→B 관측 표고차 $H_1 = -1.256$m
레벨 Q에서 B→A 관측 표고차 $H_2 = +1.238$m

㉮ 11.247m　㉯ 11.238m
㉰ 9.753m　㉱ 8.753m

해설
$$H_B = H_A \pm \frac{H_1 + H_2}{2}$$
$$= 10 - \frac{1.256 + 1.238}{2} = 8.753\text{m}$$

21. 교호수준측량을 한 결과 다음과 같을 때 B점의 표고는?(단, A점의 지반고는 100m이다.) (산기 04, 12)

㉮ 100.535m
㉯ 100.625m
㉰ 100.685m
㉱ 100.725m

$a_1 = 1.74$　$b_1 = 1.14$
$a_2 = 0.70$　$b_2 = 0.05$
A　B

해설
① $\Delta H = \dfrac{(0.07 - 0.05) + (1.74 - 1.14)}{2}$
$= 0.625$m
② $H_B = H_A + \Delta H = 100 + 0.625 = 100.625$m

22. 그림과 같이 교호수준측량을 하였다. B점의 높이는?(단, A점의 표고 $H_A = 25.442$m이다.) (기사 04)

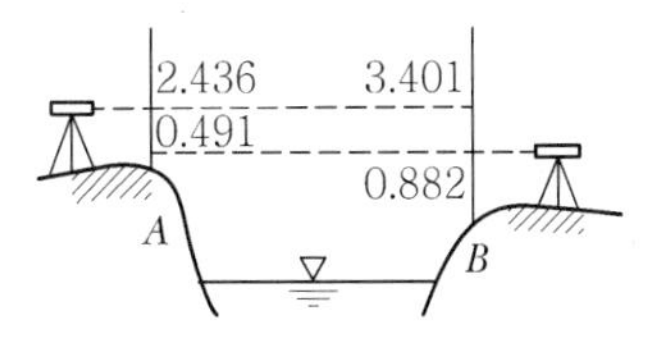

㉮ 24.165m　㉯ 24.764m
㉰ 25.255m　㉱ 25.855m

해설
① $\Delta H = \dfrac{(a_1 - b_1) + (a_2 - b_2)}{2}$
$= \dfrac{(2.436 - 3.401) + (0.491 - 0.882)}{2}$
$= -0.678$
② $H_B = H_A \pm \Delta H = 25.442 - 0.678 = 24.764$m

23. 교호수준측량을 하여 다음과 같은 결과를 얻었을 때 B점의 표고는?(단, A점의 지반고는 1,000.0m임) (산기 06)

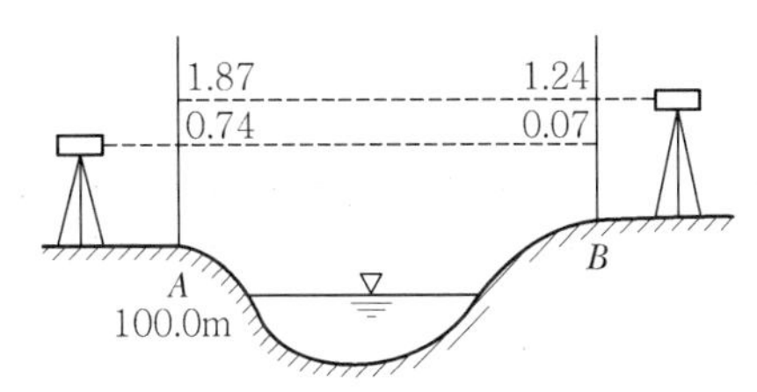

㉮ 99.35m　㉯ 100.63m
㉰ 100.65m　㉱ 100.67m

해설
① $\Delta H = \dfrac{\{(a_1 + b_1) + (a_2 - b_2)\}}{2}$
$= \dfrac{(0.74 - 0.07) + (1.87 - 1.24)}{2}$
$= 0.65$m
② $H_B = H_A + \Delta H$
$= 100 + 0.65 = 100.65$m

24. 직접고저측량을 하여 그림과 같은 결과를 얻었다. 이때 B점의 표고는?(단, A점의 표고는 100m이고 단위는 [m]이다.) (산기 06)

|해답| 19.㉮ 20.㉱ 21.㉯ 22.㉯ 23.㉰ 24.㉰

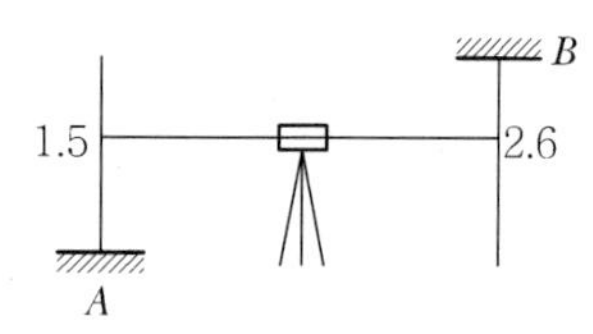

㉮ 101.1m　　㉯ 101.5m
㉰ 104.1m　　㉱ 105.2m

해설 $H_B = H_A + BS + FS = 100 + 1.5 + 2.6 = 104.1\text{m}$

25. 측점이 갱도(坑道)의 천정(天井)에 설치되어 있는 갱내 수준 측량에서 아래 그림과 같은 관측 결과를 얻었다. A점의 지반고가 15.32m일 때 C점의 지반고는?

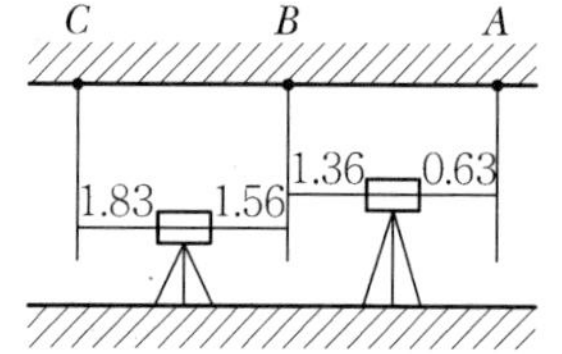

㉮ 16.49m
㉯ 16.32m
㉰ 14.49m
㉱ 14.32m

해설 $H = 15.32 - 0.63 + 1.36 - 1.56 + 1.83 = 16.32\text{m}$

26. 직접 수준측량을 실시한 결과가 다음과 같다. C점의 지반고가 50.000m일 때 A점의 지반고는?

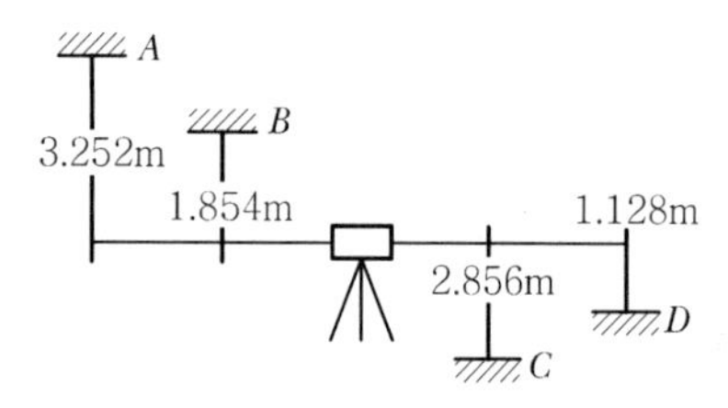

㉮ 51.398m　　㉯ 54.710m
㉰ 56.108m　　㉱ 57.236m

해설 $H_A = H_C + 2.856 + 3.252$
$= 50 + 2.856 + 3.252 = 56.108\text{m}$

27. P점의 표고를 구하기 위하여 4개의 기지점 A, B, C, D에서 왕복수준측량한 결과가 다음과 같다. P점의 최확값은? (기사 05)

기지점 성과		관측값		
지점	표고(m)	노선	고저차	거리(km)
A	40.718	A→P	−6.208	2.4
B	36.276	B→P	−1.764	1.2
C	26.845	P→C	−7.680	2.5
D	42.333	P→D	+7.808	4.2

㉮ 34.516m　　㉯ 34.929m
㉰ 35.654m　　㉱ 35.967m

해설 ① 경중률은 노선거리에 반비례

$$P_1 : P_2 : P_3 : P_4 = \frac{1}{2.4} : \frac{1}{1.2} : \frac{1}{2.5} : \frac{1}{4.2}$$
$= 10.5 : 21 : 10.08 : 6$

② $h_0 = \dfrac{P_1h_1 + P_2h_2 + P_3h_3 + P_4h_4}{P_1 + P_2 + P_3 + P_4}$

$$= \frac{10.5\times34.51 + 21\times34.512 + 10.08\times34.525 + 6\times34.525}{10.5 + 21 + 10.08 + 6} = 34.5159\text{m} ≒ 34.516\text{m}$$

28. A, B 두 점 간의 비고를 구하기 위해 (1), (2), (3)경로에 대하여 직접고저측량을 실시하여 다음과 같은 결과를 얻었다. A, B 두 점 간 고저차의 최확값은? (기사 07, 13)

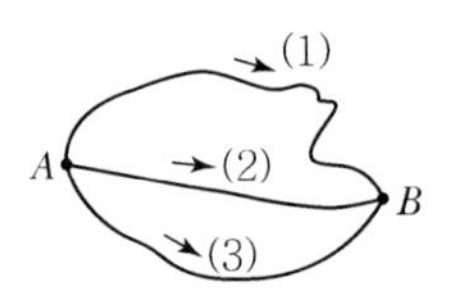

노선	관측값(m)	노선길이(km)
(1)	32.234	2
(2)	32.245	1
(3)	32.240	1

㉮ 32.236m　　㉯ 32.238m
㉰ 32.241m　　㉱ 32.243m

해설 ① 경중률(P)은 노선길이(L)에 반비례

$$P_1 : P_2 : P_3 = \frac{1}{2} : \frac{1}{1} : \frac{1}{1} : 1 : 2 : 2$$

② 경중률을 고려한 최확치(H)

$$H_0 = \frac{P_1h_1 + P_2h_2 + P_3h_3}{P_1 + P_2 + P_3}$$
$$= \frac{1\times32.234 + 2\times32.245 + 2\times32.240}{1+2+2}$$
$= 32.241\text{m}$

|해답| 25.㉯ 26.㉰ 27.㉮ 28.㉰

29. 다음 그림과 같이 A, B, C, D에서 각각 1, 2, 3, 4km 떨어진 P점의 표고를 직접 수준측량에 의해 결정하기 위해 A, B, C, D 4개의 수준점에서 관측한 결과가 다음과 같을 때 P점의 최확값은? (기사 05, 12)

A → P = 45.348m
B → P = 45.370m
C → P = 45.351m
D → P = 45.362m

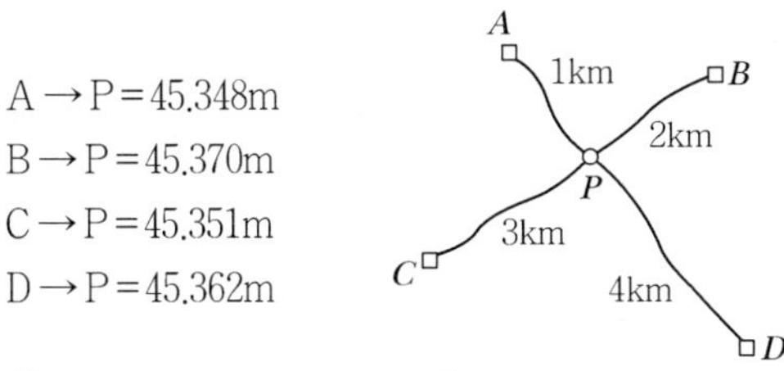

㉮ 45.355m　　㉯ 45.358m
㉰ 45.361m　　㉱ 45.365m

해설 ① 경중률(P)은 노선거리(L)에 반비례

$$P_1 : P_2 : P_3 : P_4 = \frac{1}{L_1} : \frac{1}{L_2} : \frac{1}{L_3} : \frac{1}{L_4}$$

$= 12 : 6 : 4 : 3$

② $$h_0 = \frac{P_1h_1 + P_2h_2 + P_3h_3 + P_4h_4}{P_1 + P_2 + P_3 + P_4}$$

$$= \frac{12 \times 45.348 + 6 \times 45.307 + 4 \times 45.351}{12 + 6 + 4 + 3}$$

$$= \frac{+3 \times 45}{} = 45.355\text{m}$$

30. 수준망을 각각의 환에 따라 폐합차를 구한 결과 다음과 같다. 폐합차의 한계를 $1.0\sqrt{S}$cm로 할 때 우선적으로 재측할 필요가 있는 노선은?(단, S : 거리[km]) (기사 04)

노선	거리	노선	거리	환	폐합차
①	4.1km	②	2.2km	I	−0.017m
③	2.4km	④	6.0km	II	0.019m
⑤	3.6km	⑥	4.0km	III	−0.116m
⑦	2.2km	⑧	2.3km	IV	−0.083m
⑨	3.5km			외주	−0.031m

㉮ ②노선
㉯ ⑤노선
㉰ ⑦노선
㉱ ⑨노선

해설 오차가 가장 큰 III, IV이므로 이 중 공통으로 들어 있는 ⑦ 노선을 우선 재측한다.

31. A, B, C 세 점에서 P점의 높이를 구하기 위해 직접 수준측량을 실시하였다. A, B, C점에서 구한 P점의 높이는 각각 325.13m, 325.19m, 325.02m이고, AP = BP = 1km, CP = 3km일 때 P점의 표고는 얼마인가? (기사 06)

㉮ 325.08m　　㉯ 325.11m
㉰ 325.12m　　㉱ 325.21m

해설 ① 경중률은 거리에 반비례한다.

$$P_A : P_B : P_C = \frac{1}{S_A} : \frac{1}{S_B} : \frac{1}{S_C}$$

$$= \frac{1}{1} : \frac{1}{1} : \frac{1}{3} = 3 : 3 : 1$$

② $$H_P = \frac{P_AH_A + P_BH_B + P_CH_C}{P_A + P_B + P_C}$$

$$= \frac{3 \times 325.13 + 3 \times 325.19 + 1 \times 325.02}{3 + 3 + 1}$$

$= 325.12$m

32. 수준측량할 때, 짝수 횟수로 표척을 세워 출발점에 세운 표척을 도착점에도 세우도록 함으로써 소거되는 오차는?

㉮ 시준선 오차
㉯ 표척눈금의 영점 오차
㉰ 표척경사에 의한 오차
㉱ 구차에 의한 오차

해설 표척눈금 영점오차의 경우 기계를 짝수로 설치함으로써 소거한다.

33. 수준측량의 오차 최소화 방법으로 틀린 것은? (산기 12)

㉮ 표척의 영점오차는 기계의 정치 횟수를 짝수로 세워 오차를 최소화한다.
㉯ 시차는 망원경의 접안경 및 대물경을 명확히 조절한다.
㉰ 눈금오차는 기준자와 비교하여 보정값을 정하고 온도에 대한 온도보정도 실시한다.
㉱ 표척 기울기에 대한 오차는 표척을 앞뒤로 흔들 때의 최대값을 읽음으로 최소화한다.

해설 표척 기울기에 대한 오차는 표척을 앞뒤로 흔들 때의 최소값을 읽음으로 최소화한다.

|해답| 29.㉮ 30.㉰ 31.㉰ 32.㉯ 33.㉱

34. 수준측량에서 전후시의 거리를 같게 취하는 가장 중요한 이유는? (산기 05)

㉮ 시준선과 수준기 축이 나란하지 않아 생기는 오차를 제거하기 위해
㉯ 표척의 0 눈금의 오차를 제거하기 위해
㉰ 시차에 대한 오차를 제거하기 위해
㉱ 표척의 기울기에 의해 생기는 오차를 제거하기 위해

해설 시준선과 수평축은 평행이다.

35. 수준측량에서 전시와 후시의 시준거리가 같지 않을 때 발생되는 오차에 가장 큰 영향을 주는 경우는? (기사 06)

㉮ 기포관 축이 레벨의 회전축에 직교되지 않았을 때
㉯ 시준선상에 생기는 기차(氣差)에 의한 오차
㉰ 기포관 축과 시준축이 평행되지 않았을 때 생기는 오차
㉱ 지구와 만곡에 의하여 생기는 오차

36. 수준측량에서 전 · 후시 시준거리를 같게 하여 소거할 수 있는 기계오차로 가장 적합한 것은? (산기 06)

㉮ 거리의 부등에서 생기는 시준선의 대기 중 굴절에서 생긴 오차
㉯ 기포관 축과 시준선이 평행하지 않기 때문에 생긴 오차
㉰ 기포관 축이 기계의 연직축에 수직하지 않기 때문에 생긴 오차
㉱ 지구의 곡률에 의해서 생긴 오차

해설 전 · 후시 거리를 같게 하여 소거하는 것은 시준축 오차이며 기포관 축과 시준선이 평행하지 않아 생기는 오차다.

37. 수준측량에서 전시와 후시의 시준거리를 같게 함으로써 소거할 수 있는 오차는? (산기 03)

㉮ 시준축이 기포관축과 평행하지 않기 때문에 발생하는 오차
㉯ 표척 눈금의 오독으로 발생하는 오차
㉰ 표척을 연직방향으로 세우지 않아 발생하는 오차
㉱ 시차에 의해 발생하는 오차

해설 전 · 후거리를 같게 하면 제거되는 오차
① 시준축 오차
② 양차(기차, 구차)

38. 눈의 높이가 1.6m이고, 빛의 굴절계수가 0.15일 때 해변에서 바라볼 수 있는 수평선까지의 거리는?(단, 지구반경은 6,370km이다.) (산기 03)

㉮ 4.90km　㉯ 5.18km
㉰ 5.32km　㉱ 5.48km

해설
① 양차 $\Delta h = \frac{D^2}{2R}(1-k) = 1.6\text{m} = 0.0016\text{km}$
② $D = \sqrt{\frac{2R\Delta h}{(1-k)}} = \sqrt{\frac{2\times 6,370\times 0.016}{1-0.15}}$
$= 4.89\text{km} \fallingdotseq 4.9\text{km}$

39. 눈의 높이가 1.7m이고 빛의 굴절계수가 0.15일 때 해변에서 바라볼 수 있는 수평선까지의 최대거리는?(단, 지구반경은 6,370km로 함) (기사 03)

㉮ 5.05km　㉯ 4.25km
㉰ 4.05km　㉱ 3.55km

해설
$\Delta h = \frac{D^2}{2R}(1-k) = \frac{D^2}{2\times 6,370}(1-0.15) = 1.7\text{m}$
$= 0.0017\text{km}$
$D = \sqrt{\frac{0.0017\times 2\times 6,370}{(1-0.15)}} = 5.05\text{km}$

40. 표고 45.2m인 해변에서 눈높이 1.7m인 사람이 바라볼 수 있는 수평선까지의 거리는?(단, 지구 반지름 : 6,370km, 빛의 굴절계수 : 0.14) (산기 12)

㉮ 12.4km　㉯ 26.4km
㉰ 42.8km　㉱ 62.4km

해설 ① h(표고+양차(Δh))
$= \frac{D^2}{2R}(1-k) = 46.9\text{m} = 0.0469\text{km}$
② $D = \sqrt{\frac{2Rh}{(1-k)}} = \sqrt{\frac{2\times 6,370\times 0.0469}{(1-0.14)}}$
$= 26.358 \fallingdotseq 26.4\text{km}$

 |해답| 34.㉮ 35.㉰ 36.㉯ 37.㉮ 38.㉮ 39.㉮ 40.㉯

41. 삼각수준측량에서 1/25,000의 정확도로 수준차를 허용할 경우 지구의 곡률을 고려하지 않아도 되는 시준 거리는?(단, 공기의 굴절계수 $k=0.14$, 지구반경 $R=6,370$km) (기사 17)

㉮ 593m ㉯ 693m
㉰ 793m ㉱ 893m

■ 해설
① $\dfrac{1}{25,000}=\dfrac{\dfrac{(1-k)D^2}{2R}}{D}$

② $D=\dfrac{2R}{(1-k)\times 25,000}$
$=\dfrac{2\times 6,370}{(1-0.14)\times 25,000}=0.59255\text{km}=593\text{m}$

42. 고저측량에서 발생하는 오차에 대한 설명 중에서 틀린 것은? (기사 03)

㉮ 기계의 조정에 의해 발생하는 오차는 전시와 후시의 거리를 같게 하여 소거할 수 있다.
㉯ 표척의 영 눈금의 오차는 출발점의 표척을 도착점에서 사용하여 소거한다.
㉰ 대지 삼각 고저측량에서 곡률오차와 굴절오차는 그 양이 미소하므로 무시할 수 있다.
㉱ 기포의 수평조정이나 표척면의 읽기는 육안으로 한계가 있으나 이로 인한 오차는 일반적으로 허용오차 범위 안에 들 수 있다.

■ 해설 측지(대지)측량에서는 구차와 기차, 즉 양차를 보정해야 한다.
$\varDelta h=\dfrac{D^2}{2R}(1-K)$

43. 수준측량 작업상의 주의사항에 대한 설명으로 옳은 것은?

㉮ 양장 기입시 전시, 후시를 잘못 기입하여도 성과에는 차이가 없다.
㉯ 기계설치를 되도록 견고한 곳에 설치하고 시준거리는 가능한 전시를 후시보다 길게 하는 것이 좋다.
㉰ 표척은 수직으로 세우고 읽음값은 5mm 단위로 읽는다.
㉱ 수준측량은 왕복을 원칙으로 한다.

■ 해설 주의사항
① 왕복측량을 원칙으로 한다.
② 왕복측량이라도 노선거리는 다르게 한다.
③ 레벨 세우는 횟수는 짝수로 한다.
④ 읽음값은 5mm 단위로 읽는다.
⑤ 전 · 후시를 같게 한다.

44. 수준측량에서 발생할 수 있는 정오차에 해당하는 것은? (기사 05, 16)

㉮ 표적을 잘못 뽑아 발생되는 읽음오차
㉯ 광선의 굴절에 의한 오차
㉰ 관측자의 시력 불완전에 대한 오차
㉱ 태양의 광선, 바람, 습도 및 온도변화 등에 의해 발생되는 오차

■ 해설 ① 정오차는 기차, 구차, 양차이다.
② 양차$(\varDelta h)$ = 기차 + 구차 = $\dfrac{D^2}{2R}(1-k)$

45. 직접고저측량을 하여 2km 왕복에 오차가 5mm 발생했다면 같은 정확도로 8km를 왕복측량했을 때 오차는? (산기 05)

㉮ 5mm ㉯ 10mm
㉰ 15mm ㉱ 20mm

■ 해설 ① 오차(m)는 노선거리(L) 제곱근에 비례한다.
② $\sqrt{4}:\sqrt{16}=5\text{m}:x(\sqrt{4}:\sqrt{L}=m_1:m_2)$
$x=\dfrac{\sqrt{16}}{\sqrt{4}}\times 5=10\text{mm}$

46. A, B, C, D 네 사람이 거리 10km, 8km, 6km, 4km의 구간을 왕복수준측량하여 폐합차를 각각 20mm, 18mm, 15mm, 13mm 얻었을 때 가장 정확한 결과를 얻은 사람은? (산기 05)(기사 12)

㉮ A ㉯ B
㉰ C ㉱ D

|해답| 41.㉮ 42.㉰ 43.㉱ 44.㉯ 45.㉯ 46.㉰

■해설 ① 오차(m)는 노선거리(L) 제곱근에 비례한다.

② $E = \pm m\sqrt{n}$

$m = \dfrac{E}{\sqrt{n}}$

㉠ $m_A = \dfrac{20}{\sqrt{20}} = 4.472$

㉡ $m_B = \dfrac{18}{\sqrt{16}} = 4.5$

㉢ $m_C = \dfrac{15}{\sqrt{12}} = 4.33$

㉣ $m_D = \dfrac{13}{\sqrt{8}} = 4.596$

∴ C가 가장 정확하다.

47. 우리나라의 수준측량에 있어서 1등 수준점의 왕복 허용오차는 얼마인가?(단, L은 편도거리(km)이다.) (기사 03)

㉮ $1.5\sqrt{L}$mm
㉯ $2.5\sqrt{L}$Lmm
㉰ $5.0\sqrt{L}$mm
㉱ $7.5\sqrt{L}$Lmm

■해설 허용오차

① 1등수준측량 $\pm 2.5\sqrt{L}$mm

② 2등수준측량 $\pm 5.0\sqrt{L}$mm

48. 직접수준측량에 있어서 2km를 왕복하는데 오차가 3mm가 발생했다면 이것과 같은 정밀도로 4.5km를 왕복했을 때의 오차는? (산기 04)

㉮ 8.50mm　　㉯ 5.75mm
㉰ 6.75mm　　㉱ 4.50mm

■해설 ① 직접 수준측량의 오차(m)는 노선거리(L) 제곱근에 비례

$m_1 : m_2 = \sqrt{L_1} : \sqrt{L_2}$

② 3mm : $m_2 = \sqrt{4} : \sqrt{9}$

$m_2 = \left(\dfrac{3\times\sqrt{9}}{\sqrt{4}}\right) = 4.5$mm

49. 직접수준측량에서 2km의 왕복관측의 오차제한을 1.5cm로 할 경우 4km의 왕복관측에 대한 왕복허용오차는?

㉮ 1.6cm　　㉯ 2.1cm
㉰ 2.6cm　　㉱ 3.3cm

■해설 오차는 거리와 측정 횟수의 제곱근에 비례

$\sqrt{4} : 1.5 = \sqrt{8} : x$

$x = \dfrac{\sqrt{8}}{\sqrt{4}} \times 1.5 = 2.1$cm

50. 1등 수준측량의 오차범위 내의 측량성과는?(단, 1등 수준측량의 왕복오차는 $2.5\sqrt{L}$(m)이고, 여기서, L(km) = 수준측량거리)

㉮ 1km를 측량하여 3.6mm의 오차발생
㉯ 2km를 측량하여 4.1mm의 오차발생
㉰ 3km를 측량하여 4.5mm의 오차발생
㉱ 4km를 측량하여 4.9mm의 오차발생

■해설 1등 수준측량에서 4km 측량시 허용오차 한계는 E $= 2.5\sqrt{L} = 2.5\sqrt{4} = 5$mm이므로 4.9mm의 오차 발생은 허용한계 안에 있다.

51. 지반고(h_A)가 123.6m인 A점에 토털스테이션을 설치하여 B점의 프리즘을 관측하여, 기계고 1.0m, 관측사거리(S) 180m, 수평선으로부터의 고저각(α) 30°, 프리즘고(P_h) 1.5m를 얻었다면 B점의 지반고는? (기사 12)

㉮ 212.1m
㉯ 213.1m
㉰ 277.98m
㉱ 280.98m

■해설 $H_B = H_A + I + S \cdot \sin\alpha - P_h$

$= 123.6 + 1 + 180 \times \sin 30° - 1.5 = 213.1$m

|해답| 47.㉯ 48.㉱ 49.㉯ 50.㉱ 51.㉯

52. 어떤 노선을 수준측량하여 기고식 야장을 작성하였다. 측점 1, 2, 3, 4의 지반고 값으로 틀린 것은? (산기 15)

단위 : m

측점	후시	전시		기계고	지반고
		이기점	중간점		
0	3.121			126.688	123.567
1			2.586		
2	2.428	4.065			
3			0.664		
4		2.321			

㉮ 측점 1 : 124.102m
㉯ 측점 2 : 122.623m
㉰ 측점 3 : 124.384m
㉱ 측점 4 : 122.730m

해설 ㉮ 측점 1 = 126.688 − 2.586 = 124.102m
㉯ 측점 2 = 126.688 − 4.065 = 122.623m
㉰ 측점 3 = 125.051 − 0.664 = 124.387m
㉱ 측점 4 = 125.051 − 2.321 = 122.730m

Chapter 05

각측량

Contents

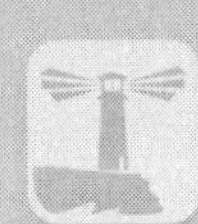

각측량의 일반사항

1. 각측량의 정의

어떤 점에서 시준한 두 점 사이에 낀 각을 구하는 것을 각측량이라 한다.

2. 각의 종류

(1) 평면각

평면삼각법을 기초로 넓지 않은 지역의 상대적 위치를 결정하며 호와 반경의 비율로 표시되는 각(Rad)이다.

(2) 곡면각

구면 또는 타원체 상의 각으로 구면삼각형법을 이용하여 대지(측지)측량 및 천문측량에서 위치결정을 한다.

(3) 입체각(Steradian)

공간상 전파의 확산각도 및 광원의 방사휘도 관측 등에 사용한다.

3. 각도의 단위

(1) 60진법

원주를 360등분한 한 호에 대한 중심각을 1도[1°(Degree)]라 하며 이를 60등분한 것을 1분(1′), 다시 1분(1′)을 60등분한 것을 1초(1″)라 한다.

(2) 100진법

원주를 400등분한 한 호에 대한 중심각을 1그레이드[1g(grade)]라 하며 이를 100등분한 것을 1센티그레이드(1c · g), 다시 1센티그레이드(1c · g)를 100등분한 것을 1센티센티그레이드(1c · c · g)라 한다.

(3) 호도법

원의 반지름과 호가 이루는 중심각을 1라디안(1Rad)이라고 한다.

방향과 각

① 방향(방향성 표시) : 한 점의 위치는 원점으로부터 길이방향으로 결정된다.

② 각 : 방향의 차이를 나타낸다.

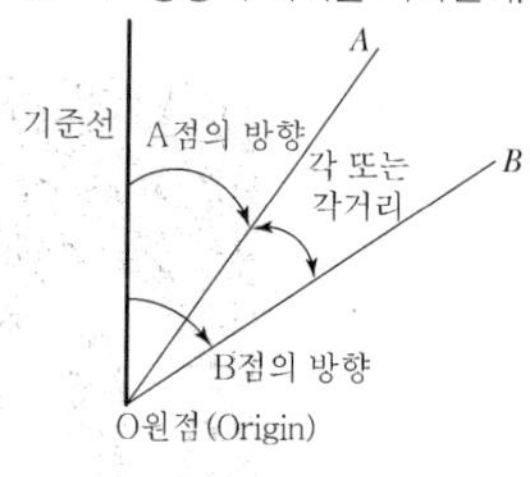

각도의 단위

① 도(°)와 그레이드(g)

$\alpha^\circ : \beta^g = 90 : 100$

$\alpha^\circ = \frac{90}{100}\beta^g$

(1° =1.111…g, 1^g =0.9°)

② 호도와 각도

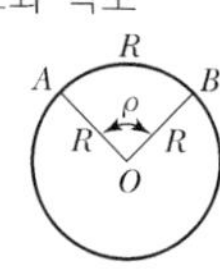

$\frac{R}{2\pi R} = \frac{\rho^\circ}{360^\circ}$

$\rho^\circ = \frac{180^\circ}{\pi^\circ} = 57.2958^\circ$

$\rho' = 3437.7468'$

$\rho'' = 206265''$

③

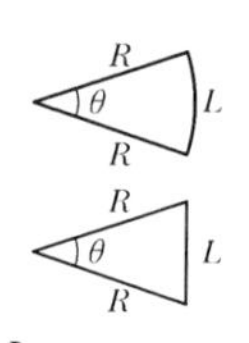

$\theta = \frac{L}{R}$ (라디안)

$\theta^\circ = \frac{L}{R}\rho^\circ$, $\theta'' = \frac{L}{R}\rho''$

(4) 밀(Mil)

원주를 6,400등분한 호의 길이에 대한 중심각을 1밀(mil)이라 하며 군의 포병에서 사용한다.

(5) 스테라디안(Steradian)

구의 중심을 정점으로 하여 구표면에서 구의 반경을 한 변으로 하는 정사각형 면적과 같은 면적을 갖는 원과 구의 중심이 이루는 입체각을 1스테라디안(1Sr)이라 한다.

① 구의 표면적은 $4\pi r^2$이므로 구의 입체각은 $4\pi sr$이 된다.

연직각의 종류

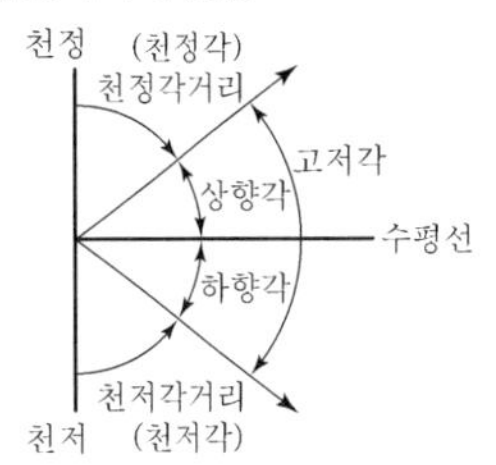

4. 각의 측정(면을 기준)

① 수평각 : 각 시준선을 수평면에 투영했을 때 측선의 투영이 이루는 각
② 연직각(고도각) : 연직면 내에서 수평선과 측선이 이루는 각
③ 천정각(천정각거리) : 연직상방으로부터 측정한 값
④ 천저각(천저각거리) : 연직하방으로부터 측정한 값
⑤ 방향각 : 임의의 기준선에서 우측방향으로 측정한 값
⑥ 방위각 : 기준방향을 진북(자오선)을 기준으로 우측방향으로 측정한 값

Section 02 각측량 기기

1. 각측량 기기의 종류

(1) 트랜싯(Transit)

트랜싯은 망원경이 수평축의 주위를 회전할 수 있다.

(2) 데오돌라이트(Theodolite)

망원경이 수평축 주위를 회전할 수 없고 컴퍼스(Compass)도 장치되어 있지 않다.

각관측 기기

① 트랜싯 : 정준나사 4개
② 데오돌라이트 : 정준나사 3개

(3) 트랜싯과 데오돌라이트의 구별

각 관측시 데오돌라이트가 트랜싯보다 정밀한 각을 관측할 수 있으며, 트랜싯은 미국, 데오돌라이트는 유럽에서 사용되어 왔으나 지금은 뚜렷이 구별되지 않는다.

2. 트랜싯의 구조

(1) 연직축

① 망원경은 연직축을 중심으로 회전한다.
② 연직축은 단축형과 복축형이 있다.

(2) 수평축

① 망원경의 회전축이 된다.
② 망원경은 수평축의 중앙에 위치하며 시준선축과 수평축은 직교한다.
③ 연직분도원은 수평축의 일단에 연결되어 망원경의 시선이 수평일 때 분도원의 값이 0이 되게 설치되어 있다.

시거선의 종류

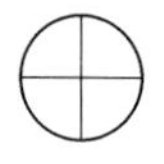
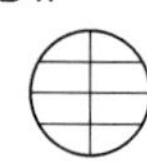
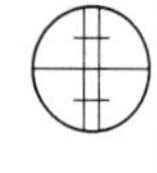
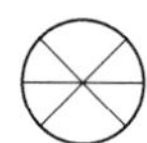
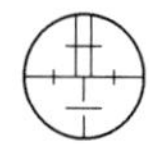

(3) 망원경

① 대물경과 접안경을 갖춘 망원경관으로 이루어져 있다.
② 대물경은 목표물을 가까이 보이게 하고 접안경은 목표물의 상과 십자선이 확대되어 눈에 보이게 하는 장치이다.

(4) 분도원

① 수평분도원은 트랜싯의 연직축에 직각되게 장치하여 수평각 측정에 사용한다.
② 연직분도원은 망원경의 수평축에 직각되게 장치하여 연직각의 측정에 사용한다.

유표

유표는 버니어 또는 아들자라고 하며, 최소눈금 이하를 읽기 위하여 사용한다.
(최소눈금 $\frac{3}{100}$ mm)

(5) 유표[버니어(Vernier), 아들자]

1) 순유표(Direct Vernier)

주척(어미자)의 ($n-1$)눈금의 길이를 유표(아들자)로 n등분하면 유표(아들자)의 한 눈금은 $\frac{n-1}{n} = 1 - \frac{1}{n}$ 로 되어 주척(어미자)의 눈금과 유표(아들자) 눈금이 $\frac{1}{n}$ 의 배수가 되므로 어미자의 $\frac{1}{n}$ 까지 읽을 수 있다.

2) 역유표(Indirect Vernier)

주척의 ($n+1$)눈금을 n등분한 것으로 유표의 값은 주척의 반대방향으로 증가한다.

3) 복유표(Double Vernier)

트랜싯에서는 좌우 양측에 눈금을 새기게 되어 있고 아들자도 읽기 쉽게 하기 위해 좌우 양 방향으로 붙인 것을 말한다.

4) 측미경(Microscope)

① 분도원의 읽음한도는 약 10″정도이므로 그 이상 정확하게 읽으려면 측미경을 사용한다.

② 측미경은 현미경의 측미나사(Micrometer Screw)를 지표(Indexmark)선에 눈금선을 일치시킬 때 이동한 양을 스케일로 읽는 방법이다.(1″~0.1″ 이하까지 읽을 수 있다.)

(6) 정준장치

① 측량기계를 수평으로 놓는 것을 정준이라 한다.

② 수평조정(정준)나사를 이용하여 수평을 만든다.

3. 트랜싯의 조정

(1) 트랜싯의 조정조건

① 수평축과 연직축은 직교해야 한다.(H⊥V)

② 수평축과 시준선은 직교해야 한다.(H⊥C)

③ 기포관축과 연직축은 직교해야 한다.(L⊥V)

(2) 트랜싯의 조정

① 제1조정(평반 기포관의 조정) : 평반기포관축과 연직축은 직교해야 한다.

② 제2조정(십자종선의 조정) : 십자종선과 수평축은 직교해야 한다.

③ 제3조정(수평축의 조정) : 수평축과 연직축은 직교해야 한다.

④ 제4조정(십자횡선의 조정) : 십자선의 교점은 정확하게 망원경의 중심(광축)과 일치하고 십자횡선과 수평축은 평행해야 한다.

순유표의 눈금관계식

$(n-1)S=nv$

① $V=\frac{n-1}{n}\cdot S$

② $S-V=S-\frac{n-1}{n}\cdot S=\frac{1}{n}\cdot S$

여기서, S : 주척(어미자) 1눈금의 크기

V : 유표(아들자) 1눈금의 크기

n : 아들자의 등분수

$S-V$: S와 V의 차(최소눈금)

역유표의 눈금관계식

$(n+1)S=nv$

① $V=\frac{n+1}{n}S$

② $S-V=\left(1+\frac{n+1}{n}\right)S=-\frac{1}{n}S$

(−)는 주척의 방향과 아들자의 방향을 반대로 하여 읽기 때문이다.

정준장치

① 트랜싯 : 정준나사 4개(미국 등)

② 데오돌라이트 : 정준나사 3개(유럽)

수평축 · 기포관축 · 시준축 및 연직축의 관계

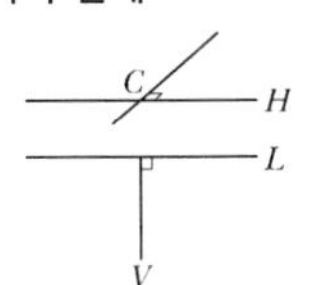

V : 연직축

H : 수평축

C : 시준축

L : 기포관축

트랜싯 조정조건

: H⊥V, H⊥C, L⊥V

참고

① 수평각 측정시 제1~제3조정

② 연직각 측정시 제4~제6조정

③ 십자종선은 수평각 측정

④ 십자횡선은 연직각 측정

⑤ 제5조정(망원경 기포관의 조정) : 망원경에 장치된 기포관축과 시준선은 평행한다.

⑥ 제6조정(연직분도원 버니어 조정) : 시준선은 수평(기포관의 기포가 중앙)일 때 연직분도원의 0°가 버니어의 0과 일치해야 한다.

Section 03 각측정법

1. 수평각 관측법

(1) 단측법(단각법)

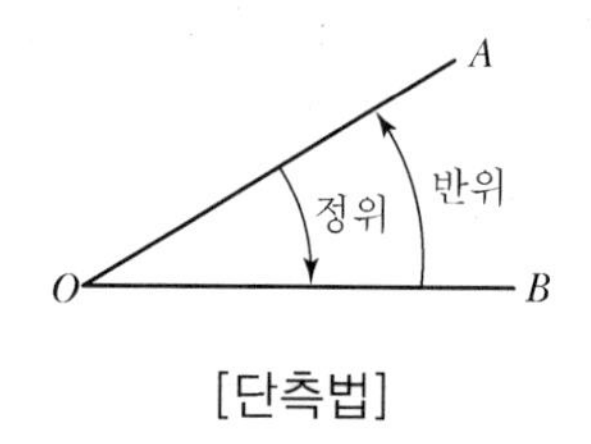

[단측법]

1) 1개의 각을 1회 관측하는 방법이다.

2) 관측방법

$$\angle AOB = \text{나중 읽음 값} - \text{처음 읽음 값}$$

(2) 배각법(반복법)

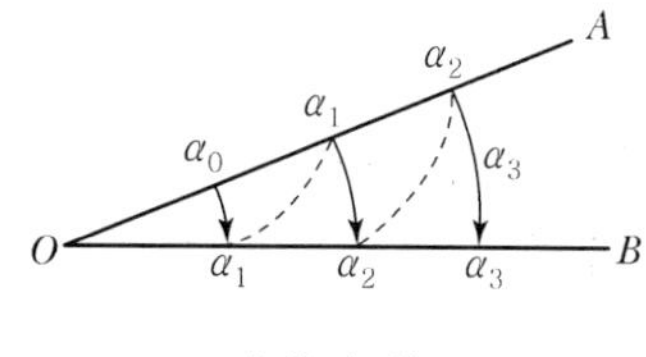

[배각법]

1) 1개의 각을 2회 이상 반복관측하여 구한다.

2) 관측방법

반복관측한 각도를 모두 더하여 평균을 구한다.

$$\angle AOB = \frac{\alpha_n - \alpha_0}{n}$$

여기서, α_n : 나중 읽은 값
α_0 : 처음 읽은 값
n : 관측횟수

3) 배각법의 특징

① 배각법은 방향각법에 비하여 읽기오차(β)의 영향을 적게 받는다.

② 눈금을 직접 측정할 수 없는 미량의 값을 누적하여 반복횟수로 나누면 세밀한 값을 읽을 수 있다.

③ 눈금의 불량에 의한 오차를 최소로 하기 위하여 n회의 반복결과가 360°에 가깝게 해야 한다.

④ 내축과 외축을 이용하므로 내축과 외축의 연직선에 대한 불일치에 의하여 오차가 생기는 경우가 있다.

⑤ 배각법은 방향수가 적은 경우에는 편리하나 삼각측량과 같이 많은 방향이 있는 경우는 적합하지 않다.

■ 각측정법

구분	방법
1, 2등 삼각측량	각관측법
3, 4등 삼각측량	각관측법 /방향각법
트래버스측량	단측법/배각법

(3) 방향각법

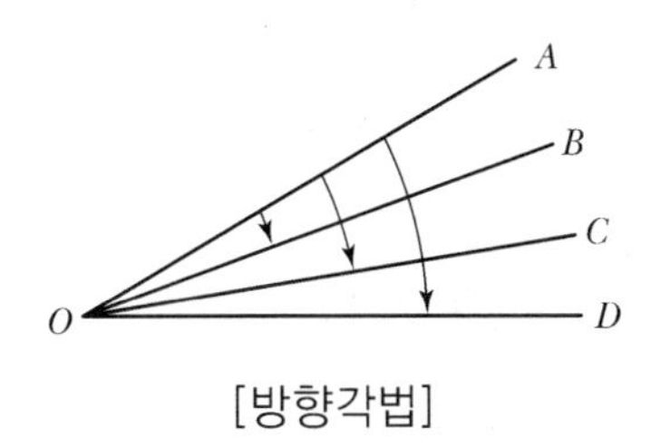

[방향각법]

① 어떤 시준방향을 기준으로 하여 각 시준방향의 내각을 관측하는 방법이다.

② 시간은 단축되나 정밀도는 낮다.

(4) 각관측법

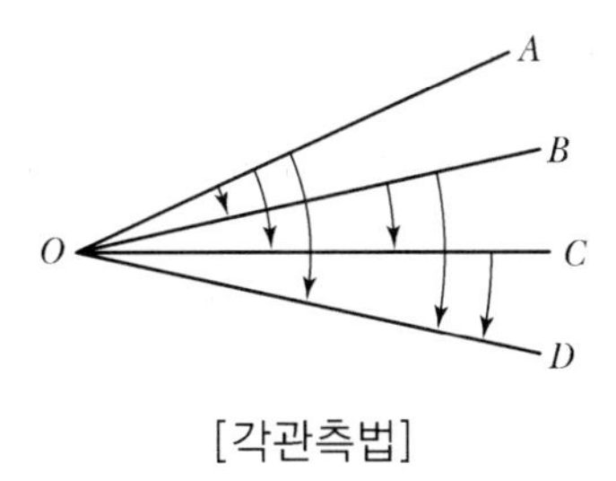

[각관측법]

1) 수평각관측법 중 가장 정확한 값을 얻을 수 있는 방법으로 1등 삼각측량에 이용한다.

2) 관측방법

① 관측할 여러 개의 방향선 사이의 각을 차례로 방향각법으로 관측

하여 최소자승법에 의하여 각각의 최확값을 구한다.

② 총각관측수 $= \frac{N(N-1)}{2}$

③ 조건식수 $= \frac{(N-1)(N-2)}{2}$

여기서, N : 방향각수

2. 수평각 관측시의 오차

수평관측시 오차
수평자 관측시 오차는 우연오차(읽기오차, 시준오차)만 고려한다.

(1) 단측법(단각법)의 시준읽기 오차

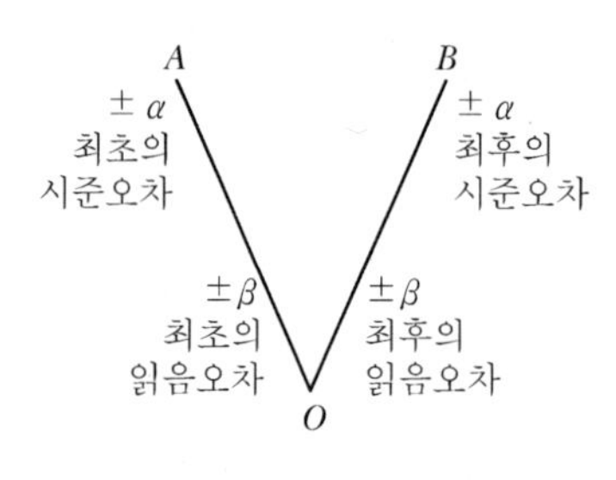

[단각법의 각오차]

① 등거리에서 양 시준점을 낀 각의 오차(m_1)

$$m_1 = \pm\sqrt{\alpha^2+\beta^2}\ (\text{오차전파의 법칙})$$

② 1각에 대한 시준, 읽기오차(m_2) : 한 값을 잰 경우 2방향의 차가 된다.

$$m_2 = \pm\sqrt{2(\alpha^2+\beta^2)}$$

(2) 배각법(반복법)의 시준, 읽기오차

① n배각 관측시 1각에 포함되는 시준오차(m_1)

$$m_1 = \pm\frac{\alpha\sqrt{2}\cdot\sqrt{n}}{n} = \pm\sqrt{\frac{2\alpha^2}{n}}$$

② n배각 관측시 1각에 포함되는 읽기오차(m_2)

$$m_2 = \frac{\sqrt{2}\beta}{n} = \frac{\sqrt{2\beta^2}}{n}$$

③ 1각에 생기는 배각법오차(M)

$$M = \pm\sqrt{{m_1}^2+{m_2}^2} = \pm\sqrt{\frac{2}{n}\left(\alpha^2+\frac{\beta^2}{n}\right)}$$

(3) 방향각법의 오차

① 한 방향에 생기는 오차(m_1)

$$m_1 = \pm\sqrt{\alpha^2+\beta^2}$$

② 두 방향에 생기는 오차(m_2)

$$m_2 = \pm\sqrt{2(\alpha^2+\beta^2)}$$

③ n회 관측한 평균값에 있어서의 오차(M)

$$M = \pm\frac{\sqrt{n}m_2}{n} = \pm\frac{m_2}{\sqrt{n}} = \pm\sqrt{\frac{2}{n}(\alpha^2+\beta^2)}$$

Section 04 각측량의 오차와 소거법

1. 정오차(기계오차)

구분	오차의 종류	오차의 원인	처리방법
조정 불완전에 의한 오차	연직축오차	1. 연직선과 연직축이 일치하지 않은 경우 2. 평반 기포관축과 연직축이 직교하지 않는 경우	조정 불가능
	시준축오차	시준선과 수평축이 직교하지 않는 경우	망원경을 정위와 반위로 관측한 값의 평균을 구해 소거
	수평축오차	수평축이 연직축과 직교하지 않는 경우(수평축이 수평이 아닌 경우)	
기계 구조상 결점에 따른 오차	시준선의 편심오차 (외심오차)	시준선이 기계의 중심을 통과하지 않는 경우(망원경 중심과 회전축이 일치하지 않는 경우)	
	회전축의 편심오차 (내심오차)	분도원의 중심 및 내외측이 일치하지 않는 경우(수평회전축과 수평분도원 중심이 일치하지 않는 경우)	A, B 버니어의 평균값을 취하여 소거
	분도원의 눈금오차	분도원 눈금의 간격이 균일하지 않는 경우	분도원의 위치를 옮겨가며 대회관측하여 분도원 전체 이용

측각오차와 측거오차의 관계

각과 거리의 정도가 비슷한 경우

$$\frac{\theta''}{\rho''} = \frac{\Delta L}{L}$$

총합오차

1점 주위에 수개의 각이 있는 경우

$m_2 = \pm m_1\sqrt{n}$

여기서, m_2 : n개 각의 총합오차
m_1 : 1각에 대한 오차
n : 각의 수

대회관측

① 기계의 정위와 반위로 한 각을 두 번 관측하며 이를 1대회 관측이라 한다.

② n대회 관측시 초독의 위치는 $\frac{180°}{n}$ 씩 이동한다.

- 2대회 : 0°, 90°
- 3대회 : 0°, 60°, 120°
- 4대회 : 0°, 45°, 90°, 135°

망원경 정 · 반위로 소거되는 오차

① 시준축오차
② 수평축오차
③ 시준선의 편심오차(외심오차)

2. 우연오차(부정오차)

구분	오차의 원인	처리방법
망원경의 시차에 의한 오차	대물렌즈에 맺힌 상이 십자면의 상과 불일치하는 경우	대물경과 접안경의 정확한 조정
빛의 굴절에 의한 오차	공기밀도의 불균일 또는 시준선이 지형지물에 지나치게 접근하여 있는 경우	수평각은 아침, 저녁에 수직각은 정오에 관측한다.

Section 05 각관측의 최확값

1. 일정한 각 관측시의 최확값

(1) 관측횟수가 같은 경우

$$L_0 = \frac{[\alpha]}{n}$$

여기서, L_0 : 최확치, n : 관측횟수, $[\alpha]$: $\alpha_1 + \alpha_2 + \alpha_3 + \cdots$

(2) 관측횟수가 다른 경우

경중률(P)을 고려하여 구하며 경중률(P)은 관측횟수(n)에 비례한다.

$$P_1 : P_2 : P_3 = n_1 : n_2 : n_3$$

$$L_0 = \frac{P_1 L_1 + P_2 L_2 + P_3 L_3}{P_1 + P_2 + P_3}$$

2. 조건부 관측시의 최확값

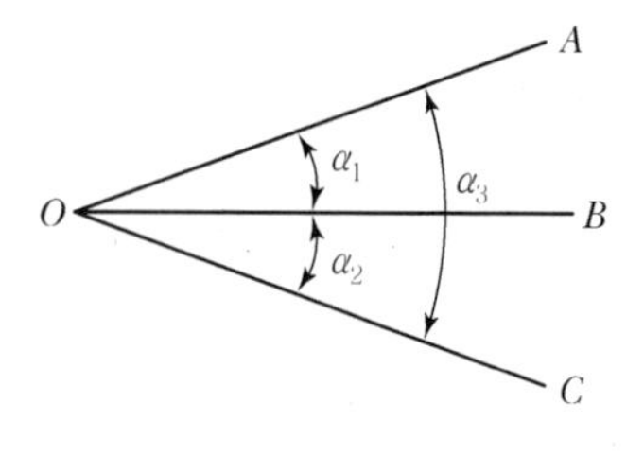

[조건부 관측시]

(1) 관측횟수를 같게 하였을 경우

① 조건식 $\alpha_3 = \alpha_1 + \alpha_2$가 성립

② 오차(E) = ($\alpha_1 + \alpha_2$) − α_3

③ 조정량(d) = $\frac{E}{n} = \frac{E}{3}$

④ $\alpha_1 + \alpha_2$와 α_3를 비교하여 조정량(d)을 큰 쪽은 (−)조정, 작은 쪽은 (+)조정을 하면 된다.

(2) 관측횟수가 다른 경우

① 이 경우 경중률(P)는 관측횟수(n)에 반비례한다.

$$P_1 : P_2 : P_3 = \frac{1}{n_1} : \frac{1}{n_2} : \frac{1}{n_3}$$

② 조정량(d) = $\frac{\text{오차}}{\text{경중률의 합}}$ ×조정할 각의 경중률

Item pool
예상문제 및 기출문제

01. 삼각점에서 행해지는 모든 각 관측에서 만족해야 할 조건이 아닌 것은? (산기 05)

㉮ 한 측점의 둘레에 있는 모든 각을 합한 것은 360°가 되어야 한다.
㉯ 삼각망 중 어느 한 변의 길이는 계산 순서에 관계없이 동일해야 한다.
㉰ 삼각형 내각의 합은 180°가 되어야 한다.
㉱ 각관측 방법은 방사법을 사용하여 최대한 정확히 한다.

해설 각관측 방법은 각관측법을 사용한다.

02. 방위각과 방향각의 차이에 대한 설명으로 옳은 것은?

㉮ 방위각은 진북을 기준으로 한 것이며, 방향각은 적도를 기준으로 한 것이다.
㉯ 방위각은 진북 방향과 측선이 이루는 우회각이고 방향각은 기준선과 측선이 이루는 우회각이다.
㉰ 방위각과 방향각은 동일한 것이다.
㉱ 방위각은 우측으로 잰 각이며, 방향각은 이와 반대로 좌측으로 잰 각이다.

해설 ① 방향각 : 도북을 기준으로 측선과 이루는 우회각
② 방위각 : 진북을 기준으로 측선과 이루는 우회각

03. 수평각관측법 중 가장 정확한 값을 얻을 수 있는 방법으로 1등 삼각측량에 이용되는 방법은? (기사 12, 15)

㉮ 조합각관측법 ㉯ 방향각법
㉰ 배각법 ㉱ 단각법

해설 조합각관측법이 가장 정밀도가 높고, 1등 삼각측량에 사용한다.

04. 수평각 측정법 중에서 1등 삼각측량에서 주로 이용되는 방법은?

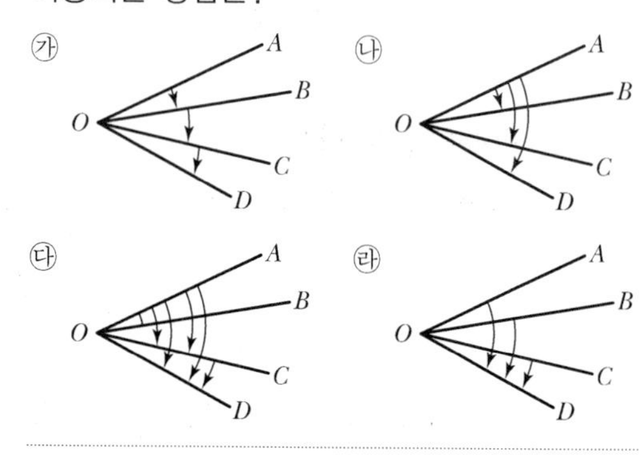

해설 1등 삼각측량은 가장 정확한 각관측법을 사용한다.

05. 삼각측량을 실시하기 위하여 측점 O에 기계를 세우고 각 관측법으로 측량할 경우 관측각의 수는? (산기 03)

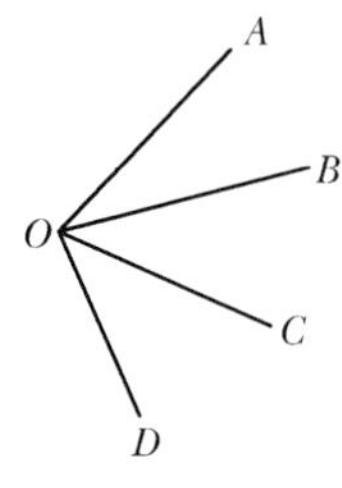

㉮ 3 ㉯ 4
㉰ 5 ㉱ 6

해설

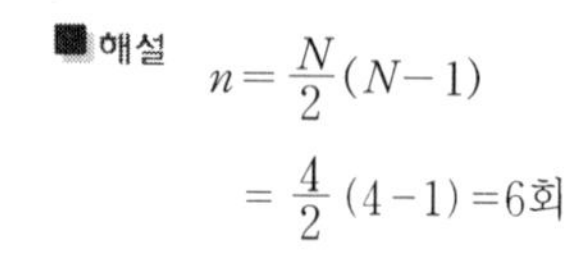

$$n=\frac{N}{2}(N-1)$$
$$=\frac{4}{2}(4-1)=6\text{회}$$

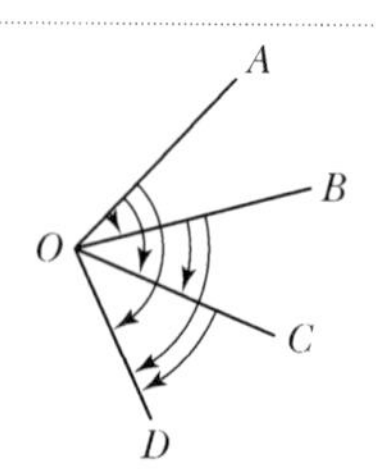

06. 3대회(三對回)의 방향관측법으로 수평각을 관측할 때 트랜싯(Transit) 수평분도반(水平分度盤)의 위치는? (기사 03)

㉮ 0°, 45°, 90° ㉯ 0°, 60°, 120°
㉰ 0°, 90°, 180° ㉱ 0°, 180°, 270°

해설
- 3대회 관측 $\frac{180}{n}$ 에서 $\frac{180°}{3}=60°$
  수평분도반의 초독위치 0°, 60°, 120°
- 4대회 관측, $\frac{180°}{4}=45°$
  수평분도반의 초독위치 0°, 45°, 90°, 135°

07. 다음의 각관측 방법 중 배각법에 관한 설명으로 옳지 않은 것은?(여기서, α : 시준오차, β : 읽기오차, n : 반복횟수) (기사 05)

㉮ 수평각 관측법 중 가장 정확한 방법으로 1등 삼각 측량에 주로 이용된다.
㉯ 방향각법에 비하여 읽기 오차의 영향을 적게 받는다.
㉰ 1각에 생기는 오차 $M=\pm\sqrt{\frac{2}{n}(\alpha^2+\frac{\beta^2}{n})}$ 이다.
㉱ 1개의 각을 2회 이상 반복관측하여 관측한 각도를 모두 더하여 평균을 구하는 방법이다.

해설 수평각 관측법 중 가장 정밀도가 높고 1등 삼각측량에 사용하는 방법은 각관측법이다.

08. 각관측 과정에서 관측점을 시준할 때 시준오차는 ±20″, 읽기오차는 ±10″라고 할 때 한 방향 관측에 따른 각관측 오차는 얼마인가? (산기 03)

㉮ 15″ ㉯ 20″
㉰ 22″ ㉱ 26″

해설 한 방향 각관측오차 $=\pm\sqrt{\alpha^2+\beta^2}$
$=\pm\sqrt{20^2+10^2}=\pm22.36≒22''$

09. 트랜싯으로 수평각을 관측하는 경우, 조정 불완전으로 인한 오차를 최소로 하기 위한 방법으로 가장 좋은 것은? (산기 03)

㉮ 관측방법을 바꾸어 가면서 관측한다.
㉯ 여러 번 반복 관측하여 평균값을 구한다.
㉰ 정·반위관측을 실시 평균한다.
㉱ 관측값을 수학적인 방법을 이용하여 정밀하게 조정한다.

해설 오차처리방법
① 정·반위 관측=시준축, 수평축, 시준축의 편심오차
② A, B버니어의 읽음값의 평균=내심오차
③ 분도원의 눈금 부정확 : 대회관측

10. 어떤 각을 12회 관측한 결과 0.5″의 평균 제곱근 오차를 얻었다. 같은 정확도로 해서 0.3″의 평균 제곱근 오차를 얻으려면 몇 회 관측하는 것이 좋은가? (기사 04)

㉮ 5회 ㉯ 8회
㉰ 18회 ㉱ 34회

해설 ① $M=m\sqrt{n}$
② $M=\pm0.5''\sqrt{12}=\pm0.3''\sqrt{n}$
$n=\left(\frac{0.5''}{0.3''}\right)^2\times12=33.33=34$회

11. 그림과 같이 O점에서 같은 정도로 각을 관측하여 계산한 결과 $x_3-(x_1+x_2)=+45''$의 식을 얻었을 때 보정값으로 옳은 것은? (산기 06)

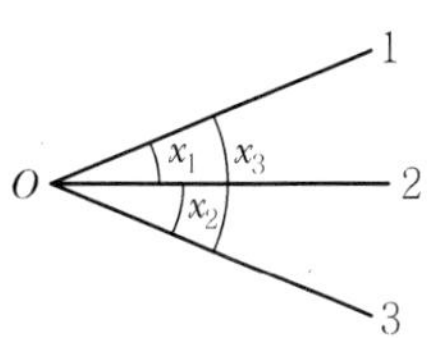

㉮ x_1 : −22.5″, x_2 : −22.5″, x_3 : +22.5″
㉯ x_1 : −15″, x_2 : −15″, x_3 : +15″
㉰ x_1 : +22.5″, x_2 : +22.5″, x_3 : −22.5″
㉱ x_1 : +15″, x_2 : +15″, x_3 : −15″

|해답| 6.㉯ 7.㉮ 8.㉰ 9.㉰ 10.㉱ 11.㉱

■해설 ① 조건식 $x_3-(x_1+x_2)=+45''$

② x_3가 45″ 크므로 x_1, x_2는 (+) 보정, x_3는 (−) 보정

③ 보정량$=\dfrac{45''}{3}=15''$

④ x_1, $x_2=+15''$, $x_3=-15''$

12. 삼각점 0에서 3점의 사이각을 관측하여 다음과 같은 오차 결과가 나왔다. 이때 오차에 대한 보정값 배분으로 옳은 것은? (산기 05)

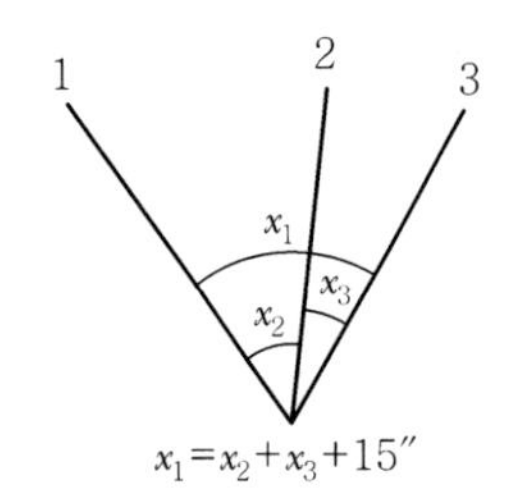

㉮ $x_1=-5''$, $x_2=-5''$, $x_3=+5''$

㉯ $x_1=-5''$, $x_2=+5''$, $x_3=-5''$

㉰ $x_1=-5''$, $x_2=+5''$, $x_3=+5''$

㉱ $x_1=+5''$, $x_2=+5''$, $x_3=-5''$

■해설 ① 조건식 $x_1=x_2+x_3+15''$

② x_1이 15″크므로 x_2, x_3는 (+)보정해주며 x_1는 (−)보정한다.

③ 조정량$=\dfrac{15''}{3}=5''$

④ $x_1=-5''$, $x_2=+5''$, $x_3=+5''$

13. 그림과 같이 O점에서 같은 정도로 각을 관측하여 다음과 같은 결과를 얻었을 때 보정값으로 옳은 것은?(단, $x_3-(x_1+x_2)=+45''$) (산기 03)

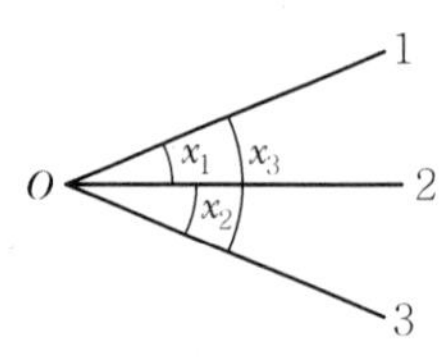

㉮ x_1 : $-22.5''$, x_2 : $-22.5''$, x_3 : $+22.5''$

㉯ x_1 : $-15''$, x_2 : $-15''$, x_3 : $+15''$

㉰ x_1 : $+22.5''$, x_2 : $+22.5''$, x_3 : $-22.5''$

㉱ x_1 : $+15''$, x_2 : $+15''$, x_3 : $-15''$

■해설 ① 조건식 $x_3-(x_1+x_2)=+45''$이므로

② x_3는 크므로 (−), x_1, x_2는 작으므로 (+)

③ 보정량$=\dfrac{45''}{3}=15''$

④ 큰 각 $x_3=-15''$, 작은 각 x_1 $x_2=+15''$씩 보정

14. 동일각을 측정 횟수를 달리하여 다음과 같은 측정치를 얻었을 때 최확치는? (산기 06)

〈측정치〉 42°36′18″ : 3회 측정
42°36′24″ : 5회 측정
42°36′28″ : 7회 측정

㉮ 42°36′18″ ㉯ 42°36′20″

㉰ 42°36′22″ ㉱ 42°36′25″

■해설 ① 경중률(P)은 측정 횟수(n)에 비례

$P_1 : P_2 : P_3 = N_1 : N_2 : N_3 = 3 : 5 : 7$

② 최확값$(L_0)=\dfrac{P_1\times\angle_1+P_2\times\angle_2+P_3\times\angle_3}{P_1+P_2+P_3}$

$=\dfrac{3\times42°36'18''+5\times42°36'24''+7\times42°36'28''}{3+5+7}$

$=42°36'25''$

15. 어느 각을 관측한 결과 다음과 같다. 최확값은? (단, 괄호 안의 숫자는 경중률을 표시함) (기사 16)

73°40′12″(2), 73°40′10″(1)
73°40′15″(3), 73°40′18″(1)
73°40′09″(1), 73°40′16″(2)
73°40′14″(4), 73°40′13″(3)

㉮ 73°40′10.2″ ㉯ 73°40′11.6″

㉰ 73°40′13.7″ ㉱ 73°40′15.1″

■해설 최확값$(L_0)=\dfrac{P_1\theta_1+P_2\theta_2+P_3\theta_3}{P_1+P_2+P_3\cdots}$

$=\dfrac{2\times73°40'12''+3\times73°40'15''+1\times73°40'9''+4\times73°40'14''+1\times73°40'10''+1\times73°40'18''+2\times73°40'16''+3\times73°40'13''}{2+3+1+4+1+1+2+3}$

$=73°40'13.7''$

|해답| 12.㉰ 13.㉱ 14.㉱ 15.㉰

Chapter

06

트래버스측량

Contents

Section 01 트래버스측량의 정의

1. 트래버스측량의 정의

기준이 되는 측점을 연결하는 기선의 길이와 방향을 관측하여 측점의 위치를 결정하는 방법이다.

트래버스측량의 용도 및 특징

① 높은 정확도를 요하지 않는 골조측량
② 산림지대, 시가지 등 삼각측량이 불리한 지역의 기준점 설치
③ 도로, 수로, 철도 등과 같이 좁고 긴 지형의 기준점 설치
④ 환경, 산림, 노선, 지적측량의 골조측량에 사용된다.
⑤ 거리와 각을 관측하여 도식해법에 의해 모든 점의 위치를 결정할 경우 편리하다.
⑥ 기본 삼각점이 멀리 배치되어 있어 좁은지역의 세부측량의 기준이 되는 점을 추가 설치할 경우 편리하다.

2. 트래버스의 종류

(1) 개방트래버스(Open Traverse)

① 출발점과 종점 간에 아무 관련이 없다.
② 측량결과의 점검이 안 되므로 정확도가 낮다.
③ 노선측량의 답사 등에 사용하면 편리하다.

(2) 폐합트래버스(Close Loop Traverse)

① 어떤 한 점에서 출발하여 다시 그 점으로 되돌아오는 트래버스이다.
② 측량결과가 검토는 되나 결합다각형보다 정확도가 낮다.
③ 소규모 지역의 측량에 이용된다.

(3) 결합트래버스(Closed Traverse)

① 기지점에서 출발하여 다른 기지점에 연결하는 트래버스이다.
② 정확도가 가장 높다.
③ 대규모 지역의 측량에 이용된다.

트래버스(다각망)

길이와 방향이 정해진 선분이 연속된 것을 트래버스라 한다.

(4) 트래버스망(Traverse Network)

2개 이상의 트래버스가 모여서 형성된 그물모양의 망

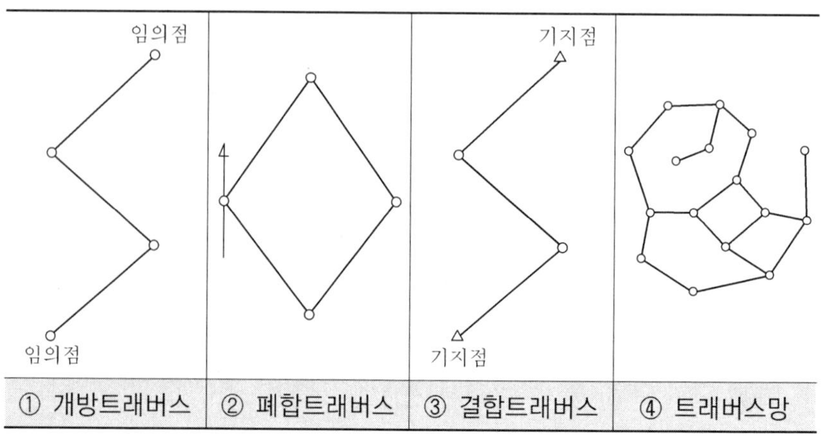

트래버스측량의 방법

1. 트래버스측량의 순서

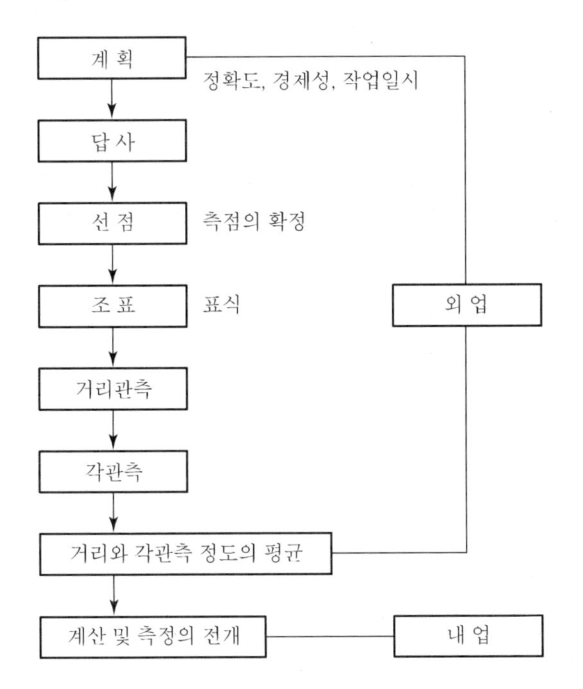

트래버스 측량의 거리관측 방법

소요정확도와 현지상황에 따라 사용기계, 관측방법을 선정한다.

① 정밀관측 : 전자기파거리측량기, 쇠줄자 등

② 보통관측 : 배줄자, 시거법 등

2. 트래버스측량의 각관측 방법

(1) 교각법

① 어떤 측선이 그 앞측선과 이루는 각을 교각이라 한다.

② 각 각이 독립적으로 관측, 잘못이 발견되었더라도 다른 각에 관계없이 재측할 수 있다.

③ 요구되는 정확도에 따라 방향각법, 배각법을 사용한다.

④ 결합 및 폐합 트래버스에 적합하며 측점수는 20점 이내가 효과적이다.

⑤ 우회교각(－), 좌회교각(＋)

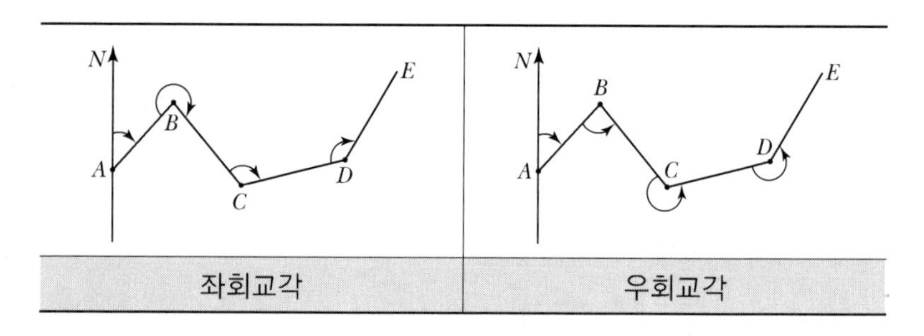

좌회교각	우회교각

(2) 편각법

① 각 측선이 그 앞측선의 연장과 이루는 각을 편각이라 한다.

② 도로, 수로, 철도 등의 선로의 중심선측량에 사용한다.

③ 우편각(+), 좌편각(−)

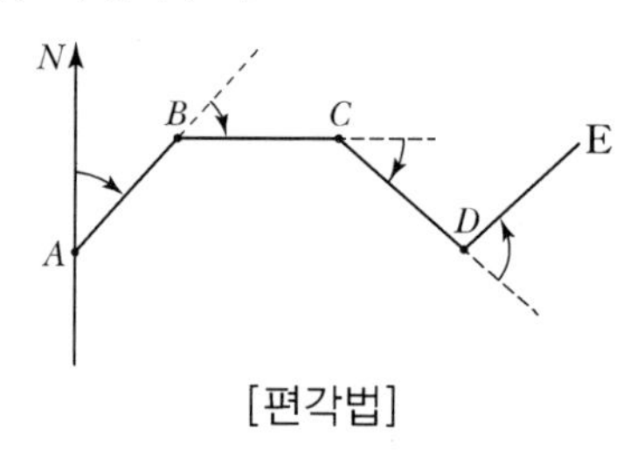

[편각법]

(3) 방위각법

① 각 측선이 일정한 기준선과 이루는 각을 우회로 관측하는 방법이다.

② 각 측선을 따라 진행하면서 방위각을 관측하므로 각 관측값의 계산과 제도가 편리하고 신속하다.

③ 오차 발생시 그 영향이 끝까지 미친다.

④ 지형이 험준하고 복잡한 지역은 부적합하다.

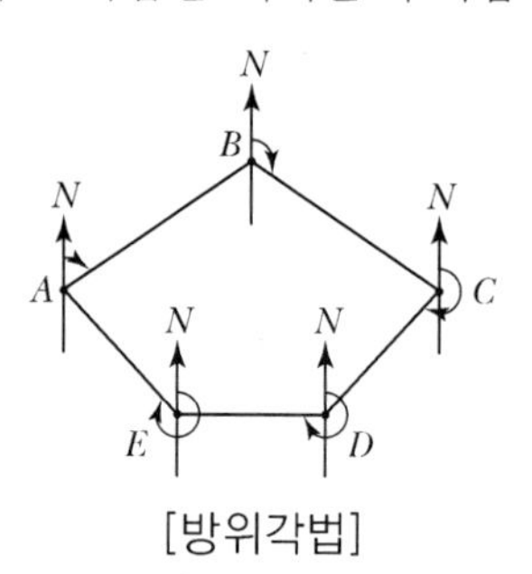

[방위각법]

별해

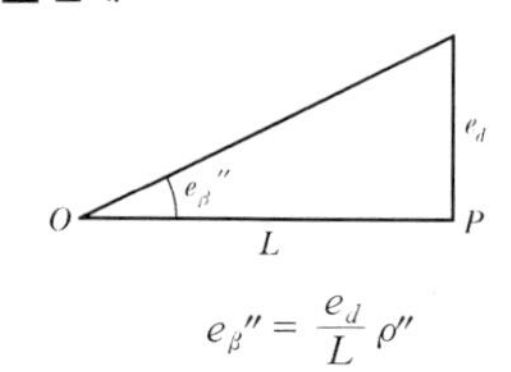

$$e_\beta'' = \frac{e_d}{L}\rho''$$

3. 거리와 각관측의 정도

$$e_\beta'' = \frac{e_d}{L}\rho''$$

여기서, e_d : 거리관측오차, e_β'' : 각관측오차

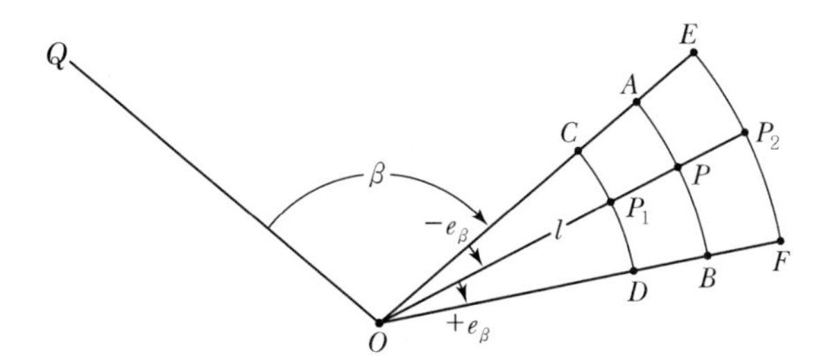

[거리와 각관측의 정도]

4. 각 각관측 값의 오차

▶ 폐합트래버스 편각의 총합은 360° 이다.

(1) 폐합트래버스의 경우

① 내각관측(우회교각)　　$E=[a]-180°(n-2)$

② 외각관측(좌회교각)　　$E=[a]-180°(n+2)$

③ 편각관측　　$E=[a]-360°$

(2) 결합트래버스의 경우

① $E=W_a+[a]-180°(n+1)-W_b$

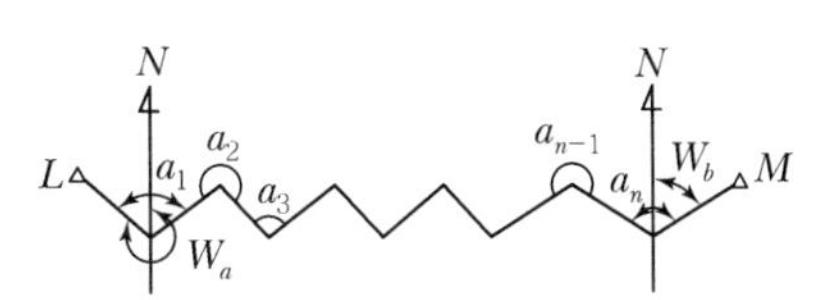

② $E=W_a+[a]-180°(n-3)-W_b$

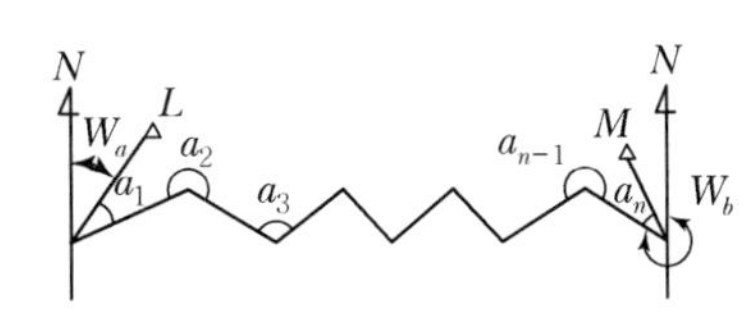

③ $E=W_a+[a]-180°(n-1)-W_b$

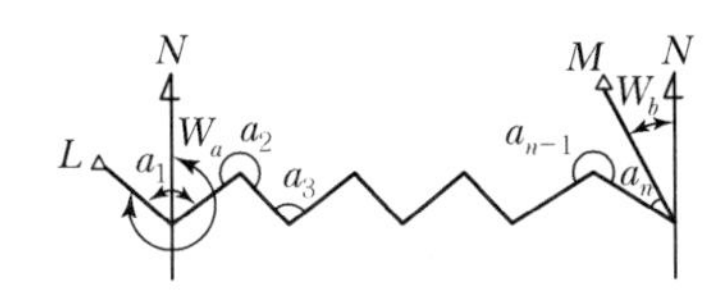

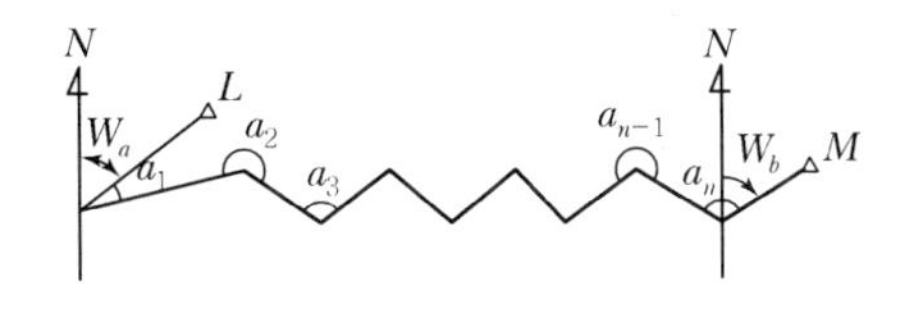

폐합비의 허용오차

시가지	$\frac{1}{5,000} \sim \frac{1}{10,000}$
평지	$\frac{1}{1,000} \sim \frac{1}{2,000}$
산림, 임야	$\frac{1}{500} \sim \frac{1}{1,000}$
산악지	$\frac{1}{300} \sim \frac{1}{1,000}$

(3) 오차의 조정

1) 오차의 허용범위

$$E_\alpha = \varepsilon_\alpha \sqrt{n}$$

여기서, E_α : n개 각의 각오차
ε_α : 1개 각의 각오차
n : 각관측수

구분	분	초
시가지	$0.3'\sqrt{n} \sim 0.5'\sqrt{n}$	$20''\sqrt{n} \sim 30''\sqrt{n}$
평탄지	$0.5'\sqrt{n} \sim 1'\sqrt{n}$	$30''\sqrt{n} \sim 60''\sqrt{n}$
산림 및 복잡한 지형	$1.5'\sqrt{n}$	$90''\sqrt{n}$

(4) 오차의 처리(허용오차 이내일 경우)

① 각 관측의 정도가 동일한 경우 각의 크기에 관계없이 등배분한다.
② 각 관측의 경중률이 다른 경우 경중률에 반비례하여 배분한다.
(관측횟수에 반비례하여 배분한다.)
③ 변길이의 역수에 비례하여 각각 배분한다.

방위각 및 방위의 계산

1. 방위각 계산

방위각 계산

구분	교각측정시 교각	편각측정시 편각
우	−	+
좌	+	−

(1) 교각측정시

① 우회교각 관측시 방위각 = 전 측선의 방위각 + 180° − 그 측선의 교각
② 좌회교각 관측시 방위각 = 전 측선의 방위각 + 180° + 그 측선의 교각

(2) 편각측정시

편각측정시 방위각 = 하나 앞 측선의 방위각±그 측선의 편각
단, 우편각(+), 좌편각(−)으로 계산한다.

2. 방위의 계산

> **역방위각**
> 역방위각=방위각+180°

(1) 방위의 계산

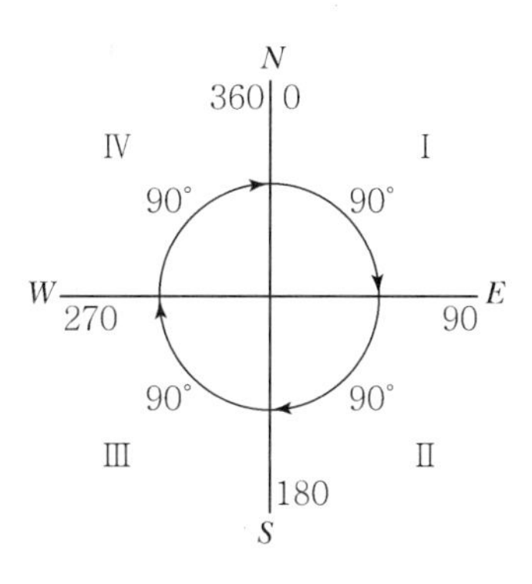

[방위의 계산]

(2) 방위각과 방위

상한	방위각	방위
Ⅰ	0°~90°	NE
Ⅱ	90°~180°	S(180°− θ_2)E
Ⅲ	180°~270°	S(θ_3−180°)W
Ⅳ	270°~360°	N(360°− θ_4)W

위거 및 경거의 계산

1. 위거 및 경거의 계산

> **위거, 경거의 부호**

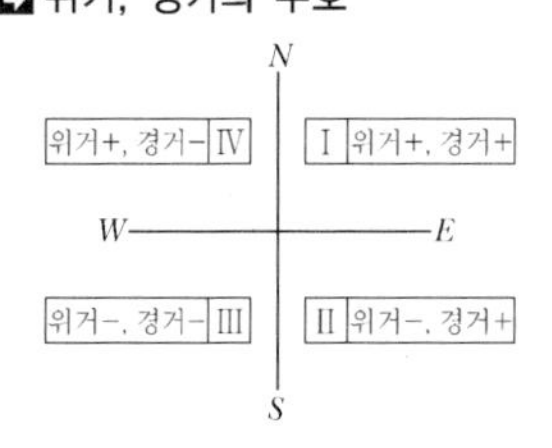

(1) 위거

어느 측선을 자오선(NS)선에 정사 투영한 것

$$위거(L) = \overline{AB} \cdot \cos\theta$$

(2) 경거

어느 측선을 동서선(EW)선에 정사 투영한 것

$$경거(D) = \overline{AB} \cdot \sin\theta$$

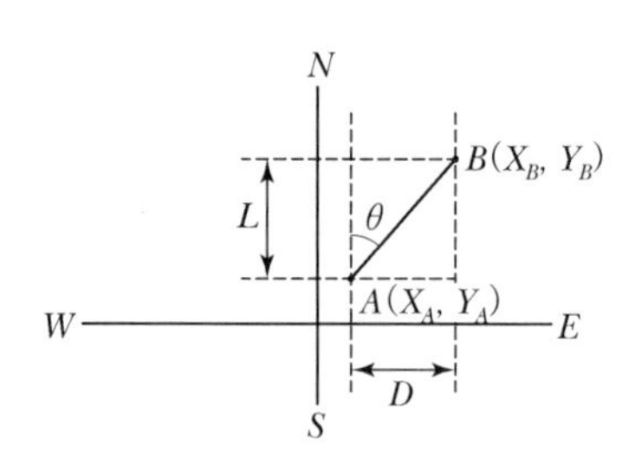

[위거와 경거]

(3) 좌표를 사용할 경우

① $\overline{\text{AB}}$의 거리 $=\sqrt{(X_B-X_A)^2+(Y_B-Y_A)^2}$

② $\overline{\text{AB}}$의 방위각$(\theta)=\dfrac{Y}{X}=\dfrac{Y_B-Y_A}{X_B-X_A}$

합위거와 합경거

합위거와 합경거는 그 측점의 좌표가 된다.

$X_B=X_A+AB$ 측선위거

$Y_B=Y_A+AB$ 측선경거

(4) 합위거와 합경거

① 합위거 : 원점에서 그 점까지의 각 측선의 위거의 합

② 합경거 : 원점에서 그 점까지의 각 측선의 경거의 합

Section 05 트래버스의 폐합오차 및 폐합비

1. 트래버스의 폐합오차 및 폐합비

(1) 폐합트래버스

폐합오차

① 폐합트래버스 오차
각 위거, 경거의 총합

② 결합트래버스 오차
기지점 좌표값의 차와 각 위거, 경거의 총합과의 차이

폐합비의 허용범위

시가지	1/5,000 ~ 1/10,000
평지	1/1,000 ~ 1/2,000
산림, 임야	1/500 ~ 1/1,000
산악지	1/300 ~ 1/1,000

1) 폐합오차(E)

$$E=\sqrt{(\Sigma L)^2+(\Sigma D)^2}$$

여기서, ΣL : 위거의 총합,
ΣD : 경거의 총합

2) 폐합비(정도)

$$\frac{1}{M}=\frac{\text{폐합오차}}{\text{총길이}}=\frac{\sqrt{(\Sigma L)^2+(\Sigma D)^2}}{\Sigma L}$$

(2) 결합트래버스

1) 위거오차(E_L)

$$E_L = (X_A + \Sigma L) - X_B$$

2) 경거오차(E_D)

$$E_D = (Y_A + \Sigma D) - Y_B$$

2. 트래버스의 폐합오차 조정

(1) 컴퍼스 법칙

각관측과 거리관측의 정밀도가 동일한 경우 실시한다.

① 위거조정량(e_L) $= \frac{\text{그 측선의 길이}}{\text{전 측선의 길이}} \times$위거오차 $= \frac{L}{\Sigma L} \times E_L$

② 경거조정량(e_D) $= \frac{\text{그 측선의 길이}}{\text{전 측선의 길이}} \times$경거오차 $= \frac{L}{\Sigma L} \times E_D$

(2) 트랜싯 법칙

각관측의 정밀도가 거리관측의 정밀도보다 높을 경우에 실시한다.

① 위거조정량(e_L) $= \frac{\text{그 측선의 위거}}{|\text{위거 절대치의 합}|} \times$위거오차 $= \frac{L}{\Sigma |L|} \times E_L$

② 경거조정량(e_D) $= \frac{\text{그 측선의 경거}}{|\text{경거 절대치의 합}|} \times$경거오차 $= \frac{D}{\Sigma |D|} \times E_D$

폐합오차 조정

컴퍼스	$\frac{\Delta L}{L} = \frac{\theta''}{\rho''}$
트랜싯	$\frac{\Delta L}{L} < \frac{\theta''}{\rho''}$

Section 06 면적 계산

1. 면적 계산

(1) 배횡거법

1) 횡거

① 어떤 측선의 중심에서 어떤 기준선에 내린 수선의 길이

② 임의 측선의 횡거

$$=\text{전 측선에 횡거}+\frac{\text{전 측선의 경거}}{2}+\frac{\text{그 측선의 경거}}{2}$$

합경거를 사용할 때
① 첫 측선의 배횡거는 첫 측선의 합경거
② 임의 측선의 배횡거=전 측선의 합경거+그 측선의 합경거

(2) 배횡거

① 배횡거=횡거×2
② 첫 측선의 배횡거는 첫 측선의 경거와 같다.
③ 임의 측선의 배횡거=전 측선의 배횡거+전 측선의 경거+그 측선의 경거
④ 마지막 측선의 배횡거는 마지막 측선의 경거와 같다.(부호는 반대이다.)

(3) 면적의 계산

① 배면적(2A)=배횡거×위거

② 면적(A) $=\frac{\text{배횡거}\times\text{위거}}{2}$

(4) 좌표법에 의한 면적계산

① 면적(A) $=\frac{1}{2}[y_n(x_{n-1}-x_{n+1})]$ 또는

$$=\frac{1}{2}[x_n(y_{n-1}-y_{n+1})]$$

($n+1$: 다음 측점, $n-1$: 전 측점)

(5) 간편법

좌표를 아래와 같이 나열한 후 측점 x와 그 전후의 y값을 곱하여 합계를 구하면 배면적이 구해진다.

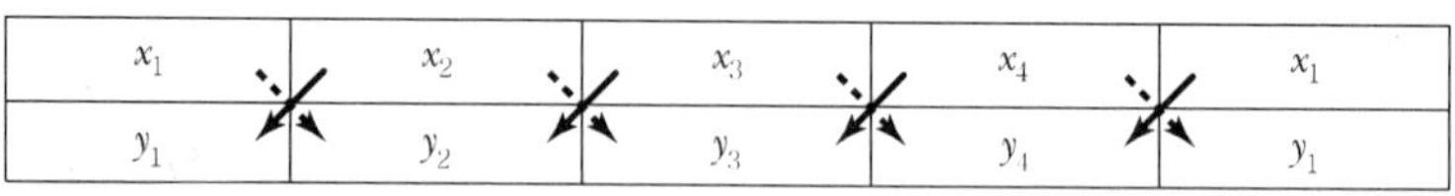

x_1	x_2	x_3	x_4	x_1
y_1	y_2	y_3	y_4	y_1

① 배면적(2A) $=\Sigma\searrow-\Sigma\swarrow$

② 면적(A) $=\frac{\Sigma\searrow-\Sigma\swarrow}{2}$

Item pool
예상문제 및 기출문제

01. 트래버스 측량의 일반적인 순서로 옳은 것은? (산기 12, 17)

㉮ 선점－방위각 관측－조표－수평각 및 거리관측－답사－계산
㉯ 선점－조표－답사－수평각 및 거리관측－방위각관측－계산
㉰ 답사－선점－조표－방위각관측－수평각 및 거리관측－계산
㉱ 답사－조표－방위각관측－선점－수평각 및 거리관측－계산

■해설 트래버스 측량순서
계획 → 답사 → 선점 → 조표 → 거리관측 → 각관측 → 거리와 각관측 정도의 평균 → 계산

02. 트래버스 측량의 선점시 유의사항으로 옳지 않은 것은? (산기 06)

㉮ 지반이 견고하고 기계 세우기 및 관측이 쉬운 장소가 좋다.
㉯ 세부 측량을 할 때 각 측점을 그대로 사용할 수 있는 곳이 좋다.
㉰ 측점은 수준점으로도 사용될 수 있으므로 수준측량을 감안하여 선점하는 것이 좋다.
㉱ 측점 간의 거리는 될 수 있는 한 짧은 것이 좋다.

■해설 선점시 측점 간의 거리는 가능한 길게 하고 측점수는 적게 한다.

03. 일반적으로 단열삼각망을 주로 사용할 수 있는 측량은? (기사 05, 12)

㉮ 시가지와 같이 정밀을 요하는 골조측량
㉯ 복잡한 지형의 골조측량
㉰ 광대한 지역의 지형측량
㉱ 하천조사를 위한 골조측량

■해설 하천조사시 골조측량으로 정밀도가 낮은 단열 삼각망을 사용한다.

04. 다각측량은 삼각측량에 비해 유리한 장점을 가지고 있다. 다음 중 다각측량의 장점에 대한 설명으로 틀린 것은? (기사 03)

㉮ 2방향만 시준하므로 선점이 용이하고 후속작업이 편리하다.
㉯ 오측하였을 때 재측하기 쉽다.
㉰ 세부측량의 기준점으로 적합하다.
㉱ 측점수가 많을 때 오차 누적이 심해진다.

■해설 측점수가 많을 때 오차 누적이 큰 것은 단점이다.

05. 다각 측량의 각관측 방법 중 방위각법에 대한 설명이 아닌 것은? (기사 04, 06)

㉮ 각 측선이 일정한 기준선과 이루는 각을 우회로 관측하는 방법이다.
㉯ 지역이 험준하고 복잡한 지역에는 적합하지 않다.
㉰ 각 각이 독립적으로 관측되므로 오차 발생시 오차의 영향이 독립적이므로 이후의 측량에 영향이 없다.
㉱ 각관측 값의 계산과 제도가 편리하고 신속히 관측할 수 있다.

■해설 ① 방위각법은 직접방위각이 관측되어 편리하나 오차 발생시 이후 측량에도 영향을 끼친다.
② ㉰는 교각법의 내용임

|해답| 1.㉰ 2.㉱ 3.㉱ 4.㉱ 5.㉰

06. 다각측량에서 8각형의 폐합다각형을 편각법으로 측각하여 오차가 없다고 할 때 편각의 총합은 얼마인가? (산기 03)

㉮ 180°
㉯ 360°
㉰ 540°
㉱ 1,080°

해설 폐합다각형 편각의 총합은 360°이다.

07. 다각측량의 폐합오차 조정방법 중 트랜싯법칙에 대한 설명으로 옳은 것은? (기사 12)

㉮ 각과 거리의 정밀도가 비슷할 때 실하는 방법이다.
㉯ 각 측선의 길이에 비례하여 폐합오차를 배분한다.
㉰ 각 측선의 길에 반비례하여 폐합오차를 배분한다.
㉱ 거리보다는 각의 정밀도가 높을 때 활용하는 방법이다.

해설 트랜싯법칙
각 관측의 정밀도가 거리관측의 정밀도보다 높을 경우에 실시한다.

08. 트래버스 측량에서 발생된 폐합오차를 조정하는 방법 중의 하나인 컴퍼스법칙(Compass Rule)의 오차 배분 방법에 대한 설명으로 옳은 것은? (산기 05, 15)

㉮ 트래버스 내각의 크기에 비례하여 배분한다.
㉯ 트래버스 외각의 크기에 비례하여 배분한다.
㉰ 각 변의 위 · 경거에 비례하여 배분한다.
㉱ 각 변의 측선 길이에 비례하여 배분한다.

해설 컴퍼스 법칙의 오차배분은 각 변 측선길이에 비례하여 배분한다.

09. 폐합다각측량에서 트랜싯과 광파기에 의한 관측을 통해 각 관측보다 거리관측 정밀도가 높을 때 오차를 배분하는 방법으로 옳은 것은? (산기 10, 15)

㉮ 해당 측선 길이에 비례하여 배분한다.
㉯ 해당 측선 길이에 반비례하여 배분한다.
㉰ 해당 측선의 위, 경거의 크기에 비례하여 배분한다.
㉱ 해당 측선의 위, 경거의 크기에 반비례하여 배분한다.

10. 트래버스 측량에서 각 관측 결과가 허용 오차 이내일 경우 오차 처리방법으로 옳지 않은 것은? (산기 04)

㉮ 각 관측 정확도가 같을 때는 각의 크기에 관계없이 등배분한다.
㉯ 각 관측 경중률이 다를 경우에는 경중률에 반비례하여 배분한다.
㉰ 변 길이의 역수에 비례하여 배분한다.
㉱ 각의 크기에 비례하여 배분한다.

해설 각관측시 관측 정도가 같다고 보고 관측오차를 등배분한다.

11. 시가지에서 25변형 폐합 다각측량을 한 결과 측각오차가 6′5″이었을 때, 이 오차의 처리는?(단, 시가지에서의 허용오차 : $20''\sqrt{n}$~$30''\sqrt{n}$, n : 변의 수) (기사 06)

㉮ 오차를 내각(內角)의 크기에 비례하여 배분 조정한다.
㉯ 오차를 변장의 크기에 비례하여 조정한다.
㉰ 오차를 각 내각에 균등배분 조정한다.
㉱ 오차가 너무 크므로 재측(再側)을 하여야 한다.

해설 ① 시가지 허용 범위 $=20''\sqrt{n} \sim 30''\sqrt{n}$
$=20''\sqrt{25} \sim 30''\sqrt{25}$
$=100'' \sim 150''$
② 측각오차(6′5″) > 허용오차(100″~150″)이므로 재측한다.

 |해답| 6.㉯ 7.㉱ 8.㉱ 9.㉰ 10.㉱ 11.㉱

12. 시가지에서 25변형 트래버스 측량을 실시하여 측각오차가 2′50″ 발생하였다. 어떻게 처리해야 하는가?(단, 시가지의 측각 허용범위=20″$\sqrt{n}$~30″$\sqrt{n}$이고, 여기서 n은 트래버스의 측점 수)

(기사 05)

㉮ 각의 크기에 따라 배분한다.
㉯ 오차가 허용오차 이상이므로 재측해야 한다.
㉰ 변의 길이에 비례하여 배분한다.
㉱ 변의 길이의 역수에 비례하여 배분한다.

해설 ① 시가지 허용 범위
$=20''\sqrt{25}\sim30''\sqrt{25}=1'40''\sim2'30''$
② 측각오차(2′50″) > 허용범위(1′40″~2′30″)이므로 재측한다.

13. 각측정 결과 방위각이 0° 혹은 180°에 가까울 때 각측정 오차가 위거 및 경거에 미치는 영향에 대한 설명으로 옳은 것은? (산기 05)

㉮ 경거에 미치는 영향이 크다.
㉯ 위거에 미치는 영향이 크다.
㉰ 위거와 경거에 미치는 영향은 같다.
㉱ 영향이 없다.

해설 경거에 큰 영향을 미친다.(작은 값에는 작은 오차도 영향이 크다.)

14. 다각측량에서 측선 AB의 거리가 2,068m이고 A점에서 20″의 각관측오차가 발생하였을 때 B점에서의 거리오차는? (산기 06)

㉮ 0.1m ㉯ 0.2m
㉰ 0.3m ㉱ 0.4m

해설 ① $\dfrac{\Delta L}{L}=\dfrac{\theta''}{\rho''}$
② $\Delta L=\dfrac{\theta''}{\rho''}L=\dfrac{20''}{206265''}\times2068=0.2\text{m}$

15. 그림과 같은 결합 트래버스의 관측 오차를 구하는 공식은?(단, $[a]=(a_1+a_2+\cdot\cdot\cdot+a_{n-1}+a_n)$

(산기 04, 15)

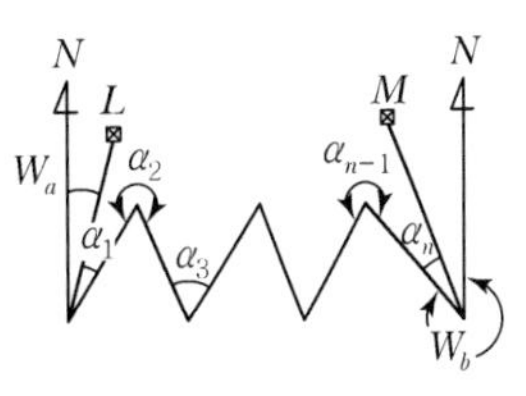

㉮ $(W_a-W_b)+[a]-180°(n+1)$
㉯ $(W_a-W_b)+[a]-180°(n-1)$
㉰ $(W_a-W_b)+[a]-180°(n-2)$
㉱ $(W_a-W_b)+[a]-180°(n-3)$

해설 ① L과 M이 모두 바깥쪽 ($n+1$)
② L과 M이 하나는 안에 하나는 바깥쪽 ($n-1$)
③ L과 M이 모두 안쪽에 ($n-3$)

16. 다음 그림과 같은 결합 트래버스에서 A점 및 B점에서 각각 AL 및 BM의 방위각이 기지일 때 측각오차를 표시하는 식은 어느 것인가?

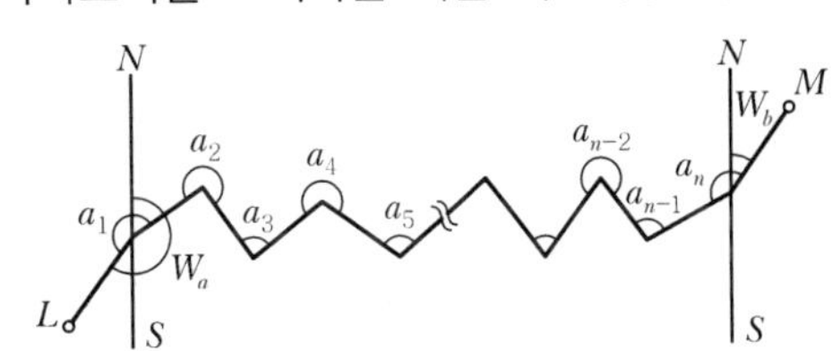

㉮ $\Delta a=W_a+\Sigma a-180°(n-3)-W_b$
㉯ $\Delta a=W_a+\Sigma a-180°(n+2)-W_b$
㉰ $\Delta a=W_a+\Sigma a-180°(n+1)-W_b$
㉱ $\Delta a=W_a+\Sigma a-180°(n-1)-W_v$

17. 다음 트래버스 AB 측선의 방위각이 19° 48′26″, CD 측선의 방위각이 310° 36′43″, 교각의 총합이 650° 48′5″일 때 각 관측 오차는? (기사 06)

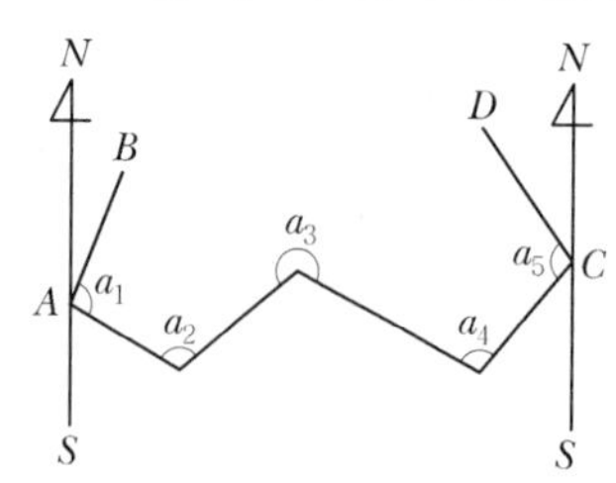

㉮ +10″　　　㉯ −12″
㉰ +18″　　　㉱ −23″

■해설 관측오차$(E) = W_a + [\alpha] - 180°(n-3) - W_b$
$= 19°48′26″ + 650°48′5″ - 180(5-3) - 310°36′43″$
$= -0°0′12″$

18. 트래버스 측량을 한 전체 연장이 2.5km이고 위거오차가 +0.48m, 경거오차가 −0.36m였다면 폐합비는 약 얼마인가? (산기 05)

㉮ 1/1,167　　　㉯ 1/2,167
㉰ 1/3,167　　　㉱ 1/4,167

■해설 $\text{폐합비} = \dfrac{\text{폐합오차}}{\text{전측선의 길이}} = \dfrac{E}{\Sigma L}$
$= \dfrac{\sqrt{0.48^2 + (-0.36)^2}}{2,500} = \dfrac{1}{4,166.66} \fallingdotseq \dfrac{1}{4,167}$

19. 다각측량에서 거리의 총합이 1,250m일 때 폐합오차를 0.26m로 하려고 한다. 위거 또는 경거의 오차를 얼마로 하여야 하는가?(단, 위거 및 경거 오차는 같은 것으로 가정한다.) (산기 04)

㉮ 0.13m　　　㉯ 0.18m
㉰ 0.26m　　　㉱ 0.52m

■해설 ① 폐합오차$(E) = \sqrt{E_L^{\,2} + E_D^{\,2}} = 0.26\text{m}$
② $E_L = E_D = \dfrac{0.26}{\sqrt{2}} = 0.18\text{m}$

20. 방위각 260° 의 역방위는 얼마인가? (산기 04, 15)

㉮ N80°E　　　㉯ N80°W
㉰ S80°E　　　㉱ S80°W

■해설 260°는 3상한
① 역방위각=방위각+180°=260°+180°=80°
② 방위는 S80°W, 역방위는 N80°E

21. 방위각 265° 에 대한 측선의 방위는? (기사 03)

㉮ S85°W　　　㉯ E85°W
㉰ N85°E　　　㉱ E85°N

■해설

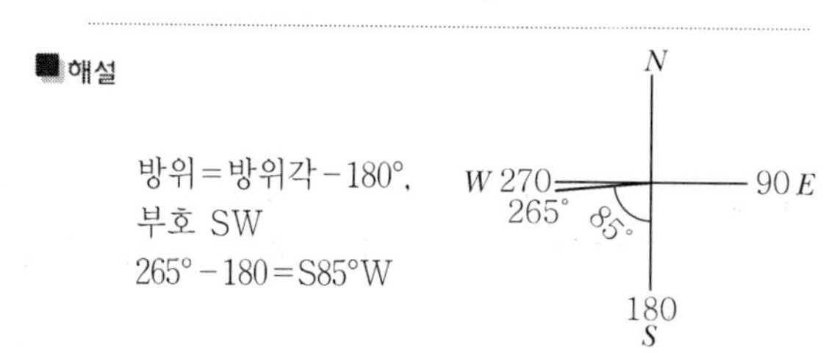

방위=방위각−180°,
부호 SW
265°−180=S85°W

22. 평면직교 좌표의 원점에서 동쪽에 있는 P1점에서 P2점 방향의 자북방위각을 관측한 결과 80° 9′ 20″이었다. P1점에서 자오선 수차가 0° 1′ 40″, 자침편차가 5° W일 때 진북방위각은? (기사 12)

㉮ 75° 7′ 40″　　　㉯ 75° 9′ 20″
㉰ 85° 7′ 40″　　　㉱ 85° 9′ 20″

■해설 진북방위각=80° 9′ 20″−5°=75° 9′ 20″

23. 다음 그림에서 DE의 방위각은?(단, ∠A=48° 50′ 40″, ∠B=43° 30′30″, ∠C=46° 50′00″, ∠D=60° 12′45″)

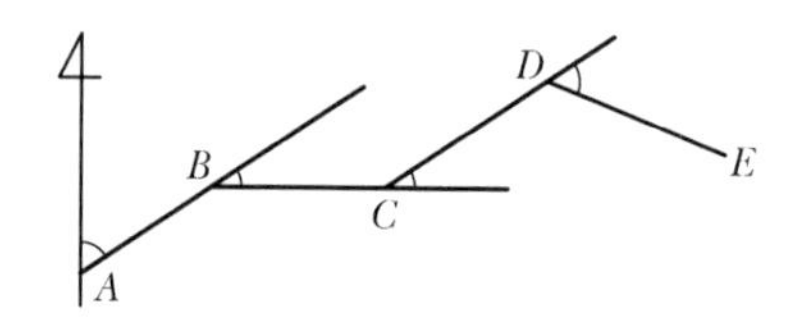

㉮ 139°11′10″　　　㉯ 96°31′10″
㉰ 92°21′10″　　　㉱ 105°43′55″

|해답| 17.㉯ 18.㉱ 19.㉯ 20.㉮ 21.㉮ 22.㉯ 23.㉱

■해설 편각법에 의한 방위각 계산
임의의 측선의 방위각 = 전측선의 방위각±편각(우회⊕, 좌회⊖)
① AB 측선 방위각 = 48°50′40″
② BC 측선 방위각 = 48°50′40″ + 43°30′30″ = 92°21′10″
③ CD 측선 방위각 = 92°21′10″ − 46°50′00″ = 45°43′10″
④ DE 측선 방위각 = 45°43′10″ + 60°12′45″ = 105°43′55″

24. 두 측점 간의 위거와 경거의 차가 Δ위거 = −156.145m, Δ경거 = 449.152m일 경우 방위각은? (기사 12)

㉮ 19° 10′ 11″
㉯ 70° 49′ 49″
㉰ 109° 10′ 11″
㉱ 289° 10′ 11″

■해설 $\tan\theta = \frac{Y}{X} = \frac{449.152}{-156.145}$
① $\theta = \tan^{-1}(\frac{449.152}{-156.145}) = 70°\ 49'\ 49''$
② $X(-\text{값})$, $Y(+\text{값})$이므로 2상한
③ 방위각 = 180° − 70° 49′ 49″ = 109° 10′ 11″

25. 개방 트래버스에서 DE 측선의 방위는? (기사 04)

㉮ N50°W
㉯ S50°W
㉰ N30°W
㉱ S30°W

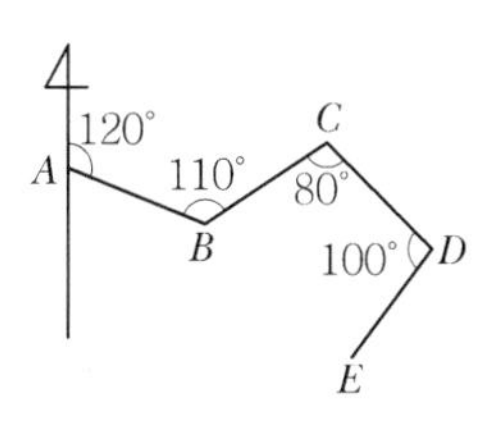

■해설 ① 임의의 측선의 방위각
= 전측선의 방위각 + 180°±교각(우측 ⊖, 좌측 ⊕)
② DE의 방위각
= 150° + 180° − 100° = 230°
③ DE측선의 방위(방위각 230°는 3상한)
= 230° − 180 = S50°W

26. 다음 그림에서 $\overline{DC}$의 방위는?

㉮ N11°15′E
㉯ S11°15′W
㉰ N20°35′E
㉱ S20°35′W

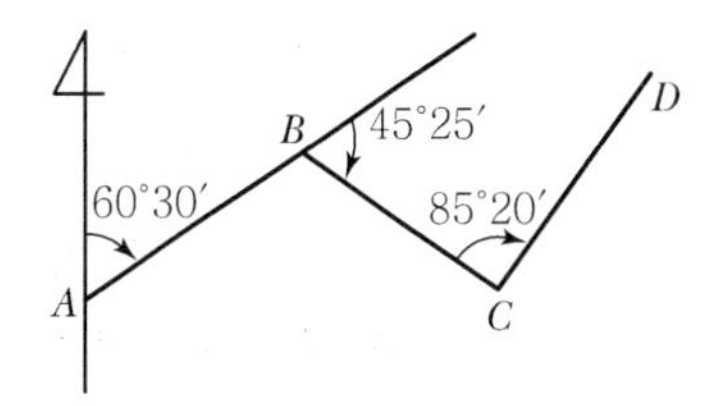

■해설 임의의 측선의 방위각 = 전측선의 방위각 + 180±교각(우측 ⊖, 좌측 ⊕)
① $\overline{AB}$ 방위각 = 60°30′
② $\overline{BC}$ 방위각 = 60°30′ + 180° − 134°35′ = 105°55′
③ $\overline{CD}$ 방위각 = 105°55′ + 180° + 85°20′ = 11°15′
④ $\overline{DC}$ 방위각 = 11°15′ + 180° = 191°15′
⑤ 191°15′은 3상한이므로 S11°15′W

27. 측선 AB를 기선으로 삼각측량을 실시하였다. 측선 AC의 방위각은?(단, A의 좌표 (200m, 224.210m), B의 좌표 (100mm, 100m), ∠A = 37° 51′41″, ∠B = 41° 41′38″, ∠C = 100° 26′41″)

㉮ 0°58′33″
㉯ 76°41′55″
㉰ 180°58′33″
㉱ 193°18′05″

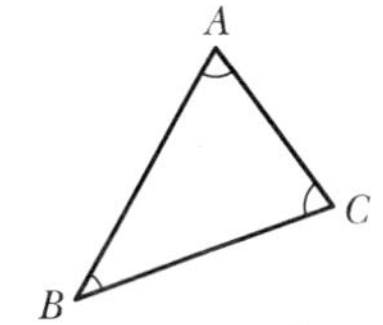

■해설 ① BA의 방위각 = $\tan\alpha = \frac{\Delta y}{\Delta x}$
$= \frac{y_A - y_B}{x_A - x_B} = \frac{224.210 - 100}{200 - 100} = 1.2421$
$\alpha = \tan^{-1}1.2421 = 51°3'46.33''$
② AC 방위각 = BA 방위각 + 180° − 교각
= 51°9′46.33″ + 180° − 37°51′41″ = 193°18′5.33″

28. A, B 두 점의 좌표가 주어졌을 때 AB의 방위(Bearing)를 구하면 얼마인가?(단, A(101.40, 38.44), B(148.88, 122.31)) (기사 03)

㉮ N29°30′53″E ㉯ N60°29′07″E
㉰ N29°30′53″W ㉱ N60°29′07″W

|해답| 24.㉰ 25.㉯ 26.㉯ 27.㉱ 28.㉯

■ 해설 ① 위거 $L_{AB}=X_B-X_A$,
경거 $D_{AB}=Y_B-Y_A$

② $\theta=\tan^{-1}\frac{경거}{위거}$

$=\tan^{-1}\left(\frac{122.31-38.44}{148.88-101.400}\right)=60°29'07''$

③ AB 방위 1상한이므로 N60°29'07"E

29. A와 B점의 좌표가 $X_A=-11,328.58$m, $Y_A=-4,891.49$m, $X_B=-11,616.10$m, $Y_B=-5,240.80$m이라면 AB의 수평거리 S와 방위각 T로 옳은 것은?

㉮ $S=549.73$m, $T=129°27'21''$
㉯ $S=452.42$m, $T=230°32'30''$
㉰ $S=452.42$m, $T=219°27'29''$
㉱ $S=549.73$m, $T=309°27'21''$

■ 해설 ① AB거리 $=\sqrt{(X_B-X_A)^2+(Y_B-Y_A)^2}$

$=\sqrt{(-11616.10+11328.58)^2}$
$+\sqrt{(-5240.80+4891.49)^2}=452.42$m

② $\tan\theta=\frac{Y_B-Y_A}{X_B-X_A}$

$=\frac{-5240.80+4891.49}{-11616.10+11328.58}$

$=\frac{-349.31}{-287.52}=1.2149$

③ $\theta=\tan^{-1}1.2149=50°32'30''$
(3상한)이므로

④ 방위각 $=\theta+180°=50°32'30''+180°=230°32'30''$

30. 한 측선의 자오선(종축)과 이루는 각이 60° 00′이고 계산된 측선의 위거가 −60m이며 경거가 −103.92m일 때 이 측선의 방위와 길이를 구한 값은? (기사 03)

	방위	길이		방위	길이
㉮	S60°00′E,	130m	㉯	N60°00′E,	130m
㉰	N60°00′W,	120m	㉱	S60°00′W,	120m

■ 해설 ① 방위가 위거(−), 경거(−)이므로 3상한 S60°00′W(방위각 240°)

② 측선길이 $=\sqrt{(-60)^2+(-103.92)^2}=120$m

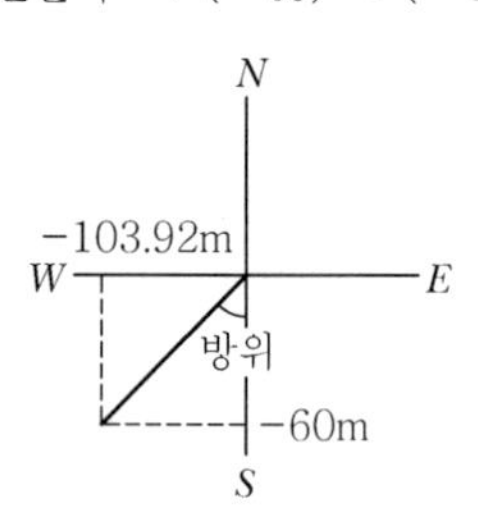

31. $\overline{AB}$측선의 방위각이 50° 30′이고 그림과 같이 편각관측하였을 때 $\overline{CD}$측선의 방위각은? (산기 05)

㉮ 125°00′
㉯ 131°00′
㉰ 141°00′
㉱ 150°00′

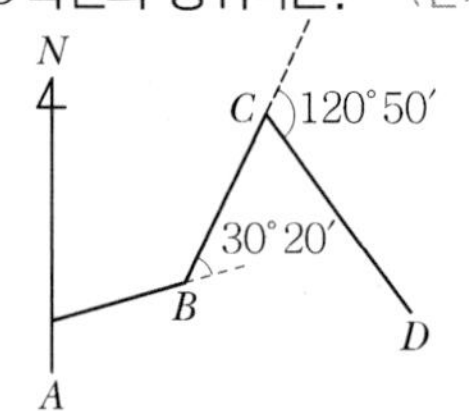

■ 해설 편각측정시
① 임의 측선의 방위각 = 전측선의 방위각±편각 (우편각 ⊕, 좌편각 ⊖)
② $\overline{AB}$방위각 = 50°30′
$\overline{BC}$방위각 = 50°30′ − 30°20′ = 20°10′
$\overline{CD}$방위각 = 20°10′ + 120°50′ = 141°00′

32. 다음의 다각망에서 C점의 좌표는 얼마인가? (단, $\overline{AB}=\overline{BC}=100$m) (산기 06)

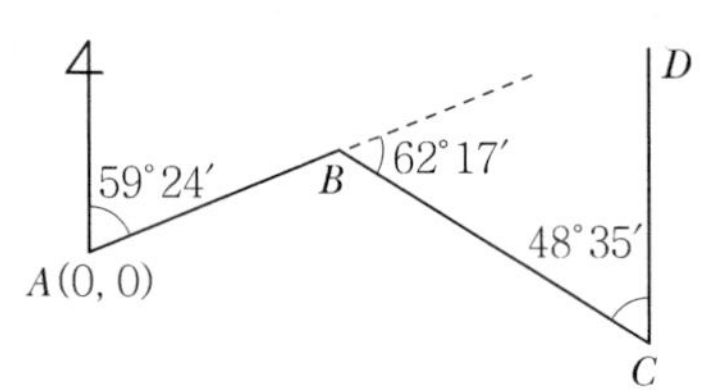

㉮ $X_C=-5.31$m, $Y_C=160.45$m
㉯ $X_C=-1.62$m, $Y_C=171.17$m
㉰ $X_C=-10.27$m, $Y_C=89.25$m
㉱ $X_C=-50.90$m, $Y_C=86.07$m

■ 해설 ① 방위각 = 전측선의 방위각±편각(우측 ⊕, 좌측 ⊖)
$\overline{AB}$방위각 = 59°24′
$\overline{BC}$방위각 = 59°24′ + 62°17′ = 121°41′

② 좌표

B점의 위거(X_B)

$= \overline{AB}\cos\alpha = 100\times\cos 59°24 = 50.90m$

B점의 경거(Y_B)

$= \overline{AB}\sin\alpha = 100\times\sin 59°24' = 86.07m$

C점의 위거(X_C) $= X_B + \overline{BC}\cos\alpha$

$= 50.90+100\times\cos 121°41'$

$= -1.62m$

C점의 경거(Y_C) $= Y_B + \overline{BC}\sin\alpha$

$= 86.07+100\times\sin 121°41'$

$= 171.17m$

33. 평면직각좌표에서 삼각점의 좌표가 X = -4,500.36m, Y = -654.25m일 때 좌표원점을 중심으로 한 이 삼각점의 방위각은? (산기 06)

㉮ 8°16′ ㉯ 81°44′

㉰ 188°16′ ㉱ 261°44′

■해설 ① $\tan\theta = \dfrac{Y}{X} = \dfrac{-654.25}{-4,500.36}$

② $\theta = \tan^{-1}\left(\dfrac{-654.25}{-4,500.36}\right) = 8°16'18''$

③ $x(-$값$)$, $y(-$값$)$이므로 3상한

④ 방위각 $= 180° + 8°16'18'' = 188°16'18''$

34. 다음 그림에 있어서 θ=30° 11′00″, S=1,000(평면거리)일 때 C점의 X좌표는?(단, AB의 방위각은 89° 49′00″, A점의 X좌표는 1,200m) (기사 05)

㉮ 333.97m

㉯ 500.00m

㉰ 700.00m

㉱ 866.03m

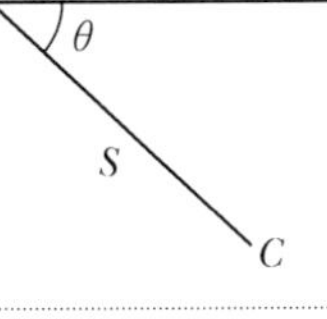

■해설 ① AC방위각 $= 89°46' + 30°11' = 120°$

② $X_C = X_A + \overline{AC}$위거

$= 1,200 + 1,000\cos 120° = 700m$

35. 평면 직교 좌표계에서 P점의 좌표가 x= 500m, y=1,000m이다. P점으로부터 Q점까지의 거리가 1,500m이고 PQ측선의 방위각이 240° 라면 Q점의 좌표는 얼마인가? (산기 06)

㉮ $x = -750m$, $y = -1,299m$

㉯ $x = -1,299m$, $y = -750m$

㉰ $x = -299m$, $y = -250m$

㉱ $x = -250m$, $y = -299m$

■해설 ① Q의 위거(X_Q)

$= X_P + l\cos\theta = 500 + 1,500\times\cos 240°$

$= -250m$

② Q의 경거(Y_Q)

$= Y_P + l\sin\theta = 1,000 + 1,500\times\sin 240°$

$= -299m$

36. 트래버스 측점 A의 좌표가 (200, 200)이고, AB 측선의 길이가 100m일 때 B의 좌표는?(단, AB의 방위각은 195° 이고, 좌표의 단위는 m이다.) (기사 12)

㉮ (-96.6, -25.9) ㉯ (-25.9, -96.6)

㉰ (103.4, 174.1) ㉱ (174.1, 103.4)

■해설 $X_B = X_A +$위거(L_{AB}), $Y_B = Y_A +$경거(D_{AB})

① $X_B = X_A + l\cos\theta = 200 + 100\times\cos 195° = 103.4m$

② $Y_B = Y_B + l\sin\theta = 200 + 100\times\sin 195° = 174.1m$

③ $(X_B, Y_B) = (103.4,\ 174.1)$

37. 점 0(0,0)에서 측선 OA와 OB에 대해 관측한 결과 OA의 방위각이 120°, 측선 길이가 50m이고 OB의 방위각이 60°, 측선 길이가 100m였다면 측선 AB의 길이는? (기사 05)

㉮ 43.3m ㉯ 50.0m

㉰ 86.6m ㉱ 136.6m

■해설 ① $\overline{OA}$위거(X_A) $= L_A\cos\theta_A = 50\times\cos 120°$

$= -25m$

$\overline{OA}$경거(Y_A) $= L_A\sin\theta_A = 50\times\sin 120°$

$= 43.30m$

② $\overline{OB}$위거(X_B) = $L_B \cos\theta_B = 100\times\cos60°$
$= 50\text{m}$

$\overline{OB}$경거(Y_B) = $L_B \sin\theta_B = 100\times\sin60°$
$= 86.60\text{m}$

③ $\overline{AB}$길이 $= \sqrt{(X_B - X_A)^2 + (Y_B - Y_A)^2}$
$= \sqrt{(50-(-25))^2 + (86.6-43.30)^2}$
$= 86.6\text{m}$

38. 트래버스 측선의 방위가 S75° W, 측선거리 60m 일 때 위거 및 경거는? (산기 04)

㉮ 위거 : −15.53m, 경거 : −57.96m
㉯ 위거 : +57.96m, 경거 : +15.53m
㉰ 위거 : −57.96m, 경거 : −15.53m
㉱ 위거 : +15.53m , 경거 : +57.96m

해설 ① 3상한이므로 위거, 경거 부호는 −이다.
② 위거 $= L\times\cos\theta = 60\times\cos(-75°) = -15.53\text{m}$
③ 경거 $= L\times\sin\theta = 60\times\sin(-75°) = -57.96\text{m}$

39. 다음과 같은 DATA를 현장에서 얻었다. 나무와 나무와의 거리 CD의 값은?(여기서, ∠BAC = 26° 32′10″, AC = 32.80m, ∠BAD = 38° 15′18″, AD = 28.74m) (기사 06)

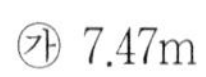
㉮ 7.47m
㉯ 10.48m

㉰ 15.81m
㉱ 30.97m

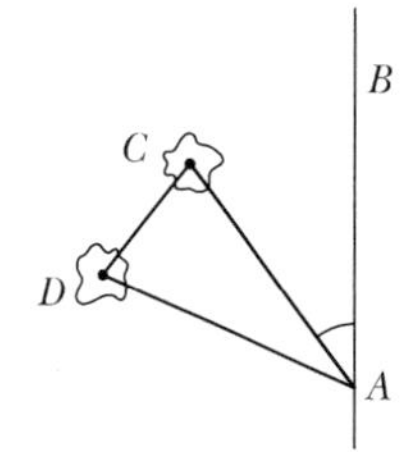

해설 ① C점
C점의 위거(X_C) = $\overline{AC}\cos\theta$
$= 32.80\times\cos(360° - 26°32'10'') = 29.34\text{m}$
C점의 경거(Y_C) = $\overline{AC}\sin\theta$
$= 32.80\times\sin(360° - 26°32'10'') = -14.65\text{m}$

② D점
D점의 위거(X_D) = $\overline{AD}\cos\theta$
$= 28.74\times\cos(360° - 38°15'18'') = 22.57\text{m}$
D점의 경거(Y_D) = $\overline{AD}\sin\theta$
$= 28.74\times\sin(360° - 38°15'18'') = -17.79\text{m}$

③ $\overline{CD}$거리 $= \sqrt{(x_C - x_D)^2 + (Y_D - Y_C)^2}$
$= \sqrt{6.77^2 + 3.14^2} = 7.4627\text{m} ≒ 7.47\text{m}$

40. 삼각망을 조정한 결과 다음과 같은 결과를 얻었다면 B점의 좌표는? (기사 12)

∠A = 60°20′20″, ∠B = 59°40′30″,
∠C = 59°59′10″, AC측선의 거리 = 120.730m,
AB측선의 방위각 = 30°, A점의 좌표(1,000m, 1,000m)

㉮ (1104.886m, 1060.556m)
㉯ (1060.556m, 1104.886m)
㉰ (1104.225m, 1060.175m)
㉱ (1060.175m, 1104.225m)

해설 $\dfrac{\overline{AC}}{\sin B} = \dfrac{\overline{AB}}{\sin C}$

① $\overline{AB} = \dfrac{\sin 59°59'10''}{\sin 59°40'30''}\times 120.730 = 121.112\text{m}$
② $X_B = X_A + L_{AB} = 1{,}000 + 121.112\times\cos30°$
$= 1104.886\text{m}$
③ $Y_B = Y_B + D_{AB} = 1{,}000 + 121.112\times\sin30°$
$= 1060.556\text{m}$
④ $(X_B, Y_B) = (1{,}104.886,\ 1{,}060.556)$

41. 터널 양 끝단의 기준점 A, B를 포함해서 트래버스측량 및 수준측량을 실시하여 다음의 결과를 얻었다면 AB 간의 경사거리는 얼마인가? (기사 17)

• 기준점 A
(X : 330,123.45m, Y : 250,243.89m, H : 100.12m)
• 기준점 B
(X : 330,342.12m, Y : 250,567.34m, H : 120.08m)

㉮ 290.941m ㉯ 390.941m
㉰ 490.941m ㉱ 590.941m

해설 ① $\overline{AB} = \sqrt{(X_B - X_A)^2 + (Y_B - Y_A)^2}$
$= \sqrt{(330{,}342.12 - 330{,}123.45)^2 + (250{,}567.34 - 250{,}243.89)}$
$= 390.431\text{m}$
② 경사거리 $= \sqrt{390{,}431^2 + 19.96^2} = 390.941\text{m}$

42. 다각 측량을 하여 다음과 같은 결과를 얻었다. D점의 합경거는? (산기 05)

측선	거리(m)	방위각	경거		합경거
			−	−	
OA		00°00′			100
AB	63.58	330°00′		31.79	
BC	100.00	60°00′	86.60		
CD	98.42	315°00′		69.59	

㉮ 148.50m　　㉯ 150.76m
㉰ 85.22m　　㉱ 80.32m

■ 해설 합경거

① $Y_A=100$

② $Y_B= Y_A+ AB$경거$=100+(-31.79)=68.21$m

③ $Y_C= Y_B+ BC$경거$=68.21+86.60=154.81$m

④ $Y_D= Y_C+ CD$경거$=154.81+(-69.59)=85.22$m

43. 다음은 다각측량 결과 얻어진 좌표의 값이다. 합위거, 합경거의 방법으로 면적을 계산하면? (단, 단위는 m임)

측점	합위거(m)	합경거(m)
1	0.000	0.000
2	21.267	16.498
3	6.168	36.720
4	−19.694	36.537
5	−23.678	12.315

㉮ 441.23m²　　㉯ 882.46m²
㉰ 1,125.14²　　㉱ 2,250.28m²

■ 해설

①

측점	합위거(m)	합경거(m)	$(x_{n-1}-x_{n+1})y$
1	0.000	0.000	(−23.678−21.267)×0=0
2	21.267	16.498	(0−6.168)×16.498=−101.76
3	6.168	36.720	(21.267−(−19.694))×36.720=1,504.09
4	−19.694	36.537	(6.168−(−23.678))×36.537=1,090.48
5	−23.678	12.315	(−19.694−0)×12.315=−242.53

② 배면적(2A)=2,250.28

③ 면적 $A=\dfrac{2,250.28}{2}=1,125.14\text{m}^2$

44. 그림과 같이 4점을 측정하였다. 이때 배면적을 구한 값 중 옳은 것은 어느 것인가? (산기 06)

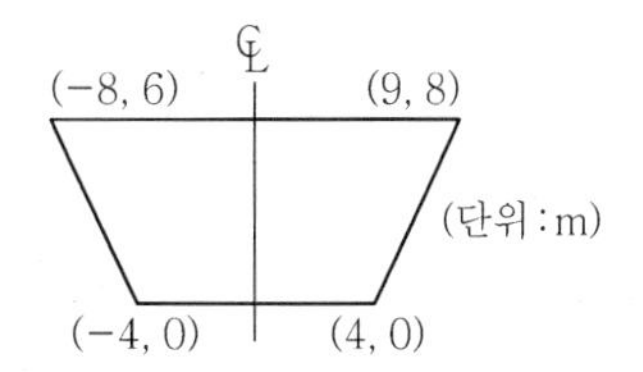

㉮ 87m²　　㉯ 100m²
㉰ 174m²　　㉱ 192m²

■ 해설

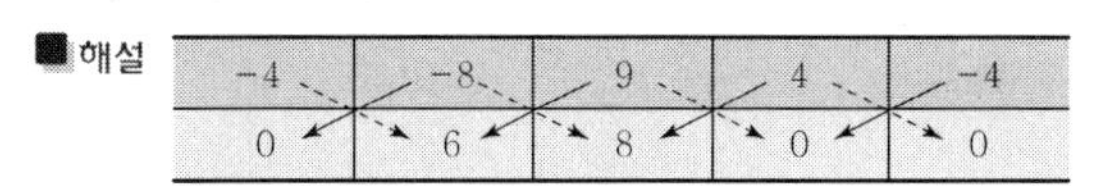

① 배면적$=(\Sigma\swarrow\otimes)-(\Sigma\searrow\otimes)$
$=(0+54+32+0)-(-24-64-0-0)$
$=86+88=174\text{m}^2$

② 면적$=\dfrac{\text{배면적}}{2}=\dfrac{174}{2}=87\text{m}^2$

45. 트래버스 측량에서는 측각의 정도와 측거의 정도가 균형을 이루어야 한다. 지금 측거 100m에 대한 오차가 2mm일 때 관측오차는 얼마인가? (산기 03)

㉮ ±2″　　㉯ ±4″
㉰ ±6″　　㉱ ±8″

■ 해설 $\dfrac{\Delta l}{l}=\dfrac{\theta''}{\rho''}$

$\theta''=\dfrac{\Delta l}{l}\rho''=\pm\dfrac{0.002}{100}\times 206,265''=\pm 4''$

46. 수평위치를 결정하기 위하여 거리 100m에 설치한 측점의 방향관측에 10″의 오차가 있었다면 수평위치에 생기는 오차는? (산기 04)

㉮ 0.48cm　　㉯ 0.63cm
㉰ 0.95cm　　㉱ 1.31cm

■ 해설 ① $\dfrac{\Delta L}{L}=\dfrac{\theta''}{\rho''}$

② $\Delta L=\dfrac{\theta''}{\rho''}L=\dfrac{10''}{206,265''}\times 100=0.0048\text{m}$
$=0.48\text{cm}$

|해답| 42.㉰ 43.㉰ 44.㉮ 45.㉯ 46.㉮

47. 각각의 변장거리가 다음 그림과 같을 때 편심이 발생한 O′ 지점에서의 오차보정량은 얼마인가? (산기 03)

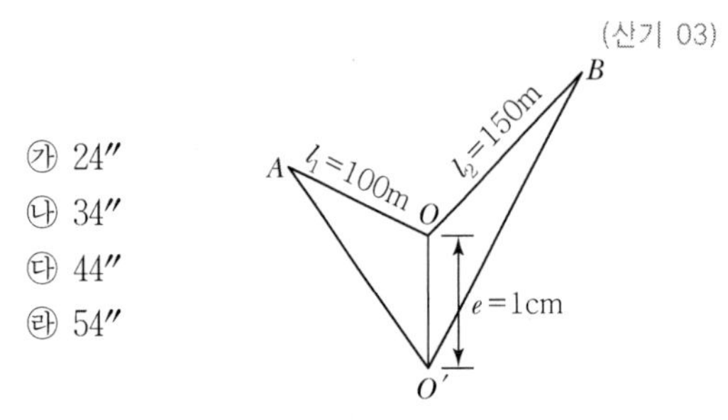

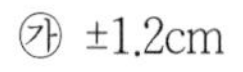

㉮ 24″
㉯ 34″
㉰ 44″
㉱ 54″

해설 $\theta'' = \left(\frac{\Delta l}{l_1} + \frac{\Delta l}{l_2}\right)\rho''$

$= \left(\frac{0.01}{100} + \frac{0.01}{150}\right) \times 206{,}265''$

$= 34.37'' = 34''$

48. 삼각점 0에서 약 100m 떨어진 A, B 두 점 간의 협각을 관측하고자 한다. 0점에서 설치기계의 편심을 5mm 허용한다면 협각에 생기는 최대 각오차는 약 얼마인가?

㉮ 10″　　㉯ 20″
㉰ 30″　　㉱ 40″

해설 ① $\frac{\Delta L}{L} = \frac{\theta''}{2\rho''}$

② $\theta'' = \frac{\Delta L}{L} \cdot 2\rho'' = \frac{0.005}{100} \times 2 \times 206{,}265''$
$= 20.63''$

49. 각 관측오차가 1′일 때 2km 떨어진 지점에서의 편심오차는 얼마인가? (산기 05)

㉮ 0.29m　　㉯ 0.58m
㉰ 0.74m　　㉱ 0.85m

해설 ① $\frac{\Delta L}{L} = \frac{\theta''}{\rho''}$

② $\Delta L = \frac{\theta''}{\rho''} L = \frac{1' \times 60}{206{,}265} \times 2{,}000 = 0.58\text{m}$

50. 두 점 간의 거리 D=2,000m이고, 방위각은 45° ±5″이다. 좌표 계산에 있어서 B점의 X좌표 값에 대한 오차는 얼마인가?(단, 거리관측값 오차는 무시한다.)

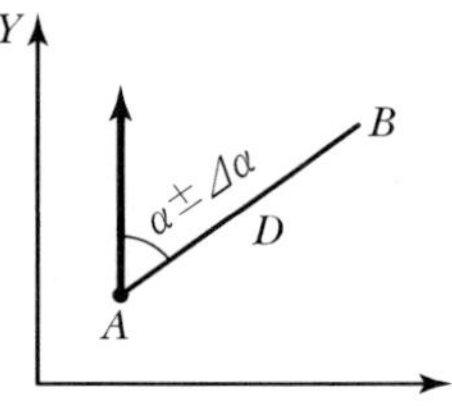

㉮ ±1.2cm
㉯ ±2.3cm
㉰ ±3.4cm
㉱ ±4.5cm

해설 ① $X = D\cos\alpha$, $Y = D\sin\alpha$,
$X = 2{,}000 \times \cos 45° = 1{,}414.213562$

② 오차 적용
$X = 2{,}000 \times \cos 45°0'5'' = 1{,}414.17928$

③ $\Delta X = 1{,}414.213562 - 1{,}414.17928 = 0.0342\text{m} \fallingdotseq 3.4\text{cm}$

51. 다음 중 전체 측선의 길이가 900m인 다각망의 정밀도를 1/2,600으로 하기 위한 위거 및 경거의 폐합오차로 알맞은 것은? (기사 12)

㉮ 위거오차 : 0.24m, 경거오차 : 0.25m
㉯ 위거오차 : 0.26m, 경거오차 : 0.27m
㉰ 위거오차 : 0.28m, 경거오차 : 0.29m
㉱ 위거오차 : 0.30m, 경거오차 : 0.30m

해설 $\frac{1}{M} = \frac{E}{\text{총길이}}$, $E = \sqrt{E_L{}^2 + E_D{}^2}$

① $E = \frac{\text{총길이}}{M} = \frac{900}{2{,}600} = 0.346\text{m}$

② $E_L = E_D = \frac{0.346}{\sqrt{2}} \fallingdotseq 0.245\text{m}$

52. 다각측량에서 관측각을 ±4, 거리를 1/10,000 정도로 관측하였다. 두 관측값에 경중률(輕重率)을 붙인다면 각의 경중률(輕重率)과 거리의 무게의 비는? (산기 03)

㉮ 1 : 0.2　　㉯ 1 : 0.4
㉰ 1 : 0.02　　㉱ 1 : 0.04

|해답| 47.㉯ 48.㉯ 49.㉯ 50.㉰ 51.㉮ 52.㉱

■해설 ① 경중률은 정밀도의 제곱에 비례

② $P_1 : P_2 = \left(\frac{\Delta L}{L}\right)^2 : \left(\frac{\theta''}{\rho''}\right)^2$

③ $\left(\frac{1}{10,000}\right)^2 : \left(\frac{4}{206,265}\right)^2 = 1 : 0.04$

53. 4km의 노선에서 결합트래버스 측량을 했을 때 폐합비가 1/6,250이었다면 실제 지형상의 폐합오차는? (기사 12)

㉮ 0.76m ㉯ 0.64m
㉰ 0.52m ㉱ 0.48m

■해설 폐합비

① $\frac{1}{M} = \frac{\text{폐합오차}}{\text{총길이}}$

② $\text{폐합오차} = \frac{\text{총길이}}{M} = \frac{4,000}{6,250} = 0.64\text{m}$

54. 그림과 같은 삼각형의 정점 A, B, C의 좌표가 $A(50, 20)$, $B(20, 50)$, $C(70, 70)$일 때, 정점 A를 지나며 $\triangle ABC$의 넓이를 3 : 2로 분할하는 P점의 좌표는?(단, 좌표의 단위는 m이다.) (산기 12)

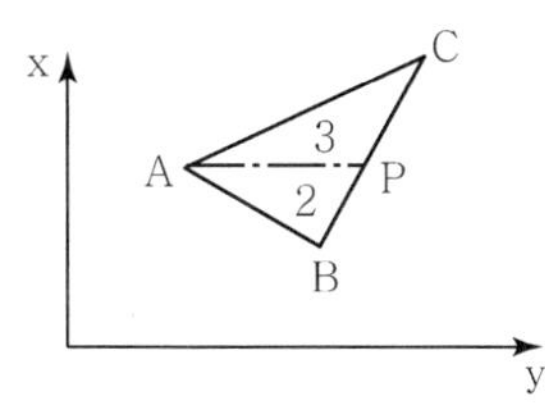

㉮ (40, 58) ㉯ (50, 62)
㉰ (50, 63) ㉱ (50, 65)

■해설 ① $\overline{AB} = \sqrt{(50-20)^2 + (50-20)^2} = 42.426$

② $\overline{BC} = \sqrt{(70-20)^2 + (70-50)^2} = 53.852$

③ $\overline{AC} = \sqrt{(70-50)^2 + (70-20)^2} = 53.852$

④ $\overline{DC} = \frac{3}{3+2}\ \overline{BC} = \frac{3}{5} \times 53.852 = 32.311$

⑤ $\overline{DB} = \frac{2}{3+2}\ \overline{BC} = \frac{2}{5} \times 53.852 = 21.541$

⑥ $32.311 = \sqrt{(70-X)^2 + (70-Y)^2}$

⑦ $21.541 = \sqrt{(X-20)^2 + (Y-50)^2}$

⑧ X=40, Y=58

Chapter

07

삼각측량

Contents

삼각측량의 일반사항

1. 삼각측량의 정의

각종 측량의 골격이 되는 기준점인 삼각점의 위치를 삼각법으로 정밀하게 결정하기 위한 측량방법으로 높은 정밀도를 기대할 수 있다.

2. 삼각측량의 원리(sin법칙을 이용한다.)

측량구역의 넓이에 따라 구분

① 대지삼각측량 : 삼각점 위도, 경도 및 높이를 관측하여 지리적 위치 결정하며 지구의 곡률을 고려한 측량이다.

② 평면삼각측량 : 지구의 표면을 평면으로 간주하여 실시하는 측량(1/1,000,000 정밀도에서 반경 11km 이내의 평면으로 간주)

(1) 수평위치

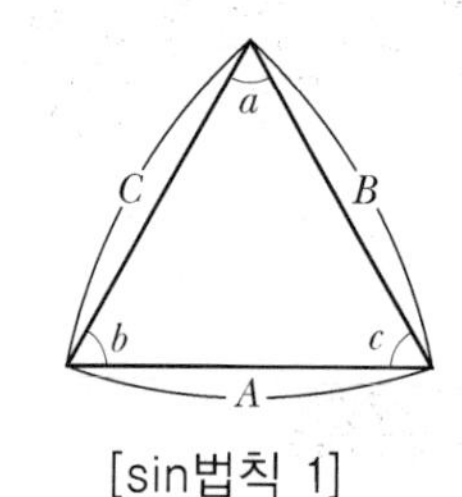

[sin법칙 1]

① $\dfrac{A}{\sin a} = \dfrac{B}{\sin b} = \dfrac{C}{\sin c}$

② 변길이(A) = $\dfrac{\sin a}{\sin b}B = \dfrac{\sin a}{\sin b}C$

(2) 수직위치

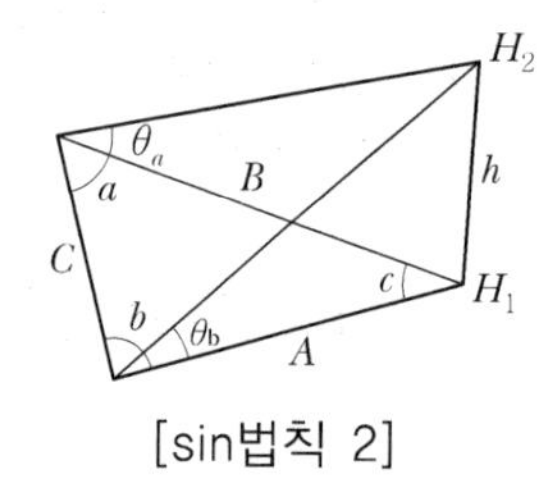

[sin법칙 2]

① $h = B\tan\theta_a$ or $h = A\tan\theta_b$

3. 삼각측량의 특징

① 삼각점 간의 거리를 비교적 길게 취할 수 있고, 한 점의 위치를 정확히 결정할 수 있어 넓은 지역에 동일한 정밀도의 기준점을 배치하는 데 편리하며 1등삼각측량의 평균변길이는 30km 정도이다.

② 넓은 면적의 측량에 적합하다.

③ 서로 시통이 잘 되어야 하고 후속측량에 이용되므로 전망이 좋은 곳에 설치한다.

㉠ 기복이 심한 산악지역에 적합하다.

㉡ 평야, 산림지대는 시통을 위해 벌목이나 높은 측표의 작업이 필요하므로 작업이 곤란하다.

④ 조건식이 많아 계산 및 조정방법이 복잡하다.

⑤ 각 단계에서 정밀도를 점검할 수 있다. 즉, 삼각형의 폐합차, 좌표 및 표고의 계산결과로부터 측량의 불량을 점검할 수 있다.

삼각망의 종류

1. 단열삼각망

① 폭이 좁고 긴 지역에 적합하다.
② 하천, 노선, 터널측량 등에 이용된다.
③ 거리에 비해 관측수가 적다.
④ 측량이 신속하고 비용이 적게 든다.
⑤ 조건식이 적어 정밀도가 낮다.

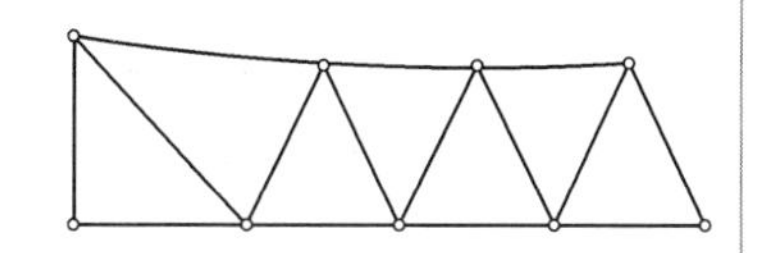

[단열삼각망]

삼각점의 평균변길이

구분	변길이	기호
1등	30km	⊚
2등	10km	◎
3등	5km	⊙
4등	2.5km	○

2. 유심삼각망

① 넓은 지역의 측량에 적합하다.
② 동일측점수에 비해 포함면적이 넓다.
③ 정밀도는 단열삼각망보다 높고, 사변형망보다 낮다.

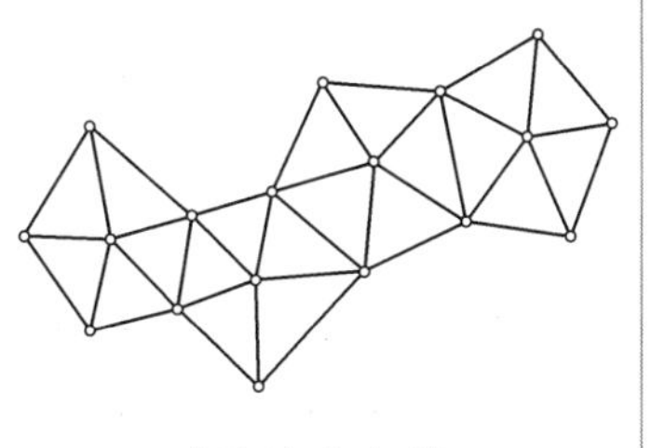

[유심삼각망]

3. 사변형망

① 조건식수가 가장 많아 정밀도가 가장 높다.
② 조정이 복잡하고 시간과 비용이 많이 든다.
③ 중요한 기선 삼각망에 사용한다.

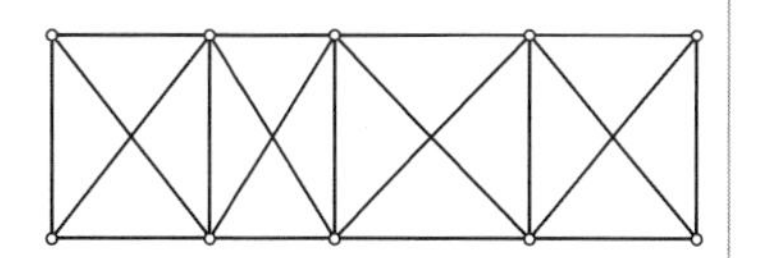

[사변형망]

삼각망의 정밀도 및 용도

구분	정밀도	용도
단열	낮다.	하천, 터널 등 좁고 긴 지역
유심	중간	농지, 공단, 택지조성
사변형	높다.	기선삼각망

Section 03

삼각측량의 방법

1. 삼각측량의 작업순서

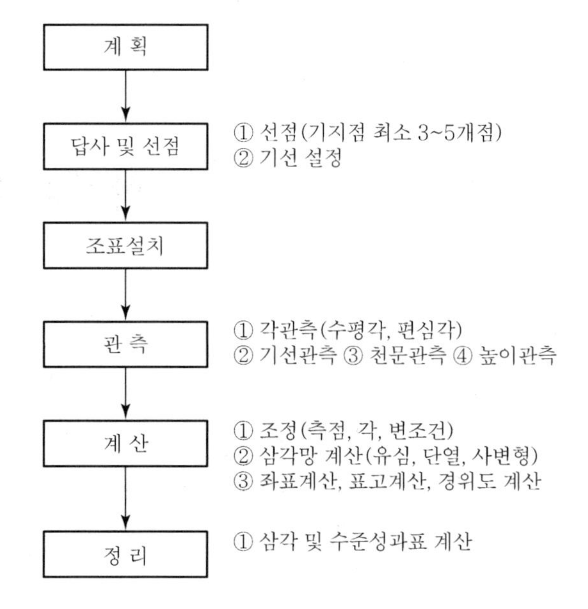

선점시 고려할 사항

① 삼각형의 내각은 되도록 60°(정삼각형)에 가깝게 하며 불가피한 경우 내각은 30~120° 범위로 한다.
② 시준이 잘 되는 곳
③ 지반이 견고하고 침하가 없는 곳
④ 되도록 측점수를 적게 한다.
⑤ 벌목 등의 작업이 적고 무리한 시준탑을 세우지 않아도 좋은 곳
⑥ 계속해서 연결되는 작업에 편리한 곳

2. 기선측정

① 삼각측량을 위해서 한 개 이상의 변장을 정확히 측정해야 한다.
② 측정시 필요한 정확도에 따라 강철 또는 인바테이프를 사용하며, 최근에는 전자기파 거리측정기를 많이 이용한다.
③ 측정기선의 보정에는 표준척, 경사, 온도, 장력, 표고, 처짐보정을 한다.
④ 1등삼각망의 한 변의 길이는 30~40km 되므로 기선은 짧은 거리만 측정하고 이것을 확대하여 삼각망의 한 변의 기선으로 사용한다.
⑤ 기선삼각망은 사변형 망을 이용한다.
⑥ 기선은 평탄한 곳에 설치하며 경사 1/25 이하여야 한다.
⑦ 검기선은 기선길이의 20배 정도 또는 삼각형 수 15~20개마다 설치한다.
⑧ 기선의 확대는 너무 확대하면 정밀도에 영향을 미치므로 1회에 3배 이내, 2회에 8배 이내, 3회에 10배 이내로 제한을 둔다.

측정기선의 보정

① 표준척 $= L\left(1 \pm \Delta \dfrac{l}{L}\right)$
② 경사 $= -\dfrac{h^2}{2L}$
③ 온도 $= \alpha \cdot L(t-t_0)$
④ 장력 $= \dfrac{(P-P_0)L}{AE}$
⑤ 표고 $= -\dfrac{L}{R}H$
⑥ 처짐 $= -\dfrac{L}{24}\left(\dfrac{WL}{P}\right)^2$

3. 각관측

(1) 수평각관측

수평각관측은 주로 각관측법을 사용하고, 소규모일 경우 배각법 또는 방향각법도 가능하다.

(2) 편심관측

삼각측량에서 수평각관측은 삼각점에 기계를 세워 다음 삼각점을 시준하여 실시하나 삼각점에 기계를 세우지 못한 경우 편심시켜 관측하여 정확한 값을 구하는 방법이다.

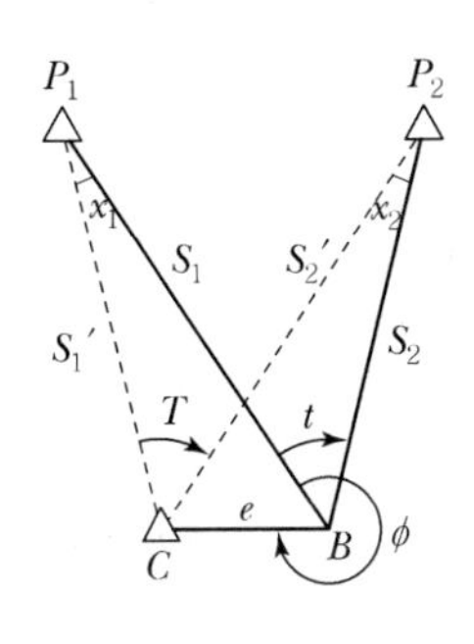

[편심관측]

① $T+x_1=t+x_2$, $T=t+x_2-x_1$

② sin법칙을 이용하여 x_1, x_2를 구하면

㉠ $\dfrac{e}{\sin x_1}=\dfrac{S_1'}{\sin(360°-\phi)}$

$x_1''=\dfrac{e}{S_1'}\sin(360°-\phi)\rho''$

㉡ $\dfrac{e}{\sin x_2}=\dfrac{S_2'}{\sin(360°-\phi+t)}$

$x_2''=\dfrac{e}{S_2'}\sin(360°-\phi+t)\rho''$

편심의 종류

① $(B=P)\neq C$ ② $(B=C)\neq P$

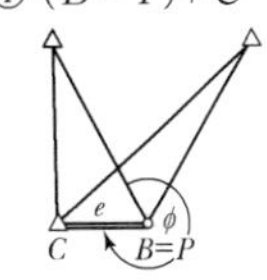

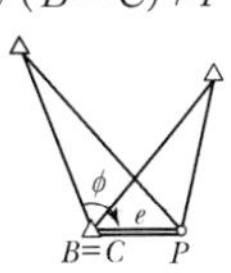

③ $B\neq(C=P)$ ④ $B\neq(C\neq P)$

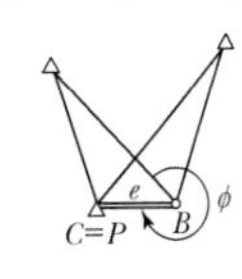

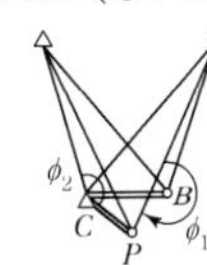

4. 조정

(1) 조정조건

① 측점조건 : 한 측점 둘레의 각의 합은 360°이다.

② 도형조건

㉠ 각조건 : 삼각망 중 삼각형 내각의 합은 180°이다.
(다각형의 내각의 합은 180(n-2)이다.)

㉡ 변조건 : 삼각망 중 한 변의 길이는 계산순서에 관계없이 동일하다.

(2) 조건식수

① 측점 조건식수= $W-l+1$

② 각 조건식수= $S-P+1$

③ 변 조건식수= $B+S-2P+2$

④ 조건식총수= $B+a-2P+3$

측점조건식수 별해

측점조건식수
=조건식총수-(각 조건식수+변조건식수)

조건식수의 예

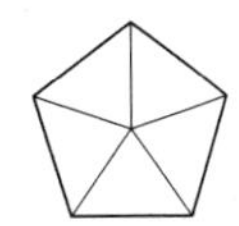
(유심삼각망)

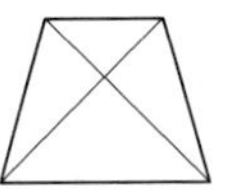
(사변형망)

구분	유심	사변형
점	1	0
각	5	3
변	1	1
총수	7	4

여기서, W : 그 측점의 각수
l : 그 측점에서 나간 변의 수
S : 변의 수
P : 삼각점의 수
B : 기선의 수
a : 관측값의 총수

(3) 삼각망조정

구분	단열삼각망	유심삼각망	사변형망
그림			
각 조건식	① 삼각형 내각의 합은 180°가 되게 조정 $a_1+b_1+c_1=180°$ ≀ $a_n+b_n+c_n=180°$	① 삼각형 내각의 합은 180°가 되게 조정 $a_1+b_1+c_1=180°$ ≀ $a_5+b_5+c_5=180°$ ② C점각의 총합은 360° $c_1+c_2+c_3+c_4+c_5=360°$	② 사변형 내각의 합은 360°가 되게 조정 $a+b+c+d+e+f+g+h=360°$ $a+b=e+f$ $c+d=g+h$
변 조건식	$B_2=\dfrac{\sin a_1\cdot\sin a_2\cdots\sin a_n}{\sin b_1\cdot\sin b_2\cdots\sin b_n}B_1$	$\dfrac{\sin b_1\cdot\sin b_2\cdots\sin b_5}{\sin a_1\cdots\sin a_2\cdots\sin a_5}=1$	$\dfrac{\sin b\cdot\sin d\cdot\sin f\cdot\sin h}{\sin a\cdot\sin c\cdot\sin e\cdot\sin g}=1$
위 기본식에 대수(log)를 취하여 풀이한다.			

Section 04 삼각수준측량

■ 삼각수준측량의 오차

① 구차 $=\dfrac{D^2}{2R}$

② 기차 $=-\dfrac{KD^2}{2R}$

③ 양차 = 기차 + 구차
$=\dfrac{D^2}{2R}(1-K)$

④ 양 지점에서 측정하여 평균값을 구하여 소거한다.

1. 삼각수준측량

레벨을 사용하지 않고 트랜싯이나 데오돌라이트를 이용하여 두 점 간의 연직각과 거리를 관측하여 구하는 측량으로 양차를 고려해준다.

$$H_P=H_A+H+\text{양차}=H_A+I+D\tan\theta+\text{양차}$$

$$=H_A+I+D\tan\theta+\frac{D^2}{2R}(1-k)$$

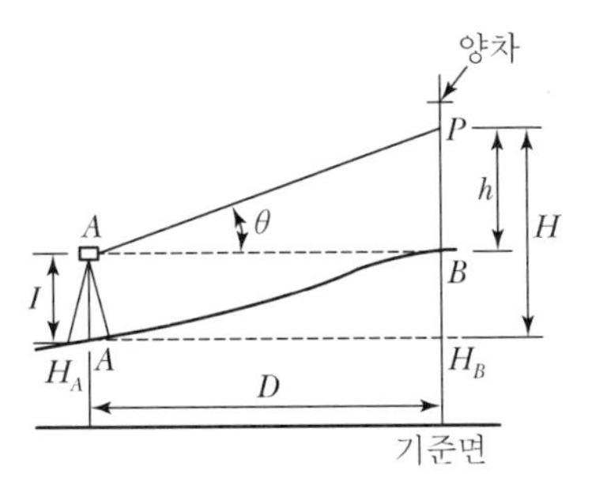

[삼각수준측량]

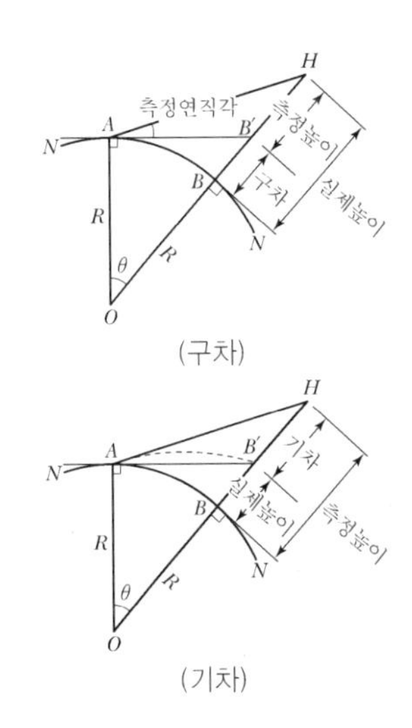

(구차)

(기차)

삼변측량

1. 삼변측량의 정의

전자기파 거리측정기의 장거리 관측의 정밀도가 높아짐에 따라 변만을 측정하여 수평(삼각점)위치를 결정하는 측량방법이다.

면적조건

$\sin A$

$= \frac{2}{bc}\sqrt{s(s-a)(s-b)(s-c)}$

$\therefore\ S=\frac{1}{2}(a+b+c)$

2. 측량방법

코사인 제2법칙, 반각공식을 이용하여 변으로부터 각을 구하고 구한 각과 변에 의해 수평위치를 결정한다.

(1) 코사인 제2법칙

$$\cos A = \frac{b^2+c^2-a^2}{2bc}$$

$$\cos B = \frac{c^2+a^2-b^2}{2ca}$$

$$\cos C = \frac{a^2+b^2-c^2}{2ab}$$

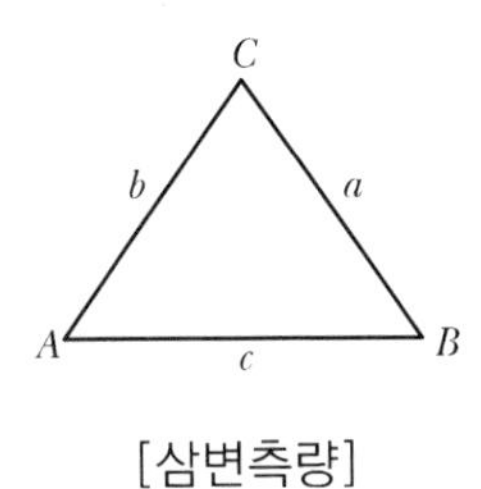

[삼변측량]

(2) 반각공식

$$\sin\frac{A}{2} = \sqrt{\frac{(s-b)(s-c)}{bc}}$$

$$\cos\frac{A}{2}=\sqrt{\frac{s(s-a)}{bc}}$$

$$\tan\frac{A}{2}=\sqrt{\frac{(s-b)(s-c)}{s(s-a)}}$$

3. 삼변측량의 특징

① 삼변을 측정해서 삼각점의 위치를 구한다.

② 기선장을 실측하므로 기선의 확대가 필요 없다.

③ 조건식수가 적은 것이 단점이다.

④ 좌표계산이 편리하다.

⑤ 조정방법에는 조건방정식에 의한 조정과 관측방정식에 의한 조정이 있다.

Item pool
예상문제 및 기출문제

01. 다음 중 기지의 삼각점을 이용한 삼각측량의 순서는 어느 것인가? (산기 03, 06)

① 도상계획	② 답사 및 선점
③ 조표	④ 각관측
⑤ 삼각점 전개	⑥ 계산 및 성과표 작성

㉮ ①→②→③→④→⑤→⑥
㉯ ②→①→③→⑥→⑤→④
㉰ ②→①→③→④→⑤→⑥
㉱ ①→②→③→⑤→④→⑥

■해설 계획→답사→선점→조표→각관측→삼각점 전개 → 계산 및 성과표 작성

02. 우리나라 기본측량에 있어서 삼각 및 삼변측량을 실시하는 최종 목적은 무엇인가?

㉮ 각 변의 길이를 산출하기 위한 것이다.
㉯ 삼각형의 면적을 산출하기 위한 것이다.
㉰ 기준점의 위치를 결정하기 위한 것이다.
㉱ 삼각형의 내각을 산출하기 위한 것이다.

■해설 삼각 삼변측량의 최종 목적은 기준점 측량이다.

03. 삼각측량과 삼변측량에 대한 설명으로 틀린 것은? (기사 17)

㉮ 삼변측량은 변 길이를 관측하여 삼각점의 위치를 구하는 측량이다.
㉯ 삼각측량의 삼각망 중 가장 정확도가 높은 망은 사변형 삼각망이다.
㉰ 삼각점의 선점시 기계나 측표가 동요할 수 있는 습지나 하상은 피한다.
㉱ 삼각점의 등급을 정하는 주된 목적은 표석설치를 편리하게 하기 위함이다.

■해설 삼각점은 각종 측량의 골격이 되는 기준점이다.

04. 삼각측량의 선점에 대한 다음의 설명 중 비교적 중요하지 않은 것은? (산기 03)

㉮ 기선 상의 점들은 서로 잘 보여야 한다.
㉯ 직접 수준측량이 용이한 점이어야 한다.
㉰ 삼각점들은 되도록이면 정삼각형이 되도록 한다.
㉱ 기선은 부근의 삼각점과 연결이 편리한 곳이어야 한다.

■해설 삼각점은 간접수준측량이다.

05. 삼각측량에서 삼각점을 선점할 때 주의사항으로 잘못된 것은? (기사 06)

㉮ 삼각형은 정삼각형에 가까울수록 좋다.
㉯ 가능한 측점의 수를 많게 하고 거리가 짧을수록 유리하다.
㉰ 미지점은 최소 3개, 최대 5개의 기지점에서 정, 반 양 방향으로 시통이 되도록 한다.
㉱ 삼각점의 위치는 다른 삼각점과 시준이 잘 되어야 한다.

■해설 선점시 측점의 수는 가능한 적을수록 좋다.

06. 다음 삼각망의 구성에 대한 설명 중 잘못된 것은? (기사 06)

㉮ 지역 전체를 고른 밀도로 덮는다.
㉯ 기선의 확대 횟수는 10회로 한다.
㉰ 삼각형은 가능한 정삼각형에 가깝게 한다.
㉱ 변 길이 오차의 누적을 피하기 위해 검기선을 설치한다.

■해설 기선의 확대는 1회 - 확대 3배 이내, 2회 - 확대 8배 이내, 3회 - 확대 10배 이상은 못한다.

|해답| 1.㉮ 2.㉰ 3.㉱ 4.㉯ 5.㉯ 6.㉯

07. 단열 삼각망을 이용하는 골조 측량으로 가장 적합한 것은? (산기 06)

㉮ 넓은 평지와 골조측량
㉯ 임야지역의 골조측량
㉰ 시가지역의 골조측량
㉱ 하천측량을 위한 골조측량

■해설 단열 삼각망은 폭이 좁고 긴 지역(도로, 하천)에 이용

08. 조건식의 수가 많아서 가장 높은 정확도를 얻을 수 있어 특별히 높은 정확도를 필요로 하는 삼각측량이나 기선 삼각망 등에 사용되는 삼각망은? (산기 05)

㉮ 단열 삼각망　㉯ 격자 삼각망
㉰ 사변형 삼각망　㉱ 유심 삼각망

■해설 사변형망은 정밀도가 가장 높으나 조정이 복잡하고 시간과 경비가 많이 소요된다.

09. 삼각측량을 위한 삼각망 중에서 유심다각망에 대한 설명으로 틀린 것은? (기사 12)

㉮ 농지측량에 많이 사용된다.
㉯ 삼각망 중에서 정확도가 가장 높다.
㉰ 방대한 지역의 측량에 적합하다.
㉱ 동일측점 수에 비하여 포함면적이 가장 넓다.

■해설 정확도는 사변형 > 유심 > 단열 순이다.

10. 삼각망 중에서 조건식이 많아 정밀도가 가장 높으나 조정이 복잡하고 포괄면적이 적으며 시간과 경비가 많이 드는 것은? (산기 04, 17)

㉮ 단열 삼각망　㉯ 사변형 삼각망
㉰ 유심 다각망　㉱ 삽입망

■해설 ① 사변형망은 정밀도가 가장 높으나 조정이 복잡하고 시간과 경비가 많이 소요된다.
② 삼각망의 정밀도는 사변형 > 유심 > 단열 순이다.

11. 삼각망 중 정확도가 가장 높은 삼각망은? (산기 04)

㉮ 단열 삼각망
㉯ 단삼각망
㉰ 유심 삼각망
㉱ 사변형 삼각망

■해설 ① 조건식수가 많아 사변형 삼각망이 정밀도가 높다.
② 정밀도는 사변형 > 유심 > 단열 순이다.

12. 삼각망 중에서 조건식이 가장 많이 생기는 망은? (산기 03)

㉮ 단열삼각망
㉯ 사변형망
㉰ 유심다각망
㉱ 폐합삼각망

■해설 ① 사변형망은 측점수에 비해 조건식수가 많아 정밀하다.
② 기선측정에 사용한다.

13. 삼각 측량에서 시간과 경비가 많이 소요되나 가장 정밀한 측량 성과를 얻을 수 있는 삼각망은? (기사 04, 16)

㉮ 유심망　㉯ 단삼각형
㉰ 단열 삼각망　㉱ 사변형망

■해설 사변형망은 조건식이 많아 시간과 경비가 많이 소요되나 정밀도는 높다.

14. 단열 삼각망의 조정조건이 아닌 것은? (기사 04)

㉮ 측점조건　㉯ 각조건
㉰ 방향각조건　㉱ 변조건

■해설 측점조정은 유심삼각망만 해당된다.(사변형, 단열 삼각망은 측점조정이 없다.)

 |해답| 7.㉱ 8.㉰ 9.㉯ 10.㉯ 11.㉱ 12.㉯ 13.㉱ 14.㉮

15. 다음은 삼각점 성과표에 대한 내용을 설명한 것이다. 이 중 틀린 것은? (기사 03)

㉮ 평면 직교좌표는 X, Y로 표시하며 X측은 남북거리, Y측은 동서거리이다.
㉯ 평균거리는 대수로 주어져 있으며, 평면상의 거리는 축척계수를 고려하여 계산한다.
㉰ 삼각점의 등급, 번호, 명칭이 주어져 있다.
㉱ 삼각점의 표고는 직접수준측량에 의한 결과값이다.

해설 삼각점은 삼각수준측량으로 간접측량에 의해 얻어지고 직접수준측량이 곤란한 산정등에 주로 설치한다.

16. 삼각측량 성과표에 나타나는 삼각점 간의 거리는?

㉮ 기준 회전타원체면 상에 투영한 거리
㉯ 지표면을 따라 측정한 거리
㉰ 2점 간의 직선거리
㉱ 2점의 위도차에 상응하는 자오선상의 거리

해설 삼각점 간 거리는 기준 회전타원체면 상의 투영거리이다.

17. 수평각 관측값에 포함되는 오차를 소거하기 위해 관측 방법에 대한 설명 중 우연 오차(부정 오차)를 소거하기 위한 방법은? (기사 04)

㉮ 망원경을 정반으로 관측하여 평균한다.
㉯ 수직축과 수평 기포관축과의 직교를 조정한다.
㉰ 편심 거리와 편심각을 관측하여 편심 보정한다.
㉱ 아지랑이가 적은 아침과 저녁에 관측한다.

해설 빛의 굴절에 의한 오차처리는 수평각은 아침 · 저녁에, 연직각은 정오에 관측한다.

18. 삼각측량에서 망을 정삼각형에 가깝도록 구성하는 이유로 옳은 것은? (기사 05)

㉮ 삼각망의 보기를 좋게 하기 위해서
㉯ 좌표계산에서 동일한 각을 이용함으로써 계산의 편의를 위해서
㉰ 각이 0°나 180°에 가까우면 표차가 커지므로 표차가 가장 작은 90°에 가깝게 하기 위해서
㉱ 기존의 삼각망을 활용하기 위해서

해설 표차는 각이 90°에 가까울수록 작다. 그러므로 삼각망은 정삼각형에 가깝도록 구성한다.

19. 삼각측량시 삼각망 조정의 세 가지 조건이 아닌 것은? (산기 05)

㉮ 각조건　　㉯ 측점조건
㉰ 구과량조건　　㉱ 변조건

해설 구과량은 구면삼각형 내각의 합이 180° 이상의 차를 말한다.

$\varepsilon'' = [\angle A + \angle B + \angle C] - 180°$

20. 삼각측량의 각 삼각점에 있어 모든 각의 관측 시 만족되어야 하는 조건이 아닌 것은?

㉮ 하나의 측점을 둘러싸고 있는 각의 합은 360°가 되도록 한다.
㉯ 삼각망 중에서 임의의 한 변의 길이는 계산의 순서에 관계없이 동일하도록 한다.
㉰ 삼각망 중 각각 삼각형 내의 합은 180°가 되록 한다.
㉱ 모든 삼각점의 포함면적은 각각 일정해야 한다.

해설 ① 점조건
② 변조건
③ 각조건

21. 삼각측량에서 내각을 60°에 가깝도록 정하는 것을 원칙으로 하는 이유로 가장 타당한 것은? (산기 05)

㉮ 시각적으로 보기 좋게 배열하기 위하여
㉯ 각 점이 잘 보이도록 하기 위하여
㉰ 측각의 오차가 변장에 미치는 영향을 최소화하기 위하여
㉱ 선점 작업의 효율성을 위하여

해설 측각, 거리 오차를 최소화하기 위하여 정삼각형(내각이 60°)에 가깝게 한다.

|해답| 15.㉱ 16.㉮ 17.㉱ 18.㉰ 19.㉰ 20.㉱ 21.㉰

22. 삼각형의 내각 α, β, γ를 각각 다른 무게로 측정할 때 각각의 최확치를 구하는 방법 중 가장 옳은 것은? (산기 03)

㉮ 등배분한다.
㉯ 각의 크기에 비례하여 배분한다.
㉰ 무게에 비례하여 배분한다.
㉱ 무게에 반비례하여 배분한다.

해설 ① 오차배분
- 경중률(무게)이 같을 때 등배분한다.
- 경중률(무게)이 다를 때 경중률에 반비례하여 배분한다.

② 최확치는 경중률(무게)에 비례하여 배분한다.

23. 삼각측량을 하여 $\alpha=54°25'32''$, $\beta=68°43'23''$, $\gamma=56°51'14''$를 얻었다. β각의 각조건에 의한 조정량은 몇 초인가?

㉮ $-4''$　　㉯ $-3''$
㉰ $+4''$　　㉱ $+3''$

해설 ① 내각의 합은 180°이다.
② $\alpha+\beta+\sigma=180°0'9''$
③ 조정량 $=\dfrac{-9''}{3}=-3''$

24. 그림과 같은 유심 삼각망의 조정에 사용되는 조건식이 아닌 것은? (기사 06)

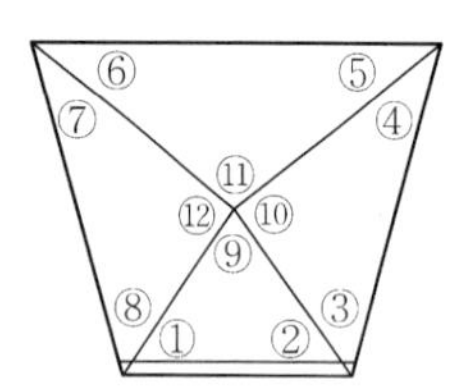

㉮ ①+②+⑨−180°=0
㉯ [①+②]−[⑤+⑥]=0
㉰ ⑨+⑩+⑪+⑫−360°=0
㉱ ①+②+③+④+⑤+⑥+⑦+⑧−360°

해설 ㉮ 각조건
㉰ 점조건
㉱ 각조건

25. 유심다각 조정에서 고려해야 할 조정조건이 아닌 것은?

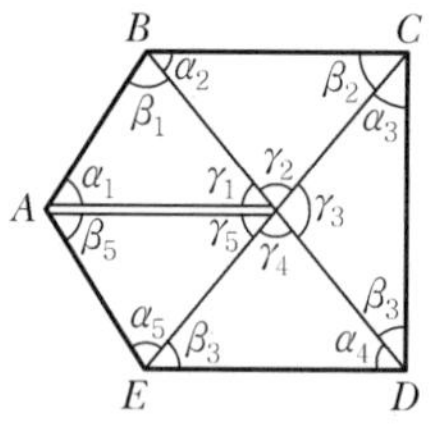

㉮ $\alpha_2+\beta_2+\gamma_2=180°$
㉯ $\dfrac{\alpha_2+\beta_2}{\alpha_2+\beta_2}=1$
㉰ $\gamma_1+\gamma_2+\gamma_3+\gamma_4+\gamma_5=360°$
㉱ $\dfrac{\sin\alpha_1\cdot\sin\alpha_2\cdot\sin\alpha_3\cdot\sin\alpha_4\cdot\sin\alpha_5}{\sin\beta_1\cdot\sin\beta_2\cdot\sin\beta_3\cdot\sin\beta_4\cdot\sin\beta_5}$

해설 ㉮ 각조건식 : $180(n-2)$
㉰ 점조건식 : 한점에 둘러싸인 모든 각의 합은 360°이다.
㉱ 변조건식 : 임의의 한 변의 길이는 계산해가는 순서와 관계 없이 같은 값이다.

26. 삼각측량의 각 삼각점에 있어 모든 각의 관측시 만족되어야 하는 조건식이 아닌 것은? (기사 03)

㉮ 하나의 측점을 둘러싸고 있는 각의 합은 360°가 되도록 한다.
㉯ 삼각망 중에서 임의 한 변의 길이는 계산의 순서에 관계없이 동일하도록 한다.
㉰ 삼각망 중 각각 삼각형 내각의 합은 180°가 되도록 한다.
㉱ 모든 삼각점의 포함면적은 각각 일정해야 한다.

해설 ① 측점조건 : 한 측점 둘레의 각의 합 360°(점방정식)
② 도형조건
- 다각형의 내각의 합 $180°(n-2)$ ┐(각 방정식)
- 삼각형 내각의 합 180° ┘
- 삼각망 임의의 한 변의 길이는 순서에 관계없이 같은 값(변방정식)

|해답| 22.㉰ 23.㉯ 24.㉯ 25.㉯ 26.㉱

27. 측지삼각측량과 평면삼각측량 사이에 생기는 구과량에 대한 설명으로 옳지 않은 것은?

㉮ 거리측량의 정도를 $1/10^6$으로 할 때 $380km^2$ 이내에서는 구과량에 대한 보정이 필요 없다.
㉯ n다각형의 구과량은 $180°(n-2)$보다 크거나 작은 양이 구과량이 된다.
㉰ 구면삼각형에 대한 구과량 δ는 ε=[(구면 삼각형의 면적)/(지구의 곡률반경)^2] × ρ''로 구할 수 있다.
㉱ 비교적 좁은 범위 내에서는 구과량을 3등분하여 구면 삼각형의 각 내각에 보정함으로써 평면삼각형으로 보고 계산할 수 있다.

해설 n각형의 내각의 합은 $180°(n-2)$보다 크다.

28. 삼각 수준 측량의 관측값에서 대기의 굴절 오차(기차)와 지구의 곡률 오차(구차)의 조정 방법 중 옳은 것은? (기사 06)

㉮ 기차는 높게, 구차는 낮게 조정한다.
㉯ 기차는 낮게, 구차는 높게 조정한다.
㉰ 기차와 구차를 함께 높게 조정한다.
㉱ 기차와 구차를 함께 낮게 조정한다.

해설 ① 구차(지구곡률오차)는 높게 조정
② 기차(굴절오차)는 낮게 조정

29. 하나의 삼각형 각점에서 같은 정밀도로 측량하여 생긴 폐합오차는 어떻게 처리하는가? (기사 06)

㉮ 각의 크기에 관계없이 등배분한다.
㉯ 대변의 크기에는 비례하여 배분한다.
㉰ 각의 크기에 반비례하여 배분한다.
㉱ 각의 크기에 비례하여 배분한다.

해설 각의 크기에 관계없이 등배분한다.

30. 다음 삼변측량에 관한 설명 중 틀린 것은? (기사 10, 15)

㉮ 관측요소는 변의 길이뿐이다.
㉯ 관측값에 비하여 조건식이 적은 단점이 있다.
㉰ 삼각형의 내각을 구하기 위해 cosine 제2법칙을 이용한다.
㉱ 반각공식을 이용하여 각으로부터 변을 구하여 수직위치를 구한다.

해설 반각공식은 변을 이용하여 각을 구하는 공식

31. 다음은 삼변측량에 대한 설명이다. 틀린 것은?

㉮ 삼각측량에서 수평각을 관측하는 대신에 삼변의 길이를 관측하여 삼각점의 위치를 구하는 측량이다.
㉯ 삼각측량에 비하여 조건식 수가 적다.
㉰ 전자파, 광파를 이용한 거리측량기의 발달로 높은 정밀도의 장거리를 측량할 수 있게 됨으로써 삼변측량법이 발달되었다.
㉱ 삼변측량에서 변장 측정값에는 오차가 없는 것으로 가정한다.

해설 삼변측량은 전파, 광파거리 측정기를 이용 측정하므로 변장측정값에는 오차가 존재한다.

32. 삼변 측량을 실시하여 길이가 각각 a=1,200m, b=1,300m, c=1,500m로 측정되었을 때에 c변에 대한 협각 ∠C는? (기사 04)

㉮ 73°31′02″
㉯ 73°33′02″
㉰ 73°35′02″
㉱ 73°37′02″

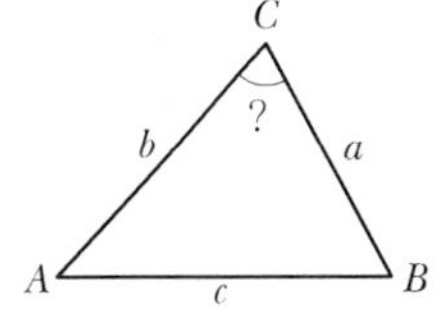

해설 ① 코사인 제2법칙

$$\cos C = \frac{a^2+b^2-c^2}{2ab} = \frac{1,200^2+1,300^2-1,500^2}{2\times1,200\times1,300} = 0.282$$

② $C = \cos^{-1}0.282 = 73°37'02''$

33. 그림에서 $\alpha_1 = 62°8'$, $\alpha_2 = 56°27'$, $v_1 = 20°46'$, $B = 95.00$m로서 점 P_1으로부터 P까지의 높이 H는? (기사 06, 12)

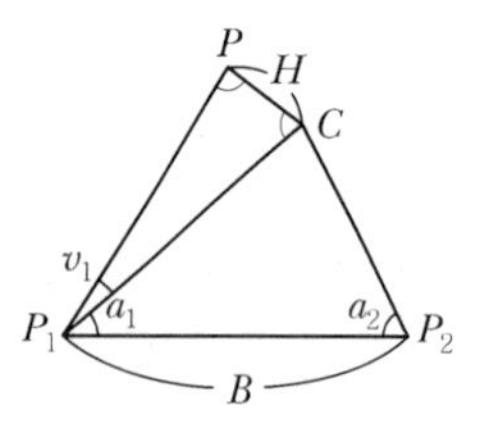

㉮ 30.014m　㉯ 31.940m
㉰ 33.904m　㉱ 34.189m

■ 해설 ① $\angle C = 180 - \alpha_1 - \alpha_2 = 61°25'$

② $\dfrac{\overline{P_1C}}{\sin\alpha_2} = \dfrac{B}{\sin C}$

$\overline{P_1C} = \dfrac{\sin\alpha_2}{\sin C}B = \dfrac{\sin 56°27'}{\sin 61°25'}95 = 90.16\text{m}$

③ $H = \overline{P_1C}\cdot\tan V_1$

$= 90.16 \times \tan 20°46' = 34.189\text{m}$

34. 그림과 같이 A점에 있어서 B점에 대하여 장애물이 있어 시준을 못하고 B′점을 시준하였다. 이때 B점의 방향각 T_B를 구함에 있어서 B점의 방향과 T_B'에 대한 보정각(x)은?(단, e<1.0m, ρ = 206,265″, S≒4km) (산기 06, 15)

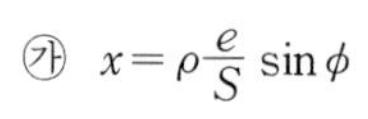

㉮ $x = \rho\dfrac{e}{S}\sin\phi$

㉯ $x = \rho\dfrac{e}{S}\cos\phi$

㉰ $x = \rho\dfrac{S}{e}\sin\phi$

㉱ $x = \rho\dfrac{S}{e}\cos\phi$

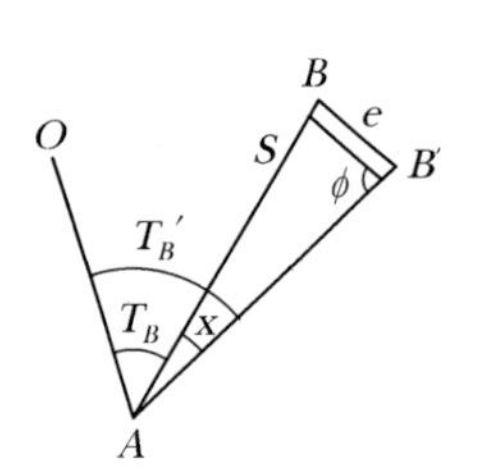

■ 해설 ① $\dfrac{e}{\sin x} = \dfrac{S}{\sin\phi}$

$\sin x = \dfrac{e}{S}\sin\phi$

② $x = \dfrac{e}{S}\sin\phi\rho'' = \sin^{-1}\left(\dfrac{e\sin\phi}{S}\right)$

35. 삼각점 A에 기계를 세우고 삼각점 B가 보이지 않아 P를 보고 관측하여 $T' = 65° 42'39''$를 읽었다면 $T = \angle$DAB는 얼마인가?(단, S=2km, e=40cm, ϕ=256° 40′이다.)

㉮ 65°39′58″
㉯ 65°40′20″
㉰ 65°41′59″
㉱ 65°42′20″

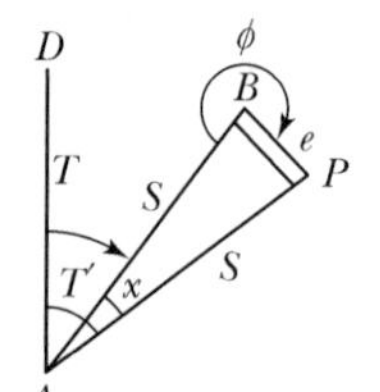

■ 해설 ① $\dfrac{e}{\sin x} = \dfrac{S}{\sin(360° - \phi)}$

$x = \sin^{-1}\left(\dfrac{e}{S}\times\sin(360° - \phi)\right)$

$= \sin^{-1}\left(\dfrac{0.4}{2,000}\times\sin(360° - 256°40')\right)$

$= 40''$

② $T = T' - x = 65°42'39'' - 40'' = 65°41'59''$

36. 다음 그림과 같은 편시모정계산에서 T값은?(단, $\phi = 300°$, S_1=3km, S_2=2km, e=0.5m, t=45° 30′, $S_1 ≒ S_1'$, $S_2 = S_2'$로 가정할 수 있음) (산기 06)

㉮ 45°29′40″
㉯ 45°30′05″
㉰ 45°30′20″
㉱ 45°31′05″

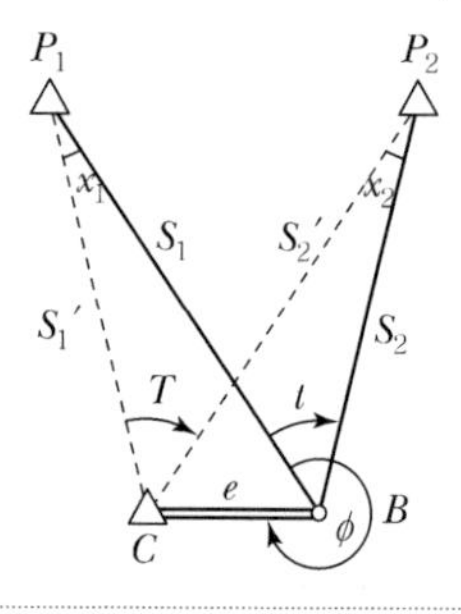

■ 해설 sin 정리 이용

① $\dfrac{3,000}{\sin(360° - 300°)} = \dfrac{0.5}{\sin X_1}$

$\sin X_1 = \dfrac{0.5}{3,000}\times\sin(360° - 300°)$

$X_1 = \sin^{-1}\left\{\left(\dfrac{0.5}{3,000}\right)\times\sin(360° - 300°)\right\}$

$= 0°0'30''$

② $\dfrac{2,000}{\sin(360° - 300° + 45°30')} = \dfrac{0.5}{\sin X_2}$

$\sin X_2 = \dfrac{0.5}{2,000}\times\sin(360° - 300° + 45°30')$

$X_2 = \sin^{-1}\left\{\left(\dfrac{0.5}{2,000}\right)\times\sin(360° - 300° + 45°30')\right\}$

|해답| 33.㉱ 34.㉮ 35.㉰ 36.㉰

$= 0°0'50''$

③ $T = t + X_2 - X_1$

$= 45°30' + 0°0'50'' - 0°0'30'' = 45°30'20''$

37. 삼각점 C에 기계를 세울 수 없어서 2.5m 편심하여 B에 기계를 설치하고 $T' = 31° 15'40''$를 얻었다. 이때 T는?(단, $\phi = 300° 20'$, $S_1 = 2\text{km}$, $S_2 = 3\text{km}$)

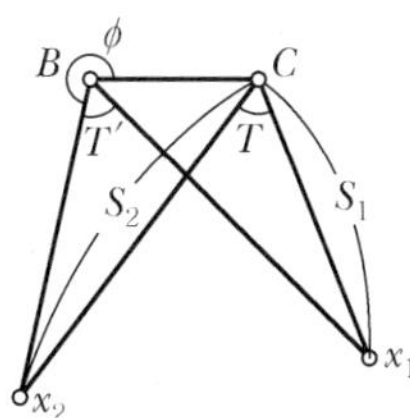

㉮ 31°14′49″
㉯ 31°15′18″
㉰ 31°15′29″
㉱ 31°15′41″

해설 ① sin 정리 이용

$$\frac{2.5}{\sin x_1} = \frac{2,000}{\sin(360° - 300°20')}$$

$$\sin x_1 = \frac{2.5}{2,000} \cdot \sin(360° - 300°20')$$

$$x_1 = \sin^{-1}\left\{\frac{2.5}{2,000} \cdot \sin(360° - 300°20')\right\}$$

$$= 0°3'43''$$

② $$\frac{2.5}{\sin x_2} = \frac{3,000}{\sin(360° - 300°20' + 31°15'40'')}$$

$$\sin x_2 = \frac{2.5}{3,000} \sin(360° - 300°20' + 31°15'40'')$$

$$x_2 = \sin^{-1}\left\{\frac{2.5}{3,000} \sin(360° - 300°20' + 31°15'40'')\right\}$$

$$= 0°2'52''$$

③ $T + x_1 = T' + x_2$

$T = T' + x_2 - x_1$

$= 31°15'40'' + 0°2'52'' - 0°3'43'' = 31°14'49''$

38. 다음 삼각 측량의 결과로부터 BC의 변장을 구하면?(단, $\angle A = 54° 29'13''$, $\angle B = 44° 11'22''$, $\angle C = 81° 19'34''$, AB = 500m) (기사 04)

㉮ 352.544m
㉯ 382.549m
㉰ 411.697m
㉱ 442.700m

해설 ① sin법칙 : $\dfrac{500}{\sin C} = \dfrac{\overline{BC}}{\sin A}$

② $\overline{BC} = \dfrac{\sin A}{\sin A} \times 500 = \dfrac{\sin 54°29'13''}{\sin 81°19'34''} \times 500$

$= 411.707\text{m} ≒ 411.697\text{m}$

39. 그림과 같은 단열삼각망의 조정각이 $\alpha_1 = 40°$, $\beta_1 = 60°$, $\gamma_1 = 80°$, $\alpha_2 = 50°$, $\beta_2 = 30°$, $\gamma_2 = 100°$ 일 때, $\overline{CD}$의 길이는?(단, $\overline{AB}$기선 길이 500m임) (산기 12)

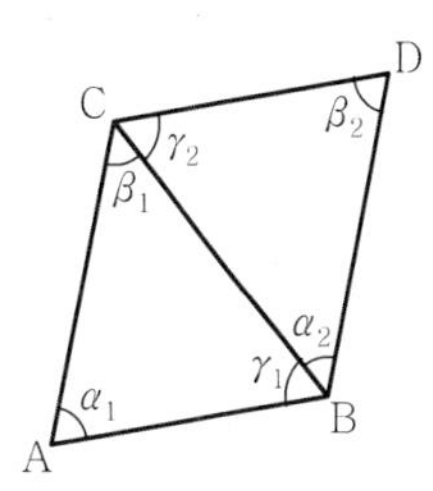

㉮ 212.5m ㉯ 323.4m
㉰ 400.7m ㉱ 568.6m

해설 ① $\dfrac{500}{\sin \beta_1} = \dfrac{\overline{BC}}{\sin \alpha}$,

$\overline{BC} = \dfrac{\sin 40°}{\sin 60°} \times 500 = 371.11\text{m}$

② $\dfrac{\overline{BC}}{\sin \beta_2} = \dfrac{\overline{CD}}{\sin \alpha}$,

$\overline{CD} = \dfrac{\sin 50°}{\sin 30°} \times 371.11 = 568.57 ≒ 568.6\text{m}$

40. 장애물로 인하여 PQ측정이 불가능하여 간접측량한 결과 AB = 225.85m가 측정되었다. 이때 PQ의 거리는?(단, $\angle$PAB = 79° 36′ $\angle$QAB = 35° 31′ $\angle$PBA = 34° 17′, $\angle$QBA = 82° 05′) (산기 04, 17)

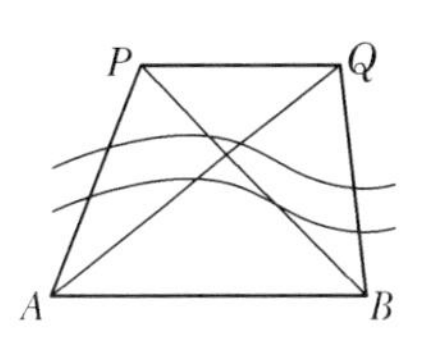

㉮ 179.46m ㉯ 177.98m
㉰ 178.65m ㉱ 180.61m

해설 sin 정리 이용

① $\dfrac{\overline{AQ}}{\sin 82°05'} = \dfrac{225.85}{\sin(180° - 35°31' - 82°05')}$

$\overline{AQ} = 252.42\text{m}$

② $\dfrac{\overline{AP}}{\sin 34°17'} = \dfrac{225.85}{\sin(180° - 79°36' - 35°17')}$

$\overline{AP} = 139.13\text{m}$

③ $\overline{PC} = \overline{AP}\sin(79°36' - 35°31') = 96.795\text{m}$

$\overline{CQ} = \overline{AQ} - \overline{AP}\cos(79°36' - 35°31')$

$= 152.479\text{m}$

$\overline{PQ} = \sqrt{PC^2 + CQ^2} = 180.608\text{m}$

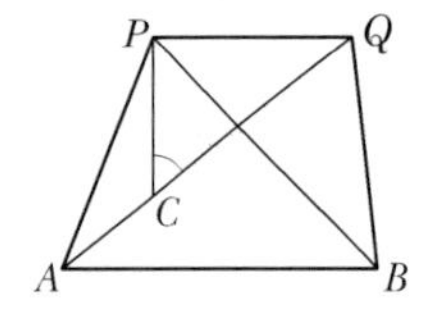

별해 ④ $\overline{PQ} = \sqrt{\overline{AQ}^2 + \overline{AP}^2 - 2 \cdot \overline{AQ} \cdot \overline{AP} \cdot \cos\alpha}$

$= 180.61\text{m}$

41. 기선 D=20m, 수평각 α=80°, β=70°, 연직각 V=40°를 측정하였다. 높이 H는?(단, A, B, C 점은 동일 평면임) (기사 04)

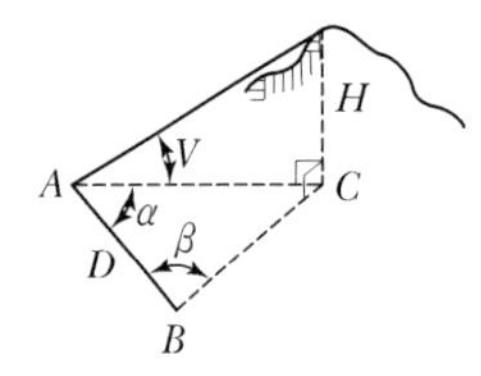

㉮ 31.54m ㉯ 32.42m
㉰ 32.63m ㉱ 33.56m

해설 ① sin 정리 이용

$\dfrac{20}{\sin 30°} = \dfrac{\overline{AC}}{\sin 70°}$

$\overline{AC} = 37.588\text{m}$

② $H = \overline{AC}\tan V = 37.588 \times \tan 40° = 31.54\text{m}$

42. 거리와 고도각으로부터 H를 $H = S\tan\alpha$로 구할 때, 거리 S에 오차가 없고 고도각 α에 ±5″의 오차가 있다면 H에 얼마의 오차가 생기겠는가?(단, S=1,000m, α=30°)

㉮ 14.5cm ㉯ 8.4cm
㉰ 5.6cm ㉱ 3.2cm

해설 ① $H = S\tan\alpha$를 H와 α로 미분

$\dfrac{dH}{d\alpha} = S\sec^2\alpha,\ dH = S\sec^2\alpha \cdot d\alpha$

② $dH = S\sec^2\alpha \cdot \dfrac{d\alpha''}{\rho'}$

$= 1,000 \times \sec^2 30° \times \dfrac{5''}{206,265''} = 0.032$

$= 3.2\text{cm}$

별해 ① $H = S\tan\alpha = 1,000 \times \tan 30° = 577.3502\text{m}$

② 오차 적용

$H_0 = 1,000 \times \tan 30°0'5'' = 577.3826\text{m}$

③ $\Delta H = H_0 - H = 0.0324\text{m} = 3.2\text{cm}$

43. 근접할 수 없는 P, Q 두 점 간의 거리를 구하기 위하여 그림과 같이 관측하였을 때 $\overline{PQ}$의 거리는? (산기 12)

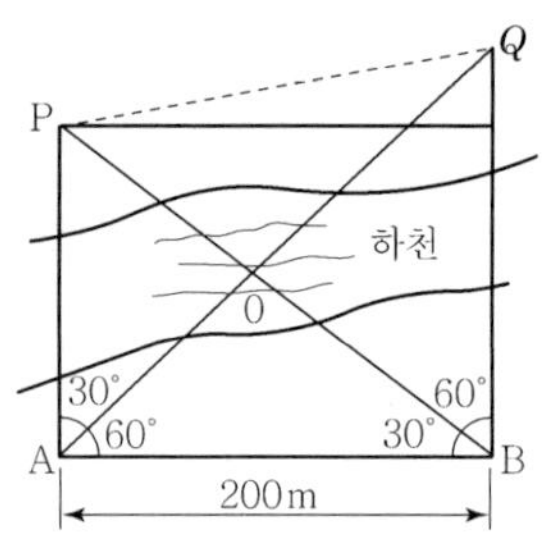

㉮ 150m ㉯ 200m
㉰ 250m ㉱ 305m

해설 ① $\angle APB = 60°$, $\dfrac{\overline{AP}}{\sin 30°} = \dfrac{200}{\sin 60°}$

② $\overline{AP} = \dfrac{\sin 30°}{\sin 60°} \times 200 = 115.47\text{m}$

③ $\angle AQB = 30°$, $\dfrac{\overline{AQ}}{\sin 90°} = \dfrac{200}{\sin 30°}$

④ $\overline{AQ} = \dfrac{\sin 90°}{\sin 30°} \times 200 = 400\text{m}$

⑤ $\overline{PQ} = \sqrt{(\overline{AP})^2 + (\overline{AQ})^2 - 2 \cdot \overline{AP} \cdot \overline{AQ} \cdot \cos\angle PAQ}$

$= \sqrt{115.47^2 + 400^2 - 2 \times 115.47 \times 400 \times \cos 30°}$

$= 305.5\text{m}$

Chapter **08**

지형측량

Contents

지형측량의 정의

1. 지형측량의 정의

지표면 상의 자연 및 인공적인 지물, 지모의 상호위치관계를 수평적, 수직적으로 관측하여 일정한 축척과 도식으로 지형도를 작성하기 위한 측량이다.

① 지물 : 지표면상의 자연적 · 인위적인 물체를 말하며 도로, 하천, 철도, 시가지, 촌락 등 일정한 축척으로 표시한다.

② 지모 : 지표면의 기복상태를 말하며 산정, 구릉, 계곡, 평야 등을 등고선으로 표시한다.

지형의 표시방법

1. 자연적 도법

구분	내용	표시방법
영선법 (우모법)	① 단선상의 선(계바)으로 지표의 기복을 표시 ② 경사가 급하면 굵고 짧은 선, 완만하면 가늘고 길게 표시	
음영법 (명암법)	① 태양광선이 서북쪽에서 45° 각도로 비친다고 가정하고 지형의 기복에 대해 그 명암을 도상에 2~3개의 색으로 채색하여 표시 ② 입체감이 용이 ③ 고처차가 크고 경사가 급한 곳에 주로 사용	

2. 부호적 도법

구분	내용
점고법	① 표고를 숫자에 의해 표시한다. ② 해양, 항만, 하천 등의 지형도에 사용한다.
채색법	① 고도에 따라 채색의 농도를 변화시켜 표시한다. ② 등고선과 같이 사용하며 같은 등고선 지대를 같은 색으로 칠한다. ③ 지리관계 지도나 소축척 지형도에 이용한다.
등고선법	① 지표의 같은 높이를 연결한 등고선에 의하여 지형을 표시한다. ② 지형도를 보고 인접등고선과의 고저차와 경사를 쉽게 구할 수 있다. ③ 가장 많이 사용하는 방법이다.

Section 03

등고선

1. 등고선의 종류 및 용도

구분	기호	등고선의 간격				용도
		1/5,000	1/10,000	1/25,000	1/50,000	
주곡선	─── (실선)	5	5	10	20	기본이 되는 선으로 등고선을 일정한 간격으로 그린 선을 말한다.
간곡선	─ ─ ─ (긴 파선)	2.5	2.5	5	10	주곡선의 1/2 간격으로 넣은 가는 긴 파선이며, 지모의 상태를 상세히 표시하기 위해 사용한다.
조곡선	-------- (파선)	1.25	1.25	2.5	5	간곡선만으로 지형의 상태를 표시할 수 없을 때 간곡선의 1/2 간격으로 넣은 선으로 가는 파선으로 표시한다.
계곡선	━━━ (굵은 실선)	25	25	50	100	주곡선 5개마다 표시하며 등고선을 쉽게 읽기 위해서 사용한다.

2. 등고선의 성질

① 동일등고선의 모든 점은 같은 높이이다.

② 등고선의 도면 내·외에서 폐합하는 폐합곡선이다.

③ 등고선이 도면 내에서 폐합하는 경우 폐합등고선의 내부에 산정 또는 분지가 존재한다.

④ 2쌍의 볼록부가 마주하고 다른 한 쌍의 등고선이 바깥쪽으로 향할 때 그 곳은 고개이다.

⑤ 등고선은 교차하지 않으며 절벽, 동굴 등은 예외적으로 교차한다.

⑥ 동일경사일 경우 등고선의 수평거리는 같다.

⑦ 평면을 이루는 등고선은 서로 평행한다.

⑧ 최대경사선(유하선) 분수선과 직각으로 교차한다.

지도의 종류 및 특징

1. 표현방법에 의한 분류
   ① 일반도 : 자연, 인문, 사회사상을 정확하고 상세하게 표현한 지도(1/5,000, 1/50,000 기본도, 1/250,000 지세도 등)
   ② 주제도 : 어느 특정한 주제를 강조하여 표현한 지도(토질이용도, 지질도, 토양도 등)
   ③ 특수도 : 특수한 목적에 사용되는 지도(항공도, 해도, 사진지도 등)
2. 제작방법에 따른 분류
   ① 실측도 : 실제 측량한 성과를 이용하여 제작한 지도(1/5,000, 1/25,000 기본도, 지적도)
   ② 편집도 : 기존지도를 이용 편집한 지도(대축척 → 소축척)
   ③ 집성도 : 기존의 지도, 도면, 사진 등을 이어 붙여 만든 지도
3. 축척에 따른 분류
   ① 대축척 : 1/1,000보다 큰 것
   ② 중축척 : 1/1,000 ~ 1/10,000
   ③ 소축척 : 1/10,000 미만

등고선의 간격 결정시 유의사항

① 측량의 목적, 지형, 축척에 맞게 결정한다.

② 간격을 넓게 하면 지형의 이해가 곤란하므로 간격은 축척분모의 $\frac{1}{2,000}$ 정도로 한다.

③ 완경사시에는 간격을 좁게, 급경사시에는 간격을 넓게 한다.

④ 구조물 설계, 토공량 산출시에는 간격을 좁게, 저수지 측량, 지질도측량 등은 간격을 넓게 한다.

⑤ 일반적으로 간격이 좁으면 정밀하게 표시되나 지형이 복잡해진다.

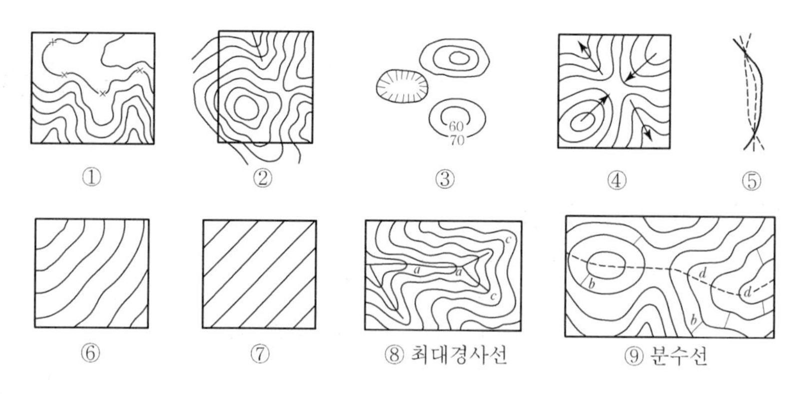

[계산에 의한 방법]

3. 지성선

(1) 지표면을 다수의 평면으로 이루어졌다고 생각할 때 이 평면의 접합부, 즉 접선을 말한다.

(2) 지성선의 종류

구분	내용
능선(凸선)	① 지표면 꼭대기의 높은 곳을 연결한 선 ② 빗물이 이 경계선 좌우로 흐르게 되므로 분수선이라고도 한다.
계곡선 (凹선)	① 지표면의 낮은 곳을 연결한 선 ② 빗물이 이 선을 향하여 모이므로 합수선이라고도 한다.
경사변환선	① 동일방향의 경사면에서 경사의 크기가 다른 두 면의 접합선 ② 지표의 임의의 한 점에서 그 경사가 최대가 되는 방향을 표시한 선
최대경사선	① 등고선에 직각으로 교차한다. ② 물이 흐르는 선이란 의미로 유하선이라고도 한다.

Section 04 등고선의 관측방법

1. 직접관측법

(1) 일정한 표고를 나타내는 등고선이 통과하는 점을 현지에서 구하고 직접 등고선을 그리는 방법

(2) 대축척도면 작성시 경사가 완만하여 시통이 좋고, 복잡한 지형을 등고선간격 0.5~1.0m로 정밀하게 나타낼 때 적당한 방법이다.

(3) 직접측정법의 종류
① 레벨을 사용하는 방법
② 평판과 트랜싯을 사용하는 방법
③ 평판과 레벨을 사용하는 방법

2. 간접관측법

(1) 지성선상의 주요점의 위치와 표고를 관측하고 이들을 기준으로 비례계산하여 다른 점들의 위치를 구하는 방법
(2) 경사가 급하고 기복이 고른 지형에 적합하다.
(3) 간접관측법의 종류 및 이용

구분	표시	내용
좌표점고법	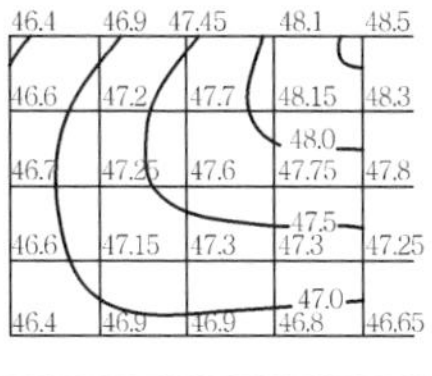	① 측량지역을 종횡으로 나누어 사각형으로 나눈 후 각 점의 표고를 기입해서 등고선을 그리는 방법 ② 토지의 정지작업 등 정밀한 등고선이 필요할 경우에 사용한다.
종단점법	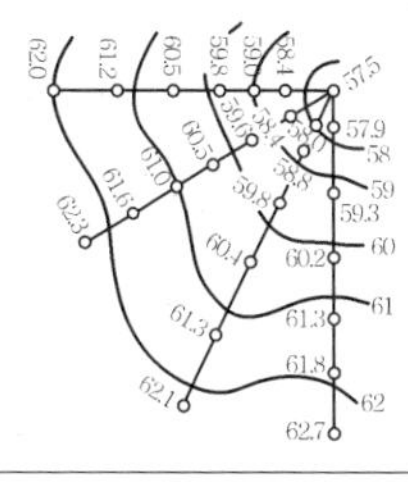	① 지성선과 같이 중요한 선의 방향에 여러 개의 측선을 내고, 그 방향을 측정한 후 이에 따라 여러 점의 표고와 거리를 구하여 등고선을그리는 방법 ② 정밀을 요하지 않는 소축척 산지 등의 등고선 측정에 사용한다.
횡단점법	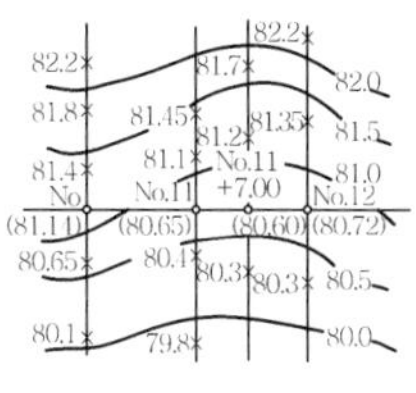	① 한 측선을 따라 종단측량을 한 후, 좌우에 횡단면을 측정하며 중심선에서 좌우 방향으로 수선을 그어 수선상의 거리와 표고를 측정하여 등고선을 그린다. ② 도로, 하천 등의 노선측량의 등고선 측정에 사용한다.
기준점법	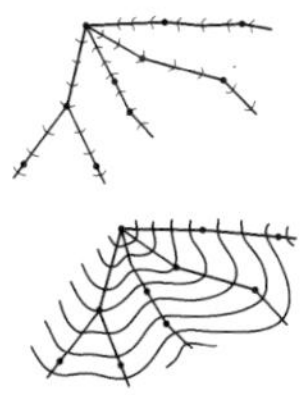	① 측량구역 내에 기준이 될 점과 지성선 위의 중요점의 위치와 표고를 측정하여 등고선을 그린다. ② 지역이 넓은 소축척 지형도의 등고선 측정에 사용한다.

3. 등고선의 기입방법

(1) 목측에 의한 방법

(2) 투사척을 사용하는 방법

(3) 계산에 의한 방법

$$D : H = x : h$$

$$x = \frac{D}{H} h$$

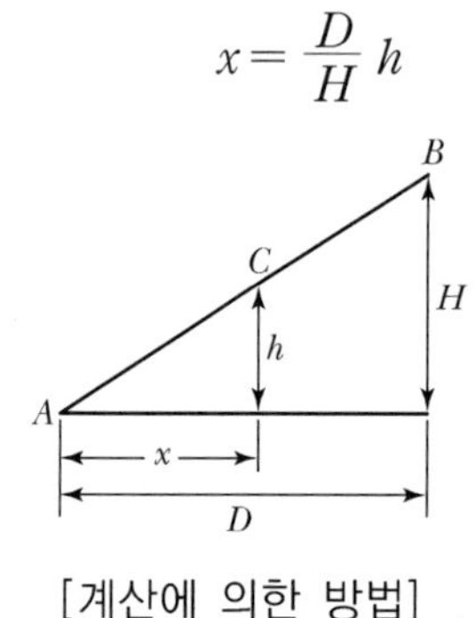

[계산에 의한 방법]

여기서, H : AB표고차
h : 등고선 표고의 높이
D : AB점 간의 수평거리
x : 구하는 등고선까지의 거리

4. 등고선의 오차

(1) 최대수직위치오차(Δh)

$$\Delta h = dh + dl \tan\theta$$

(2) 최대수평오차(Δd)

$$\Delta d = dh \cot\theta + dl$$

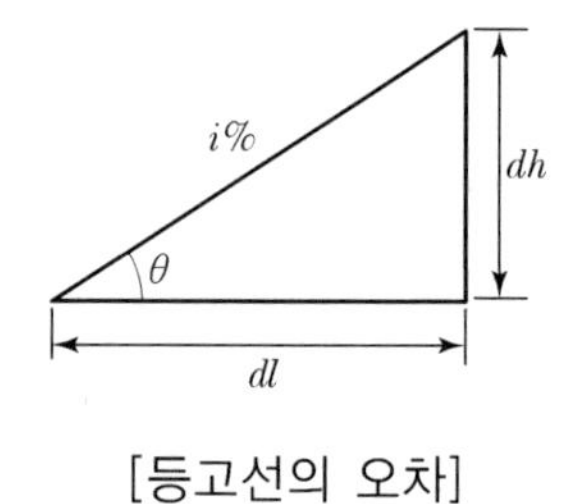

[등고선의 오차]

(3) 등고선 최소간격(d)

$$d = 0.25M(\text{mm})$$

(4) 등고선 간격(H)

표고오차의 최대값은 등고선 간격의 $\frac{1}{2}$을 초과하지 않도록 한다.

$$H \geq 2(dh + dl \tan\theta)$$

지형도의 이용

1. 단면도의 제작

지형도를 이용, 기준점이 되는 종단점을 정하여 종단면도를 작성하고 종단면도에 의해 횡단면도를 작성하여 토량산정에 의해 절토, 성토량을 구하여 공사에 필요한 자료를 근사적으로 구한다.

2. 등경사 선의 관측(경사도 작성)

① 경사도(i) = $\frac{H}{D}\times 100(\%)$

② $\tan\theta = \frac{H}{D}$

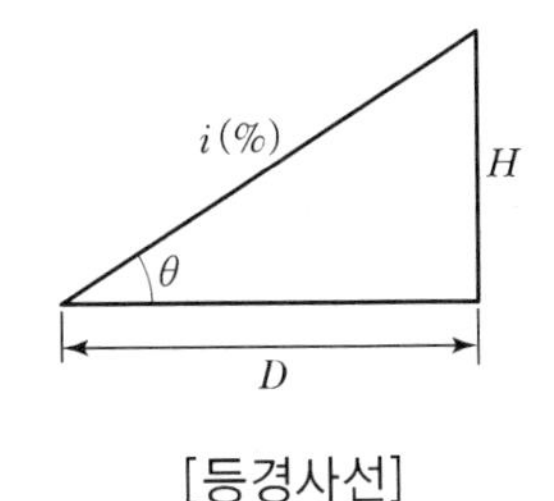

[등경사선]

3. 유역면적의 측정

저수량 결정 및 댐의 높이를 산정할 수 있다.

지형도의 이용

토목공사의 계획, 조사, 설계에 중요한 자료가 된다.

경사도

① $\frac{H}{D} = \frac{i}{100}$

② $D = \frac{100H}{i}$

Item pool

예상문제 및 기출문제

01. 다음 지형측량 방법 중 기준점측량에 해당되지 않는 것은? (산기 03, 15)

㉮ 수준 측량 ㉯ 트래버스 측량
㉰ 삼각 측량 ㉱ 스타디아 측량

해설 스타디아 측량은 정밀도가 낮은 간접거리 및 간접 고저차 세부측량이다.

02. 지형측량을 하려면 기본 삼각점만으로는 기준점이 부족하므로 삼각점을 기준으로 하여 지형측량에 필요한 측점을 설치하는데, 이 점을 무엇이라 하는가? (기사 06)

㉮ 도근점 ㉯ 이기점
㉰ 방향전환점 ㉱ 중간점

해설 삼각점만으로 기준점이 부족할 때 도근점을 추가적으로 설치 측량한다.

03. 다음 지형측량 방법 중 기준점 측량에 해당되지 않는 것은? (산기 06)

㉮ 수준 측량 ㉯ 트래버스 측량
㉰ 삼각 측량 ㉱ 스타디아 측량

해설 기준점 측량은 수준, 트래버스, 삼각, 삼변 측량이다.

04. 다음 중 지형측량 순서로 맞는 것은? (기사 05)

㉮ 측량계획작성 – 골조측량 – 측량원도작성 – 세부측량
㉯ 측량계획작성 – 세부측량 – 측량원도작성 – 골조측량
㉰ 측량계획작성 – 측량원도작성 – 골조측량 – 세부측량
㉱ 측량계획작성 – 골조측량 – 세부측량 – 측량원도작성

05. 지형도 작성을 위한 방법과 거리가 먼 것은? (기사 05, 15)

㉮ 탄성파 측량을 이용하는 방법
㉯ 평판 측량을 이용하는 방법
㉰ 항공사진 측량을 이용하는 방법
㉱ 수치지형 모델에 의한 방법

해설 탄성파측량은 물리학적 측지학으로 지구 내부구조 파악을 위해 실시하는 측량이다.

06. 등고선에서 최단거리의 방향은 그 지형의 무엇을 표시하는 것인가? (산기 06)

㉮ 하향경사를 표시한다.
㉯ 상향경사를 표시한다.
㉰ 최대경사 방향을 표시한다.
㉱ 최소경사 방향을 표시한다.

해설 최단거리 방향은 최대경사 방향을 표시한다.

07. 지형도의 이용범위에 해당되지 않는 것은? (기사 16)

㉮ 저수량 및 토공량 산정
㉯ 유역면적의 도상 측정
㉰ 간접적인 지적도 작성
㉱ 등경사진 관측

해설 지형도는 지적도와는 무관하다.

|해답| 1.㉱ 2.㉮ 3.㉱ 4.㉱ 5.㉮ 6.㉰ 7.㉰

08. 지형의 표시방법으로 틀린 것은? (기사 06)

㉮ 지성선은 능선, 계곡선 및 경사변환선 등으로 표시된다.
㉯ 등고선의 간격에는 일반적으로 주곡선의 간격을 말한다.
㉰ 부호적 도법에는 영선법과 음영법이 있고 자연적 도법에는 점고법, 등고법과 채색법이 있다.
㉱ 지성선이란 지형의 골격을 나타내는 선이다.

해설 ① 자연적 도법 : 영선(우모)법, 음영(명암)법
② 부호적 도법 : 점고법, 등고선법, 채색법

09. 지형의 표시방법 중 하천, 항만, 해안측량 등에서 심천측량을 할 때 측정에 숫자로 기입하여 고저를 표시하는 방법은? (기사 12)

㉮ 점고법 ㉯ 음영법
㉰ 연선법 ㉱ 등고선법

해설 점고법
① 표고를 숫자에 의해 표시
② 해양, 항만, 하천 등의 지형도에 사용한다.

10. 등고선에 관한 다음 설명 중 옳지 않은 것은? (기사 11, 15, 17)

㉮ 높이가 다른 등고선은 절대 교차하지 않는다.
㉯ 등고선 간의 최단거리 방향은 최급경사 방향을 나타낸다.
㉰ 지도의 도면 내에서 폐합되는 경우 등고선의 내부에는 산꼭대기 또는 분지가 있다.
㉱ 동일한 경사의 지표에서 등고선 간의 수평거리는 같다.

해설 동굴이나 절벽에서 교차한다.

11. 다음 열거한 등고선의 성질 중 틀린 것은? (산기 05)

㉮ 등고선은 도면 내·외에서 반드시 폐합한다.
㉯ 최대 경사방향은 등고선과 직각방향으로 교차한다.
㉰ 등고선은 급경사지에서는 간격이 넓어지며, 완경사지에서는 간격이 좁아진다.
㉱ 등고선이 도면 내에서 폐합하는 경우 산정이나 분지를 나타낸다.

해설 등고선은 급경사에서 간격이 좁고, 완경사에서 간격이 넓다.

12. 등고선의 성질을 설명한 것 중 옳지 않은 것은? (기사 05, 16)

㉮ 동일 등고선상의 모든 점은 기준면으로부터 같은 높이에 있다.
㉯ 지표면의 경사가 같을 때는 등고선의 간격은 같고 평행하다.
㉰ 등고선은 도면 내 또는 밖에서 폐합한다.
㉱ 높이가 다른 두 등고선은 절대로 교차하지 않는다.

해설 절벽, 동굴에서는 교차한다.

13. 등고선의 특성 중 틀린 것은? (산기 05, 11, 17)

㉮ 등고선은 분수선과 직교하고 계곡선과는 평행하다.
㉯ 동굴이나 절벽에서는 교차한다.
㉰ 동일 등고선상의 모든 점은 높이가 같다.
㉱ 등고선은 도면 내외에서 폐합하는 폐곡선이다.

해설 등고선은 능선(분수선), 계곡선(합수선)과 직교한다.

14. 등고선에 대한 다음의 설명 중 틀린 것은? (산기 04)

㉮ 등고선은 능선 또는 계곡선과 직교한다.
㉯ 등고선은 최대 경사선 방향과 직교한다.
㉰ 등고선은 지표의 경사가 급할수록 간격이 좁다.
㉱ 등고선은 어떤 경우라도 서로 교차하지 않는다.

해설 절벽이나 동굴에서는 교차한다.

|해답| 8.㉰ 9.㉮ 10.㉮ 11.㉰ 12.㉱ 13.㉮ 14.㉱

15. 등고선의 성질에 대한 설명으로 옳지 않은 것은? (기사 04, 12)

㉮ 경사가 급할수록 등고선 간격이 좁다.
㉯ 경사가 일정하면 등고선의 간격이 서로 같다.
㉰ 등고선은 분수선과 직교하고, 합수선과는 직교하지 않는다.
㉱ 등고선의 최단 거리 방향은 최대 경사 방법을 나타낸다.

■해설 등고선은 합수선, 분수선과 직교한다.

16. 다음 중 지성선에 해당하지 않는 것은? (기사 05, 17)

㉮ 구조선 ㉯ 능선
㉰ 계곡선 ㉱ 경사변환선

■해설 지성선은 지표면이 다수의 평면으로 이루어졌다. 가정할 때 그 면과 면이 만나는 선이며 능선, 계곡선, 경사변환선 등이 있다.

17. 다음은 지성선에 관한 설명이다. 옳지 못한 것은? (기사 10, 12, 15)

㉮ 지성선은 지표면이 다수의 평면으로 구성되었다고 할 때 평면 간 접합부, 즉 접선을 말하며 지세선이라고도 한다.
㉯ 철(凸)선을 능선 또는 분수선이라 한다.
㉰ 경사변화선이란 동일 방향의 경사면에서 경사의 크기가 다른 두 면의 접합선이다.
㉱ 요(凹)선은 지표의 경사가 최대로 되는 방향을 표시한 선으로 유하선이라고 한다.

■해설 최대경사선을 유하선이라 하며 지표의 경사가 최대인 방향으로 표시한 선. 요(凹)선은 계곡선 합수선이라 한다.

18. 등고선에 대한 설명 중 옳지 않은 것은?(산기 05)

㉮ 등경사면에서는 등간격으로 표현된다.
㉯ 지성선과 등고선은 반드시 직교해야 한다.
㉰ 등고선이 계곡을 지날 때에는 능선을 지날 때보다 그 곡선의 반지름이 반드시 크다.
㉱ 등고선은 절벽이나 동굴 등 특수한 지형 외에는 합쳐지거나 또는 교차하지 않는다.

■해설 계곡이나 능선을 지날 때 곡률반경은 서로 크거나 작을 수 있다.(일반적으로 계곡을 지날 때가 능선을 지날 때보다 곡률반경이 작다.)

19. 등고선에 대한 설명 중 옳지 않은 것은?(산기 03)

㉮ 등경사면에서는 등간격의 평면이 된다.
㉯ 지성선과 등고선은 반드시 직교해야 한다.
㉰ 등고선이 계곡을 지날 때에는 능선을 지날 때보다 그 곡률반경은 반드시 크다.
㉱ 등고선은 절벽이나 동굴 등 특수한 지형 외에는 합치거나 또는 교차하지 않는다.

■해설 계곡이나 능선을 지날 때 곡률반경은 서로 크거나 작을 수 있다. (일반적으로 계곡을 지날 때가 능선을 지날 때보다 곡률반경이 작다.)

20. 우리나라의 1 : 50,000 축척 지형도에서 주곡선의 간격은 얼마인가? (산기 10, 15)

㉮ 5m ㉯ 10m
㉰ 20m ㉱ 50m

■해설 등고선 간격

구분	1 : 5,000	1 : 10,000	1 : 25,000	1 : 50,000
주곡선	5m	5m	10m	20m
계곡선	25m	25m	50m	100m
간곡선	2.5m	2.5m	5m	10m
조곡선	1.25m	1.25m	2.5m	5m

21. 토목공사에 사용되는 대축척 지형도의 등고선에서 주곡선의 간격으로 틀린 것은?

㉮ 축척 1 : 500 – 0.5m
㉯ 축척 1 : 1,000 – 1.0m
㉰ 축척 1 : 2,500 – 2.0m
㉱ 축척 1 : 5,000 – 5.0m

 |해답| 15.㉰ 16.㉮ 17.㉱ 18.㉰ 19.㉰ 20.㉰ 21.㉮

■해설

축척	주곡선
1 : 1,000	1m
1 : 2,500	2m
1 : 5,000	5m
1 : 10,000	5m
1 : 25,000	10m
1 : 50,000	20m

22. 다음은 등고선에 관한 설명이다. 틀린 내용은? (산기 03, 15)

㉮ 간곡선은 계곡선보다 가는 직선으로 나타낸다.
㉯ 주곡선 간격이 10m이면 간곡선 간격은 5m이다.
㉰ 계곡선은 주곡선보다 굵은 실선으로 나타낸다.
㉱ 계곡선은 주곡선 간격의 5배마다 굵은 실선으로 나타낸다.

■해설 간곡선은 긴 파선으로 표시한다.

23. 다음은 지형측량에서 등고선의 성질을 설명한 것이다. 다음 중 틀린 것은? (기사 03)

㉮ 등고선은 절대 교차하지 않는다.
㉯ 등고선은 지표의 최대 경사선 방향과 직교한다.
㉰ 등고선 간의 최단거리의 방향은 그 지표면의 최대경사의 방향을 가리킨다.
㉱ 동일 등고선 상에 있는 모든 점은 같은 높이이다.

■해설 등고선은 절벽이나 동굴에서는 교차한다.

24. 다음 중 지형 측량에 대한 설명 중 옳은 것은? (산기 06)

㉮ 계곡선은 가는 실선으로 나타낸다.
㉯ 우모법은 급경사는 굵고 짧게, 완경사는 가늘고 길게 표시한다.
㉰ 축척 1/25,000 지도에서 주곡선의 등고선 간격은 5m이다.
㉱ 축척 1/10,000 지도에서 보조 곡선의 등고선 간격은 2.5m이다.

■해설 ① 계곡선은 굵은 실선 표시
② 1/25,000에서 주곡선 간격은 10m
③ 1/10,000에서 보조곡선 간격은 1.25m

25. A, B 두 점의 표고가 각각 102.3m, 504.7m일 때 축척 1/25,000 지형도 상에 주곡선 간격으로 몇 개의 등고선을 삽입할 수 있는가? (산기 04, 06)

㉮ 8개 ㉯ 20개
㉰ 40개 ㉱ 48개

■해설 ① $\frac{1}{25,000}$ 지형도 상 주곡선 간격 10m
② 주곡선 수 $= \frac{\text{표고차}}{\text{주곡선 간격}} = \frac{504.7-102.3}{10} = 40.24 = 40$개
③ 110~500m까지 10m 간격으로 40개

26. 축척 1/500 지형도(30cm×30cm)를 기초로 하여 축척이 1/2,500인 지형도(30cm×30cm)를 편찬하려면 축척 1/500 지형도가 몇 장이 필요한가? (산기 04, 12)

㉮ 5매 ㉯ 10매
㉰ 15매 ㉱ 25매

■해설 ① 면적비는 축척 $\left(\frac{1}{m}\right)^2$에 비례한다.
② 면적비 $= \left(\frac{2,500}{500}\right)^2 = 25$장

27. 축척 1/1,000의 지형도를 이용하여 축척 1/5,000 지형도를 제작하려고 한다. 1/5,000 지형도 1매를 제작하려고 한다면 1/1,000 지형도가 몇 매가 필요한가? (산기 06, 11, 17)

㉮ 5매 ㉯ 15매
㉰ 25매 ㉱ 30매

■해설 ① 면적은 축척 $\left(\frac{1}{m}\right)^2$에 비례
② 매수 $= \left(\frac{5,000}{1,000}\right)^2 = 25$매

28. 축척 1 : 25,000 지역의 지형도 1매를 1 : 5,000 축척으로 재편집하고자 할 때 몇 매의 지형도가 나오는가? (기사 06, 산기 15)

㉮ 5매 ㉯ 10매
㉰ 15매 ㉱ 25매

■ 해설 매수 $= \left(\frac{25,000}{5,000}\right)^2 = 25$매

29. 1/10,000의 지형도 제작에서 등고선 위치오차가 0.3mm, 높이 관측오차를 ±0.2mm로 하면 등고선 간격은 최소한 몇 mm 이상으로 해야 하는가? (기사 03)

㉮ 3m ㉯ 4m
㉰ 5m ㉱ 6m

■ 해설 등고선 최소간격 $= 0.25M\text{mm} = 0.25\times10,000$
$= 2,500\text{mm}$ 이상

30. 1/50,000 국토기본도에서 표고 490m의 지점과 표고 305m 지점 사이에 들어가는 주곡선의 수는? (기사 03, 11)

㉮ 8 ㉯ 9
㉰ 10 ㉱ 11

■ 해설 ① $\frac{1}{50,000}$ 도면의 주곡선 간격은 20m
② $\Delta H = 490 - 305 = 185\text{m}$
주곡선수 $= \frac{185}{20} = 9.25 ≒ 9$개
③ 320~480까지 20 간격으로 9개

31. 1/25,000 지도 상에서 거리가 6.73cm인 두 점 사이의 거리를 다른 축척의 지형도에서 측정한 결과 11.21cm이었다. 이 지형도의 축척은 약 얼마인가? (기사 06, 09)

㉮ 1/20,000 ㉯ 1/18,000
㉰ 1/15,000 ㉱ 1/13,000

■ 해설 축척과 거리의 관계
① $\frac{1}{m} = \frac{\text{도상거리}}{\text{실제거리}}$, 실제거리 $= m \cdot$ 도상거리
$= 6.73\times25,000 = 168,250\text{cm}$
② $\frac{1}{m} = \frac{11.21}{168,250} = \frac{1}{15,000}$

32. 1/25,000 지형도 상에서 두 점 A, B 간의 거리 l=5.5cm이었다. 축척을 모르는 지형도 상의 A, B 간의 거리를 관측하니 18.3cm이었다면 이 지형도의 축척은 약 얼마인가? (산기 05)

㉮ 1/5,000 ㉯ 1/7,500
㉰ 1/10,000 ㉱ 1/20,000

■ 해설 ① $\frac{1}{M} = \frac{\text{도상거리}}{\text{실제거리}}$
실제거리 $= 5.5\times25,000 = 1,375\text{m}$
② 축척$\left(\frac{1}{M}\right) = \frac{\text{도상거리}}{\text{실제거리}} = \frac{0.183}{1,375}$
$= \frac{1}{7,514} ≒ \frac{1}{7,500}$

33. 축척 1/50,000 지형도에서 A점으로부터 B점까지의 도상거리가 70mm이었다. A점의 표고가 200m, B점의 표고가 10m이라면 이 사면의 경사는? (산기 05, 12)

㉮ $\frac{1}{18.4}$ ㉯ $\frac{1}{20.5}$
㉰ $\frac{1}{22.3}$ ㉱ $\frac{1}{25.1}$

■ 해설 경사$(i) = \frac{H}{D} = \frac{H_A - H_B}{0.07\times M}$
$= \frac{200 - 10}{0.07\times50,000} = \frac{1}{18.4}$

34. 다음 등고선에서 A, B 사이의 수평거리가 60m이면 AB 선의 경사는? (기사 04)

㉮ 10%
㉯ 15%
㉰ 20%
㉱ 25%

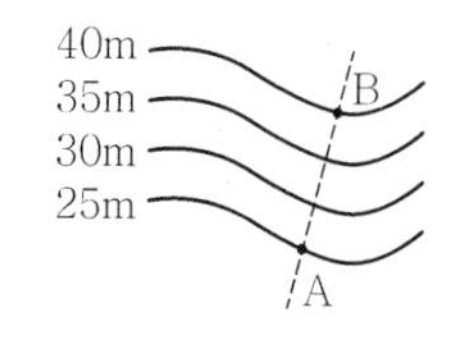

 |해답| 28.㉱ 29.㉮ 30.㉯ 31.㉰ 32.㉯ 33.㉮ 34.㉱

■ 해설 경사$(i)=\frac{H}{D}\times100=\frac{15}{60}\times100=25\%$

35. 축척 1/50,000의 지형도에서 제한 경사가 10%일 때 각 주곡선 간의 도상 수평거리는? (기사 04)

㉮ 2mm ㉯ 4mm
㉰ 6mm ㉱ 8mm

■ 해설 ① 1/50,000 지도에서 주곡선 간격은 20m
② 경사$(i)=\frac{H}{D}$=10%이므로 수평거리는 200m
③ 도상 수평거리$=\frac{D}{M}=\frac{200}{50,000}$=0.004m=4mm

36. 축척이 1/5,000인 지형도 상에서 어떤 산정으로부터 산밑까지의 거리가 50mm이다. 산정의 표고가 125m, 산 밑면의 표고가 75m이며 등고선의 간격이 일정할 때 이 사면의 경사는 몇 %인가? (기사 04)

㉮ 10% ㉯ 15%
㉰ 20% ㉱ 25%

■ 해설 경사도$(i)=\frac{H}{D}\times100=\frac{50}{0.05\times5,000}\times100=20\%$

37. 등고선에서 최단거리의 방향은 그 지표의 어떤 형태를 나타내는 것인가? (산기 04)

㉮ 하향경사를 표시한다.
㉯ 상향경사를 표시한다.
㉰ 최대경사방향을 표시한다.
㉱ 최소경사방향을 표시한다.

■ 해설 ① 경사도$=\frac{\text{높이차}}{\text{수평거리}}$
② 최단수평거리는 최대경사도가 된다.

38. 1/50,000 지형도 상에서 두 점 간의 거리가 62mm이고 표고차가 500m일 때 이 사면의 경사도는 약 얼마인가? (산기 04)

㉮ 1/4 ㉯ 1/6
㉰ 1/8 ㉱ 1/10

■ 해설 ① 수평거리=도상거리×M
=62×50,000=3,100,000mm=3,100m
② 경사$(i)=\frac{H}{D}=\frac{500}{3,100}\fallingdotseq\frac{1}{6}$

39. 경사 20%의 지역에 높이 5m의 숲이 우거져 있는 곳을 항공사진측량하여 축척 1 : 5,000 등고선을 제작하였다면 등고선의 수정량은? (기사 12)

㉮ 3mm ㉯ 4mm
㉰ 5mm ㉱ 6mm

■ 해설 경사$(i)=\frac{H}{D}\times100(\%)$
① $D=\frac{100H}{i}=\frac{100\times5}{20}=25\text{m}$
② 등고선 오차$=\frac{D}{M}=\frac{25}{5,000}$=0.005m=5mm

40. 지형도에서 A점의 표고가 118m, B점의 표고가 145m이고 두 점 간의 수평거리가 250m일 때 A점에서 B점을 향한 수평 직선상의 111m 지점을 통과하는 등고선의 표고는? (기사 06)

㉮ 120m ㉯ 130m
㉰ 140m ㉱ 150m

■ 해설 ① 비례식을 이용
250 : (145−118)=111 : h
$h=\frac{27\times111}{250}$=12m
② $H_{(111)}=H_A+h$=118+12=130m

41. 다음 그림은 평판을 이용한 등고선 측량도이다. (a)에 들어갈 등고선의 높이는 얼마인가? (산기 04)

㉮ 59m
㉯ 58m
㉰ 55m
㉱ 50m

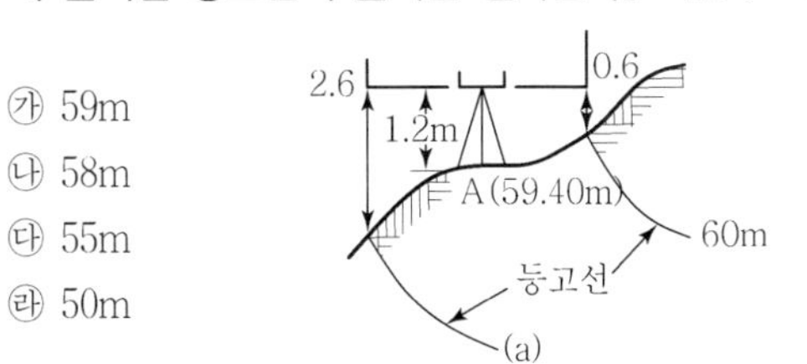

■해설 $H_a = 59.40 + 1.2 - 2.6 = 58\text{m}$

42. 직접법으로 등고선을 측정하기 위하여 B점에 레벨을 세우고 표고가 75.25인 P점에 세운 표척을 시준하여 0.85m를 측정했다. 68m인 등고선 위의 점 A를 정하려면 시준하여야 할 표척의 높이는? (산기 03, 05)

㉮ 8.1m　　㉯ 5.6m
㉰ 6.7m　　㉱ 9.5m

■해설 ① $H_A = H_P + 0.85 - b = 68$
② $b = 72.25 + 0.85 - 68 = 8.1\text{m}$

43. 축척 1/5,000 지형도 작성을 위한 측량에서 일정한 경사에 있는 A, B 두 점의 수평거리는 270m, A점의 표고는 39m, B점의 표고는 27m였다. 35m 표고의 등고선은 도상에서 A점에 대응하는 점으로부터 얼마나 떨어져 있는가?(단, 이 지형도의 등고선 간격은 5m임) (산기 04)

㉮ 18mm　　㉯ 20mm
㉰ 22mm　　㉱ 24mm

■해설

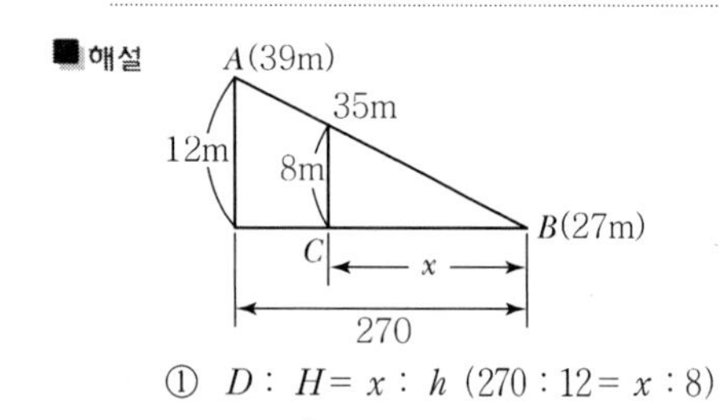

① $D : H = x : h$ $(270 : 12 = x : 8)$

$x = \frac{8}{12} \times 270 = 180\text{m}$

② AC 수평거리 $= D - x = 270 - 180 = 90\text{m}$

③ AC 도상거리 $= \frac{\text{실제거리}}{M} = \frac{90}{5,000}$
$= 0.018\text{m} = 18\text{mm}$

44. 지형도에서 A지점의 표고가 60m, B점의 표고가 160m이고, 두 점 간의 수평거리가 100m라고 할 때 A점과 B점 사이에 표고 100m인 등고선을 삽입하려고 하면 A점으로부터의 수평거리는? (기사 04)

㉮ 20m　　㉯ 40m
㉰ 60m　　㉱ 80m

■해설 $D : H = d : h$ 에서
$100 : (160 - 60) = d : (100 - 60)$
$d = \frac{100 \times 40}{100} = 40\text{m}$

45. A점의 표고 118m, B점의 표고 145m, A점과 B점의 수평거리가 250m이며 등경사일 때 A점으로부터 130m 등고선이 통과하는 점까지의 거리는? (산기 05)

㉮ 19m
㉯ 111m
㉰ 139m
㉱ 311m

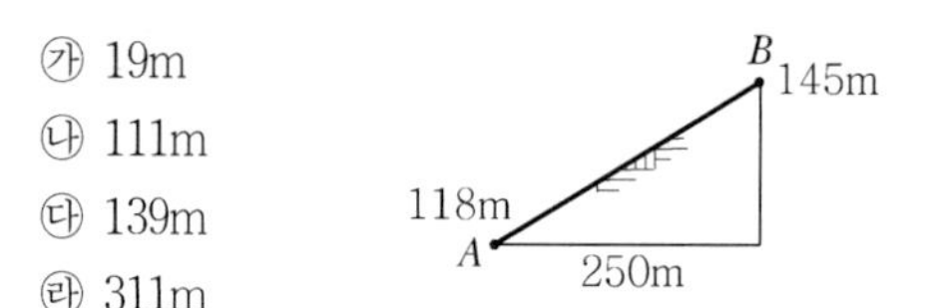

■해설 $D : H = x : h$일 때
$250 : (145 - 118) = x : (130 - 118)$
$x = \frac{250 \times 12}{27} = 111\text{m}$

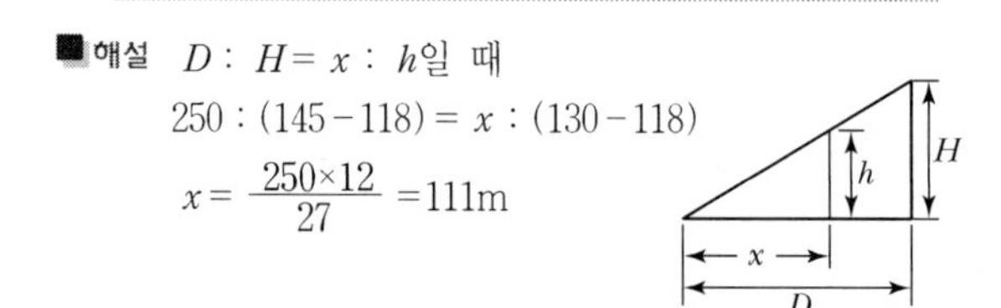

Chapter

09

노선측량

Contents

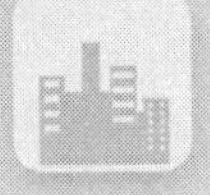

Section 01 노선측량의 정의

1. 노선측량의 정의

도로, 철도, 운하 및 수로 등 어느 정도 폭이 좁고 긴 구역의 측량을 노선측량이라 한다.

2. 노선측량 순서 및 방법

노선측량의 크게 나눈 작업순서

지형측량→중심선측량→종·횡단측량→용지측량→공사측량

노선선정시 주의사항

① 가능한 직선으로 할 것
② 가능한 경사가 완만할 것
③ 토공량이 적고 절성토량이 같을 것
④ 배수가 완전할 것

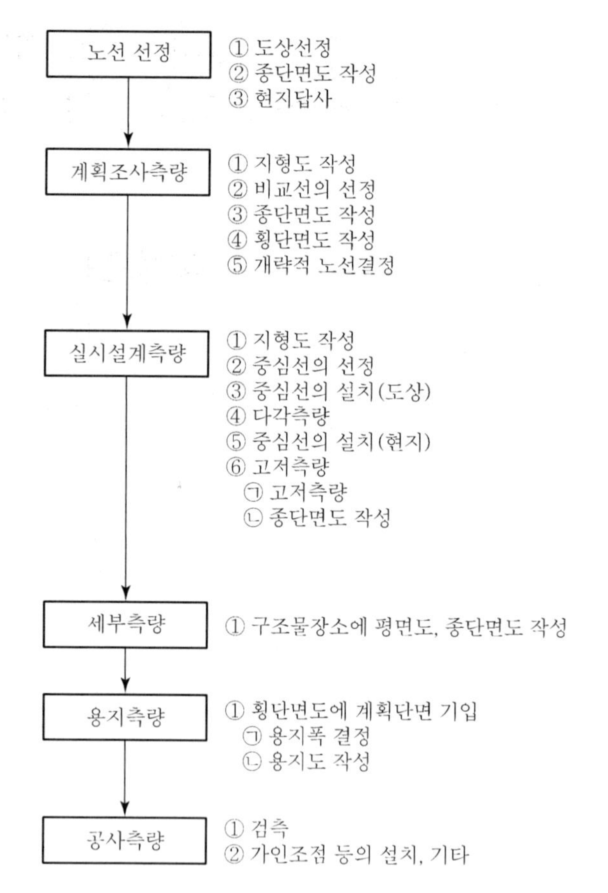

곡선설치법

1. 곡선의 종류

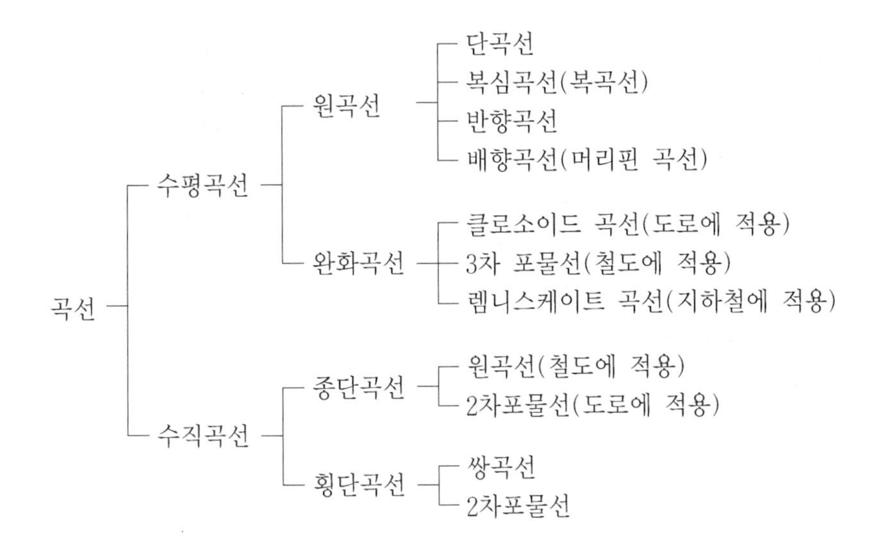

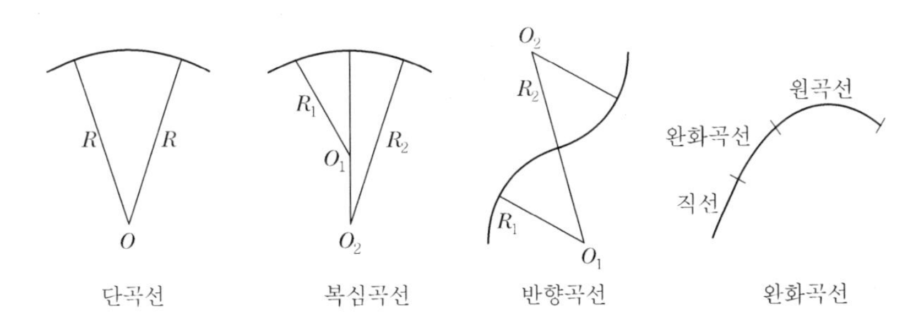

[곡선의 형상의 예]

Section 03 단곡선의 명칭과 기본공식

1. 단곡선의 명칭

① 곡선시점(B.C) : A

② 곡선종점(E.C) : B

③ 교점(I.P) : V

④ 곡선중점(S.P) : P

⑤ 교각(I.A 또는 I) : ∠BVD

⑥ 곡선반지름(R) : $\overline{OA}=\overline{OB}$

⑦ 접선길이(T.L) : $\overline{AV}=\overline{BV}$

⑧ 곡선길이(C.L) : $\widehat{AB}$

⑨ 중앙종거(M) : $\overline{PQ}$

⑩ 외할길이(S.L=E) : $\overline{VP}$

⑪ 현길이(L) : $\overline{AB}$

⑫ 편각(δ) : ∠VAG

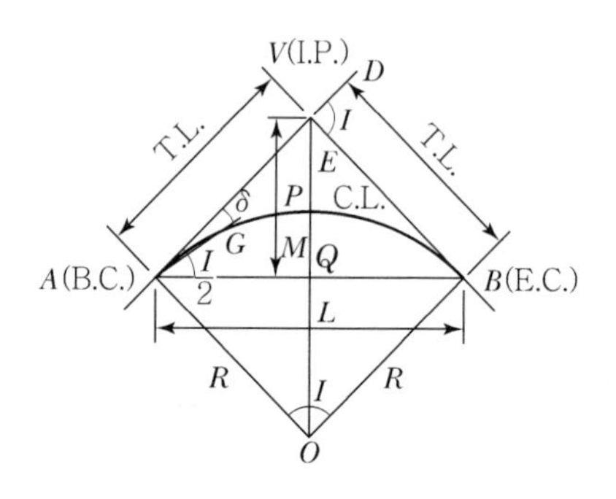

[단곡선기호]

2. 단곡선의 기본공식

$\angle AOV=\angle BOV=\dfrac{I°}{2}$

$\angle VAQ=\angle VBQ=\dfrac{I°}{2}$ 가 되므로 다음 수식들이 유도된다.

① 접선길이($T.L$) $= R\tan\dfrac{I}{2}$

② 곡선길이($C.L$) $= \dfrac{\pi}{180°}\cdot R\cdot I$

③ 외할(E) $= R\left(\sec\dfrac{I}{2}-1\right)$

④ 중앙종거(M) $= R\left(1-\cos\dfrac{I}{2}\right)$

⑤ 현길이(L) $= 2R\sin\dfrac{I}{2}$

⑥ 편각(δ) $= \dfrac{L}{2R}\,(\text{rad}) = \dfrac{L}{2R}\times\dfrac{180°}{\pi} = \dfrac{L}{R}\times\dfrac{90°}{\pi}$

⑦ 곡선시점($B.C$) $= I.P - T.L$

■ 단곡선 기본식유도

구분	그림	식
TL	T.L., R, I/2	$\tan\frac{I}{2}=\frac{T.L}{R}$ $T.L=R\tan\frac{I}{2}$
CL	C.L., R, I, R	$2\pi R : CL = 360° : I°$ $C.L=RI\frac{\pi}{180}$
E	E, M, R, x, R, L	$E=L-R$ $=R\sec\frac{I}{2}-R$ $=R\left(\sec\frac{I}{2}-1\right)$
M		$M=R-x$ $=R-R\cos\frac{I}{2}$ $=R\left(1-\cos\frac{I}{2}\right)$
L	I/2, R, I/2	$\sin\frac{I}{2}=\frac{L/2}{R}$ $L=2R\sin\frac{I}{2}$

⑧ 곡선종점($E.C$) = $B.C + C.L$

⑨ 시단현(l_1) = BC 이후 첫 번째 말뚝거리

⑩ 종단현(l_2) = EC 직전 마지막 말뚝거리

단곡선의 설치방법

1. 편각설치법

> 단곡선 설치 방법 중 편각설치법이 정밀도가 높아 가장 많이 사용된다.

> **설치시 계산식**
>
> ① T.L = $R \cdot \tan\frac{1}{2}$
>
> ② C.L = RI $\frac{\pi}{180}$
>
> ③ B.C = I.P − T.L
>
> ④ E.C = BC + CL
>
> ⑤ l_1
> = B.C 이후 측점까지의 거리 − B.C거리
>
> ⑥ l_2
> = E.C거리 − E.C 전 측점까지의 거리
>
> ⑦ 편각(δ_1, δ, δ_n)
>
> $\delta = \frac{L}{2R} \times \frac{180°}{\pi} = \frac{L}{R} \times \frac{90}{\pi}$
>
> ⑧ 총편각($\Sigma\delta$) = $\left(\frac{I}{2}\right)$

(1) 정의

1) 편각은 단곡선에서 접선과 현이 이루는 각이다.

2) 다른 방법에 비해 정밀하다.

3) 편각 δ_1, δ, δ_n

① $\delta_1 = \frac{L_1}{R} \times \frac{90°}{\pi}$ (분)

② $\delta = \frac{L}{R} \times \frac{90°}{\pi}$ (분)

③ $\delta_n = \frac{L_n}{R} \times \frac{90°}{\pi}$ (분)

여기서, δ_1 : 시단편 편각
L_1 : 시단현
δ : 중심점 간격의 편각
L : 중심점 간격
δ_n : 종단현의 편각
L_n : 종단현

※ 중심점 간격은 20m이다.

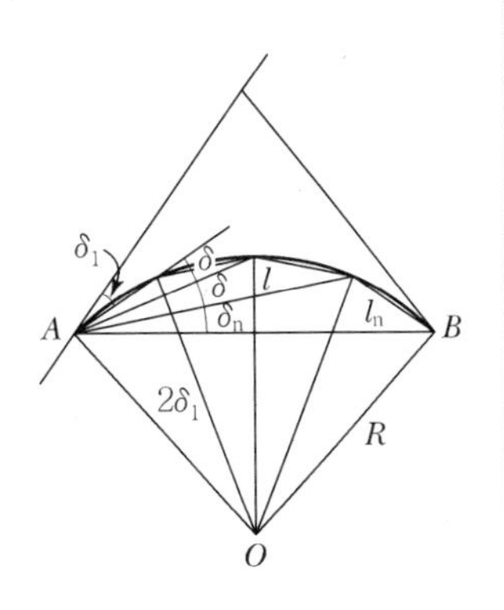

[편각법]

4) 설치순서

① 접선장(T.L)과 곡선장(C.L) 계산

② 시점(B.C)과 종점(E.C)의 위치계산

③ 시단현(L_1)과 종단현(L_2) 길이계산

④ 시단현 편각(δ_1), 중심점 간격의 편각(δ), 종단현 편각(δ_n) 계산

⑤ 중심점 간격과 편각을 이용한 단곡선 설치

⑥ E.C까지의 편각과 총편각($\frac{I}{2}$)의 일치 여부 확인

2. 중앙종거법

1) 중앙종거란 곡선의 중점으로부터 현에 내린 수선의 길이이다.
2) 곡선길이가 작거나 이미 설치된 철도, 도로 등의 기설곡선의 검사 또는 개정에 편리한 방법이다.
3) 대략 1/4씩 줄어들어 1/4법이라고도 한다.
4) 중앙종거

① $M_1 = R\left(1 - \cos\dfrac{I}{2}\right)$

② $M_2 = R\left(1 - \cos\dfrac{I}{4}\right)$

③ $M_3 = R\left(1 - \cos\dfrac{I}{8}\right)$

④ $M_1 = 4M_2$

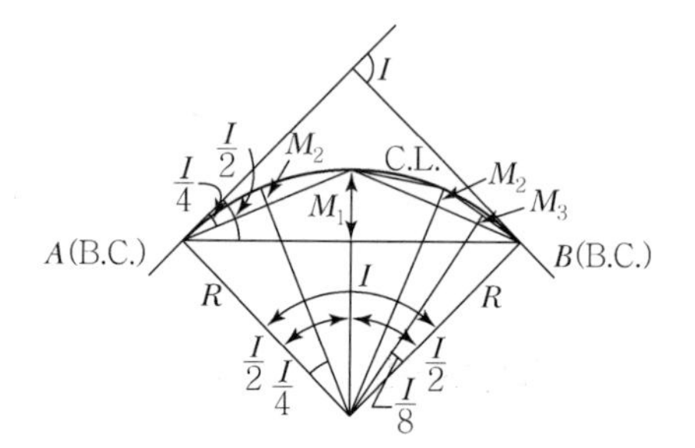

[중앙종거법]

3. 접선에 대한 지거법

1) 편각법의 설치가 곤란할 때 사용하는 방법이다.
2) 굴 속의 설치나 산림지대에서 벌채량을 줄일 목적으로 사용한다.
3) 좌표값 x와 y

① 편각(δ) = $\dfrac{l}{R} \times \dfrac{90°}{\pi}$

② 현장(l) = $2R\sin\delta$ ≒ 호장(l)

③ $x = l\sin\delta = 2R\sin^2\delta = R(1 - \cos 2\delta)$

④ $y = l\cos\delta = 2R\sin\delta\cos\delta = R\sin 2\delta$

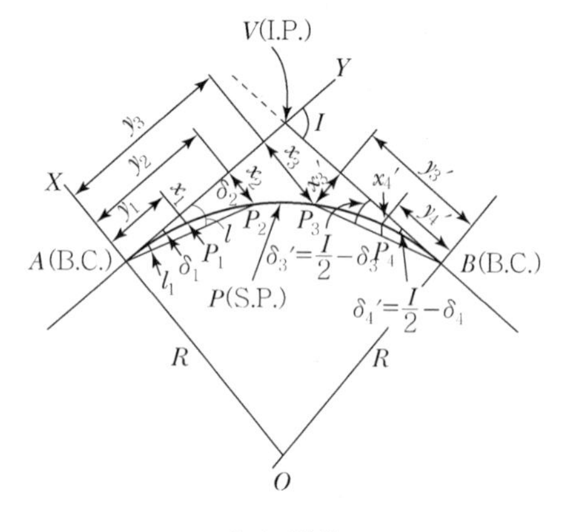

[지거법]

중앙종거와 곡률반경

① $R = \dfrac{L^2}{8M} + \dfrac{M}{2}$ (값이 작아 무시)

≒ $\dfrac{L^2}{8M}$

② $M ≒ \dfrac{L^2}{8R}$

장애물이 있는 경우 곡선설치 (sin 법칙)

(1) 교각을 실측할 수 없을 때

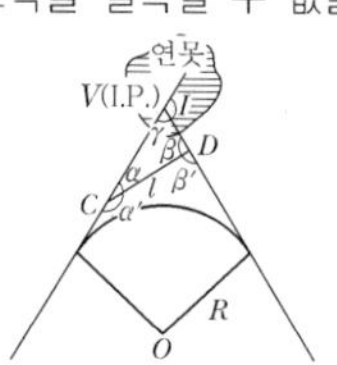

① $I = \alpha + \beta = 360° - (\alpha' + \beta')$

② $\sin(180° - (\alpha + \beta))$
$= \sin(\alpha + \beta)$

③ $\overline{CV} = \dfrac{\sin\beta}{\sin\gamma} \cdot l$
$= \dfrac{\sin\beta}{\sin(180° - (\alpha + \beta))} \cdot l$

④ $\overline{DV} = \dfrac{\sin\beta}{\sin\gamma} \cdot l$
$= \dfrac{\sin\beta}{\sin(180° - (\alpha + \beta))} \cdot l$

⑤ $\overline{AC} = \overline{AV} - \overline{CV}$
$= T.L - \overline{CV}$

⑥ $\overline{BD} = \overline{BV} - \overline{DV}$
$= T.L - \overline{DV}$

(2) B.C에 장애물이 있는 경우

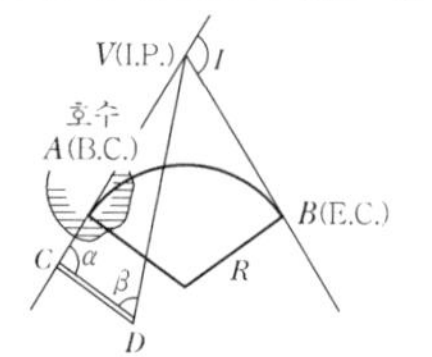

① $\overline{CD} = L$ 측정

② $\overline{CV}$
$= \dfrac{\sin\beta}{\sin(180° - (\alpha + \beta))} \cdot l$

③ $\overline{AV}$ = T · L

④ $\overline{CA}$ = $\overline{CV}$ − T · L

4. 접선편거 및 현편거로 설치하는 방법

1) 트랜싯을 사용하지 않고 테이프와 폴만을 사용한다.
2) 지방도로나 농로에 사용하며 정밀도가 낮다.
3) 현편거(d)

$$d=\frac{L^2}{R}$$

4) 접선편거(t)

$$t=\frac{L^2}{2R}$$

5) 현편거는 접선편거의 2배이다.

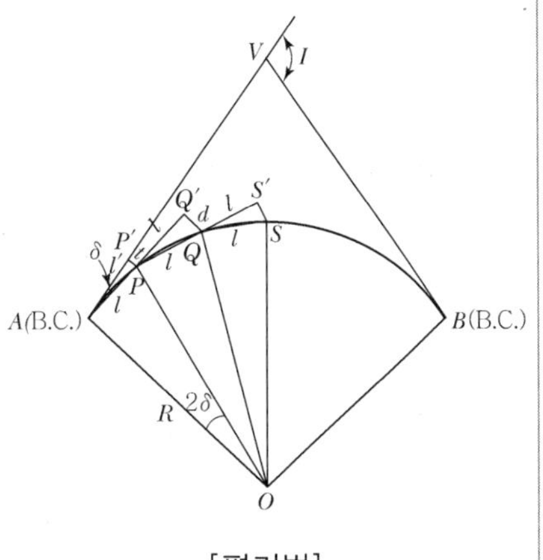

[편거법]

Section 05 완화곡선

1. 완화곡선의 정의

① 차량이 직선부에서 곡선부로 들어가거나 도로의 곡률이 0에서 어떤 값으로 급격히 변화하기 때문에 원심력에 의해 횡방향의 힘을 받는다.
② 이 횡방향의 힘은 차량속도와 곡률에 의해 생기며 이 힘을 없애기 위해 곡률을 0에서 조금씩 증가시켜 일정한 값에 이르게 하기 위해 직선부와 곡선부에 넣는 곡선을 완화곡선이라 한다.

완화곡선의 종류

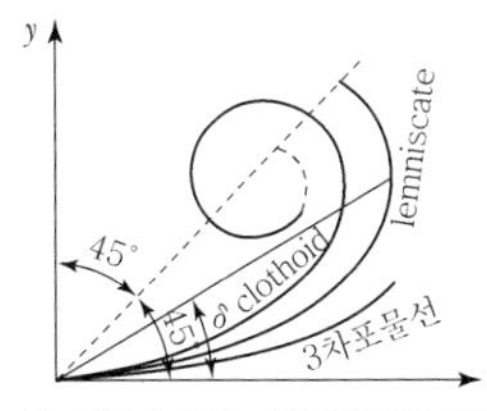

① 클로소이드 : 곡률반경이 곡선길이에 반비례, 도로에 사용
② 렘니스케이트 : 곡률반경이 현의 길이에 반비례, 지하철에 사용
③ 3차포물선 : 곡률반경이 현의 길이에 반비례, 철도에 사용

2. 캔트(Cant) 또는 편경사 및 획폭(Slack) 또는 확도

(1) 캔트 또는 편물매

① 원심력에 의한 차량의 탈선을 방지하기 위해 곡선의 바깥쪽을 높여 차량의 주행을 안전하게 하는 것을 말한다.
② 철도에서는 캔트, 도로에서는 편물매라 한다.

③ 캔트(c) = $\frac{SV^2}{gR} = \frac{SV^2}{127R}$

여기서, S : 레일 간 거리
V : 차량속도(km/hr)
R : 곡선반경
g : 중력가속도

(2) 확폭(Slack Widening) 또는 슬랙(Slack)

① 곡선부의 안쪽부분을 넓게 하여 차량의 뒷바퀴가 탈선되지 않도록 하는 것

② 철도에서는 슬랙, 도로에서는 확폭이라 한다.

③ 확폭(ε) = $\frac{L^2}{2R}$

여기서, L : 차량 앞, 뒷바퀴의 거리

④ 슬랙(L) = $\frac{3,600}{R} - 15 \leq 30\text{mm}$

캔트의 최대값
캔트의 최대값은 150mm이다.

중요공식

① $C = \frac{SV^2}{gR}$

② $\varepsilon = \frac{L^2}{2R}$

③ $L = \frac{N}{1,000} \cdot C$

④ $f = \frac{1}{4}d = \frac{L^2}{24R}$

3. 완화곡선의 성질

① 곡선반경은 완화곡선의 시점에서 무한대, 종점에서 원곡선 R로 된다.

② 완화곡선의 접선은 시점에서 직선에, 종점에서 원호에 접한다.

③ 완화곡선에 연한 곡률반경의 감소율은 캔트의 증가율과 같다.(부호는 반대이다.)

④ 완화곡선의 종점에서의 캔트는 원곡선의 캔트와 같다.

⑤ 완화곡선의 곡률은 곡선길이에 비례한다.

4. 완화곡선의 길이

(1) 곡선길이 L(m)가 캔트(C)의 N배에 비례인 경우

$$L = \frac{N}{1,000}C = \frac{N}{1,000} \cdot \frac{SV^2}{gR}$$

(2) r을 캔트의 시간변화율이라 하고, 완화곡선(L)을 주행하는 데 필요한 시간을 t라 할 때 일정시간율로 증가시킨 경우

① $t = \frac{L}{V} = \frac{C}{r} = \frac{SV^2}{rgR}$

② $L = \frac{SV^3}{rgR}$

(3) P를 원심가속도의 허용률이라 할 경우

$$L = \frac{V^3}{PR} \ (P = 0.5 \sim 0.75\text{m/sec})$$

5. 완화곡선의 접선장

① $T.L = \frac{L}{2} + (\text{R}+\text{f})\tan\frac{I}{2}$

② f(이정량) $= \frac{L^2}{24R}$

클로소이드 곡선

곡률이 곡선장에 비례하는 곡선을 클로소이드 곡선이라 한다.

1. 클로소이드 공식

(1) 기본식

① $A^2 = RL$(L : 완화곡선길이, A : 매개변수)

② 접선각(τ) $= \frac{L}{2R}$

(2) 공식

① 곡선반지름(R) $= \frac{A^2}{L} = \frac{A}{l} = \frac{L}{2\tau} = \frac{A}{\sqrt{2\tau}}$

② 곡선장(L) $= \frac{A^2}{R} = \frac{A}{r} = 2\tau R = A\sqrt{2\tau}$

③ 접선각(τ) $= \frac{L}{2R} = \frac{L^2}{2A^2} = \frac{A^2}{2R^2}$

④ 매개변수(A) $= \sqrt{RL} = l \cdot R = L \cdot r = \frac{l}{\sqrt{2\tau}} = \sqrt{2}\tau R$

$$A^2 = R \cdot L = \frac{L^2}{2\tau} = \frac{A}{2R^2}$$

단위클로소이드
A =1 즉, $R.L$ =1

2. 클로소이드 형식

구분	형식	
기본형	직선, 클로소이드, 원곡선 순으로 설치	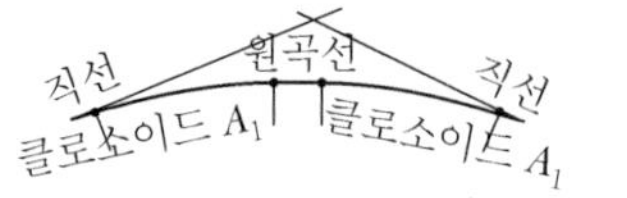 직선 원곡선 직선 클로소이드 A_1 클로소이드 A_1
난형	복심곡선 사이에 클로소이드 삽입	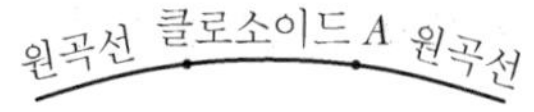 원곡선 클로소이드 A 원곡선
S형	반향곡선 사이에 클로소이드 삽입	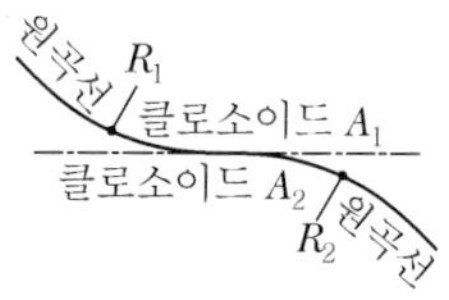 원곡선 R_1 클로소이드 A_1 클로소이드 A_2 R_2 원곡선
凸형	같은 방향으로 구부러진 2개 이상의 클로소이드를 직선적으로 삽입	 클로소이드 A_1 클로소이드 A_1
복합형	같은 방향으로 구부러진 2개 이상의 클로소이드를 이은 것. 클로소이드의 모든 접합점에서 곡률은 같다.	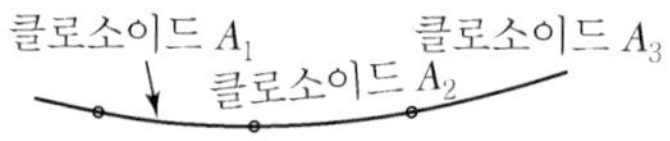 클로소이드 A_1 클로소이드 A_2 클로소이드 A_3

3. 클로소이드의 성질

① 클로소이드는 나선의 일종이다.
② 모든 클로소이드는 닮은 꼴이다.(상사성이다.)
③ 클로소이드는 길이의 단위를 가진 것과 단위가 없는 것이 있다.
④ 확대율을 가지고 있다.
⑤ 도로에서는 특성점 $\tau=45°$가 되게 하며 일반적으로는 τ는 30°가 적당하다.
⑥ 곡선길이가 일정하고 곡률반경이 크면 접선각은 작아진다.

$$\left(\tau=\frac{L}{2R}\right)$$

4. 클로소이드 설치법

(1) 직각좌표에 의한 방법

① 주접선에서 직각좌표에 의한 설치법
② 현에서 직각좌표에 의한 설치법
③ 접선으로부터의 직각좌표에 의한 설치법

(2) 극좌표에 의한 중간점 설치법

① 극각 동경법에 의한 설치법
② 극각 현장법에 의한 설치법
③ 현각 현장법에 의한 설치법

(3) 기타에 의한 설치법

① 2/8법에 의한 설치법
② 현다각으로부터의 설치법

Section 07 종단곡선

1. 종단곡선의 정의

(1) 종단경사가 급격히 변화하는 노선상의 위치에서는 차가 충격을 받으므로 이것을 제거하고 시거를 확보하기 위해 종단곡선을 설치한다.
(2) 종단경사도의 최대값은 설계속도에 대해 도로 2~9%, 철도 35~10‰로 한다.

> **종단곡선**
> ① 철도 : 원곡선 이용
> ② 도로 : 2차포물선 이용

2. 원곡선에 의한 종단곡선 설치

(1) 접선길이(l)

$$l = \frac{R}{2}\left(\frac{m}{1,000} - \frac{n}{1,000}\right)$$

(2) 철도의 종단구배

철도의 종단구배는 천분율(‰)로 표시하며 상향구배를 (+), 하향구배를 (−)로 표시한다.

> **종단곡선의 최소 곡률반경**
> (경사변화 10/1,000 이상)
> ① 수평곡선반지름 800m 이하는 4,000m
> ② 기타의 경우 3,000m

(3) 종단곡선길이(L)

$$L = 2l = R\left(\frac{m}{1,000} - \frac{n}{1,000}\right)$$

> **종단곡선의 길이(L)**
> 종단곡선의 길이(L)는 곡선반지름을 기준으로 하는 경우가 많이 쓰인다.

종단곡선 비교
① 원곡선 : ‰
② 2차포물선 : %

(4) 종거(y)

$$y = \frac{x^2}{2R}$$

여기서, x : 횡거
y : 횡거 x에 대한 종거

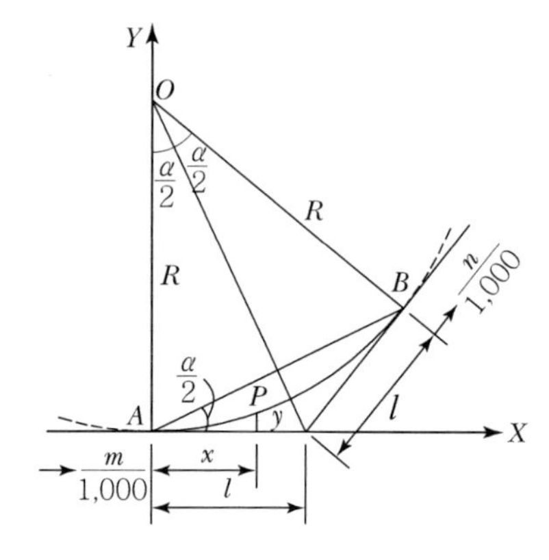

[원곡선에 의한 종단곡선]

3. 2차포물선에 의한 종단곡선 설치

(1) 종단곡선의 길이(L)

1) 설계속도를 기준

$$L = \frac{(m-n)}{360} V^2$$

여기서, V : 설계속도,
m, n : 종단구배(%)

2) 곡률반지름을 기준

$$L = R\left(\frac{m}{100} - \frac{n}{100}\right)$$

(2) 종거(y)

$$y = \frac{(m-n)}{200L} x^2$$

(3) 계획고(H)

① $H = H' - y$

② $H' = H_0 + \frac{m}{100}x$

여기서, H' : 제1경사선 $\overline{\mathrm{AF}}$ 위의 점 P'의 표고

H_0 : 종단곡선 시점 A의 표고

H : 점 A에서 x만큼 떨어진 종단곡선 위의 점 P의 계획고

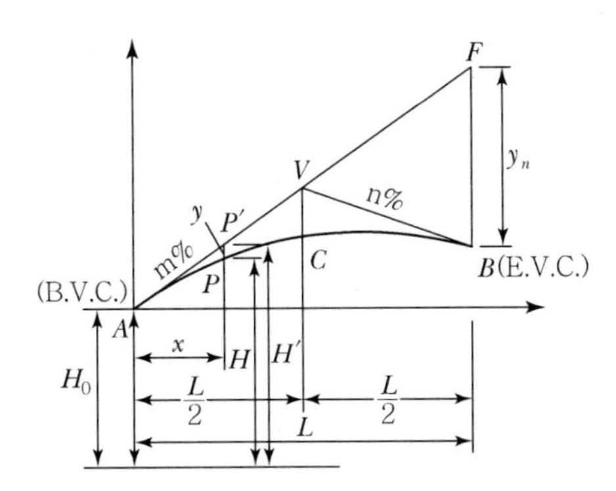

[2차포물선에 의한 종단곡선]

Item pool

예상문제 및 기출문제

01. 노선 측량의 일반적 작업 순서로서 맞는 것은? (단, A : 종 · 횡단측량, B : 중심측량, C : 공사측량, D : 답사) (기사 05)

㉮ B→A→D→C ㉯ D→B→A→C
㉰ C→B→D→A ㉱ A→C→D→B

■해설 답사→중심측량→종 · 횡단측량→공사측량

02. 다음 중 노선측량의 순서로 적당한 것은?

㉮ 노선선정－계획조사측량－실시설계측량－세부측량－용지측량－공사측량
㉯ 노선선정－계획조사측량－실시설계측량－용지측량－세부측량－공사측량
㉰ 계획조사측량－노선선정－실시설계측량－세부측량－공사측량－용지측량
㉱ 계획조사측량－노선선정－실시설계측량－공사측량－세부측량－용지측량

■해설 노선측량 순서
① 노선선정 ② 계획조사측량
③ 실시설계측량 ④ 세부측량
⑤ 용지측량 ⑥ 공사측량

03. 노선측량에서 실시설계측량에 해당하지 않는 것은? (산기 06, 기사 15)

㉮ 중심선 설치 ㉯ 용지측량
㉰ 지형도 작성 ㉱ 다각측량

■해설 실시 설계 측량
① 지형도 작성
② 중심선 선정
③ 중심선 설치(도상)
④ 다각 측량
⑤ 중심선의 설치 현장
⑥ 고저 측량
㉠ 고저측량
㉡ 종단면도 작성

04. 노선측량에서 노선 선정을 할 때 가장 중요한 것은? (산기 04)

㉮ 곡선의 대소(大小) ㉯ 공사 기일
㉰ 곡선 설치의 난이도 ㉱ 수송량 및 경제성

■해설 수송량, 경제성을 고려하여 방향, 기울기, 노선폭을 정한다.

05. 노선 선정시 고려해야 할 사항 중 적당하지 않은 것은? (산기 06)

㉮ 건설비 · 유지비가 적게 드는 노선이어야 한다.
㉯ 절토와 성토의 균형을 이루어 토공량이 적게 한다.
㉰ 어떠한 기존 시설물도 이전하여 노선은 직선으로 하여야 한다.
㉱ 가급적 급경사 노선은 피하는 것이 좋다.

■해설 ① 노선 선정시 가능한 한 직선으로 하며 경사는 완만하게 한다.
② 절성토량이 같고 절토의 운반거리를 짧게 한다.
③ 배수가 잘 되는 곳을 선정한다.

06. 노선측량에서 곡선의 분류에 대한 서령으로 틀린 것은?

㉮ 곡선은 크게 평면곡선과 수직곡선으로 나눌 수 있다.
㉯ 반향곡선은 평면곡선 중 원곡선에 속한다.
㉰ 3차 포물선은 평면곡선 중 완화곡선에 속한다.
㉱ 렘니스케이트는 수직곡선 중 종단곡선에 속한다.

■해설 렘니스케이트는 평면곡선 중 완화곡선에 속한다.

|해답| 1.㉯ 2.㉮ 3.㉯ 4.㉱ 5.㉰ 6.㉱

07. 노선측량에서 평면곡선으로 공통접선의 반대방향에 반지름(B)의 중심을 갖는 곡선 형태는? (산기 12, 15)

㉮ 복심곡선 ㉯ 포물선곡선
㉰ 반향곡선 ㉱ 횡단곡선

■ 해설

단곡선	복심곡선	반향곡선
O, R, R	O_2, O_1, R_1, R_2	O_2, R_2, R_1, O_1

08. 완화곡선설치에 관한 다음 설명 중 틀린 것은? (산기 03)

㉮ 반지름은 무한대로부터 시작하여 점차 감소되고 소요의 완곡선에 연결된다.
㉯ 완화곡선의 접선은 시점에서 직선에 접하고 종점에서 원호에 접한다.
㉰ 완화곡선의 시점에서 칸트는 0이고 소요의 곡선점에 도달하면 어느 높이에 달하고 그 사이의 변화비는 일정하다.
㉱ 완화곡선의 곡률은 곡선의 어느 부분에서도 그 값이 같다.

■ 해설 완화곡선의 곡률은 곡선길이에 비례한다.(시점에서 점차 커져 종점에서 원곡선의 곡률과 같다.)

09. 완화곡선의 극각(δ)이 45° 일 때 클로소이드 곡선, 렘니스케이트 곡선, 3차 포물선 중 가장 곡률이 큰 곡선은?

㉮ 클로소이드 곡선
㉯ 렘니스케이트 곡선
㉰ 3차 포물선
㉱ 모두 같다.

■ 해설 완화곡선의 극각(δ)이 45°일 때 클로소이드 곡선의 곡률이 가장 크다.

10. 완화곡선설치에 관한 설명으로 옳지 않은 것은? (기사 06)

㉮ 완화곡선의 반지름은 무한대로부터 시작하여 점차 감소되고 소요의 완곡선에 연결된다.
㉯ 완화곡선의 접선은 시점에서 직선에 접하고 종점에서 원호에 접한다.
㉰ 완화곡선의 시점에서 칸트는 0이고 소요의 곡선점에 도달하면 어느 높이에 달하고 그 사이의 변화비는 일정하다.
㉱ 완화곡선의 곡률은 곡선의 어느 부분에서도 그 값이 같다.

■ 해설 완화곡선의 곡률은 시점에서 0, 종점에서 $\frac{1}{R}$ 이다.

11. 다음 설명 중 옳지 않은 것은? (기사 06, 17)

㉮ 완화곡선의 곡선 반지름은 시점에서 무한대, 종점에서는 원곡선의 반지름 R로 된다.
㉯ 클로소이드의 형식에는 S형, 복잡형, 기본형 등이 있다.
㉰ 완화곡선의 접선은 시점에서 원호에 종점에서 직선에 접한다.
㉱ 모든 클로소이드는 닮은꼴이며 클로소이드 요소는 길이의 단위를 가진 것과 단위가 없는 것이 있다.

■ 해설 완화곡선의 접선은 시점에서 직선에 종점에서 원호에 접한다.

12. 완화곡선의 성질에 대한 설명으로 잘못된 것은? (기사 06)

㉮ 곡선 반경은 완화 곡선의 시점에서 무한대이다.
㉯ 완화곡선의 접선은 시점에서 직선이다.
㉰ 곡선 반경의 감소율은 캔트의 증가율과 같다.
㉱ 종점에서 캔트는 원곡선 캔트의 증가율과 같다.

|해답| 7.㉰ 8.㉱ 9.㉮ 10.㉱ 11.㉰ 12.㉱

13. 다음 중 완화곡선의 종류가 아닌 것은?(기사 05)

㉮ 렘니스케이트 곡선
㉯ 배향 곡선
㉰ 클로소이드 곡선
㉱ 반파장 체감곡선

해설 ① 배향곡선은 원곡선이다.
② 완화곡선의 종류
㉠ 렘니스케이트 곡선
㉡ 클로소이드 곡선
㉢ 3차 포물선
㉣ 반파장 체감곡선

14. 완화곡선에 대한 설명 중 옳지 않은 것은? (기사 04)

㉮ 곡선반경은 완화곡선의 시점에서 무한대, 종점에서 원곡선 R로 된다.
㉯ 완화곡선의 접선은 시점에서 직선에, 종점에서 원호에 접한다.
㉰ 렘니스케이트(Lemniscate) 곡선은 곡선체감을 전제로 하여 얻어진 완화곡선이다.
㉱ 종점에 있는 캔트는 원곡선의 캔트와 같다.

해설 렘니스케이트 곡선은 직선체감을 전제로 한다.

15. 우리나라의 노선측량에서 철도에 주로 이용되는 완화곡선은? (기사 03)(산기 12)

㉮ 1차 포물선
㉯ 3차 포물선
㉰ 렘니스케이트(Lemniscate)
㉱ 클로소이드(Clothoid)

해설 ① 클로소이드 – 고속도로
② 렘니스케이트 – 지하철
③ 3차 포물선 – 철도

16. 다음은 클로소이드 곡선에 대한 설명이다. 틀린 것은? (기사 03)

㉮ 곡률이 곡선의 길이에 비례하는 곡선이다.
㉯ 단위 클로소이드란 매개변수 A가 1인 클로소이드이다.
㉰ 클로소이드는 닮은꼴인 것과 닮은꼴이 아닌 것 두 가지가 있다.
㉱ 클로소이드에서 매개변수 A가 정해지면 클로소이드의 크기가 정해진다.

해설 모든 클로소이드는 닮은꼴이다.

17. 고속도로의 노선설계에 많이 이용되는 완화곡선은? (산기 06)

㉮ 클로소이드 곡선　㉯ 3차 포물선
㉰ 렘니스케이트 곡선　㉱ 반파장 Sine 곡선

해설 ① 클로소이드 곡선 : 도로
② 3차 포물선 : 철도
③ 렘니스케이트 곡선 : 시가지 지하철
④ 반파장 sine 곡선 : 고속철도

18. 도로의 종단 곡선으로 주로 사용되는 곡선은 다음 중 어느 것인가? (기사 06)

㉮ 2차 포물선　㉯ 3차 포물선
㉰ 클로소이드　㉱ 렘니스케이트

해설 ① 2차 포물선 : 도로
② 원곡선 : 철도

19. 다음 중 곡률이 급변하는 급선부에서의 탈선 및 심한 흔들림 등의 불안정한 주행을 막기 위해 고려하여야 하는 사항과 가장 거리가 먼 것은? (기사 04)

㉮ 완화 곡선　㉯ 편경사
㉰ 확폭　㉱ 종단곡선

해설 종단곡선
종단 구배가 변하는 곳에 충격을 완화하고 시야를 확보하는 목적으로 설치하는 곡선

 |해답| 13.㉯ 14.㉰ 15.㉯ 16.㉰ 17.㉮ 18.㉮ 19.㉱

20. 접선의 반대방향에 반지름(R)의 중심을 갖는 곡선형태는? (산기 06)

㉮ 복심곡선 ㉯ 포물선곡선
㉰ 반향곡선 ㉱ 배향곡선

■해설 반향곡선은 반지름이 다른 두 개의 완곡선이 접속점에서 공통접선을 갖고 그 중심이 서로 반대방향에 있는 곡선

21. 다음 노선 측량에서 도로의 종단면도에 나타나지 않는 항목은? (산기 06, 17)

㉮ 관측점에서의 계획고
㉯ 각 관측점의 기점에서의 누가 거리
㉰ 지반고와 계획고에 대한 성토, 절토량
㉱ 각 관측점의 지반고 및 고저 기준점의 높이

■해설 종단면도 기재 사항
① 측점 ② 거리, 누가 거리
③ 지반고, 계획고 ④ 성토고, 절토고
⑤ 구매

22. 노선의 종단측량 결과는 종단면도에 표시하고 그 내용을 기록하게 된다. 이때 포함되지 않은 내용은? (기사 09, 12, 16)

㉮ 지반고와 계획고의 차
㉯ 측점의 추가거리
㉰ 계획선의 경사
㉱ 용지 폭

■해설 종단면도 기재 사항
① 측점 ② 거리, 누가거리
③ 지반고, 계획고 ④ 성토고, 절토고
⑤ 구배

23. 노선측량의 종단면도를 작성하고자 한다. 노선방향(횡방향)의 축척이 1/5,000일 때 일반적인 종방향의 축척은? (산기 03)

㉮ $\frac{1}{500}$ ㉯ $\frac{1}{1,000}$
㉰ $\frac{1}{2,500}$ ㉱ $\frac{1}{5,000}$

■해설 ① 종방향 축척은 횡방향 축척의 10배이다.
② 종방향 축척 $= \frac{1}{5,000} \times 10 = \frac{1}{500}$

24. 접선과 현이 이루는 각을 이용하여 곡선을 설치하는 방법으로 정확도가 비교적 높아 단곡선 설치에 가장 널리 사용되고 있는 방법은? (산기 05)

㉮ 지거설치법 ㉯ 중앙종거법
㉰ 편각설치법 ㉱ 현편거법

■해설 편각설치법은 접선과 현이 이루는 편각을 이용하여 곡선을 설치하며 정확도가 높아 신규도로, 철도 곡선 설치 등에 사용한다.

25. 노선측량에서 제1 중앙 종거(M)는 제3 중앙 종거(M_2)의 약 몇 배인가? (산기 04)

㉮ 2배 ㉯ 4배
㉰ 8배 ㉱ 16배

■해설 중앙 종거법은 $\frac{1}{4}$ 법
$M = 4M_1 = 4^2 M_2 = 16M_2$

26. 노선측량에서 단곡선을 설치할 때 정확도는 좋지 않으나 간단하고 신속하게 설치할 수 있는 1/4법은 다음 중 어느 방법을 이용한 것인가? (기사 05)

㉮ 편각설치법
㉯ 절선편거와 현편거에 의한 방법
㉰ 중앙종거법
㉱ 절선에 대한 지거에 의한 방법

■해설 중앙 종거법은 곡선 반경, 길이가 작은 시가지의 곡선 설치나 철도, 도로 등 기설 곡선의 검사 또는 개정에 편리하다. 근사적으로 1/4이 되기 때문에 1/4법이라고도 한다.

|해답| 20.㉰ 21.㉰ 22.㉱ 23.㉮ 24.㉰ 25.㉱ 26.㉰

27. 매개변수 A가 60m인 클로소이드의 곡선 상의 시점에서 곡선길이(L)가 30m일 때 곡선의 반지름(R)은? (산기 06, 17)

㉮ 60m　㉯ 120m
㉰ 90m　㉱ 150m

■해설 ① $A^2 = R \cdot L$

② $R = \dfrac{A^2}{L} = \dfrac{60^2}{30} = 120\text{m}$

28. 매개 변수 A=120m인 클로소이드를 설치하려고 한다. 클로소이드 시점으로부터 30m 지점의 곡률 반경(ρ)과 클로소이드의 길이(L)는 얼마인가?(단, 원곡선의 곡률 반경(R)=200m이다.) (기사 06)

㉮ $\rho=960\text{m}$, $L=72\text{m}$
㉯ $\rho=960\text{m}$, $L=30\text{m}$
㉰ $\rho=480\text{m}$, $L=72\text{m}$
㉱ $\rho=480\text{m}$, $L=30\text{m}$

■해설 ① 매개변수(A^2) $= R \cdot L$

$120^2 = 200 \cdot L$

$L = \dfrac{120^2}{200} = 72\text{m}$

② 곡률$\left(\dfrac{1}{\rho}\right) = \dfrac{l}{RL}$

$\rho = \dfrac{RL}{l} = \dfrac{200 \times 72}{30} = 480\text{m}$

29. R=80m, L=20m인 클로소이드의 종점 좌표를 단위클로소이드 표에서 찾아보니 X=0.499219, Y=0.020810였다면 실제 X, Y좌표는? (산기 10, 15)

㉮ $X=19.969\text{m}$, $Y=0.832\text{m}$
㉯ $X=9.984\text{m}$, $Y=0.416\text{m}$
㉰ $X=39.936\text{m}$, $Y=1.665\text{m}$
㉱ $X=29.109\text{m}$, $Y=1.218\text{m}$

■해설 ① $\tan\theta = \dfrac{0.020810}{0.499219}$

$\theta = \tan^{-1}\left(\dfrac{0.020810}{0.499219}\right) = 2°23'13.2''$

② $X = 20 \times \cos 2°23'13.2'' = 19.982$

$Y = 20 \times \sin 2°23'13.2'' = 0.8329$

30. 클로소이드 매개변수(Parameter) A가 커질 경우에 대한 설명으로 옳은 것은? (산기 05, 12)

㉮ 곡선이 완만해진다.
㉯ 자동차의 고속 주행이 어려워진다.
㉰ 곡선이 급커브가 된다.
㉱ 접선각도에 비례하여 커진다.

■해설 매개변수 $A^2 = R \cdot L (A = \sqrt{R \cdot L})$

A가 커지면 반지름 R이 커지므로 곡선이 완만해진다.

31. 다음 설명 중 옳지 않은 것은? (기사 05)

㉮ 모든 클로소이드(Clothoid)는 닮은 꼴이며 클로소이드 요소는 길이의 단위를 가진 것과 단위가 없는 것이 있다.
㉯ 완화곡선의 접선은 시점에서 원호에, 종점에서 직선에 접한다.
㉰ 완화곡선의 반경은 그 시점에서 무한대, 종점에서는 원곡선의 반경과 같다.
㉱ 완화곡선에 연한 곡선반경의 감소율은 캔트(Cant)의 증가율과 같다.

■해설 완화곡선의 접선은 시점에서 직선에 종점에서 원곡선에 접한다.

32. 클로소이드 곡선에 대한 설명으로 옳은 것은? (산기 04)

㉮ 곡선의 반지름 R, 곡선길이 L, 매개변수 A의 사이에는 $RL = A^2$의 관계가 성립한다.
㉯ 곡선의 반지름에 비례하여 곡선길이가 증가하는 곡선이다.
㉰ 곡선길이가 일정할 때 곡선의 반지름이 크면 접선각도 커진다.
㉱ 곡선 반지름과 곡선길이가 같은 점을 동경이라 한다.

|해답| 27.㉯ 28.㉰ 29.㉮ 30.㉮ 31.㉯ 32.㉮

해설 ① 클로소이드 곡선의 곡률($\frac{1}{R}$)은 곡선장에 비례

② 매개변수 $A^2 = RL$

③ 곡선길이가 일정할 때 곡선 반지름이 크면 접선각은 작아진다.

33. 클로소이드의 매개변수 $A=60$m인 클로소이드(Clothoid) 곡선 상의 시점으로부터 곡선 길이(L)가 30m일 때 반지름(R)은? (기사 04)

㉮ 60m ㉯ 90m
㉰ 120m ㉱ 150m

해설 ① 매개변수(A^2) $= R \cdot L$

② $R = \frac{A^2}{L} = \frac{60^2}{30} = 120$m

34. 클로소이드의 기본식은 $A^2 = R \cdot L$을 사용한다. 이때 매개변수(Parametea) A값을 A^2으로 쓰는 이유는 무엇인가? (산기 03, 15)

㉮ 클로소이드의 나선형이 2차곡선 형태이기 때문에
㉯ 도로에서의 완화곡선(클로소이드)은 2차원이기 때문에
㉰ 양변의 차원(Dimension)을 일치시켜야 하기 때문에
㉱ A값의 단위가 2차원이기 때문에

해설 매개변수 A값을 A^2로 하는 이유는 양변의 차원을 일치시키기 위함이다.

35. 매개변수 $A=60$m인 클로소이드의 곡선길이가 30m일 때 종점에서의 곡선반경은? (산기 04)

㉮ 60m ㉯ 90m
㉰ 120m ㉱ 150m

해설 ① $A^2 = R \cdot L$

② $R = \frac{A^2}{L} = \frac{60^2}{30} = 120$m

36. 노선의 곡률반경이 100m, 곡선길이가 20m일 경우 클로소이드(Clothoid)의 매개변수(A)는? (기사 04)

㉮ 45m ㉯ 22m
㉰ 40m ㉱ 60m

해설 ① $A^2 = RL$

② $A = \sqrt{R \cdot L} = \sqrt{100 \times 20} = 44.72 ≒ 45$m

37. 매개변수 $A=100$m인 클로소이드 곡선길이 50m에 대한 반지름은? (산기 03)

㉮ 20m ㉯ 150m
㉰ 200m ㉱ 500m

해설 ① $A^2 = R \cdot L$

② $R = \frac{A^2}{L} = \frac{100^2}{50} = 200$m

38. 우리나라 도로 기울기의 표시방법은? (산기 03)

㉮ $1/n$ ㉯ $n/10$
㉰ $n/100$ ㉱ $m/1{,}000$

해설 ① 도로는 $\% = \frac{n}{100}(\%)$

② 철도는 $‰ = \frac{n}{1{,}000}(‰)$

39. 다음 그림의 유토곡선(Mass Curve)에서 하향구간인 A-C, E-F 구간이 의미하는 것은? (기사 05, 10, 16)

㉮ 운반토량
㉯ 운반거리
㉰ 절토구간
㉱ 성토구간

해설 유토곡선에서 상향구간은 절토구간, 하향구간은 성토구간이다.

40. 토공작업을 수반하는 종단면도에 계획선을 넣을 때 염두에 두어야 할 것 중에서 옳지 않은 것은? (산기 03, 15)

㉮ 절토량과 성토량은 거의 같게 한다.
㉯ 절토는 성토로 이용할 수 있도록 운반거리를 고려해야 한다.
㉰ 계획선은 될 수 있는대로 요구에 맞게 한다.
㉱ 경사와 곡선을 병설해야 하고 제한 내에 있도록 하여야 한다.

해설 경사와 곡선은 병설할 수 없고 제한 내에 있도록 하여야 한다.

41. 토적곡선(Mass Curve)을 작성하는 목적 중 그 중요도가 가장 작은 것은? (기사 03, 12, 17)

㉮ 토량의 운반거리 산출 ㉯ 토공 기계의 선정
㉰ 교통량 산정 ㉱ 토량의 배분

해설 토적곡선은 토공에 필요하며 토량의 배분, 토공기계선정, 토량운반거리산출에 쓰인다.

42. 곡선반경이 400m인 원곡선 상을 70km/hr로 주행하려고 할 때 cant는?(단, 궤간 b=1.065m임) (기사 06)

㉮ 74mm ㉯ 83mm
㉰ 93mm ㉱ 103mm

해설 캔트(C) = $\frac{SV^2}{Rg}$

$$= \frac{1.065\times\left(70\times1,000\times\frac{1}{3,600}\right)^2}{400\times9.8}$$

=0.103m=103mm

43. 도로 설계에 있어서 설계 속도가 2배가 되면 캔트의 크기는 몇 배로 하여야 하는가?(산기 04, 06)

㉮ 1배 ㉯ 2배
㉰ 3배 ㉱ 4배

해설 ① 캔트(C) = $\frac{SV^2}{Rg}$
② 속도가 2배이면 캔트(C)는 4배

44. 곡선부를 통과하는 차량에 원심력이 발생하여 접선 방향으로 탈선하는 것을 방지하기 위해 바깥쪽의 노면을 안쪽보다 높여주는 것을 무엇이라 하는가? (기사 06)

㉮ 클로소이드 ㉯ 슬랙
㉰ 캔트 ㉱ 편각

해설 캔트(C) = $\frac{SV^2}{Rg}$
S(궤간), V(차량속도), R(곡선 반경), g(중력가속도)

45. 캔트를 계산할 때 같은 조건에서 곡선 반지름만을 2배로 하면 캔트는 몇 배가 되는가? (기사 05)

㉮ 4배 ㉯ 2배
㉰ 1/2배 ㉱ 1/4배

해설 캔트(C) = $\frac{SV^2}{Rg}$ 에서 R를 두배로 하면 C는 $\frac{1}{2}$ 배가 된다.

46. 철도에 완화곡선을 설치하고자 할 때 캔트(Cant)의 크기 결정과 직접적인 관계가 없는 것은? (산기 05, 15)

㉮ 레일 간격 ㉯ 곡률반경
㉰ 교각 ㉱ 주행속도

해설 캔트(C) = $\frac{SV^2}{Rg}$
(S : 궤간, V : 속도, R : 곡률반경)

|해답| 40.㉱ 41.㉰ 42.㉱ 43.㉱ 44.㉰ 45.㉰ 46.㉰

47. 노선 측량의 캔트(Cant) 계산에서 곡선 반지름을 2배로 하면 캔트는 몇 배가 되는가? (산기 04)

㉮ 4배 ㉯ 1배
㉰ 1/4배 ㉱ 1/2배

해설
① 캔트(C) = $\frac{SV^2}{Rg}$
② R을 2배로 하면 C는 $\frac{1}{2}$배가 된다.

48. 노선에 있어서 곡선의 반경만이 2배로 증가하면 캔트(Cant)의 크기는? (기사 04)

㉮ $\frac{1}{\sqrt{2}}$로 줄어든다. ㉯ $\frac{1}{2}$로 줄어든다.
㉰ $\frac{1}{2^2}$로 줄어든다. ㉱ 같다.

해설
① 캔트(C) = $\frac{SV^2}{Rg}$
② 반경을 2배로 하면 C는 $\frac{1}{2}$로 줄어든다.

49. 캔트(Cant)의 계산에 있어서 곡률반경을 2배로 하면 캔트는 몇 배가 되는가? (산기 04)

㉮ 1/4배 ㉯ 1/2배
㉰ 2배 ㉱ 4배

해설
① 캔트(C) = $\frac{SV^2}{gR}$
② R이 2배로 커지면 $C = \frac{1}{2}$이 된다.

50. 어느 고속도로를 시속 100km/h로 주행하기 위하여 필요로 하는 캔트(Cant)는 얼마인가?(단, 곡선반경 : 400m, 궤간 : 15m) (산기 03)

㉮ 2.95m ㉯ 3.54m
㉰ 4.12m ㉱ 5.64m

해설
$$C = \frac{SV^2}{gR} = \frac{15 \times \left(100 \times 1,000 \times \frac{1}{3,600}\right)^2}{9.8 \times 400} = 2.95\text{m}$$

51. 다음은 캔트(Cant) 체감법과 완화곡선에 관한 설명이다. 틀린 것은? (기사 03)

㉮ 캔트(Cant) 체감법에는 직선 체감법과 곡선 체감법이 있다.
㉯ 클로소이드는 직선 체감을 전제로 하여 이것에 대응한 곡률반경을 가진 곡선이다.
㉰ 렘니스케이트는 곡선 체감을 전제로 하여 이것에 대응한 곡률반경을 가진 곡선이다.
㉱ 철도는 반파장 Sin곡선을 캔트(Cant)의 원활 체감곡선으로 이용하기도 한다.

해설 렘니스케이트는 직선체감을 전제로 한 곡선법이다. 렘니스케이트는 완화곡선의 한 종류이다.

52. 다음 완화곡선에 대한 설명 중 잘못된 것은? (산기 03)

㉮ 곡선반경은 완화곡선의 시점에서 무한대이다.
㉯ 완화곡선의 접선은 시점에서 직선에 접한다.
㉰ 종점에 있는 캔트는 완곡선의 캔트와 같다.
㉱ 완화곡선의 길이는 도로폭에 따라 결정된다.

해설
① 완화곡선(L) = $\frac{N}{1,000} \cdot C = \frac{N}{1,000} \cdot \frac{SV^2}{Rg}$
(C=캔트)
② 도로폭과는 무관하다.

53. 완화곡선의 길이(L)가 캔트와 비례인 경우 완화곡선 길이를 구하는 식으로 알맞은 것은?(단, V : 속도, R : 곡률반경, S : 레일 간 거리, g : 중력가속도, N : 완화곡선과 캔트와의 비) (산기 03)

㉮ $\frac{N}{1,000} \cdot \frac{V^2S}{gR}$ ㉯ $\frac{V^2S}{gR}$
㉰ $\frac{N}{1,000} \cdot \frac{V^2S}{gR^2}$ ㉱ $\frac{N}{1,000} \cdot \frac{VS^2}{gR}$

해설
$$L = \frac{N}{1,000} \cdot C = \frac{N}{1,000} \cdot \frac{SV^2}{Rg}$$

54. 확폭량(ε)의 계산에서 차로 중심선의 곡선 반경(R)을 두 배로 하면 확폭량(ε)은 얼마나 되는가?

㉮ $\varepsilon' = \frac{1}{4}\varepsilon$ ㉯ $\varepsilon' = \frac{1}{2}\varepsilon$

㉰ $\varepsilon' = 2\varepsilon$ ㉱ $\varepsilon' = 4\varepsilon$

해설 ① 확폭량(ε) = $\frac{L^2}{2R}$

② 반경이 두 배이면 확폭량은 $\frac{1}{2}$ 배이다.

55. 차량의 앞뒤 바퀴의 고정차축 때문에 곡선부에서 발생하는 현상을 보완하기 위해 설치하는 것은? (산기 05)

㉮ 캔트 ㉯ 확폭

㉰ 편구배 ㉱ 차폭

해설 곡선부에서 폭이 직선부보다 넓어야 하므로 철도 궤간에서는 슬랙, 도로에서는 확폭을 한다.

56. 도로의 곡선부에서 확폭량(Slack)을 구하는 식으로 맞는 것은?(단, R : 차선 중심선의 반경, L : 차량전면에서 뒤축까지의 거리) (기사 05)

㉮ $\frac{L}{2R^2}$ ㉯ $\frac{L^2}{2R^2}$

㉰ $\frac{L^2}{2R}$ ㉱ $\frac{L}{2R}$

해설 확폭(ε) = $\frac{L^2}{2R}$

57. 확폭량의 계산에서 차선 중심선의 곡선 반경(R)을 두 배로 하면 확폭량은 몇 배가 되는가? (기사 04, 12)

㉮ 1/2배 ㉯ 1/4배

㉰ 2배 ㉱ 4배

해설 확폭(ε) = $\frac{L^2}{2R}$ 에서 R이 두 배이면 ε는 $\frac{1}{2}$ 이 된다.

58. 노선의 곡선설치에 있어서 반경 R=500m, 노면 마찰계수 f=0.1, 편구배 i=4%일 때 최대 주행속도 V는 얼마로 해야 하는가?

㉮ 84km ㉯ 94km

㉰ 100km ㉱ 120km

해설 곡선 설치 반경(R) ≥ $\frac{V^2}{127(f+i)}$

$V^2 \leq R \times 127(f+i) = 500 \times 127 \times (0.1+0.04)$

V=94.2km

59. 도로의 단곡선 계산에서 교점까지의 추가거리와 교각을 알고 있을 때 곡선시점의 위치를 구하기 위해서는 다음 요소 중 어느 것을 계산하여야 하는가? (산기 03)

㉮ 접선장(TL) ㉯ 곡선장(CL)

㉰ 중앙종거(M) ㉱ 접선에 대한 지거(Y)

해설 BC거리 = IP − TL(접선장)

60. 교점(IP)의 위치가 기점으로부터 143.25m일 때 곡률 반경 150m, 교각 58° 4′24″인 단곡선을 설치하고자 한다면 곡선시점의 위치는?(단, 중심말뚝 간격 20m) (산기 03, 15)

㉮ No.2+3.25 ㉯ No.2+19.69

㉰ No.3+9.69 ㉱ No.4+3.56

해설 ① 접선장(TL) = $R\tan\frac{I}{2}$

$= 150 \times \tan\frac{58°14'24''}{2} = 83.56\text{m}$

② 곡선시점(BC) = IP − TL = 143.25 − 83.56 = 59.69m

③ BC 측점번호 = No.2+19.69m

61. 곡선설치에서 교각 $I=60°$, 반지름 $R=150m$일 때 접선장(TL)은? (기사 03, 17)

㉮ 100.0m ㉯ 86.6m
㉰ 76.8m ㉱ 38.6m

해설 $TL(접선장) = R\tan\frac{I}{2}$

$=150\times\tan\frac{60°}{2}=86.6m$

62. 그림과 같이 교각 60°의 두 직선 사이에 반경 $R=300m$의 원곡선을 설치할 때 접선장 T의 길이는?

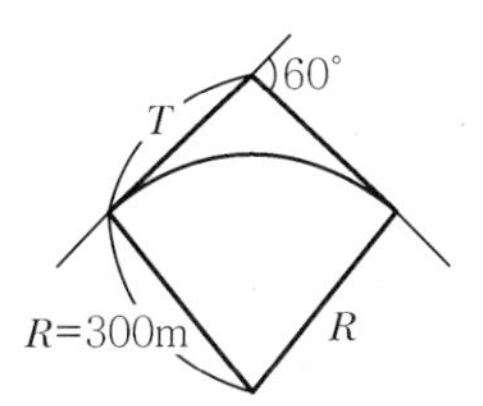

㉮ 81.603m ㉯ 173.205m
㉰ 346.410m ㉱ 519.615m

해설 $접선장(T.L) = R\tan\frac{I}{2}=300\times\tan\frac{60°}{2}$

$=173.205m$

63. 교점(IP)은 기점에서 500m의 위치에 있고 교각 $I=36°$, 현장 $l=20m$일 때 외선길이(외할) SL= 5.00m라면 시단현의 길이는 얼마인가? (기사 03)

㉮ 10.43m ㉯ 11.57m
㉰ 12.36m ㉱ 13.25m

해설 ① $E(외할)=R\left(\sec\frac{I}{2}-1\right)$

$R=\frac{E}{\sec\frac{I}{2}-1}=\frac{5}{\sec\frac{36°}{2}-1}=97.16m$

② $TL=R\tan\frac{I}{2}=97.16\times\tan\frac{36°}{2}=31.57m$

③ 곡선의 시점(BC) = IP − TL = 500 − 31.57 = 468.43m

④ 시단현길이(l_1) = 480 − 468.43 = 11.57m

64. 그림에서 AC 및 DB 간에 그림과 같이 곡선을 넣으려고 할 때 교점(P)에 장애물이 있어 ∠ACD=150°, ∠CDB=90° 및 CD의 거리 400m를 측정하였다. C점으로부터 A(B, C)점까지의 거리는? (단, 곡선의 반지름은 500m로 한다.) (기사 06)

㉮ 461.88m
㉯ 453.15m
㉰ 425.88m
㉱ 404.15m

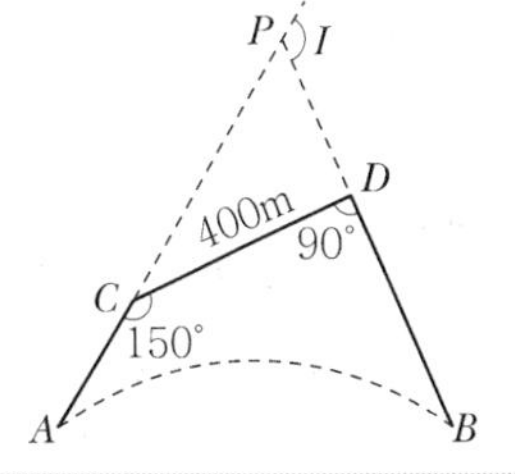

해설 ① 교각(I) = 30° + 90° = 120°

② $\overline{CP}=\frac{400}{\sin 60°}\cdot\sin 90°=461.88m$

③ $접선장(T.L)=R\tan\frac{I}{2}$

$=500\times\tan\frac{120}{2}=866.03m$

④ AC거리 = T.L − $\overline{CP}$ = 866.03 − 461.88 = 404.15m

65. 단곡선을 설치하기 위하여 교각(I)=80°를 측정하였다. 외할(E)을 10mm로 하고자 할 때 곡선길이(C.L)는? (기사 06)

㉮ 23m ㉯ 46m
㉰ 74m ㉱ 117m

해설 ① $E(외할)=R\left(\sec\frac{I}{2}-1\right)$

$R=\frac{E}{\sec\frac{I}{2}-1}=\frac{10}{\sec\frac{80°}{2}-1}=32.74m$

② $CL(곡선장)=RI\frac{\pi}{180°}$

$=32.74\times 80°\times\frac{\pi}{180°}=45.7m$

66. 단곡선 설치에서 $I=50°$, $R=350m$일 때 곡선길이는? (산기 06)

㉮ 305.433m ㉯ 150.000m
㉰ 268.116m ㉱ 224.976m

해설 $곡선장(C\cdot L)=R\cdot I\frac{\pi}{180}=350\times 50°\times\frac{\pi}{180°}$

$=305.433m$

|해답| 61.㉯ 62.㉯ 63.㉯ 64.㉱ 65.㉯ 66.㉮

67. 교각이 90°인 두 직선 사이에 외선장(E)을 30m로 취하는 곡선을 설치하고자 할 때 적당한 곡선 반지름은? (산기 06)

㉮ 75.43m
㉯ 72.43m
㉰ 61.43m
㉱ 65.43m

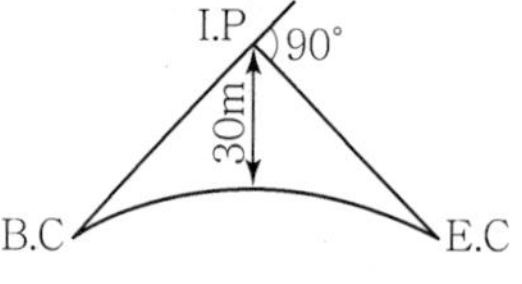

■ 해설 외할(E) $= R\left(\sec\frac{I}{2}-1\right)$

$$R=\frac{E}{\sec\frac{I}{2}-1}=\frac{30}{\sec\frac{90°}{2}-1}=72.43\text{m}$$

68. 그림의 AC 및 DB 간에 곡선을 놓으려고 하는데 그 교점에 갈 수가 없다. 그래서 ∠ACD = 130°, ∠CDB=90° 및 CD=200m를 측정하여 C점에서 B.C점까지의 거리를 구하면?(단, 곡선반경은 400m라 한다.) (기사 06)

㉮ 787.85m
㉯ 546.66m
㉰ 230.94m
㉱ 288.66m

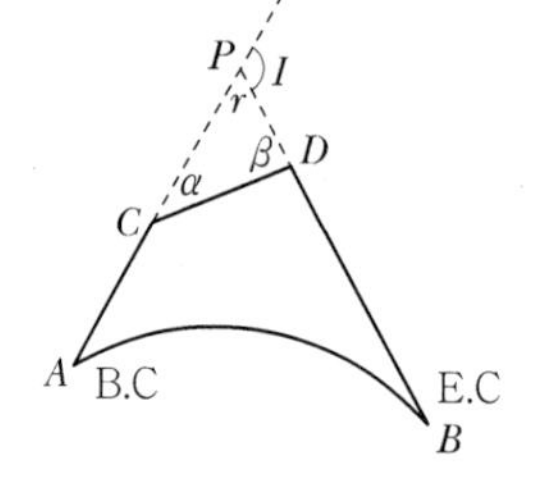

■ 해설 ① 교각(I) = 50° + 90° = 140°

② $\overline{CP}$거리

$$\overline{CP}=\frac{\sin 90°}{\sin 40°}200=311.14\text{m}$$

③ $TL=R\tan\frac{I}{2}=400\times\tan\frac{140°}{2}=1{,}098.99\text{m}$

④ $\overline{AC}$거리 $=$ T.L $-\overline{CP}$
$=1{,}098.99-311.14=787.85\text{m}$

69. 교점 IP는 기점에서 634m의 위치에 있고 곡선반경 R=600m, 교각 I=30°일 때 T.L 및 C.L은 얼마인가? (기사 06)

㉮ T.L=346.1m, C.L=628.4m
㉯ T.L=160.8m, C.L=628.4m
㉰ T.L=346.1m, C.L=314.2m
㉱ T.L=160.8m, C.L=314.2m

■ 해설 ① 접선장(T.L) $= R\tan\frac{I}{2}=600\times\tan\frac{30°}{2}$
$=160.8\text{m}$

② 곡선장(C.L) $= RI\frac{\pi}{180°}$
$=600\times30\times\frac{\pi}{180°}=314.2\text{m}$

70. 노선 측량에서 곡선 시점까지의 추가 거리가 2,315.25m이다. 교각이 60°, 곡률반경이 200m라면 곡선의 종점까지 총 거리는? (산기 06)

㉮ 1,867.81m
㉯ 2,105.81m
㉰ 2,199.69m
㉱ 2,524.69m

■ 해설 ① $CL=RI\frac{\pi}{180}=200\times60\times\frac{\pi}{180}=209.44\text{m}$

② EC거리 $= BC$거리 $+ CL$
$=2{,}315.25+209.44=2{,}524.69\text{m}$

71. 교점(I.P)의 위치가 기점으로부터 400m, 곡선반경 R=200m, 교각 I=90°인 단곡선을 편각법에 의해 측설하고자 한다. 기점으로부터 곡선 시점(B.C)의 추가 거리는? (기사 06)

㉮ 180m ㉯ 190m
㉰ 200m ㉱ 600m

■ 해설 ① $TL=R\tan\frac{I}{2}=200\times\left(\tan\frac{90°}{2}\right)=200\text{m}$

② BC거리 = IP − TL = 400 − 200 = 200m

72. 단곡선 설치에서 기점부터 곡선시점까지의 거리가 173.48m일 때 기점부터 곡선종점 E.C.까지의 거리는?(단, 교각 I=45°, 곡선반지름 R=100m임) (산기 05)

㉮ 282.020m ㉯ 272.020m
㉰ 262.020m ㉱ 252.020m

 |해답| 67.㉯ 68.㉮ 69.㉱ 70.㉱ 71.㉰ 72.㉱

■ 해설 ① C.L(곡선장) $= \frac{\pi}{180}RI = \frac{\pi}{180}\times100\times45°$
$=78.54\text{m}$
② E.C거리 = BC거리 + CL = 173.48 + 78.54
$=252.02\text{m}$

73. 곡선반지름 R, 교각 I일 때 다음 공식 중 틀린 것은?(단, 접선길이 = T.L., 외할 = E, 중앙종거 = M, 곡선길이 = C.L.) (기사 05, 15)

㉮ $\text{T.L.} = R\tan\frac{I}{2}$
㉯ $\text{C.L.} = 0.0174533RI°$
㉰ $E = R\left(\sec\frac{I}{2}-1\right)$
㉱ $M = R\left(1-\sin\frac{I}{2}\right)$

■ 해설 중앙종거$(M) = R\left(1-\cos\frac{I}{2}\right)$

74. 그림과 같이 현재의 단곡선 도로를 개수하여 단곡선 신설 도로를 설치하려고 한다. 신설 도로의 반경 R을 얼마로 해야 하는가?(단, 현재 도로의 교각은 90°, 반경은 500m이며, 신설 도로의 교각은 60° 임) (기사 05)

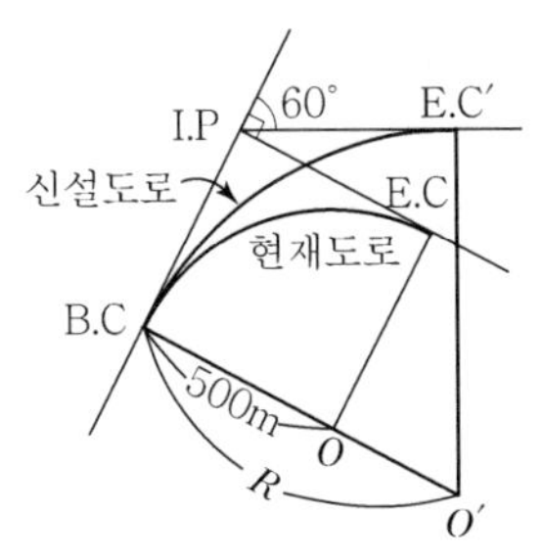

㉮ 1,256m ㉯ 1,732m
㉰ 866m ㉱ 453m

■ 해설 ① 현도로의 $\text{T.L} = R\tan\frac{I}{2} = 500\tan\frac{90°}{2} = 500\text{m}$
② 신설도로 $\text{T.L} = R\tan\frac{I}{2}$
$$R = \frac{\text{T}\cdot\text{L}}{\tan\frac{I}{2}} = \frac{500}{\tan\frac{60°}{2}} = 866\text{m}$$

75. 곡선반지름 R = 600m, 교각 I = 60° 00′일 때 노선측량에서 원곡선 설치시 필요한 장현의 길이는? (기사 05)

㉮ 682.56m ㉯ 600.00mm
㉰ 346.41m ㉱ 80.38m

■ 해설 장현길이$(L) = 2R\sin\frac{I}{2} = 2\times600\times\sin\frac{60°}{2}$
$=600\text{m}$

76. 곡선 설치에서 교각이 32° 15′이고 곡선반경이 500m일 때 곡선시점의 추가거리가 315.45m이면 곡선종점의 추가거리는 얼마인가? (산기 05)

㉮ 593.88m ㉯ 596.88m
㉰ 623.63m ㉱ 625.36m

■ 해설 ① $\text{C.L} = \frac{\pi}{180}\text{R.I} = \frac{\pi}{180}\times500\times32°15'$
$=281.434\text{m}$
② EC거리 = BC거리 + C.L = 315.45 + 281.434
$=596.884\text{m}$

77. 원곡선의 주요점에 대한 좌표가 다음과 같을 때 이 원곡선의 교각(I)은 얼마인가?(단, 교점(I.P)의 좌표 : X=1,150.0m, Y=2,300.0m, 곡선시점(B.C)의 좌표 : X=1,000.0m, Y=2,100.0m, 곡선종점(E.C)의 좌표 : X=1,000.0m, Y=2,500.0m) (기사 10, 15)

㉮ 90°00′00″ ㉯ 73°44′24″
㉰ 53°07′48″ ㉱ 36°52′12″

■ 해설 ① 현장(C) = 2,500 − 2,100 = 400m
② 현장중심에서 IP까지의 거리 = 1,150 − 1,000
= 150m
③ $\tan\frac{I}{2} = \frac{150}{\frac{400}{2}} = \frac{150}{200}$
④ $I = \tan^{-1}\left(\frac{150}{200}\right) = 73°44'23''$

78. 노선측량에서 그림과 같은 단곡선을 설치할 때 곡선의 반지름(R)=100m, 교각(I)=60° 00′라면 다음 중 옳지 않은 것은? (기사 05)

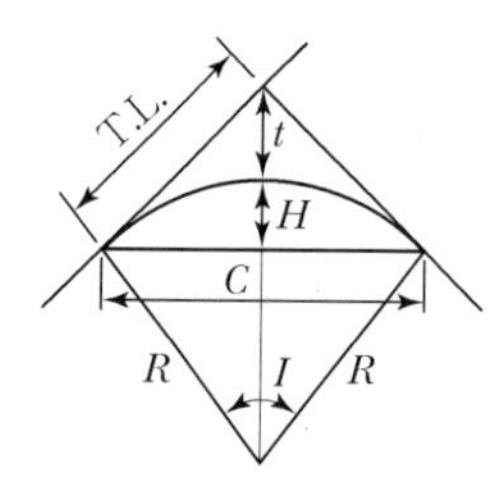

㉮ 접선장($T.L.$)=57.7m
㉯ 장현(C)=100m
㉰ 중앙종거(M)=13.4m
㉱ 외할(E)=25.5m

■ 해설 $\text{외할}(E) = R\left(\sec\frac{I}{2} - 1\right)$

$= 100\times\left(\sec\frac{60°}{2} - 1\right) = 15.47\text{mm}$

79. 반지름 R=200m인 원곡선을 설치하고자 한다. 도로의 시점으로부터 1243.27m 거리에 교점(I.P)이 있고 그림과 같이 ∠A와 ∠B를 관측하였을 때 원곡선 시점(B.C)의 위치는?(단, 도로의 중심점 간격은 20m이다.) (산기 12)

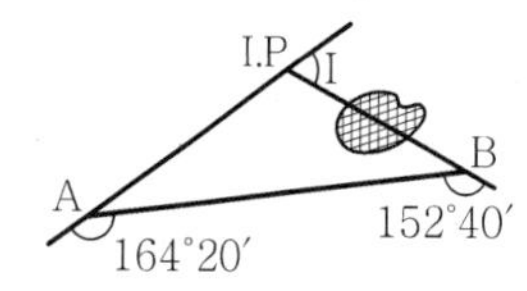

㉮ No. 3+1.22m ㉯ No. 3+18.78m
㉰ No. 58+4.49m ㉱ No. 58+15.51m

■ 해설 ① ∠A=180°−164° 20′=15° 40′
② ∠B=180°−152° 40′=27° 20′
③ ∠I.P=180°−(15° 40′+27° 20′)=137°
④ I=∠A+∠B=43°
⑤ $\text{T.L} = \text{R}\tan\frac{I}{2} = 200\times\tan\frac{43°}{2} = 78.78\text{m}$
⑥ $\overline{\text{BC}}$ 거리=I.P−T.L=1243.27−78.78=1164.49m
⑦ 1164.49=No. 58+4.49m

80. 반경 R=200m인 원곡선을 설치하고자 한다. 도로의 시점으로부터 1,243.27m 거리에 있는 교점(I.P)에 장애물이 있어 그림과 같이 ∠A와 ∠B를 관측하였을 때 원곡선 시점(B.C.)의 위치는?(단, 도로의 중심점 간격은 20m이다.) (산기 05)

㉮ No.3+1.22m ㉯ No.3+18.78m
㉰ No.58+4.49m ㉱ No.58+15.51m

■ 해설 ① 교각(I)=50°40′+27°20′=43°
② $\text{T}\cdot\text{L} = R\tan\frac{I}{2} = 200\times\tan\frac{43°}{2} = 78.78\text{m}$
③ BC거리=IP−TL=1,243.27−78.78=1,164.49m
④ 측점 No.58+4.49m

81. AC와 BD선 사이에 곡선을 설치할 때 교점에 장애물이 있어 교각을 측정하지 못하기 때문에 ACD, CDB 및 CD의 거리를 측정하여 다음과 같은 결과를 얻었다. 이때 C점으로부터 곡선의 시점까지의 거리는?(단, ACD=150°, CDB=90°, CD=100m, 곡선반경 R=500m) (기사 05)

㉮ 530.27m
㉯ 657.04m
㉰ 750.56m
㉱ 796.09m

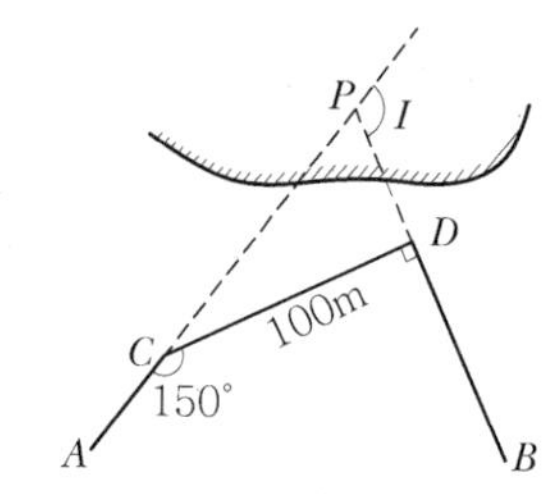

■ 해설 ① 교각(I)=90°+30°=120°
② $\text{TL} = R\tan\frac{I}{2} = 500\times\tan\frac{120°}{2} = 866.03\text{m}$
③ $\frac{100}{\sin 60°} = \frac{\overline{\text{CP}}}{\sin 90°}$
$\overline{\text{CP}}$=115.47m
④ C점부터 곡선시점까지 거리=T·L−CP
=866.03−115.47=750.56m

82. 단곡선 설치에서 교점(I.P)까지의 추가 거리가 525.50m, 접선장(T.L)이 320m라고 할 때 시단현의 길이는?(단, 중심 말뚝 간의 거리는 20m) (산기 04)

㉮ 2.50m ㉯ 12.50m
㉰ 14.50m ㉱ 17.50m

| 해답 | 78.㉱ 79.㉰ 80.㉰ 81.㉰ 82.㉰

■ 해설 ① BC거리=IP거리 − T·L=525.5 − 320=205.5m
② 시단현 길이(l)=220 − 205.5=14.5m
(말뚝 간 거리 20m)

83. 그림에서 AC 및 DB 간에 곡선을 넣으려고 한다. 그런데 교점에 장애물이 있어 ∠ACD=150°, ∠CDB=90° 및 CD의 거리 400m를 측정하였다. C점으로부터 A(B.C)점까지의 거리는?(단, 곡률 반경은 500m로 한다.) (산기 04)

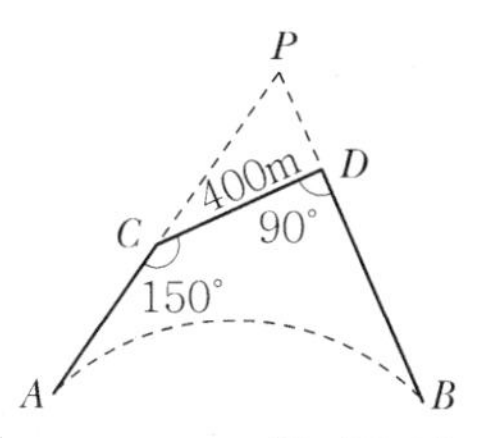

㉮ 461.88m ㉯ 453.15m
㉰ 425.88m ㉱ 404.15m

■ 해설 ① 교각(I) = ∠PCD + ∠PDC = 30°+90° = 120°
② $\frac{\overline{CP}}{\sin 90°} = \frac{400}{\sin 60°}$ $\overline{CP}$ =461.88m
③ 접선장(TL) = $R\tan\frac{I}{2}$
$=500\times\tan\frac{120°}{2}=866.03\text{m}$
④ $\overline{AC}$거리=TL − $\overline{CP}$ =866.03 − 461.88=404.15m

84. 도로 시공에서 단곡선의 외선장(E)은 10m, 교각(I)은 60° 일 때에 이 단곡선의 접선장(TL)은?

㉮ 42.4m ㉯ 37.2m
㉰ 32.4m ㉱ 27.3m

■ 해설 ① 외할(E) = $R\left(\sec\frac{I}{2}-1\right)$
$$R=\frac{E}{\sec\frac{I}{2}-1}=\frac{5}{\sec\frac{60°}{2}-1}=64.64$$
② 접선장(T·L) = $R\tan\frac{I}{2}$
$=64.64\times\tan\frac{60°}{2}=37.2\text{m}$

85. 노선 설치에서 단곡선을 설치할 때 곡선의 중앙종거(M)를 구하는 식은? (기사 04)

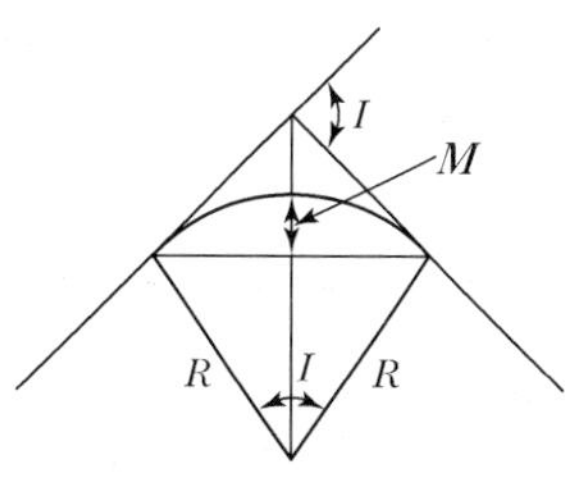

㉮ $M=R\times\left(1-\cos\frac{I}{2}\right)$ ㉯ $M=R\tan\frac{I}{2}$
㉰ $M=2R\sin\frac{I}{2}$ ㉱ $M=R\times\left(\sec\frac{I}{2}-1\right)$

■ 해설 ① $M=R\left(1-\cos\frac{I}{2}\right)$
② $E=R\left(\sec\frac{I}{2}-1\right)$

86. 교점(I.P)은 기점에서 187.94m의 위치에 있고 곡선 반경(R)은 250m, 교각(I) 43° 57′20″, 현의 길이가 20m인 단곡선의 접선길이는? (산기 04, 17)

㉮ 87.046m ㉯ 100.894m
㉰ 288.834m ㉱ 50.447m

■ 해설 접선장(TL) = $R\tan\frac{I}{2}=250\times\tan\left(\frac{43°57'20''}{2}\right)$
=100.894m

87. 교점(I.P)의 위치가 기점으로부터 200.12m, 곡률반경 200m, 교각 45° 00′인 단곡선의 시단현의 길이는?(단, 측점 간 거리는 20m로 한다.) (산기 03)

㉮ 17.28m ㉯ 2.72m
㉰ 17.16m ㉱ 2.84m

■ 해설 ① TL = $R\tan\frac{I}{2}=200\times\tan\frac{45°}{2}=82.84\text{m}$
② BC거리=IP거리 − TL=200.12 − 82.84=117.28m
③ 시단현 길이(l_1)=20 − 17.28m=2.72m

88. 단곡선을 설치하기 위하여 교각(I)은 60°, 외선길이(E)는 15m로 할 때 곡선 길이는? (기사 03)

㉮ 85.2m ㉯ 91.3m
㉰ 97.7m ㉱ 101.5m

■해설 $E(\text{외할}) = R\left(\sec\frac{I}{2} - 1\right) = 15\text{m}$

$$R = \frac{E}{\sec\frac{I}{2} - 1} = \frac{15}{\sec\frac{60}{2} - 1} = 96.96\text{m}$$

$$\therefore \text{CL(곡선장)} = \frac{\pi}{180} \times R \times I° = \frac{\pi}{180} \times 96.96 \times 60° = 101.54\text{m}$$

89. 교각 I=120°, 곡선반경 R=200m인 단곡선에서 교점 IP의 추가거리가 1,439.25m일 때 곡선시점 BC의 추가거리는? (기사 03)

㉮ 989.25m ㉯ 1,039.25m
㉰ 1,092.84m ㉱ 1,245.32m

■해설 $\text{TL} = R\tan\frac{I}{2} = 200 \times \tan\frac{120°}{2} = 346.41\text{m}$

BC거리 = IP(추가거리) − TL
= 1,439.25 − 346.41 = 1,092.84m

90. 그림에서 AD, BD 간에 단곡선을 설치할 때 ∠ADB의 2등분 선상의 C점을 곡선의 중심으로 선택하였을 때 이 곡선의 접선 길이를 구한 값은?(단, DC=10.0m, I =80° 20′이다.) (기사 04)

㉮ 34.05m
㉯ 32.41m
㉰ 27.35m
㉱ 15.31m

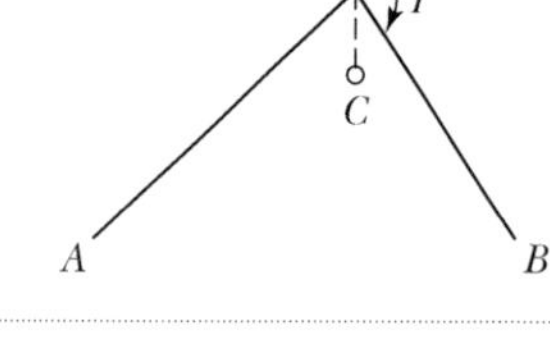

■해설 ① 외할(E) = $R\left(\sec\frac{I}{2} - 1\right)$

$$R = \frac{E}{\sec\frac{I}{2} - 1} = \frac{10}{\sec\frac{80°21'}{2} - 1} = 32.40\text{m}$$

② 접선장(T · L)

$$= R\tan\frac{I}{2} = 32.40 \times \tan\frac{80°21'}{2} = 27.35\text{m}$$

91. 원곡선 설치에 이용되는 식으로 틀린 것은?(단, R : 곡선반경, I : 교각(단위는 도(°)임)) (산기 04, 11)

㉮ 접선길이 $\text{TL} = R\tan\frac{I}{2}$

㉯ 곡선길이 $\text{CL} = \frac{\pi}{180}RI$

㉰ 중앙종거 $M = R\left(\cos\frac{I}{2} - 1\right)$

㉱ 외선장 $E = R\left(\sec\frac{I}{2} - 1\right)$

■해설 중앙종거(M) = $R(1 - \cos\frac{I}{2})$

92. 교각 I =90°, 곡선반지름 R=200m인 단곡선에서 노선기점으로부터 교점 IP까지의 거리가 520m일 때 노선기점으로부터 곡선시점까지의 거리는? (산기 04, 15)

㉮ 280m ㉯ 320m
㉰ 390m ㉱ 420m

■해설 ① $\text{TL} = R\tan\frac{I}{2} = 200 \times \tan\frac{90°}{2} = 200\text{m}$

② BC거리 = IP − TL = 520 − 200 = 320m

93. 교각 I=90°, 곡선반경 R=150m인 단곡선의 교점(I.P)의 추가거리가 1,139.250m일 때 곡선의 종점(E.C)까지의 추가거리는? (기사 04)

㉮ 875.375m ㉯ 989.250m
㉰ 1,224.869m ㉱ 1,374.825m

■해설 ① $\text{TL} = R\tan\frac{I}{2} = 150 \times \tan\frac{90°}{2} = 150\text{m}$

② $\text{CL} = R \cdot I\frac{\pi}{180°} = 150 \times 90° \times \frac{\pi}{180°} = 235.619\text{m}$

③ BC 거리 = IP − TL = 1139.250 − 150 = 989.25m

④ EC 거리 = BC거리 + CL(= IP − TL + CL)
= 989.25 + 235.619 = 1,224.869m

 |해답| 88.㉱ 89.㉰ 90.㉰ 91.㉰ 92.㉯ 93.㉰

94. 그림과 같은 단곡선에서 외할(E)의 크기는? (기사 04)

㉮ 21.05m
㉯ 17.12m
㉰ 15.47m
㉱ 14.48m

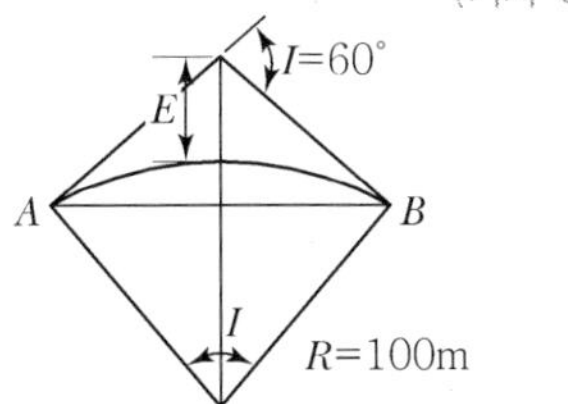

■해설 외할(E) = $R\left(\sec\frac{I}{2}-1\right)$

$=100\left(\sec\frac{60°}{2}-1\right)=15.47\text{m}$

95. 단곡선 설치에서 $I=60°$, $R=300$m일 때 곡선 길이는? (산기 03)

㉮ 314.16m　　㉯ 331.27m
㉰ 352.36m　　㉱ 376.21m

■해설 곡선장(CL) = $RI\frac{\pi}{180°}=300\times60°\times\frac{\pi}{180°}=314.16\text{m}$

96. 단곡선을 설치하기 위하여 교각 $I=90°$, 외선 길이(E)는 10m로 결정하였을 때 곡선 길이(CL)는 얼마인가? (기사 03)

㉮ 37.9m　　㉯ 39.7m
㉰ 40.8m　　㉱ 41.2m

■해설 ① 외할(E) = $R\left(\sec\frac{I}{2}-1\right)=10$

$R=\dfrac{E}{\sec\frac{I}{2}-1}=\dfrac{10}{\sec\frac{90}{2}-1}=24.14\text{m}$

② 곡선장(CL) = $\frac{\pi}{180}\cdot R\cdot I$

$=\frac{\pi}{180}\times24.14\times90°=37.9\text{m}$

97. 단곡선을 설치할 때 곡선반지름 $R=250$m, 교각 $I=16°23''$, 곡선시점(BC)의 추가거리는 1.146m일 때 시단현의 편각은?(단, 중심말뚝 간격은 20m) (기사 03)

㉮ 1°36′15″　　㉯ 2°51′54″
㉰ 1°15′36″　　㉱ 2°54′51″

■해설 ① l_1(시단현) = 1.160 − 1.146 = 14m

② δ_1(시단편각) = $\frac{l_1}{R}\times\frac{90}{\pi}=\frac{14}{250}\times\frac{90}{\pi}$

$=1°36'15''$

98. B.C의 위치가 No.12+16.404m이고 E.C의 위치가 No.19+13.52m일 때 시단현과 종단현에 대한 편각은?(단, 곡선 반경은 200m, 중심 말뚝의 간격은 20m, 시단현에 대한 편각은 δ_1, 종단현에 대한 편각은 δ_2임) (기사 06)

	δ_1	δ_2
㉮	1°22′28″	1°56′12″
㉯	1°22′28″	0°30′54″
㉰	0°30′54″	1°56′12″
㉱	1°56′12″	1°22′28″

■해설 ① 시단현 길이(l_1) = BC점부터 BC 다음 말뚝까지 거리
= 260 − 256.404 = 3.596m

② 시단편각(δ_1) = $\frac{l_1}{R}\times\frac{90°}{\pi}$

$=\frac{3.596}{200}\times\frac{90°}{\pi}=0°30'54''$

③ 종단현 길이(l_2) = EC점부터 EC 바로 앞 말뚝까지의 거리 = 393.52 − 380 = 13.52m

④ 종단편각(δ_2) = $\frac{l_2}{R}\times\frac{90°}{\pi}$

$=\frac{13.52}{200}\times\frac{90°}{\pi}=1°56'12''$

99. 반지름 400m인 단곡선에서 시단현 15m에 대한 편각은? (산기 05)

㉮ 64′27″　　㉯ 67′29″
㉰ 73′33″　　㉱ 77′42″

■해설 시단편각(δ_1) = $\frac{l_1}{R}\times\frac{90°}{\pi}=\frac{15}{400}\times\frac{90°}{\pi}$

$=64'27.47''$

|해답| 94.㉰ 95.㉮ 96.㉮ 97.㉮ 98.㉰ 99.㉮

100. 선에 곡선 반경 R=600m인 곡선을 설치할 때, 현의 길이 l=20m에 대한 편각은? (기사 04, 16)

㉮ 54′18″ ㉯ 55′18″
㉰ 56′18″ ㉱ 57′18″

■해설 편각(δ) = $\dfrac{l}{R}\cdot\dfrac{90°}{\pi} = \dfrac{20}{600}\times\dfrac{90°}{\pi}$ =57′18″

101. 단곡선 설치에 있어서 교각 I=60° 반경 R=200m, BC=No.8+15m(20m×8+15m)일 때 종단현에 대한 편각은 얼마인가? (기사 03, 16)

㉮ 38′10″ ㉯ 42′58″
㉰ 1°16′20″ ㉱ 2°51′53″

■해설 ① CL= $R\cdot I\cdot\dfrac{\pi}{180}$ =200×60°× $\dfrac{\pi}{180}$
=209.44m
② EC=BC+CL=(20×8+15)+209.44=384.44m
③ l_2(종단현)=384.44−380=4.44m
④ $\delta_2 = \dfrac{l_2}{R}\times\dfrac{90°}{\pi} = \dfrac{4.44}{200}\times\dfrac{90°}{\pi}$ = 0°′38′10″

102. 도로시점에서 교점까지의 추가거리가 546.42m이고, 교각이 38°16′40″일 때 곡선반경 300m인 단곡선에서 시단현의 편각 δ_1의 값은?(단, 중심말뚝 간격은 20m이다.) (산기 03)

㉮ 0°15′38″ ㉯ 1°54′35″
㉰ 1°35′54″ ㉱ 1°41′22″

■해설 ① TL= $R\tan\dfrac{I}{2}$ =300× tan $\dfrac{38°16'40''}{2}$ =104.11m
② 곡선시점(BC)=IP−TL
=546.42−104.11=442.31m
③ l_1(시단현길이)=460−442.31=17.69m
④ δ_1(시단편각)= $\dfrac{l_1}{R}\times\dfrac{90°}{\pi} = \dfrac{17.69}{300}\times\dfrac{90°}{\pi}$
=1°41′21.37″≒1°41′22″

103. BC의 위치가 No12+16.404m이고 EC의 위치가 No.19+13.52m일 때 시단현과 종단현에 대한 편각은?(단, 곡선반경은 200m, 중심 말뚝의 간격은 20m, 시단현에 대한 편각은 δ_1, 종단현에 대한 편각은 δ_2임) (기사 03)

	δ_1	δ_2
㉮	1°22′28″	1°56′12″
㉯	1°56′12″	0°30′54″
㉰	0°30′54″	1°56′12″
㉱	1°56′12″	1°22′28″

■해설 ① l_1(시단현)=20−16.404=3.596m
δ_1=1,718.87′ $\dfrac{L_{1s}}{R}$ =1,718.87′× $\dfrac{3.596}{200}$
=0°30′54.32″
② l_2(종단현)=13.52m
δ_2=1,718.87=1,718.87′× $\dfrac{13.52}{200}$ =1°56′11.74″

104. 접선편거와 현편거를 이용하여 도로곡선을 설치하고자 할 때 현편거가 26cm이었다면 접선편거는? (산기 06)

㉮ 10cm ㉯ 13cm
㉰ 18cm ㉱ 26cm

■해설 ① 현편거(d)= $\dfrac{l^2}{R}$ =26cm
② 접선편거(t)= $\dfrac{d}{2}=\dfrac{26}{2}$ =13cm

105. 교각(I)=52° 50″, 곡선반경(R)=300m인 기본형 대칭 클로소이드를 설치한 경우 클로소이드의 시점과 교점(I.P) 간의 거리(D)는 얼마인가?(단, 원곡선의 중심(M)의 X좌표(X_m)=37.480m, 이정량(ΔR)=0.781m이다.) (기사 09, 12)

㉮ 148.03m ㉯ 149.42m
㉰ 185.51m ㉱ 186.90m

■해설 ① 거리 $D=W+X_M$
② $W=(R+\Delta R)\tan\dfrac{I}{2}$
=(300+0.781)×tan $\dfrac{52°50'}{2}$ =149.418m
③ D=149.418+37.480=186.898≒186.90m

106. 노선의 횡단측량에서 No.1+15 측점의 절토 단면적 100m², No.2 측점의 절토 단면적 40m²일 때 이 측점 사이의 절토량은?(단, 중심말뚝 간격은 20m임) (산기 06)

㉮ $350m^3$　　㉯ $700m^3$

㉰ $1,200m^3$　　㉱ $1,400m^3$

■해설

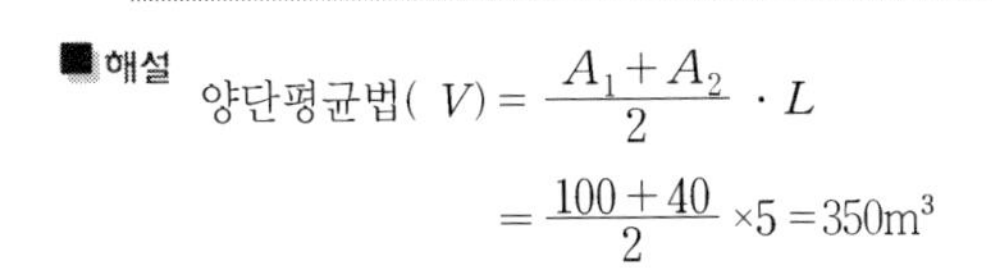

양단평균법$(V) = \dfrac{A_1 + A_2}{2} \cdot L$

$= \dfrac{100+40}{2} \times 5 = 350m^3$

107. 다음 도로의 횡단면도에서 AB의 수평거리는?

(산기 03)

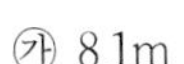

㉮ 8.1m

㉯ 17.5m

㉰ 18.5m

㉱ 19.5m

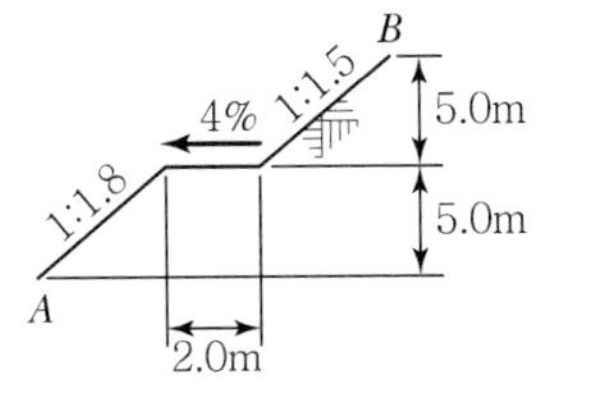

■해설 $\overline{AB} = (1.8 \times 5) + 2 + (1.5 \times 5) = 18.5m$

108. 도로의 중심선을 따라 20m 간격으로 종단측량을 실시한 결과이다. No.1의 계획고를 21.50m로 하고 2%의 상향 구배의 도로를 설치하면 No.5의 절토고는?(단, 지반고의 단위는 m임) (기사 06)

측정	No.1	No.2	No.3	No.4	No.5
지반고(m)	20.30	21.80	23.45	26.10	28.20

㉮ 4.70m　　㉯ 5.10m

㉰ 5.90m　　㉱ 6.10m

■해설 ① No.5 계획고=No1계획고+구배×No5까지 거리
=21.50+0.02×80=23.10m

② No5의 절토고=No5계획고−No5지반고
=23.10−28.20=−5.10m(절토고)

109. 다음 표는 도로 중심선을 따라 20m 간격으로 종단측량을 실시한 결과이다. No.1의 계획고를 52m로 하고 3%의 상향 구배로 설계한다면 No.5의 성토 또는 절토고는? (산기 05)

측정	No.1	No.2	No.3	No.4	No.5
지반고(m)	54.50	54.75	53.30	53.12	52.18

㉮ 2.82m(성토)　　㉯ 2.22m(성토)

㉰ 2.82m(절토)　　㉱ 2.22m(절토)

■해설 ① No.5 계획고=No1계획고+구배×No5까지 거리
=52+0.03×80=54.4m

② No5성 토고=계획고−No5지반고
=54.4−52.18=2.22m(성토)

110. 원곡선에 의한 종단곡선에서 상향경사 4.5/1,000와 하향경사 35/1,000가 반지름 2,500m의 곡선 중에 만날 때 접선길이는?

㉮ 38.125m　　㉯ 42.834m

㉰ 49.375m　　㉱ 52.824m

■해설 접선길이$(l) = \dfrac{R}{2}(m-n)$

(상향구배(+), 하향구배(−))

$= \dfrac{2,500}{2} \times \left(\dfrac{4.5}{1,000} + \dfrac{35}{1,000}\right) = 49.375m$

111. 도로설계에서 상향 종단 기울기 3%, 하향 종단 기울기 4%인 종단면에 종단 곡선을 2차포물선으로 설치할 때 시점으로부터 장현을 따라 50m인 지점의 절도고(y : 종거)는 얼마인가?(단, 종단 곡선 거리 l=180m)

㉮ 0.436m　　㉯ 0.486m

㉰ 1.136m　　㉱ 1.575m

■해설 종거$(y) = \dfrac{(m-n)}{200L} \times x^2$

$= \dfrac{3-(-4)}{200 \times 180} \times 50^2 = 0.486m$

|해답| 106.㉮ 107.㉰ 108.㉯ 109.㉯ 110.㉰ 111.㉯

112. 그림과 같은 공사측량을 하고자 할 때 접선길이 A로부터 HC를 구하면 얼마인가?(단, $\alpha=20°$, $AHC=90°$, $R=50m$임) (기사 16)

㉮ 0.19m
㉯ 1.98m
㉰ 3.02m
㉱ 3.24m

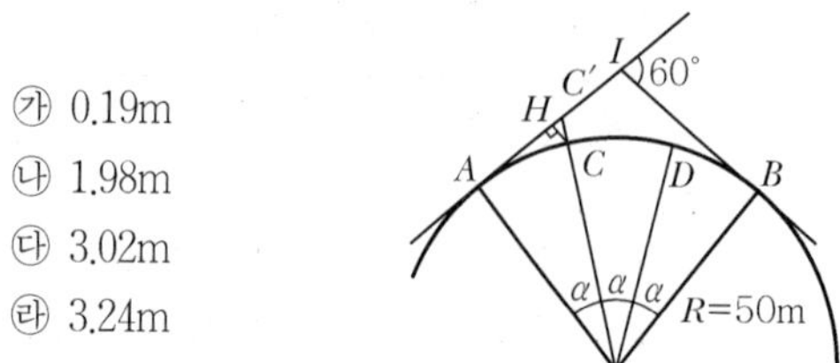

■ 해설
① $\cos\alpha = \dfrac{\overline{AO}}{\overline{CO'}}$

$\overline{OC'} = \dfrac{\overline{AO}}{\cos\alpha} = \dfrac{50}{\cos 20°} = 53.21m$

② $\overline{CC'} = \overline{OC'} - R = 53.21 - 50 = 3.21m$

③ $\cos\alpha = \dfrac{\overline{HC}}{\overline{CC'}}$

$\overline{HC} = \overline{CC'}\cos\theta = 3.21 \times \cos 20° = 3.02m$

Chapter 10

면적 및 체적측량

Contents

일반사항

1. 일반사항

(1) 토지의 면적

토지의 면적은 그 토지를 둘러싼 경계선을 기준면에 투영시켰을 때의 그 넓이를 말한다.

(2) 측량구역

측량구역이 작은 경우는 수평면으로 간주하고 넓은 경우는 기준면을 평균해수면으로 잡는다.

(3) 면적의 관측법

① 직접법 : 현지에서 직접거리를 관측하여 구한다.
② 간접법 : 도상에서 값을 구하여 계산하거나 구적기 또는 기하학적 방법을 이용하여 구하는 방법이 있다.

간접법
간접법은 도지의 신축, 도상거리관측의 오차 등이 면적계산에 영향을 미치므로 직접법에 비하여 정밀도가 낮다.

둘러싼 경계선이 직선인 경우

1. 삼각형의 면적계산

구분	내용
삼사법	삼각형의 밑변과 높이를 측정하여 면적을 구한다. $A=\frac{1}{2}a\cdot h$
이변법	두 변과 끼인 각을 측정하여 면적을 구한다. $A=\frac{1}{2}ab\sin C=\frac{1}{2}ac\sin B=\frac{1}{2}bc\sin A$
삼변법	세 변의 길이를 측정하여 면적을 구한다. 삼각형이 정삼각형에 가까울수록 정확도가 높다. $A=\sqrt{S(S-a)(S-b)(S-c)}$ 이며 $S=\frac{1}{2}(a+b+c)$

삼변법
삼변법 사용시 제일 긴 변과 짧은 변의 비는 2 : 1 이내여야 한다.

2. 사다리꼴의 면적계산

$$A=\frac{1}{2}(a+b)h$$

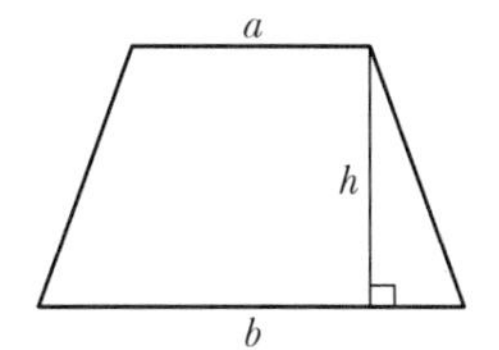

[사다리꼴]

3. 좌표에 의한 면적계산

각 측점의 좌표값(x, y)을 알고 있을 때 면적을 구하는 방법으로 정확한 면적계산을 할 수 있다.

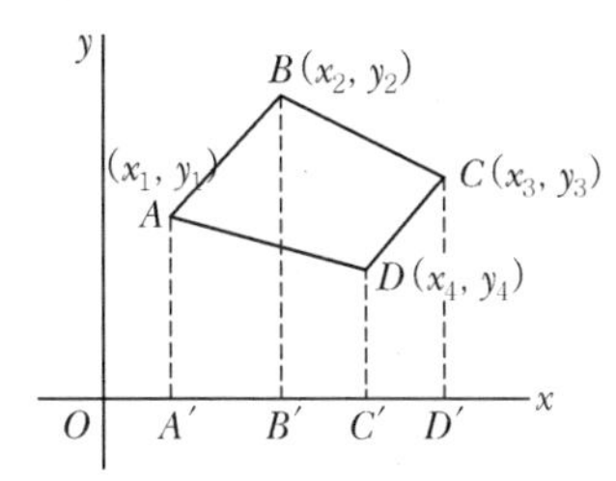

[좌표법]

(1) 좌표법

$$A=\frac{1}{2}[y_1(x_4-x_2)+y_2(x_1-x_3)+y_3(x_2-x_4)+y_4(x_3-x_1)]$$

$$=\frac{1}{2}[y_n(x_{n-1}-x_{n+1})]$$

또는 $A=\frac{1}{2}[x_n(y_{n-1}-y_{n+1})]$

(2) 간편법

좌표를 아래와 같이 나열한 후 측점 x와 그 전후 y값을 곱하여 합계를 구하면 배면적이 구해진다.

x_1	x_2	x_3	x_4	x_1
y_1	y_2	y_3	y_4	y_1

① 배면적($2A$) = Σ↘ − Σ↙

② 면적(A) = $\frac{\Sigma↘ - \Sigma↙}{2}$

좌표에 의한 면적계산

좌표에 의한 면적계산은 배횡거법이라고도 하며 간이계산법이 편리하다.

① 배면적 = 배횡거 × 위거

② 면적 = 배면적/2

축척과 면적과의 관계

① $m_1^2 : A_1 = m_2^2 : A_2$

② $A_2=\left(\frac{m_2}{m_1}\right)^2 \cdot A_1$

A_1 : 주어진 면적

A_2 : 구하는 면적

m_1 : 주어진 면적의 축척분모수

m_2 : 구하는 면적의 축척분모수

Section 03 둘러싼 경계선이 곡선인 경우

1. 지거법

구분	내용
사다리꼴 공식	• 간격(d)을 좁게 나누면 직선으로 볼 수 있다. 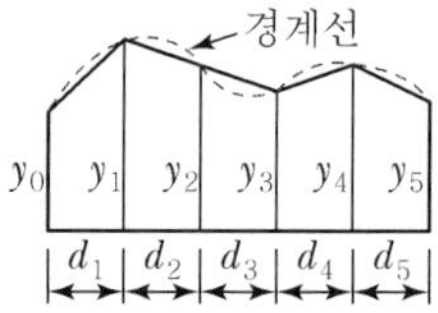 (그림: 경계선, y_0 y_1 y_2 y_3 y_4 y_5, d_1 d_2 d_3 d_4 d_5) ① $A=d_1\left(\frac{y_0+y_1}{2}\right)+d_2\left(\frac{y_1+y_2}{2}\right)+\cdots+d_{n-1}\left(\frac{y_{n-1}+y_n}{2}\right)$ ② $A=d\left(\frac{y_0+y_n}{2}+y_1+y_2+y_3+\cdots+y_{n-1}\right)$ 단, $d_1=d_2=d_3=\cdots d_{n-1}=d$일 때
심프슨(Simpson) 제1법칙	• 2구간을 한 조로 하여 구하는 방법 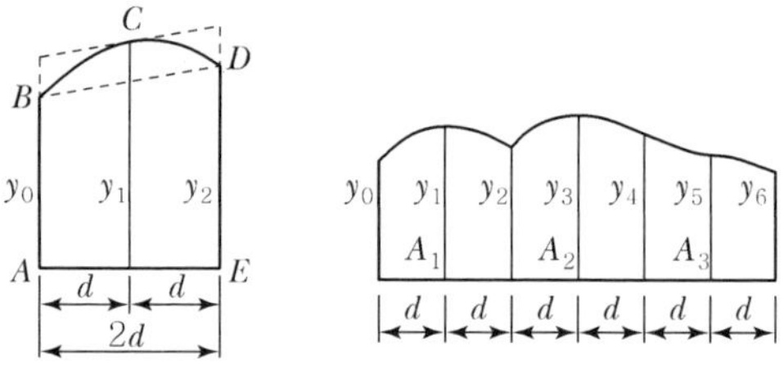 (그림: A, B, C, D, E, y_0 y_1 y_2, d d, $2d$ / y_0 y_1 y_2 y_3 y_4 y_5 y_6, A_1 A_2 A_3, d d d d d d) ① $A=\frac{d}{3}[y_0+y_n+4(y_1+y_3+\cdots+y_{n-1})+2(y_2+y_4+\cdots+y_{n-2})]$ ② $A=\frac{d}{3}[y_0+y_n+4\Sigma y_{홀수}+2\Sigma y_{짝수}]$ 단, n은 짝수이며 홀수인 경우 끝의 것은 사다리꼴 공식으로 구한 후 합산한다.
심프슨(Simpson) 제2법칙	• 3구간을 한 조로 하여 구하는 방법 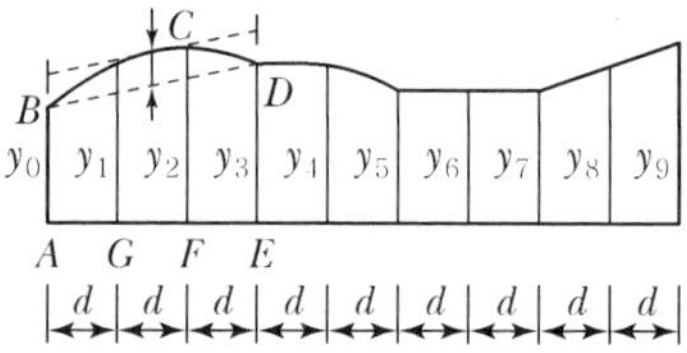 (그림: A G F E, B, C, D, y_0 y_1 y_2 y_3 y_4 y_5 y_6 y_7 y_8 y_9, d ×9) ① $A=\frac{3}{8}d[y_0+y_n+3(y_1+y_2+y_4+y_5+\cdots)+2(y_3+y_6+y_9\cdots)]$ ② $A=\frac{3}{8}d[(y_0+y_n+2\Sigma y_{3의 배수}+3\Sigma y_{나머지수})]$ 단, n은 3의 배수이어야 한다. 남은 면적은 사다리꼴 공식으로 구한 후 합산한다.

구적기(Planimeter)를 사용한 경우

1. 극침이 도형 밖에 놓였을 경우(작은 면적 계산시)

(1) 도면의 축척과 구적기 축척이 같을 경우

$$A = C \cdot n = C(n_2 - n_1)$$

여기서, C : 구적기계수
n : 회전눈금수($n_2 - n_1$)

(2) 도면의 축척과 구적기의 축척이 다를 경우

$$A = \left(\frac{S}{L}\right)^2 \cdot C \cdot n$$

여기서, S : 도형의 축척분모수
L : 구적기의 축척분모수

(3) 도면의 종, 횡축척이 다를 경우

$$A = \left(\frac{S}{L}\right)^2 \cdot C \cdot n = \left(\frac{S_1 \cdot S_2}{L^2}\right) \cdot C \cdot n$$

여기서, S_1 : 도형의 종축척분모수
S_2 : 도형의 횡축척분모수

2. 극침이 도형 안에 놓였을 경우(큰 면적 계산시)

(1) 도면의 축척과 구적기 축척이 같을 경우

$$A = C \cdot (n + n_0)$$

여기서, n_0 : 영원(Zero Circle)의 가수

(2) 도면의 축척과 구적기 축척이 다른 경우

$$A = \left(\frac{S}{L}\right)^2 \cdot C \cdot (n + n_0)$$

투사지법
투사지법은 투사지를 덮어 방안의 개수를 세는 방법이다.

구적기를 이용한 방법
등고선 내 면적과 같이 경계선이 복잡할 때 효과적이다.

구적기의 오차
구적기의 오차는 2~3% 정도이다.

3. 축척과 단위면적과의 관계

(1) $a=\dfrac{m^2}{1,000}d\pi L$

여기서, a : 축척 $\dfrac{1}{m}$ 인 경우 단위면적
d : 측륜의 직경
L : 측간(활주간)의 길이
$\dfrac{\pi d}{1,000}$: 측륜 한 눈금의 크기

(2) 측간(L) = $\dfrac{1,000 \cdot a}{m^2 \cdot d \cdot \pi}$

4. 구적기의 정밀도

① 큰 면적은 0.1~0.2% 정도이다.
② 작은 면적은 1% 이내이다.
③ 최소 눈금읽기는 그 도형 위에서 1mm^2 이내일 것

면적의 분할

1. 삼각형의 분할

(1) 한 변에 평행한 직선에 의한 분할

① $\dfrac{\triangle \text{ADE}}{\triangle \text{ABC}}=\dfrac{m}{m+n}=\left(\dfrac{\text{DE}}{\text{BC}}\right)^2=\left(\dfrac{\text{AD}}{\text{AB}}\right)^2=\left(\dfrac{\text{AE}}{\text{AC}}\right)^2$

② $\text{AD}=AB\sqrt{\dfrac{m}{m+n}}$, $\text{AE}=AC\sqrt{\dfrac{m}{m+n}}$

(2) 삼각형의 꼭짓점을 지나는 직선에 의한 분할

① $\dfrac{\triangle \text{ABD}}{\triangle \text{ABC}}=\dfrac{m}{m+n}=\dfrac{\text{BD}}{\text{BC}}$

② $\text{BD}=\text{BC}\cdot\dfrac{m}{m+n}$

(3) 한 변의 임의의 정점을 지나는 직선에 의한 분할

① $\dfrac{\triangle ADE}{\triangle ABC} = \dfrac{m}{m+n} = \left(\dfrac{AD \cdot AE}{AB \cdot AC}\right)$

② $AD = \dfrac{AB \cdot AC}{AE} \cdot \dfrac{m}{m+n}$

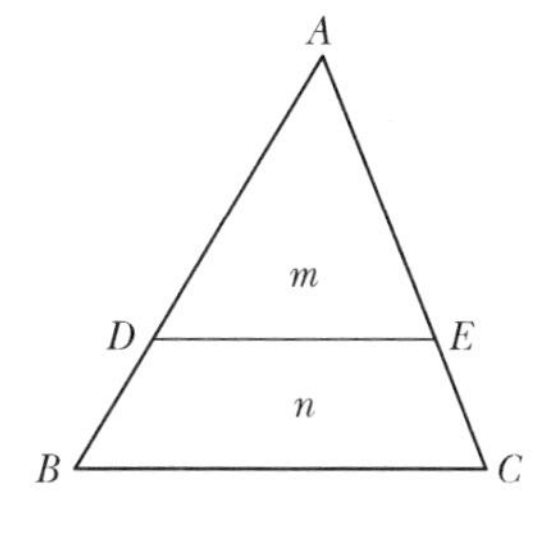

(1) 한 변에 평행한

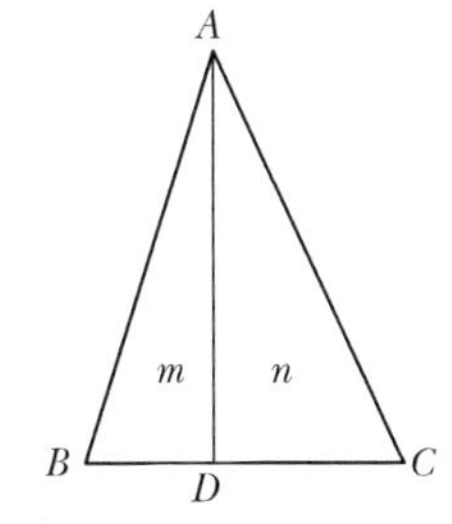

(2) 꼭짓점을 통한

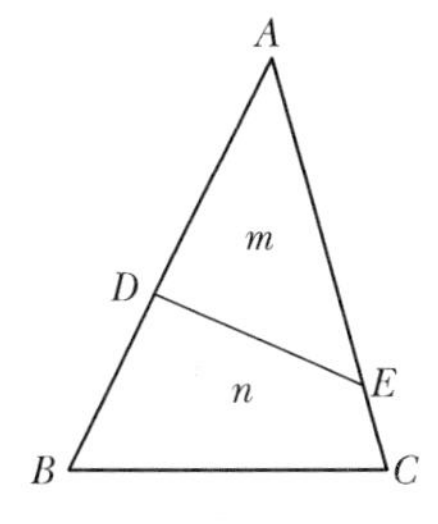

(3) 임의의 정점을 통한

[삼각형의 분할]

체적측량 Section 06

1. 단면법

(1) 양단평균법

$$V = \left(\frac{A_1 + A_2}{2}\right) L$$

(2) 중앙단면법

$$V = Am \cdot L$$

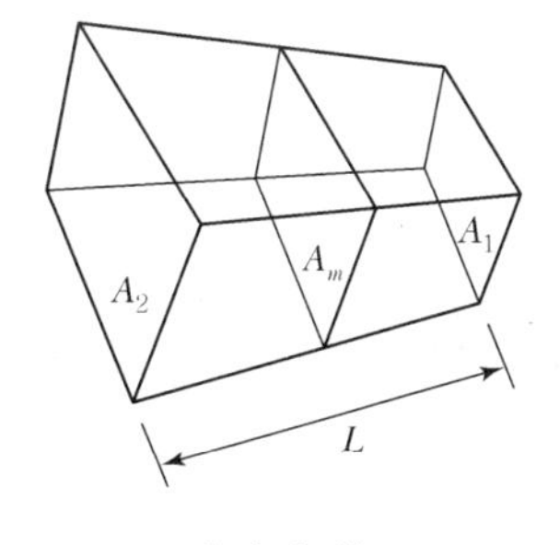

[단면법]

(3) 각주공식

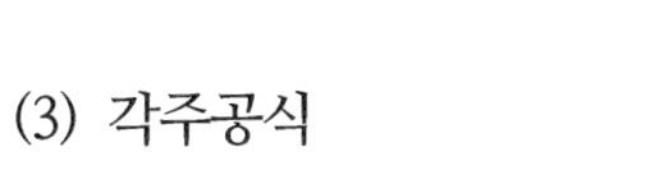

$$V = \frac{L}{6}(A_1 + 4A_m + A_2)$$

각주공식
각주공식이 가장 정확하며, 계산값의 크기는 양단평균법 > 각주공식 > 중앙단면법 순이다.

체적산정시
① 단면법 : 도로, 철도 등
② 점고법 : 정지작업, 택지조성 등
③ 등고선법 : 정지작업, 저수지담수량 등

2. 점고법

(1) 사각형분할

$$V=\frac{A}{4}(\Sigma h_1+2\Sigma h_2+3\Sigma h_3+4\Sigma h_4)$$

(단, $A=a\times b$)

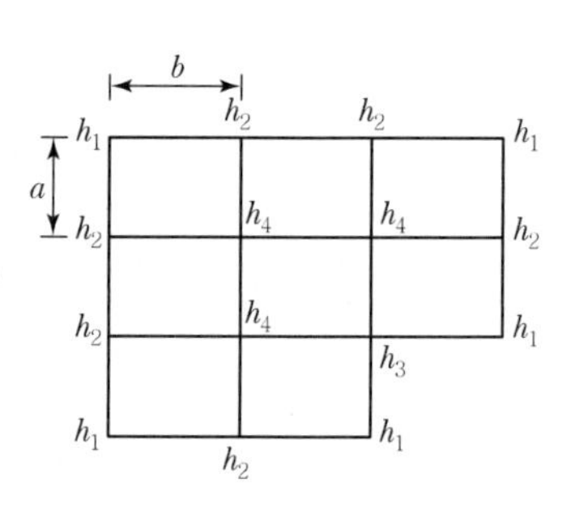

[사각형분할]

(2) 삼각형분할

$$V=\frac{A}{3}(\Sigma h_1+2\Sigma h_2+3\Sigma h_3+4\Sigma h_4+5\Sigma h_5+6\Sigma h_6)$$

(단, $A=\frac{1}{2}\times a\times b$)

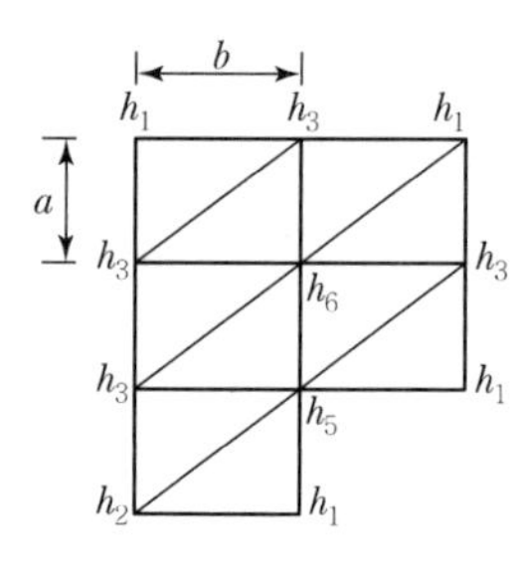

[삼각형분할]

3. 등고선법

$$V=\frac{h}{3}(A_0+A_n+4(A_1+A_3+\cdots)+2(A_2+A_4+\cdots))$$

(단, A_0, A_1, A_2 …는 각 등고선 높이에 따른 단면적)

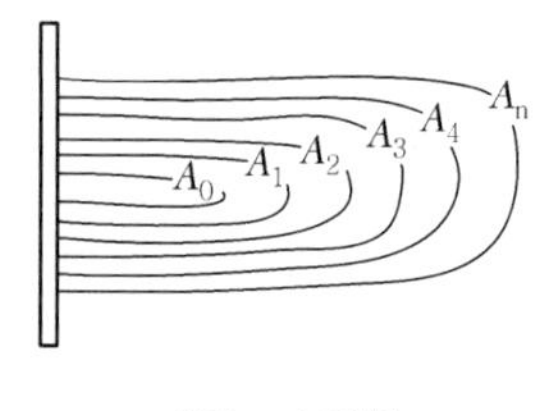

[등고선법]

Section 07 면적과 체적의 정확도

면적과 거리의 정도

① $A=x\cdot y$

② $dA=ydx+xdy$

③ $\frac{dA}{A}=\frac{ydx}{xy}+\frac{xdx}{xy}=\frac{dx}{x}+\frac{dy}{y}$

- 면적의 정밀도는 거리정밀도의 2배
- 체적의 정밀도는 거리정밀도의 3배

1. 면적의 정밀도

$$\frac{\Delta A}{A}=2\frac{\Delta L}{L}$$

2. 체적의 정밀도

$$\frac{\Delta V}{V}=3\frac{\Delta L}{L}$$

Item pool
예상문제 및 기출문제

01. 비행장이나 운동장과 같이 넓은 지형의 정지공사시에 토량을 계산하고자 할 때 적당한 방법은? (기사 03)

㉮ 점고법　㉯ 등고선법
㉰ 중앙단면법　㉱ 양단면 평균법

해설 점고법은 넓고 비교적 평탄한 지형의 체적계산에 사용하고 지표상에 있는 점의 표고를 숫자로 표시해 높이를 나타내는 방법

02. 도면에서 곡선에 둘러싸여 있는 부분의 면적은 다음 어느 방법으로 구하는 것이 가장 적당한가? (기사 17)

㉮ 좌표법에 의한 방법
㉯ 배횡거법에 의한 방법
㉰ 삼사법에 의한 방법
㉱ 구적기에 의한 방법

해설 곡선으로 둘러싸인 면적 계산
① 심프슨 제1법칙
② 구적기 이용
③ 방안지 이용

03. 심프슨 법칙에 대한 설명으로 옳지 않은 것은? (산기 12)

㉮ 심프슨 법칙을 이용하는 경우 지거 간격은 균등하게 하여야 한다.
㉯ 심프슨의 제1법칙을 1/3법칙이라고도 한다.
㉰ 심프슨의 제2법칙을 3/8법칙이라고도 한다.
㉱ 심프슨의 제2법칙은 사다리꼴 2개를 1조로 하여 3차 포물선으로 생각하여 면적을 계산한다.

해설 심프슨 제2법칙은 3구간을 한 조로 하여 면적을 계산한다.

04. 그림과 같은 토지를 한 변 BC에 평행한 XY로 분할하여 m : n=1 : 3의 면적비가 되었다. AB =50m라면 AX는? (기사 06)

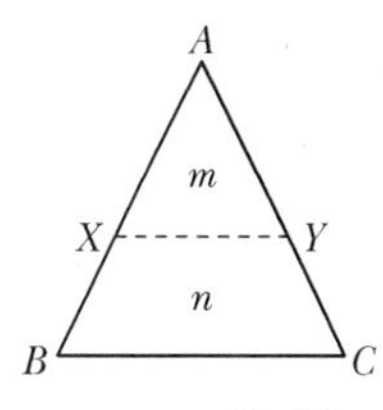

㉮ 10m　㉯ 15m
㉰ 20m　㉱ 25m

해설 ① 비례식 이용
$\triangle AXY : m = \triangle ABC : m+n$
② $\dfrac{m}{m+n} = \left(\dfrac{AX}{AB}\right)^2$
③ $\overline{AX} = \overline{AB}\sqrt{\dfrac{m}{m+n}} = 50\times\sqrt{\dfrac{1}{1+3}} = 25m$

05. 그림과 같이 토지의 한 변 BC=60m 위의 점 D와 AC=53m 위의 점 E를 연결하여 직선 DE로서 △ABC의 면적을 2등분하려면 AE의 길이는?

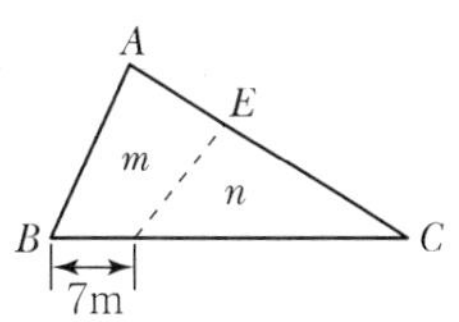

㉮ 23m　㉯ 25m
㉰ 33m　㉱ 43m

해설 ① $AC\times BC : CE\times CD = m+n : n$
② $CE = \dfrac{n}{m+n}\times\dfrac{AC\times BC}{CD}$
$= \dfrac{1}{1+1}\times\dfrac{53\times 60}{53} = 30m$
③ $AE = AC - CE = 23m$

|해답| 1.㉮ 2.㉱ 3.㉱ 4.㉱ 5.㉮

06. $100m^2$의 정방향의 토지의 면적을 $0.1m^2$까지 정확하게 구하고자 한다면 이에 필요한 거리관측 정도는? (기사 03, 15)

㉮ 1/2,000 ㉯ 1/1,000
㉰ 1/500 ㉱ 1/300

해설 면적과 거리의 정도관계

$$\frac{\Delta A}{A}=2\frac{\Delta L}{L}$$

$$\frac{0.1}{100}=2\times\frac{\Delta L}{L}$$

$$\frac{\Delta L}{L}=\frac{1}{2}\times\frac{0.1}{100}=\frac{1}{2,000}$$

07. 직사각형 모양의 토지면적을 1/1,000 정확도로 산출하려면 변 길이의 측정 정확도는 얼마로 측정해야 하는가? (산기 03)

㉮ 1/1,000 ㉯ 1/2,000
㉰ 1/3,000 ㉱ 1/4,000

해설 면적과 거리의 정밀도의 관계

$$\frac{\Delta A}{A}=\frac{2\Delta L}{L}$$

$$\frac{\Delta L}{L}=\frac{1}{2}\times\frac{\Delta A}{A}=\frac{1}{2}\times\frac{1}{1,000}=\frac{1}{2,000}$$

08. $100m^2$의 정사각형의 토지의 면적을 $0.1m^2$까지 정확하게 구하기 위한 필요하고도 충분한 한 변의 측정 거리는 다음 중 몇 mm까지 측정하여야 하겠는가? (기사 06) (산기 04)

㉮ 1mm ㉯ 3mm
㉰ 5mm ㉱ 7mm

해설 ① 면적과 거리의 정밀도 관계

$$\frac{\Delta A}{A}=2\frac{\Delta L}{L}$$

② $\Delta L=\frac{\Delta A}{A}\cdot\frac{L}{2}=\frac{0.1}{100}\times\frac{10}{2}=0.005\text{m}$
$=5\text{mm}$

09. 직사각형의 두 변 길이를 $\frac{1}{200}$ 정확도로 관측하여 면적을 산출할 때 산출된 면적의 정확도는? (기사 05, 15)

㉮ $\frac{1}{500}$ ㉯ $\frac{1}{100}$
㉰ $\frac{1}{200}$ ㉱ $\frac{1}{300}$

해설 면적과 거리 정밀도의 관계

$$\text{정밀도}=\left(\frac{1}{M}\right)=\frac{\Delta A}{A}=2\frac{\Delta L}{L}$$

$$=2\times\frac{1}{200}=\frac{1}{100}$$

10. $100m^2$의 정사각형의 토지의 면적을 $0.1m^2$까지 정확하게 구하기 위한 필요하고도 충분한 한 변의 측정 거리 오차는? (기사 04, 06) (산기 04)

㉮ 3mm ㉯ 4mm
㉰ 5mm ㉱ 6mm

해설 ① 면적과 거리의 정밀도 관계

$$\frac{\Delta A}{A}=2\frac{\Delta L}{L}$$

② $A=L^2$
$L=\sqrt{A}=\sqrt{100}=10$

③ $\Delta L=\frac{\Delta A}{A}\cdot\frac{L}{2}=\frac{0.1}{100}\times\frac{10}{2}=0.005\text{m}$
$=5\text{mm}$

11. $1,600m^2$의 정사각형 토지면적을 $0.5m^2$까지 정확하게 구하기 위해서 필요한 변길이의 관측 정확도는? (기사 04)

㉮ 6.3mm ㉯ 7.2mm
㉰ 8.3mm ㉱ 9.6mm

해설 ① 면적과 거리 정밀도의 관계

$$\frac{\Delta A}{A}=2\frac{\Delta L}{L}$$

② $L=\sqrt{A}=\sqrt{1,600}=40\text{m}$

③ $\Delta L=\frac{\Delta A\cdot L}{2\cdot A}=\frac{0.5\times 40}{2\times 1,600}=0.0063\text{m}$
$=6.3\text{mm}$

 |해답| 6.㉮ 7.㉯ 8.㉰ 9.㉯ 10.㉰ 11.㉮

12. 30m 테이프의 길이를 표준자와 비교 검증하였더니 30.03m이었다. 만약 이 테이프를 사용하여 면적을 계산하였다면 면적정밀도는 얼마인가? (산기 03)

㉮ $\frac{1}{50}$　　㉯ $\frac{1}{100}$

㉰ $\frac{1}{500}$　　㉱ $\frac{1}{1,000}$

■해설 거리의 정도와 면적의 정도의 관계

$$\frac{\Delta A}{A}=2\frac{\Delta L}{L}=2\times\frac{0.03}{30}=\frac{1}{500}$$

13. 삼각형 면적을 계산하기 위해 변길이를 관측한 결과가 그림과 같을 때 이 삼각형의 면적은? (산기 06)

㉮ $1,072.7\text{m}^2$

㉯ $1,126.2\text{m}^2$

㉰ $1,235.6\text{m}^2$

㉱ $1,357.9\text{m}^2$

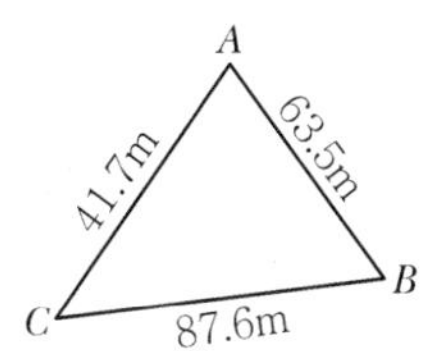

■해설 삼변법

① $S=\frac{1}{2}(a+b+c)$

$=\frac{1}{2}(27.6+63.5+41.7)=96.4\text{m}$

② $A=\sqrt{S(S-a)(S-b)(S-c)}$

$=\sqrt{96.4\times(96.4-87.6)\times(96.4-63.5)\times(96.4-41.7)}=1,235.6\text{m}^2$

14. 수평 및 수직거리를 동일한 정확도로 관측하여 육면체의 체적을 $2,000\text{m}^3$로 구하였다. 체적계산의 오차를 0.5m^3 이내로 하기 위해서는 수평 및 수직거리 관측의 최대허용정확도는 얼마로 해야 하는가? (산기 06)

㉮ $\frac{1}{12,000}$　　㉯ $\frac{1}{8,000}$

㉰ $\frac{1}{35}$　　㉱ $\frac{1}{110}$

■해설 ① 체적과 거리의 정밀도 관계

$$\frac{\Delta V}{V}=3\frac{\Delta L}{L}$$

② $\frac{0.5}{2,000}=3\frac{\Delta L}{L}$

$$\frac{\Delta L}{L}=\frac{0.5}{3\times 2,000}=\frac{1}{12,000}$$

15. 축척 1/500 도상에서 3변의 길이가 각각 20.5cm, 32.4cm, 28.5cm일 때 실제면적은? (기사 05)

㉮ 288.53m^2　　㉯ $7,213.26\text{m}^2$

㉰ 40.70m^2　　㉱ $6,924.15\text{m}^2$

■해설 삼변법

① $S=\frac{1}{2}(a+b+c)$

$=\frac{1}{2}(20.5+32.4+28.5)=40.7\text{m}$

② 면적$(A)=\sqrt{S(S-a)(S-b)(S-c)}\times m^2$

$=\sqrt{40.7\times(40.7-20.5)\times(40.7-32.4)\times(40.7-28.5)}\times 500^2$

$=7,213.26\text{m}^2$

16. 삼각형 3변의 길이가 25.4m, 40.8m, 50.6m일 때 면적은? (산기 05, 12)

㉮ 489.27m^2　　㉯ 514.36m^2

㉰ 531.87m^2　　㉱ 551.27m^2

■해설 삼변법

① $S=\frac{a+b+c}{2}=\frac{25.4+40.8+50.6}{2}=58.4$

② $A=\sqrt{S(S-a)(S-b)(S-c)}$

$=\sqrt{58.4\times(58.4-25.4)\times(58.4-40.8)\times(58.4-50.6)}$

$=514.36\text{m}^2$

17. 삼각형의 면적을 측정하고자 한다. 양 변이 각각 82m와 73m이며, 그 사이에 낀 각이 57° 일 때 삼각형의 면적은? (산기 05)

㉮ $2,510\text{m}^2$　　㉯ $2,634\text{m}^2$

㉰ $2,871\text{m}^2$　　㉱ $2,941\text{m}^2$

■해설 sin법칙

면적$(E)=\frac{1}{2}ab\sin\alpha=\frac{1}{2}\times 82\times 73\times\sin 57°$

$=2,510\text{m}^2$

|해답| 12.㉰ 13.㉰ 14.㉮ 15.㉯ 16.㉯ 17.㉮

18. 면적계산에서 삼각형의 세 변의 길이가 각각 a =72m, b=63m, c=54m일 때 면적은 얼마인가? (산기 03)

㉮ $1,647m^2$ ㉯ $130m^2$
㉰ $498m^2$ ㉱ $39m^2$

해설 헤론공식

① $S=\frac{1}{2}(a+b+c)=\frac{1}{2}(72+63+54)$
$=94.5m$

② $A=\sqrt{S(S-a)(S-b)(S-c)}$
$=\sqrt{94.5(94.5-72)\times(94.5-63)\times(94.5-54)}$
$=1,646.99 \fallingdotseq 1,647m^2$

19. 축척 1/1,500 도면상의 면적을 축척 1/1,000로 잘못 측정하여 $24,000m^2$를 얻었을 때 실제 면적은? (기사 06, 10)

㉮ $36,000m^2$ ㉯ $10,667m^2$
㉰ $54,000m^2$ ㉱ $37,500m^2$

해설 ① 면적은 $\left(\frac{1}{m}\right)^2$에 비례

② $A_1 : A_2=\left(\frac{1}{m_1}\right)^2 : \left(\frac{1}{m_2}\right)^2$

③ $A_2=\left(\frac{m_2}{m_1}\right)^2\times A_1=\left(\frac{1,500}{1,000}\right)^2\times 24,000$
$=54,000m^2$

20. 표준길이에 비하여 2cm 늘어난 50m 줄자로 사각형 토지의 길이를 측정하여 면적을 구하였을 때, 그 면적이 $88m^2$이었다. 이 토지의 정확한 면적은? (기사 06)

㉮ $88.02m^2$ ㉯ $88.05m^2$
㉰ $88.07m^2$ ㉱ $88.09m^2$

해설 ① 축척과 거리, 면적의 관계

$\frac{1}{m}=\frac{\text{도상 거리}}{\text{실제 거리}}$, $\left(\frac{1}{m}\right)^2=\frac{\text{도상 면적}}{\text{실제 면적}}$

② 실제면적$(A_0)=\left(\frac{L+\Delta L}{L}\right)^2\times A$

$=\left(\frac{50.02}{50}\right)^2\times 88=88.07m^2$

21. 축척 1/1,000의 도면에서 어느 지역의 토지를 측정하였더니 가로 2cm, 세로 1cm였다. 이 도면이 전체적으로 1% 수축되어 있었다면 이 토지의 실면적은 얼마인가? (기사 06)

㉮ $204m^2$ ㉯ $20.4m^2$
㉰ $408m^2$ ㉱ $40.8m^2$

해설 ① 축척과 면적의 관계

$\left(\frac{1}{M}\right)^2=\frac{\text{도상면적}}{\text{실제면적}}$

실제면적$(A)=(m^2)\cdot$도상면적
$=1,000^2\times 2cm^2=2,000,000cm^2$
$=200m^2$

② 실면적$(A_0)=A(1+\varepsilon)^2$
$=200(1+0.01)^2=204m^2$

22. 축척 1/1,500 지도상의 면적을 잘못하여 축척 1/1,000로 측정하였더니 $10,000m^2$가 나왔다. 실제면적은? (기사 03)

㉮ $17,600m^2$ ㉯ $18,700m^2$
㉰ $22,500m^2$ ㉱ $24,300m^2$

해설 $A_0=\left(\frac{m_2}{m_1}\right)^2\times A=\left(\frac{1,500}{1,000}\right)^2\times 10,000=22,500m^2$

23. 축척이 1/50,000의 도상에서 어떤 토지개량구역의 면적을 구한 결과가 $40.52cm^2$이었다면 이 구역의 실면적은? (기사 04)

㉮ $10,130,000m^2$ ㉯ $10,140,000m^2$
㉰ $10,150,000m^2$ ㉱ $10,160,000m^2$

해설 실제 면적=도상면적$\times M^2$
$=\left(40.52\times\frac{1}{100^2}\right)\times 50,000^2=10,130,000m^2$

24. 축척 1/1,500 도면상의 면적을 축척 1/1,000로 잘못 측정하여 24,000m를 얻었을 때 실제 면적은? (기사 03)

㉮ $36,000m^2$ ㉯ $10,667m^2$
㉰ $54,000m^2$ ㉱ $37,500m^2$

|해답| 18.㉮ 19.㉰ 20.㉰ 21.㉮ 22.㉰ 23.㉮ 24.㉰

■ 해설 $A_0\left(\frac{m_2}{m_1}\right)^2 \times A = \left(\frac{1,500}{1,000}\right)^2 \times 24,000 = 54,000\text{m}^2$

25. 다음 축척에 대한 설명 중 옳은 것은? (기사 04, 15)

㉮ 축척 1/500 도면상 면적은 실제 면적의 1/1,000이다.
㉯ 축척 1/600의 도면을 1/200로 확대했을 때 도면의 면적은 3배가 된다.
㉰ 축척 1/300 도면상 면적은 실제 면적의 1/9,000이다.
㉱ 축척 1/500인 도면을 축척 1/1,000로 축소했을 때 도면의 면적은 1/4이 된다.

■ 해설 ① 축척 $\left(\frac{1}{M}\right)$이면 실제면적의 $\left(\frac{1}{M}\right)^2$이다.

② $\frac{1}{500}$ (축척)을 $\frac{1}{1,000}$ 로 축소하면 도면의 면적은 $\frac{1}{4}$ 이다.

26. 축척 1 : 1,000에서의 면적을 측정하였더니 도상 면적이 3cm²이었다. 그런데 도면 전체가 1% 수축되었다면 실제 면적은? (산기 04)

㉮ 30,600m²
㉯ 3,060m²
㉰ 306m²
㉱ 30.6m²

■ 해설 실제 면적(A_0) = m²×측정면적(A)

$= (1,000)^2 \times 3 \times \left(1+\frac{1}{100}\right)^2$

$= 3,060,300\text{cm}^2 = 306\text{m}^2$

27. 직사각형 토지를 줄자로 측정한 결과가 가로 37.8m, 세로 28.9m였다. 이 줄자의 공차는 30m 당 +4.7cm였다면 이 토지의 면적 최대 오차는? (기사 16)

㉮ 0.03m² ㉯ 0.36m²
㉰ 3.42m² ㉱ 3.53m²

■ 해설 ① 실제 면적 = 측정면적 × $\left(\frac{\text{측정길이}}{\text{표준길이}}\right)^2$

$= (37.8 \times 28.9) \times \left(\frac{30.047}{30}\right)^2 = 1,095.846\text{m}^2$

② 면적오차 = 실제면적 − 측정면적
$= 1,095.846 - 1,092.42 = 3.425\text{m}^2$

28. 축척 1/1,000의 단위면적이 5m²일 때 이것을 이용하여 1/3,000의 축척에 의한 면적을 구할 경우의 단위면적은? (기사 05)

㉮ 45m² ㉯ 40m²
㉰ 35m² ㉱ 0.6m²

■ 해설 ① 면적은 축척 $\left(\frac{1}{M}\right)$ 자승에 비례한다.

$A_1 : A_2 = \left(\frac{1}{M_1}\right)^2 : \left(\frac{1}{M_2}\right)^2$

② $A_2 = \left(\frac{M_2}{M_1}\right)^2 \times A_1 = \left(\frac{3,000}{1,000}\right)^2 \times 5 = 45\text{m}^2$

29. 축척 1/1,200 지형도 상에서 면적을 측정하는데 축척을 1/1,000로 잘못 알고 면적을 산출한 결과 12,000m²를 얻었다면 정확한 면적은 얼마인가? (산기 04, 15)

㉮ 8,333m² ㉯ 12,368m²
㉰ 15,806m² ㉱ 17,280m²

■ 해설 ① 면적비 = 축척비의 자승 $\left(\frac{1}{M}\right)^2$

② $\left(\frac{1,200}{1,000}\right)^2 = \frac{A}{12,000}$

$A = \left(\frac{1,200}{1,000}\right)^2 \times 12,000 = 17,280\text{m}^2$

30. 1km²의 면적이 도면상에서 4cm²일 때의 축척은? (산기 04)

㉮ 1/2,500
㉯ 1/5,000
㉰ 1/25,000
㉱ 1/50,000

|해답| 25.㉱ 26.㉰ 27.㉰ 28.㉮ 29.㉱ 30.㉱

해설 ① 면적비＝축척비의 자승 $\left(\frac{1}{M}\right)^2$

② $\left(\frac{1}{M}\right)^2 = \frac{\text{도상면적}}{\text{실제면적}} = \frac{2\times2\text{cm}}{100,000\times100,000\text{cm}}$

③ $\frac{1}{m} = \frac{2}{100,000} = \frac{1}{50,000}$

31. 어떤 횡단면적의 도상면적이 40.5cm²였다. 가로 축척이 1/20, 세로 축척이 1/60이었다면 실제 면적은? (기사 05)

㉮ 48.600m²　㉯ 33.750m²
㉰ 4.860m²　㉱ 3.375m²

해설 ① $\left(\frac{1}{M}\right)^2 = \frac{\text{도상면적}}{\text{실제면적}}$

② 실제면적＝도상면적× M^2 ＝40.5×(20×60)
＝48.600cm²＝4.860m²

32. 지상 100m×100m의 면적을 4cm로 나타내기 위해서는 축척을 얼마로 하여야 하는가?

㉮ 1/250　㉯ 1/500
㉰ 1/2.500　㉱ 1/5.000

해설 ① 축척과 면적의 관계

$\left(\frac{1}{m}\right)^2 = \frac{\text{도상면적}}{\text{실제면적}}$

② $m = \sqrt{\frac{\text{실제면적}}{\text{도상면적}}} = \sqrt{\frac{100\times100}{0.02\times0.02}} = 5,000$

③ $\frac{1}{m} = \frac{1}{5,000}$

33. 50m의 스틸(Steel)자로 4각형의 변장을 측정한 결과 가로, 세로 모두 30.00m였다. 나중에 이 스틸자의 눈금을 기선척에 비교한 결과 50m에 대해 1cm 늘어난 것을 발견했다. 이때의 면적오차는? (기사 03)

㉮ 0.15m²　㉯ 0.50m²
㉰ 0.20m²　㉱ 0.36m²

해설 $A = 30\times30 = 900\text{m}^2$

$A_0 = A\left(1\pm\frac{\Delta L}{L}\right)^2 = 900\left(1\pm\frac{0.01}{50}\right)^2 = 900.36\text{m}^2$

dA(면적오차)＝900.36－900＝0.36m²

34. 축척 1/3,000의 도면을 구적기로 면적을 관측한 결과 2,450m²이었다. 그런데 도면의 가로와 세로가 각각 1%씩 줄어 있었다면 올바른 원면적은? (기사 05)

㉮ 2,485m²　㉯ 2,500m²
㉰ 2,558m²　㉱ 2,588m²

해설 $A_0 = A(1\pm\varepsilon)^2 = 2,450\times(1+0.01)^2$
$= 2,499\text{m}^2 ≒ 2,500\text{m}^2$

35. 직사각형의 2변이 각각 25m±2mm, 15m±3mm로 측정되었을 때에 그의 면적과 표준편차는? (기사 05)

㉮ 375m²±0.06
㉯ 375m²±0.08
㉰ 375m²±0.10
㉱ 375m²±0.12

해설 ① 면적오차(M)
$= \pm\sqrt{(a\times m_b)^2 + (b+m_a)^2}$
$= \pm\sqrt{(25\times0.003)^2 + (15\times0.002)^2} = \pm0.08$

② 면적 $A = A\pm M = (25\times15)\pm0.08 = 375\text{m}^2\pm0.08$

36. 그림과 같이 4점을 측정하였다. 면적은 얼마인가? (산기 06)

㉮ 87m²
㉯ 100m²
㉰ 174m²
㉱ 192m²

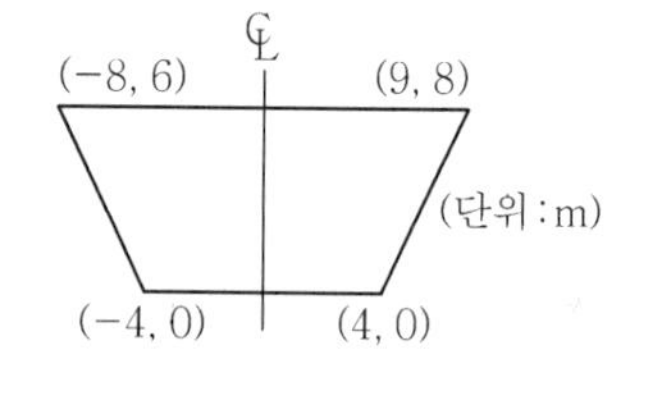

해설

−4	−8	9	4	−4
0	6	8	0	0

① 배면적＝(∑↙⊗)－(∑↘⊗)
＝(0＋54＋32＋0)－(－24－64－0－0)
＝174m²

② 면적＝ $\frac{\text{배면적}}{2} = \frac{174}{2}$ ＝87m²

37. 다음과 같은 단면에서 절토 단면적은 얼마인가? (기사 03)

㉮ 141m^2
㉯ 161m^2
㉰ 61m^2
㉱ 67m^2

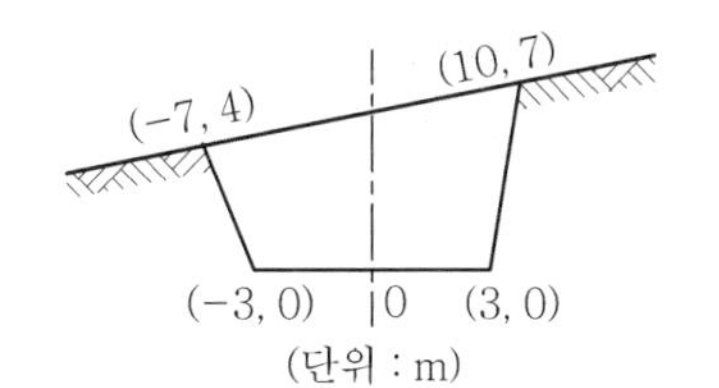

■해설

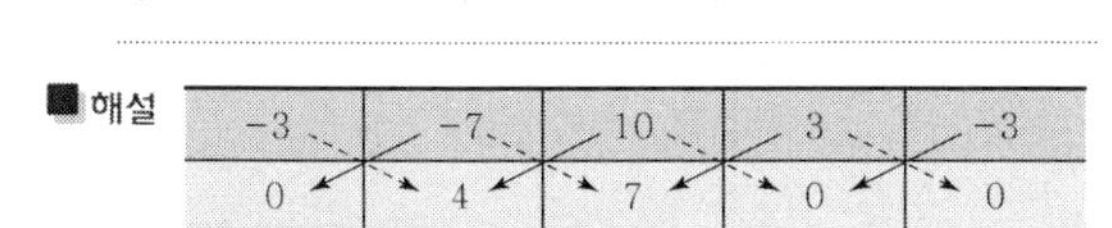

$\sum \swarrow \otimes = 40 + 21 = 61$

$\sum \searrow \otimes = -12 - 49 = -61$

① 배면적$(\sum \swarrow \otimes) - (\sum \searrow \otimes) = 61 + 61 = 122\text{m}^2$
② 면적 = 배면적/2 = 122/2 = 61m^2

38. 기초터파기 공사를 하기 위해 가로, 세로, 깊이를 스틸테이프로 측정하여 다음과 같은 결과를 얻었다. 토공량과 여기에 포함된 오차는?(단, 가로 40m±0.05m, 세로 20m±0.03m, 깊이 15m±0.02m) (기사 06)

㉮ $6{,}000 \pm 28.3\text{m}^3$
㉯ $6{,}000 \pm 48.9\text{m}^3$
㉰ $12{,}000 \pm 28.4\text{m}^3$
㉱ $12{,}000 \pm 48.9\text{m}^3$

■해설 ① 토공량$(V) = 40 \times 20 \times 15 = 12{,}000\text{m}^3$
② 오차(M)

$$= \pm\sqrt{(20\times15)^2\times0.05^2 + (40\times15)^2\times0.03^2 + (20\times40)^2\times0.02^2}$$

$= \pm 28.4\text{m}^3$

③ ①+② = $12{,}000 \pm 28.4\text{m}^3$

39. 노선의 중심말뚝(20m 간격)에 대한 횡단 측량 결과에 예정 노선의 단면을 넣어서 면적을 구한 결과 단면 I의 면적 $A_1 = 78\text{m}^2$, 단면 II의 면적 $A_2 = 132\text{m}^2$임을 알았다. 단면 I과 단면 II 간의 토량은? (기사 05)

㉮ $2{,}000\text{m}^2$ ㉯ $2{,}100\text{m}^2$
㉰ $2{,}200\text{m}^2$ ㉱ $2{,}500\text{m}^2$

■해설 양단 평균법

$$V = \frac{A_1 + A_2}{2} \times L = \frac{78 + 132}{2} \times 20 = 2{,}100\text{m}^3$$

40. 절토면의 형상이 그림과 같을 때 절토면적은? (산기 04)

㉮ 11.5m^2
㉯ 13.5m^2
㉰ 15.5m^2
㉱ 17.5m^2

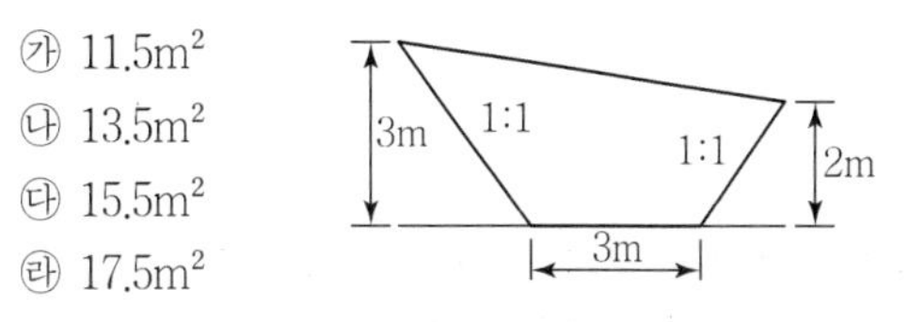

■해설 절토면적$(A) = \frac{1}{2}(3+2)\times8 - \frac{1}{2}(3\times3 + 2\times2)$
$= 13.5\text{m}^2$

41. 다음과 같은 도형 ABCD의 면적을 수식으로 표현하면?(단, 곡선 AB를 2차 곡선으로 가정함) (기사 04)

㉮ $\frac{d}{2}(h_0 + 3h_1 + h_2)$
㉯ $\frac{d}{3}(h_0 + 4h_1 + h_2)$
㉰ $\frac{d}{2}(h_0 + 4h_1 + h_2)$
㉱ $\frac{d}{3}(h_0 + 3h_1 + h_2)$

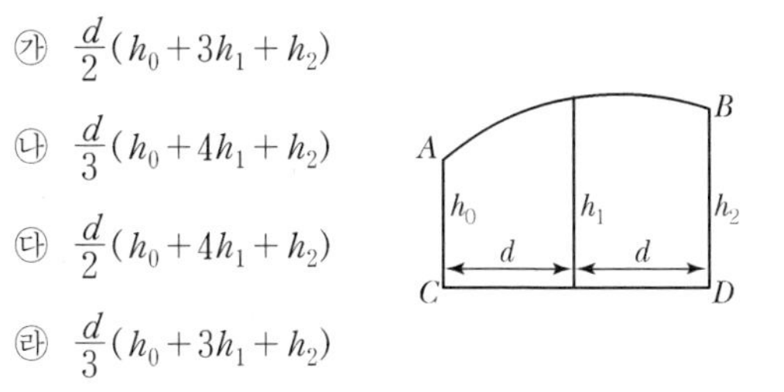

■해설 심프슨 제1공식

$$A = \frac{h}{3}(h_0 + h_n + 4(h_{홀수}) + 2(h_{짝수}))$$

h_0로부터 시작

$$A = \frac{d}{3}(h_0 + 4h_1 + h_2)$$

|해답| 37.㉰ 38.㉰ 39.㉯ 40.㉯ 41.㉯

42. 다음 그림의 면적을 심프슨(Simpson) 제1법칙을 이용하여 구하면 얼마인가? (기사 03)

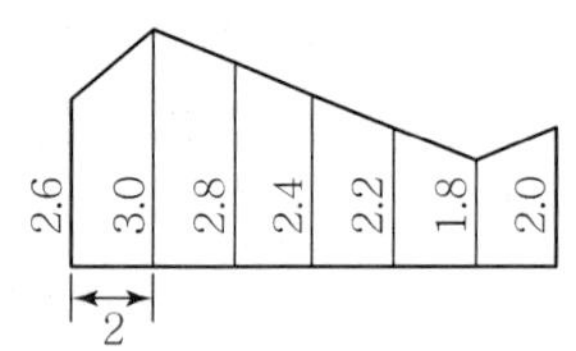

㉮ 28.93m^2 ㉯ 29.00m^2
㉰ 29.10m^2 ㉱ 29.17m^2

해설 제1법칙

$$A=\frac{d}{3}\{A_0+A_n+4(A_1+A_3+\cdots)+2(A_2+A_4+\cdots)\}$$
$$=\frac{2}{3}\{2.6+2.0+4(3.0+2.4+18)+2(2.8+2.2)\}$$
$$=28.93\text{m}^2$$

43. 그림과 같이 격자의 크기가 가로, 세로 10m인 정방형 구역의 전체 체적은? (산기 04)

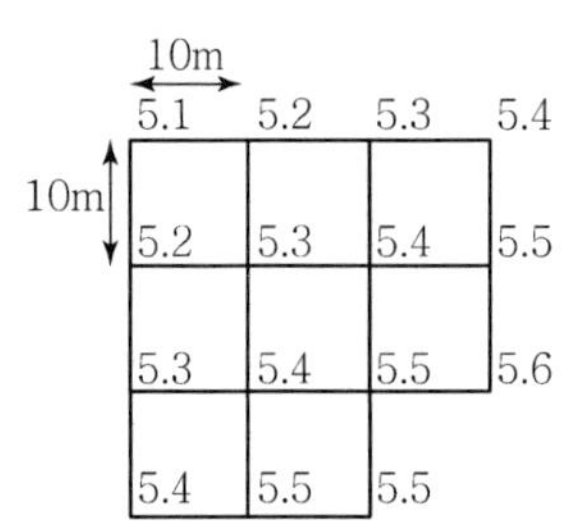

㉮ $4,220.5\text{m}^3$ ㉯ $4,267.0\text{m}^3$
㉰ $4,297.5\text{m}^3$ ㉱ $4,315.0\text{m}^3$

해설 ① $V=\frac{A}{4}\{\Sigma h_1+2\Sigma h_2+3\Sigma h_3+4\Sigma h_4\}$

② $\Sigma h_1=5.1+5.4+5.6+5.5+5.4=27$

$\Sigma h_2=5.2+5.3+5.5+5.5+5.3+5.2=32$

$\Sigma h_3=5.5$

$\Sigma h_4=5.3+5.4+5.4=16.1$

③ $V=\frac{10\times10}{4}\{27+2\times32+3\times5.5+4\times16.1\}$
$=4,297.5\text{m}^3$

44. 기준면으로부터 지반고를 관측한 결과 다음 그림과 같았다. 정지고를 2.5m로 할 경우 필요한 절성토량은 얼마인가?(단, 각각의 직사각형 면적은 400m^2이다.) (기사 03)

3.1 2.2 2.0
3.4 1.8 1.5
4.0 3.7 1.0

㉮ 110m^3 ㉯ 220m^3
㉰ $2,000\text{m}^3$ ㉱ $3,890\text{m}^3$

해설 ① $V=\frac{A}{4}(\Sigma h_1+2\Sigma h_2+3\Sigma h_3+4\Sigma h_4)$

② 정지고 2.5m일 때 절토량

$\Sigma h_1=0.6+1.5=2.1$

$\Sigma h_2=0.9+1.2=2.1$

$V=\frac{400}{4}(2.1+2\times2.1)=630\text{m}^3$

③ 성토량 $\Sigma h_1=0.5+1.5=2.0$

$\Sigma h_2=0.3+1.0=1.3$

$\Sigma h_4=0.7$

$V=\frac{400}{4}(2.0+2\times1.3+4\times0.7)=740\text{m}^3$

④ 성토량－절토량$=740-630=110\text{m}^3$

45. 물탱크의 부피를 구하기 위해 측량하여 다음을 얻었다. 부피와 이에 포함된 오차는?

가로 : $l=40\pm0.05\text{m}$
세로 : $w=20\pm0.03\text{m}$
높이 : $h=15\pm0.02\text{m}$

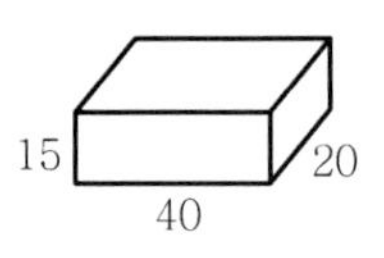

㉮ $11,951\pm0.1\text{m}^3$ ㉯ $11,951\pm49\text{m}^3$
㉰ $12,000\pm28.4\text{m}^3$ ㉱ $12,000\pm14.2\text{m}^3$

해설 ① 체적(V)$=40\times20\times15=12,000\text{m}^3$

② 오차(M)

$=\pm\sqrt{(20\times15)^2\times0.05^2+(40\times15)^2\times0.03^2+(40\times20)^2\times0.02^2}$

$=\pm28.4\text{m}^3$

③ ①＋② $=12,000\pm28.4\text{m}^3$

 |해답| 42.㉮ 43.㉰ 44.㉮ 45.㉰

46. 토공량을 계산하기 위해 대상구역을 삼각형으로 분할하여 각 교점의 점토고를 측량한 결과 그림과 같이 얻어졌다. 토공량은?(단, 단위는 m)

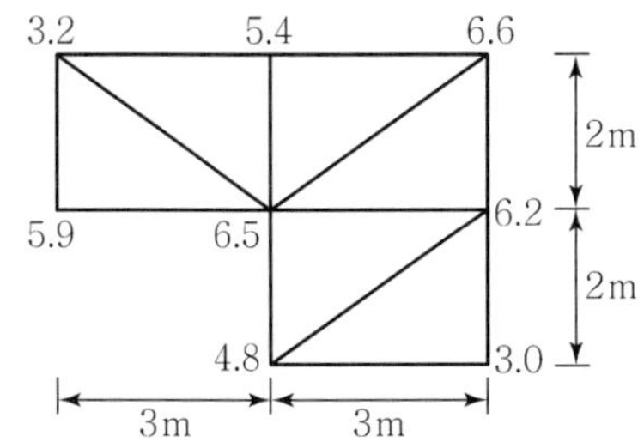

㉮ $85m^3$ ㉯ $90m^3$

㉰ $95m^3$ ㉱ $100m^3$

해설 삼각형분할

$$V=\frac{A}{3}(\Sigma h_1+2\Sigma h_2+3\Sigma h_3\cdot\cdot\cdot)$$

① $\Sigma h_1=5.9+3.0=8.9$

② $\Sigma h_2=3.2+5.4+6.6+4.8=20$

③ $\Sigma h_3=6.2$

④ $\Sigma h_5=6.5$

⑤ $V=\frac{\frac{1}{2}\times2\times3}{3}(8.9+2\times20+3\times6.2+5\times6.5)$

$=100m^3$

Chapter **11**

하천측량

Contents

하천측량의 정의

1. 하천측량의 정의

① 하천의 개수공사나 하천공작물의 계획, 설계, 시공에 필요한 자료를 얻기 위한 측량이다.

② 하천의 형상, 수위, 심천단면, 기울기, 유속 및 지형지물의 위치를 측량하여 평면도, 종 · 횡단면도 등을 작성한다.

2. 하천측량의 순서

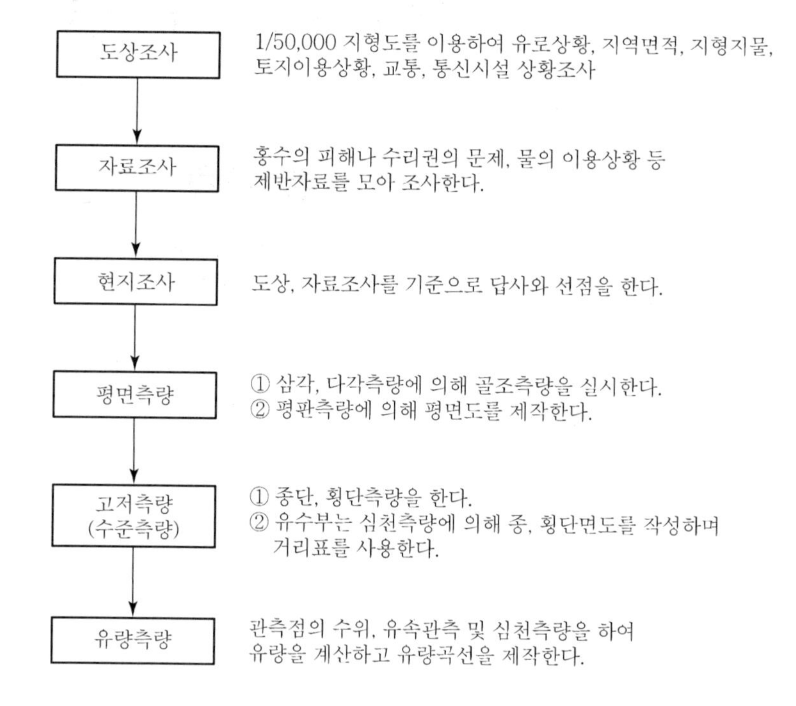

하천측량의 분류

1. 평면측량

(1) 평면측량의 범위

평면측량의 범위는 하천의 형상을 포함할 수 있는 크기로 한다.

(2) 평면측량의 구역

① 유제부 : 제외지 전부와 제내지 300m 이내

② 무제부 : 홍수가 영향을 주는 구역보다 약간 넓게(약 100m 정도) 한다.

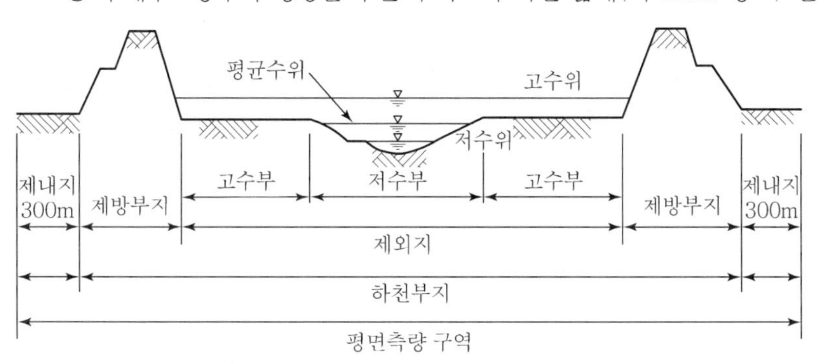

[평면측량 구역]

(3) 평면측량 분류

구분		내용
골조측량	삼각측량	① 삼각점은 기본삼각점을 이용한다. ② 삼각점은 2~3km마다 설치한다. ③ 삼각망은 단열삼각망을 이용한다. ④ 삼각망의 협각은 40~100° 사이로 한다. ⑤ 측각은 방향각법이나 배각법으로 측정 각 오차는 20″ 이내, 삼각형 폐합차는 10″ 이내로 한다.
	트래버스측량	① 보통 약 200m마다 다각망을 만들어 기준점을 늘인다. ② 다각망은 결합트래버스로 한다. ③ 측각오차는 3′ 이내, 거리오차는 전측선길이의 $\frac{1}{1,000}$ 이내
세부측량	세부측량	① 대상 : 하천의 형상, 다리, 방파제, 행정구획상의 경계, 건축물, 하천공사물, 각종 측량표 등 하천유역에 있는 모든 것이다. ② 방법 : 지거, 평판, 시거측량의 세부측량과 같은 방법이다. ③ 평면도의 축척은 $\frac{1}{2,500}$ 이며, 하천폭이 50m 이내일 때 $\frac{1}{1,000}$ 로 한다. ④ 수애선 측량(하안과 수면의 경계선, 평수위로 정한다.)

평면측량
① 골조측량 : 삼각, 다각측량
② 세부측량 : 평판측량

고저측량(수준측량)
① 종단측량
② 횡단측량
③ 심천측량

유량측량
① 수위관측
② 유속관측
③ 유량측정

수애선
① 수면과 하안의 경계선
② 평수위에 의해 결정된다.
③ 수애선의 측량에는 동시관측에 의한 방법과 심천측량에 의한 방법이 있다.
④ 수애선의 말뚝간격은 50~100m이다.

2. 고저(수준)측량

(1) 수준기표의 설치

① 수준측량의 기준이 된다.
② 양안 각 5km마다 암반 등에 설치한다.
③ 기표는 국가수준점과 결합해 놓는다.
④ 순서는 국가 1등 수준점에서 수준기표를 수준측량하여 높이를 구한다.

(2) 거리표의 설치

① 거리표는 하천 중심의 직각방향, 양안의 제방법선에 설치한다.
② 거리표는 하구 또는 합류점의 위치를 표시한다.
③ 설치간격은 하천의 중심을 따라 200m를 표준으로 한다. 단, 중심을 따라 간격설정이 곤란한 경우 좌안을 따라 200m 간격으로 설치하는 경우가 많으며, 이때 우안의 간격은 꼭 200m가 되지는 않는다.
④ 거리표의 위치는 보조삼각측량, 보조다각측량으로 결정한다.

(3) 종단측량

① 종단측량은 좌우양안의 거리표의 높이와 지반고를 관측하는 것이며 거리표, 수위표, 수문 등의 기타 중요한 지점의 표고를 측정한다.
② 종단측량을 하여 종단면도를 작성하고 축척은 종 $\frac{1}{100}$, 횡 $\frac{1}{1,000}$ ~ $\frac{1}{10,000}$ 으로 한다.
③ 종단면도는 하류 쪽을 좌측으로 한다.
④ 종단측량은 2회 이상 왕복측정한다.
⑤ 측정오차는 4km에 대해 유조부 10mm, 무조부 15mm, 합류부 20mm 이내로 하여야 한다.

(4) 횡단측량

① 200m마다 거리표를 기준으로 하여 그 선상의 고저를 측량하며 양안을 기준으로 한다.
② 측정구역은 평면측량할 구역을 고려한다.
③ 고저차의 관측은 지면이 평탄한 경우 5~10m 간격으로 하며 경사변환점에서도 필히 실시한다.
④ 수위표가 있거나 횡단면이 급변하는 곳에서는 거리표를 새로 만들어 측정한다.

⑤ 횡단면도는 좌안을 좌측으로 하고 좌안거리표를 기점으로 하여 거리표의 부호를 제도한다.

⑥ 횡단면도의 축척은 종 $\frac{1}{100}$, 횡 $\frac{1}{1,000}$ ~ $\frac{1}{10,000}$ 이다.

(5) 심천측량

로드와 레드

① 하천의 수심 및 유수부분의 하저상황을 조사하고 횡단면도를 제작하는 측량이다.

② 심천측량 기계 및 기구

㉠ 로드(Rod) : 측심간이라 하며 수심 5m까지 사용 가능하나 1~2m가 효과적이다.

㉡ 레드(Lead) : 측심추라 하며 수심 5m 이상 되는 곳에 사용한다.

㉢ 음향측심기 : 수심 30m 정도인 깊은 곳을 초음파를 이용하여 수심을 관측한다.

③ 하천 심천측량

하천 폭이 넓고 수심이 얕은 경우	양안거리표를 시준한 선상에 수면말뚝을 박고 와이어로 걸어 5~10m마다 수심을 관측한다.
하천 폭이 좁고 수심이 깊은 경우	배를 이용하여 심천측량하며 양안거리표를 시준한 선상에 배를 띄워 배의 위치(거리) 및 그 위치의 수심을 관측한다.

3. 유량측정

(1) 수위관측

하천의 수위는 주기적 또는 계절적으로 변화하며 수위의 관측에는 수위표(양수표)와 경사수위계가 이용된다.

하천측량시 배의 위치(P_1)

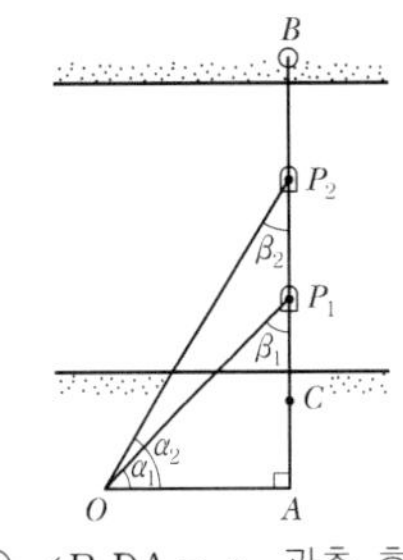

① $\angle P_1DA = \alpha_1$ 관측 후

② $\overline{AP}_1 = AD \tan\alpha_1$

(2) 하천의 수위구분

1) 최고수위와 최저수위

어떤 기간에 있어 최고, 최저의 수위로 연 단위나 월 단위의 최고, 최저로 구분한다.

2) 평균최고수위와 평균최저수위

연과 월에 있어서의 최고, 최저의 평균으로 나타낸다. 평균최고수위는 축제나 가교, 배수공사 등의 치수목적에 사용되고 평균최저수위는 주운, 발전, 관계 등의 이수관계에 사용된다.

3) 평균수위

어떤 기간의 관측수위를 합계하여 관측횟수로 나누어 평균한 값

4) 평균 고수위와 평균 저수위

어떤 기간에 있어서 평균수위 이상의 수위 평균 또는 평균수위 이하의 수위로부터 구한 평균수위

5) 평수위

어떤 기간에 있어서의 수위 중 이것보다 높은 수위와 낮은 수위의 관측횟수가 똑같은 수위로 일반적으로 평균수위보다 약간 낮다.

6) 최다수위

일정기간 중 제일 많이 생긴 수위

7) 지정수위

홍수시에 매시 수위를 관측하는 수위

8) 통보수위

지정된 통보를 개시하는 수위

9) 경계수위

수방요원의 출동을 필요로 하는 수위

하천의 수위

수심 30m 정도 깊은 곳은 음향, 수압측심기 이용 오차는 0.5% 정도이다.

이용목적에 따라

치수목적	이수(수리)목적
평균 최고수위	평균 최저수위
제방, 교량, 배수 등	주운, 수력발전, 관개 등

이수면에서의 수위

① 갈수위 : 1년에 355일 이상 이보다 적어지지 않는 수위
② 저수위 : 1년에 275일 이상 이보다 적어지지 않는 수위
③ 평수위 : 1년에 185일 이상 이보다 적어지지 않는 수위
④ 고수위 : 1년에 2~3회 이상 이보다 적어지지 않는 수위
⑤ 홍수위 : 최대수위

수위관측횟수

① 평수시, 저수시 : 1일 2~3회
② 홍수시 : 매 1시간마다
③ 감조하천 : 자기양수표 사용하며 자기양수표 없을 시 15분마다 단, 간만조시에는
㉠ 평시 : 6~12시간마다
㉡ 홍수시 : 1~1.5시간마다
㉢ 최고수위 전후 : 5~10분마다

(3) 수위관측소 설치장소

① 상하류의 상당한 범위까지 하안과 하상이 안전하고 세굴이나 퇴적이 되지 않아야 한다.
② 상하류의 약 100m 정도는 직선이고 유속의 크기가 크지 않아야 한다.
③ 수위를 관측할 경우 교각이나 기타 구조물에 의하여 수위에 영향을 받지 않아야 한다.
④ 홍수시 관측소가 유실, 이동 및 파손될 염려가 없어야 한다.
⑤ 평시에는 물론 홍수시 수위표를 쉽게 읽을 수 있는 곳이어야 한다.
⑥ 지천의 합류점, 분류점에서 수위의 변화가 생기지 않는 곳이어야 한다.
⑦ 갈수시에도 양수표가 노출되지 않는 곳이어야 한다.
⑧ 잔류 및 역류가 적은 곳이어야 한다.
⑨ 수위가 급변하지 않는 곳이어야 한다.

(4) 유속측정(부자에 의한 방법)

1) 표면부자

① 홍수시에 표면유속을 관측할 때 사용한다.

② 투하지점은 10m 이상, $\frac{B}{3}$ 이상, 20초 이상(30초 정도)으로 한다.

③ 평균유속(V_m)

$$V_m = (0.8 \sim 0.9)\ V$$

여기서, 0.8 : 작은 하천일 경우
0.9 : 큰 하천일 경우

2) 이중부자

① 표면부자에 실이나 쇠줄을 이용하여 수중부자와 연결한 것이다.

② 수중부자를 수면으로부터 수심 $\frac{3}{5}$ 지점에 가라앉혀서 직접 평균유속을 구한다.

3) 봉(막대)부자

① 죽간이나 파이프의 하단에 추를 넣은 것으로 연직으로 흘려보내 유속을 구한다.

② 수면에서 하천바닥에 이르기까지 전 수심의 영향을 받으므로 평균유속을 구하기 쉽다.

③ $V_m = V\left(1.102 - 0.116\sqrt{\frac{d'}{d}}\right)$

여기서, d' : 부자 하단에서 하천바닥까지 거리
d : 전 수심

4) 부자에 의한 유속관측

① 하천의 직류부를 선정하여 실시한다.

② 직류부의 길이는 하천 폭의 2~3배, 30~200m로 한다.

㉠ 큰 하천 : 100~200m

㉡ 작은 하천 : 20~50m

③ 부자가 출발하여 첫 번째 시준하는 선까지의 도달시간은 30초 정도로 한다.

④ 부자의 유속(V) = $\frac{L}{t}$

여기서, L : 유하거리
t : 유하시간

유속공식

① Chezy공식

$V = C\sqrt{RI}$

여기서, C : Chezy 계수
R : 경심
I : 수면기울기

② Manning공식

$V = \frac{1}{n} R^{\frac{2}{3}} I^{\frac{1}{2}}$

여기서, n : 조도계수

③ Chezy 공식과 Manning 공식의 관계

$C = \frac{1}{n} R^{\frac{1}{6}}$

유량측정방법

① $Q = A.V$

② 유량곡선을 이용한 방법

③ 웨어에 의한 방법

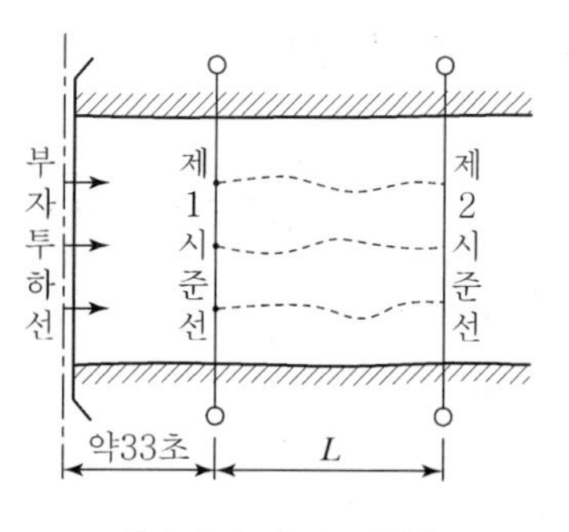

[부자의 유속관측]

5) 평균유속측정

① 1점법

$$V_m = V_{0.6}$$

② 2점법

$$V_m = \frac{V_{0.2} + V_{0.8}}{2}$$

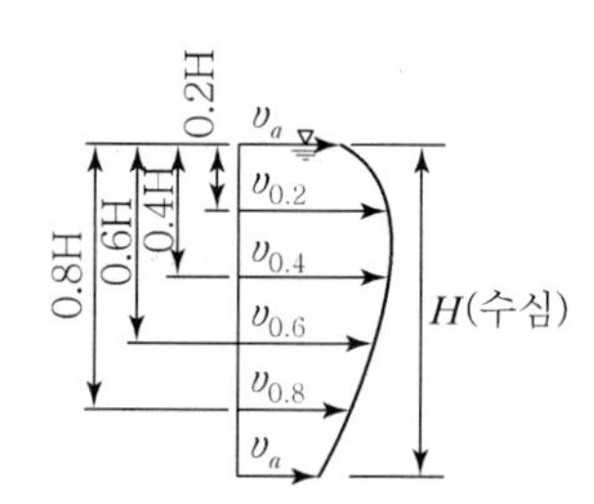

[평균유속 측정법]

③ 3점법

$$V_m = \frac{1}{4}(V_{0.2} + 2V_{0.6} + V_{0.8})$$

④ 4점법

$$V_m = \frac{1}{5}\left\{(V_{0.2} + V_{0.4} + V_{0.6} + V_{0.8}) + \frac{1}{2}\left(V_{0.2} + \frac{V_{0.8}}{2}\right)\right\}$$

Item pool

예상문제 및 기출문제

01. 하천측량을 실시하는 목적을 가장 잘 설명한 것은? (산기 04)

㉮ 하천공사의 공사비 산출
㉯ 평면도, 종단면도 작성
㉰ 각종 설계시공에 필요한 자료 획득
㉱ 하천 수위 단면 파악

해설 주변시설, 공작물 설치시 필요한 계획설계, 시공에 필요한 자료를 얻기 위해 실시한다.

02. 하천측량 작업을 3종류로 나눌 때 그 종류로 알맞지 않은 것은?

㉮ 심천측량
㉯ 유량측량
㉰ 수준측량
㉱ 평면측량

해설 ① 하천측량의 구분
㉠ 평면측량
㉡ 유량측량
㉢ 수준측량
② 심천측량은 수준측량의 한 종류이다.

03. 우리나라의 지형도에서 해안선의 기준은? (기사 04)

㉮ 만조시의 해안
㉯ 최저조위면
㉰ 평균해면
㉱ 평균조위면

해설 해안선은 바다와 육지의 경계선이며 최고고조면을 기준으로 한다.

04. 하천에서 수애선 결정에 관계되는 수위는? (기사 04, 15, 17)

㉮ 갈수위(DWL) ㉯ 최저수위(HWL)
㉰ 평균 최저수위(NHWL) ㉱ 평수위(OWL)

해설 수애선은 하천경계의 기준이며 평균 평수위를 기준으로 한다.

05. 수애선을 나타내는 수위로서 어느 기간 동안의 수위 중 이것보다 높은 수위와 낮은 수위의 관측수가 같은 수위는? (산기 04, 17)

㉮ 평수위 ㉯ 평균 수위
㉰ 지정 수위 ㉱ 평균 최고수위

해설 ① 평수위 : 어느 기간 동안 이 수위보다 높은 수위와 낮은 수위의 관측 횟수가 같은 수위
② 평균 수위 : 어느 기간 동안 수위의 값을 누계 내 관측수로 나눈 수위

06. 어떤 기간에 있어서 평균수위 이상의 수위에 대한 평균값에 해당하는 수위는? (기사 06)

㉮ 최고수위 ㉯ 평균 최고수위
㉰ 평균 고수위 ㉱ 평수위

해설 평균 최고수위
기간 내에 연, 월의 최고 수위의 평균값

07. 하천, 항만, 해안측량 등에서 수심측량을 하여 고저를 표시하는 방법은? (산기 03)

㉮ 음영법 ㉯ 등고선법
㉰ 영선법 ㉱ 점고법

해설 하천이나 바다 등은 그 깊이를 점의 숫자로 표시하는 점고법으로 표시한다.

|해답| 1.㉰ 2.㉮ 3.㉮ 4.㉱ 5.㉮ 6.㉰ 7.㉱

08. 하천측량에서 고저측량에 해당하지 않는 것은? (산기 12)

㉮ 거리표설치　㉯ 유속관측
㉰ 종·횡단측량　㉱ 심천측량

해설 하천측량의 구분은 평면, 유량, 수준측량이며 유속관측은 유량측량이다.

09. 다음 하천측량의 내용 중 올바른 것은?(산기 06)

㉮ 로드(Rod)는 와이어 또는 로프 끝에 추를 매달아 만든 수심측량 기구이다.
㉯ 레드(Lead)는 폴에 10cm마다 적색과 백색으로 색깔을 칠한 것으로 5m까지 수심을 측량할 수 있다.
㉰ 음향측심기는 수심이 얕고 하상의 기복이 심할 경우의 수심측량에 주로 사용된다.
㉱ 평면측량의 범위는 무제부에서 홍수가 영향을 주는 구역보다 약간 넓게 한다.

해설 ① Rod는 폴에 10cm마다 적색과 백색으로 색깔을 칠한 것으로 5m까지 수심을 측량할 수 있다.
② Lead는 와이어나 로프에 추를 달아 만든 수심측정기구
③ 음향측심기는 수심이 깊은 곳을 측정한다.

10. 다음은 하천 측량에 관한 설명이다. 틀린 것은?

㉮ 수심이 깊고, 유속이 빠른 장소에는 음향 측심기와 수압 측정기를 사용한다.
㉯ 1점법에 의한 평균 유속은 수면으로부터 수심 $0.6H$ 되는 곳의 유속을 말한다.
㉰ 평면 측량의 범위는 유제부에서 제내지의 전부와 제외지의 300m 정도, 무제부에서는 홍수의 영향이 있는 구역을 측량한다.
㉱ 하천 측량은 하천 개수 공사나 하천 공작물의 계획, 설계, 시공에 필요한 자료를 얻기 위하여 실시한다.

해설 ① 유제부 : 제외지의 전부와 제내지 300m 정도
② 무제부 : 홍수의 영향이 있는 구역보다 약간 넓게(100m 정도)

11. 하천측량을 행할 때 평면측량의 일반적인 범위 및 거리에 대한 설명 중 옳지 않은 것은?

㉮ 유제부에서 측량범위는 제내지 300m 이내로 한다.
㉯ 무제부에서의 측량 범위는 평상시 물이 차는 곳까지로 한다.
㉰ 선박 운행을 위한 하천 개수가 목적일 때 하류는 하구까지로 한다.
㉱ 홍수 방지 공사가 목적인 하천 공사에서는 하구에서부터 상류의 홍수 피해가 미치는 지점까지로 한다.

해설 무제부에서 측량범위는 홍수의 흔적이 있는 곳보다 약간 넓게 한다.(100m 정도)

12. 다음은 하천의 유량측정 방법을 설명한 것이다. 옳지 못한 것은? (산기 03)

㉮ 유속계를 사용하여 유속을 측정학 $Q=AV$로 구한다.
㉯ 부자(浮子)를 사용하여 유속을 측정하여 유량을 구한다.
㉰ 수면구배, 경심 및 조도계수를 알고 유속공식에 의하여 구한다.
㉱ 간접유량 측정법으로 위어(Weir)를 사용한다.

해설 위어에 의한 유량측정은 직접유량 측정법이다.

13. 홍수시 유속측정에 가장 알맞은 것은? (기사 12, 17)

㉮ 봉부자　㉯ 이중부자
㉰ 수중부자　㉱ 표면부자

해설 표면부자
홍수시 표면유속을 관측할 때 사용한다.

14. 유속 측정에서 부자를 사용할 때 직류부의 유하거리는 다음 중 어느 것이 가장 적당한가?(기사 03)

㉮ 수면 폭의 1~2배　㉯ 수면 폭의 2~3배
㉰ 하천 폭의 1~2배　㉱ 하천 폭의 2~3배

해설 직류부의 유하거리
① 하천 폭의 2~3배
② 30~200m 정도

 |해답| 8.㉯ 9.㉱ 10.㉰ 11.㉯ 12.㉱ 13.㉱ 14.㉱

15. 하천측량에 대한 설명 중 옳지 않은 것은? (기사 05, 16, 17)

㉮ 하천측량시 처음에 할 일은 도상조사로서 우로 상황, 지역면적, 지형지물, 토지이용상황 등을 조사해야 한다.

㉯ 심천측량은 하천의 수심 및 유수부분의 하저사항을 조사하고 횡단면도를 제작하는 측량을 말한다.

㉰ 하천측량에서 수준측량을 할 때의 거리표는 하천의 중심에 직각방향으로 설치한다.

㉱ 수위관측소의 위치는 지천의 합류점 및 분류점으로서 수위의 변화가 일어나기 쉬운 곳이 적당하다.

해설 지천의 합류, 분류점에서 수위 변화가 없는 곳에 설치

16. 유속 측량 장소의 선정 시 고려하여야 할 사항으로 옳지 않은 것은? (산기 04)

㉮ 직류부의 흐름이 일정하고 하상 경사가 일정하여야 한다.

㉯ 수위 변화에 횡단 형상이 급변하지 않아야 한다.

㉰ 가급적 지형지물이 없는 곳을 택한다.

㉱ 관측 장소의 상·하류의 유로가 일정한 단면을 갖고 있으며 관측이 편리하여야 한다.

해설 지형지물은 영향이 작아 고려하지 않는다.

17. 수위관측소의 설치장소 선정 중 틀린 것은? (산기 03)

㉮ 수위가 교각이나 기타 구조물에 의한 영향을 받지 않는 장소일 것

㉯ 홍수시에도 양수량을 쉽게 볼 수 있을 것

㉰ 잔류, 역류 및 저수가 많은 장소일 것

㉱ 하상과 하안이 안전하고 퇴적이 생기지 않는 장소일 것

해설 잔류 및 역류가 없고, 수위 변화가 적은 곳

18. 하천측량에서 하천의 합류부나 분류부 등의 위치를 정확히 결정하는 데 쓰이는 삼각망은 어떤 것인가? (산기 06)

㉮ 단열삼각망 ㉯ 유심삼각망
㉰ 사변망 ㉱ 단삼각형

해설 하천의 합류부나 분류부에서는 사변형망을 사용한다.

19. 수심측량을 하기 위해 그림과 같이 P점으로부터 20m 되는 곳에 Q점을 설치하고 트랜싯을 세웠다. 측량지점이 P점으로부터 50m라면 트랜싯으로 시준해야 할 각도는? (산기 03)

㉮ 21°48′05″
㉯ 72°08′45″
㉰ 36°18′35″
㉱ 68°11′55″

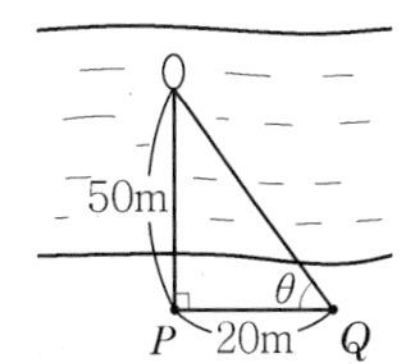

해설
$$\tan\theta = \frac{50}{20}$$
$$\theta = \tan\left(\frac{50}{20}\right) = 68°11'54.93''$$

20. 하천측량에서 유속을 구하고자 수면으로부터 수심(H)의 0.2 H, 0.6 H, 0.8 H 되는 지점의 속도를 측정하여 각각 0.72m/sec, 0.67m/sec, 0.69m/sec의 결과를 얻었다. 이때 3점법에 의한 평균유속은? (기사 06)

㉮ 0.73m/sec ㉯ 0.71m/sec
㉰ 0.69m/sec ㉱ 0.67m/sec

해설
$$3점법(V_n) = \frac{V_{0.2} + 2V_{0.6} + V_{0.8}}{4}$$
$$= \frac{0.72 + 2\times0.067 + 0.69}{4}$$
$$= 0.69\text{m/sec}$$

21. 수심이 h인 하천의 유속을 측정하기 위해 수면에서 0.2h, 0.6h, 0.8h의 깊이에서 지점의 유속이 각각 0.98m/sec, 0.72m/sec, 0.56m/sec일 때의 평균 유속은? (산기 06, 11)

㉮ 0.745m/sec
㉯ 0.545m/sec
㉰ 0.725m/sec
㉱ 0.655m/sec

■ 해설 3점법(V_m) $= \dfrac{V_{0.2} + 2V_{0.6} + V_{0.8}}{4}$

$= \dfrac{0.98 + 2\times0.72 + 0.56}{4}$

$= 0.745$m/sec

22. 수심이 h인 하천에서 수면으로부터 0.2h, 0.6h, 0.8h인 지점의 유속을 측정하여 각각 0.523m/sec, 0.456m/sec, 0.317m/sec를 얻었다. 이때 3점법으로 구한 평균유속은? (산기 05)

㉮ 0.420m/sec
㉯ 0.432m/sec
㉰ 0.438m/sec
㉱ 0.456m/sec

■ 해설 3점법의 평균유속(V_m)

$= \dfrac{V_{0.2} + 2V_{0.6} + V_{0.8}}{4}$

$= \dfrac{0.523 + 2\times0.456 + 0.317}{4} = 0.438$m/sec

23. 하천 측량에서 유속을 측정하는 방법 중 3점법은 수심(H)의 어느 위치에서 측정한 것을 평균하는가? (기사 05, 16)

㉮ 수면에서 깊이의 0.1H, 0.5H, 0.9H이 되는 지점
㉯ 수면에서 깊이의 0.2H, 0.6H, 0.8H이 되는 지점
㉰ 수면에서 깊이의 0.3H, 0.5H, 0.7H이 되는 지점
㉱ 수면에서 깊이의 0.4H, 0.5H, 0.6H이 되는 지점

■ 해설 3점법

$V = \dfrac{V_{0.2} + 2V_{0.6} + V_{0.8}}{4}$

24. 어느 하천의 최대 수심 4m인 장소에서 깊이를 변화시켜서 유속 관측을 행할 때, 표와 같은 결과를 얻었다. 3점법에 의해서 유속을 구하면 그 값은? (기사 04)

수심(m)	0.0	0.4	0.8	1.2	1.6	2.0
유속(m/s)	3.0	4.2	5.0	5.4	4.9	4.3

수심(m)	2.4	2.8	3.2	3.6	4.0
유속(m/s)	4.0	3.3	2.6	1.9	1.2

㉮ 3.9m/s ㉯ 4.1m/s
㉰ 4.3m/s ㉱ 5.3m/s

■ 해설 ① $V_{0.2}$(4×0.2=0.8m의 유속)=5m/sec
$V_{0.6}$(4×0.6=2.4m의 유속)=4m/sec
$V_{0.8}$(4×0.8=3.2m의 유속)=2.6m/sec

② 3점법

$V_m = \dfrac{V_{0.2} + 2V_{0.6} + V_{0.8}}{4}$

$= \dfrac{5 + 2\times4 + 2.6}{4} = 3.9$m/sec

25. 하천의 평균 유속 측정법 중 3점법은?(단, V_1, V_4, V_6, V_8은 각각 수면으로부터 수심의 0.2, 0.4, 0.6, 0.8인 곳의 유속이다.) (기사 04)

㉮ $V_m = \dfrac{V_2 + V_4 + V_8}{3}$

㉯ $V_m = \dfrac{V_2 + V_6 + V_8}{3}$

㉰ $V_m = \dfrac{V_2 + 2V_4 + V_8}{4}$

㉱ $V_m = \dfrac{V_2 + 2V_6 + V_8}{4}$

■ 해설 ① 1점법 $V_m = V_{0.6}$

② 2점법 $V_m = \dfrac{1}{2}(V_{0.2} + V_{0.8})$

③ 3점법 $V_m = \dfrac{1}{4}(V_{0.2} + 2V_{0.6} + V_{0.8})$

 |해답| 21.㉮ 22.㉰ 23.㉯ 24.㉮ 25.㉱

26. 하천의 유속측정에 있어서 수면깊이가 수심에 대한 비 0.2, 0.6, 0.8인 지점의 유속이 0.562m/sec, 0.497m/sec, 0.364m/sec일 때 평균유속을 구한 것이 0.463m/sec이었다면 이 평균유속을 구한 방법으로 옳은 것은? (산기 05)

㉮ 2점법　　㉯ 3점법
㉰ 4점법　　㉱ 평균유속법

해설 2점법 평균유속 (V_m)

$$= \frac{V_{0.2} + V_{0.8}}{2} = \frac{0.562 + 0.364}{2}$$

$=0.463\text{m/sec}$

27. 하천측량에서 수면으로부터 수심의 2/10, 4/10, 6/10, 8/10 되는 곳에서 유속을 측정한 결과 각각 0.662m/sec, 0.660m/sec, 0.597m/sec, 0.464m/sec였다. 이때의 평균 유속이 0.556m/sec였다면 평균유속을 계산한 방법은?

㉮ 1점법　　㉯ 2점법
㉰ 3점법　　㉱ 4점법

해설 4점법(V_m)

$$= \frac{1}{5}\{ V_{0.2} + V_{0.4} + V_{0.6} + V_{0.8} + \frac{1}{2}\left(V_{0.2} + \frac{1}{2} V_{0.8} \right)\}$$

$$= \frac{1}{5}\{(0.662 + 0.66 + 0.597 + 0.464 + \frac{1}{2}\left(0.662 + \frac{1}{2} \times 0.464\right)\}$$

$=0.566\text{m/sec}$

Chapter

12

사진측량

Contents

사진측량의 정의

1. 사진측량의 정의

① 사진영상을 이용하여 피사체에 대한 위치, 형상 및 특성을 해석하는 측량방법이다.

② 위치 및 형상의 해석은 길이, 방향, 면적, 체적 등을 결정하는 정량적 해석이다.

③ 특성의 해석은 환경 및 자원 문제를 조사, 분석, 처리하는 정성적 해석이다.

사진측량의 장 · 단점

1. 장점
   - ① 동적 대상물의 측정 : 구름의 이동, 구조물 변형, 교통량의 조사 등
   - ② 접근하기 어려운 대상물 : 열대지방, 극한지역 등
   - ③ 분업화 : 촬영과 일부작업 이외 실내에서 분업화
   - ④ 경제성
     - ㉠ 중축척 이하(넓은지역)는 50% 정도 경비절감
     - ㉡ 항공삼각측량시 80% 정도 경비절감
     - ㉢ 축척이 작을수록, 면적이 넓을수록 경제적이다.
2. 단점
   - ① 피사대상에 대한 식별 난해 : 행정경계, 지물, 건물명, 음영등에 의해 판별이 힘든 곳이 있다.(사각지대)

2. 사진측량의 특성

(1) 장점

① 정량적, 정성적인 측량이 가능하다.

② 동적인 대상물의 측량이 가능하다.

③ 측량의 정밀도가 균일하다.

㉠ 표고의 경우 : $\left(\frac{1}{10,000} \sim \frac{2}{10,000}\right) \times H$(촬영고도)

㉡ 평면의 경우 : $10 \sim 30\ \mu \times m$(축척분모수), (단 $\mu = \frac{1}{1,000}$ mm)

④ 접근하기 어려운 대상물의 측량이 가능하다.

⑤ 분업화에 의한 작업능률성이 좋다.

⑥ 축척의 변경이 용이하다.

⑦ 경제성이 좋다.

⑧ 4차원 측정이 가능하다.

(2) 단점

① 시설비용이 많이 들고, 작은 지역의 측량에 부적합하다.

② 피사대상에 대한 식별이 난해하다.

③ 기상조건 및 태양고도 등에 영향을 받는다.

사진측량의 분류

1. 촬영방향에 따른 분류

(1) 수직사진

① 광축과 연직선이 일치하도록 공중에서 촬영한 사진
② 경사각은 3° 이내로 촬영한다.

(2) 경사사진

① 광축과 연직선이 경사지도록 공중에서 촬영한 사진
② 경사각은 3° 이상으로 촬영한다.

(3) 수평사진

광축이 수평선과 일치하도록 지상에서 촬영한 사진

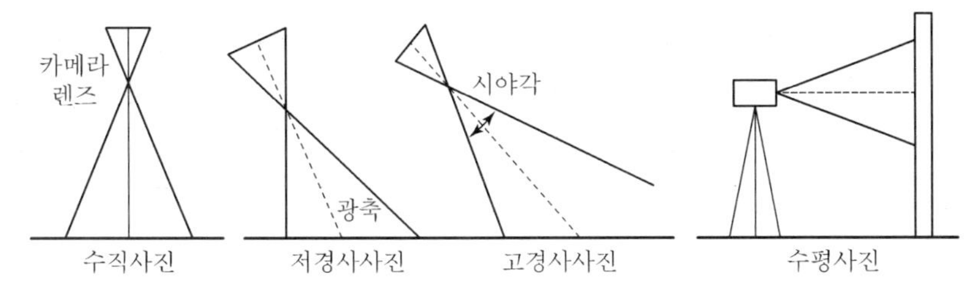

[촬영방향에 따른 분류]

사용목적에 따라 분류
① 사진측량 : 정량적 의미
② 사진판독 : 정성적 의미
③ 응용사진측량 : 토지, 지형이 아닌 피사체 측정
④ 원격탐측 : 지상, 고공, 우주에서 얻은 광역의 전자파를 해석하여 지구자원조사, 환경문제분석 및 측정, 별의 위치 관측을 하는 것을 말한다.

2. 측량방법에 따른 분류

(1) 항공사진측량

항공기에 탑재된 사진기로 연속중복 촬영한 사진으로 정량적 해석하고 정성적 분석하는 측량방법이다.

(2) 지상사진측량

지상에서 두 점에 카메라를 고정시켜 촬영한 사진을 이용하여 구조물 및 시설물의 형태 및 변위 관측을 위한 측량방법이다.

(3) 수중사진측량(해저사진측량)

수중사진기에 의해 얻어진 영상을 해석, 수중자원 및 환경을 조사하는 것으로 플랑크톤의 양 및 수질조사, 해저지형, 수중식물의 활동도 등을 조사한다.

(4) 원격탐측

지상에서 반사 또는 방사하는 각종 파장의 전자파를 수집처리하여 환경 및 자원처리문제에 이용한다.

(5) 비지형 사진측량

지도작성 이외의 목적으로 X선, 모아레사진, 홀로그래피 등을 이용하여 의학, 고고학, 문화재조사 등에 사용한다.

3. 축척에 의한 분류

도화방법에 따라 분류
① 입체도화기
② 사진도해법에 의한 간이도화
③ 사진집성에 의한 도화

구분	축척	촬영고도
대축척도화	1/500~1/3,000	촬영고도 800m 이내 저공촬영
중축척도화	1/5,000~1/25,000	촬영고도 800~3,000m 이내 중공촬영
소축척도화	1/50,000~1/100,000	촬영고도 3,000m 이상 고공촬영

4. 사용카메라에 의한 분류

구분	보통각카메라	광각카메라	초광각카메라
화각	60°	90°	120°
초점거리	210mm	152~153mm	88mm
화면의 크기	18×18cm	23×23cm	23×23cm
필름의 길이	120m	120m	60m
용도	삼림조사용	일반도화, 판독용	소축척도화용

사진의 일반적인 성질

1. 사진의 축척

(1) 사진의 축척

$$\frac{1}{m}=\frac{f}{H}=\frac{l}{L}=\frac{f}{H\pm\Delta h}$$

여기서, m : 축척분모수
H : 촬영고도
f : 초점거리
Δh : 비고가 있을 경우

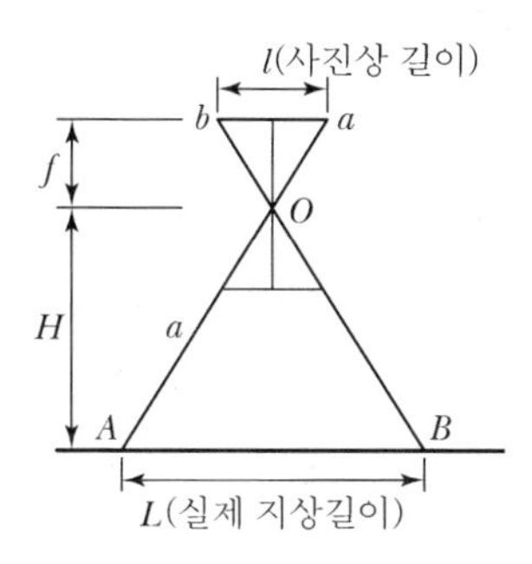

[사진의 축척]

2. 중복도 및 촬영기선길이

(1) 중복도

① 동일코스 내의 일반사진 간의 종중복(P)을 일반적으로 60% 준다.
② 동일코스 내의 일반사진 간의 횡중복(g)을 일반적으로 30% 준다.
③ 산악지역, 시가지의 경우 사각지역을 없애기 위해 중복도를 10~20% 정도 높인다.

(2) 촬영기선

① 60%의 종중복과 30%의 횡중복이 계획된 중복사진에서 임의의 촬영점에서 다음 촬영점까지의 실제거리
② 촬영기선길이(B)

$$B=\text{화면크기의 실제거리}(ma)\times(1-\frac{P}{100})$$

촬영계획

가장 능률적이며 경제적이고 정확도를 고려하여 계획한다.
① 촬영기선길이
② 촬영고도 및 계수
③ 촬영코스(일반적으로 30km)
④ 중복도
㉠ 종중복도(60%)
㉡ 횡중복도(30%)
⑤ 촬영점 배치
⑥ 사진 매수 및 지상기준점 측량, 작업량 산정
⑦ 촬영일시(오전 10시~오후 2시)
⑧ 촬영사진기 선정
⑨ 촬영계획도 작성
⑩ 지도사용목적
⑪ 소요사진축척
⑫ 정확도
⑬ 현지지형(비교 고려)
⑭ 토지이용도, 사용도화기, 항공기선정

산악지역

비행고도에 대하여 10% 이상의 고저차가 있을 때 산악지역이라 한다.

중복도

① 종중복도 60%, 최소 50%
② 횡중복도 30%, 최소 5%

③ 촬영횡기선길이(C)

$$C = \text{화면크기의 실제거리}(ma) \times \left(1 - \frac{q}{100}\right)$$

여기서, m : 축척분모수
a : 화면크기
P : 종중복도
g : 횡중복도

④ 주점기선의 길이(b)

$$b = \frac{B}{m} = a\left(1 - \frac{P}{100}\right)$$

3. 촬영코스 및 촬영고도

참고

$$\frac{1}{m} = \frac{f}{H}$$

(1) 촬영코스

① 종중복도를 고려하여 촬영지역을 완전히 덮도록 한다.
② 도로와 하천 같은 선형물체 촬영시에는 직선코스로 촬영한다.
③ 일반적인 코스길이는 30km 정도이다.
④ 넓은 지역의 경우 동서방향의 직선코스를 취하지만 남북으로 긴 지역의 경우 남북방향으로 계획한다.

(2) 촬영고도

① 촬영 계획 지역 내의 저지면을 기준으로 촬영고도를 결정한다.
② 촬영고도(H)

$$H = C \cdot \Delta h$$

여기서, C : C 계수(도화기에 따른 계수)
Δh : 등고선 간격

4. 유효면적의 계산

(1) 유효면적의 계산

① 사진 한 매일 경우

$$A_0 = (m \cdot a) \cdot (m \cdot a) = m^2 \cdot a^2 = a^2 \frac{H^2}{f^2}$$

② 단코스의 경우

$$A_1 = (m \cdot a)\left(1 - \frac{P}{100}\right)(m \cdot a) = A_0\left(1 - \frac{P}{100}\right)$$

③ 복코스의 경우

$$A_2 = (m \cdot a)\left(1 - \frac{P}{100}\right)(m \cdot a)\left(1 - \frac{q}{100}\right)$$
$$= A_0\left(1 - \frac{P}{100}\right)\left(1 - \frac{q}{100}\right)$$

(2) 사진매수 및 사진모델수

1) 사진매수(N)

$$\frac{F}{A} \times (1 + \text{안전율})$$

여기서, F : 촬영대상의 면적

2) 사진모델수(코스길이를 고려한 사진매수)

• 종모델수 = $\dfrac{\text{코스의 종방향 길이}}{\text{종기선의 길이}} = \dfrac{S_1}{B} = \dfrac{S_1}{ma\left(1 - \frac{P}{100}\right)}$

• 횡모델수 = $\dfrac{\text{코스의 횡방향 길이}}{\text{횡기선의 길이}} = \dfrac{S_2}{C} = \dfrac{S_2}{ma\left(1 - \frac{q}{100}\right)}$

3) 총모델수 = 종모델수 × 횡모델수

4) 사진의 매수(N)

① 단코스시 매수(N) = 종모델수 + 1

② 복코스시 매수(N) = (종모델수 + 1) × 횡모델수

촬영시간
한 코스의 촬영시간 15 ~ 20분

(3) 지상기준점 측량의 작업량

① 삼각점수와 고저측량에 대해 거리계산한다.

② 삼각점수 = 모델의 수×2

③ 고저측량의 거리
= [촬영코스 종방향 길이×(2×코스의 수+1) + 촬영코스 횡방향 길이×2]

사진검사시 확인사항
① 사진중복 부분이 필요한 부분에 공백부가 없을 것
② 구름, 구름의 그림자가 찍히거나 수증기, 스모그의 영향이 없을 것
③ 사진축척이 지정된 크기와 차이가 없을 것
④ 지정된 코스와 중복도를 만족할 것
⑤ 편류의 경사 3°, 편류가 5° 이내일 것

지상사진측량
① 전방교회법
② 보통각이 좋다.
③ 항공사진보다 기상영향이 적다.
④ 축척변경이 용이하지 않다.
⑤ 지역이 좁은 곳 등은 지상사진 측량이 경제적, 능률적이다.
⑥ 소규모 대상물도 지상사진측량이 유리하다.

항공사진측량
① 후방교회법
② 광각사진이 좋다.(넓은 면적 촬영)
③ 지상전역을 한번에 찍을 수 있다.

5. 사진촬영

(1) 촬영일시

① 태양각이 45° 이상으로 구름이 없는 쾌청일이며 오전 10시~오후 2시가 좋다.
② 대축척사진은 구름이 어느 정도 있거나 태양각이 30° 이상인 경우도 가능하다.
③ 우리나라의 쾌청일수는 80일 정도이다.

(2) 촬영시 주의사항

① 촬영은 지정된 코스에서 코스간격의 10% 이상 차이가 없도록 한다.
② 고도는 지정고도에서 5% 이상 낮게 또는 10% 이상 높게 진동하지 않도록 직선상에서 일정고도로 비행한다.
③ 앞 · 뒤 사진간의 회전각(편류각)은 5° 이내, 촬영시 사진기의 경사는 3° 이내로 한다.
④ 낮은 고도 촬영시 편류에 의한 영향에 주의한다.

(3) 노출시간

① 최장노출시간은 카메라의 셔터의 속도를 말한다.

$$최장노출시간(\ T_l) = \frac{\Delta s \cdot m}{V}$$

여기서, Δs : 흔들림 양
V : 항공기 속도
m : 축척분모수

② 최소노출시간은 사진 2매를 찍을 때 걸리는 시간을 말한다.

$$최소노출시간(\ T_S) = \frac{B}{V}$$

여기서, B : 주점의 기선길이
V : 항공기 속도

사진의 특성

1. 중심투영

① 사진의 상은 피사체로부터 반사된 광이 렌즈중심을 직진하여 평면인 필림면에 투영되어 나타난다. 이를 중심투영이라 한다.
② 중심투영으로 인한 화상은 지도(정사투영)와 다르다.
③ 중심투영의 오차는 촬영고도(H)가 높을수록(소축척) 줄어든다.
④ 광축에 가까우면 크게 나타나고 멀수록 작게 나타난다.
⑤ 중심투영사진은 중심에 가까울수록 정사투영에 가깝고 멀수록 지형의 왜곡이 발생한다. 즉, 평지는 지도와 일치하나 비고가 있는 곳에서는 중심투영사진의 형상은 달라진다.

정사투영
도면상의 모든 부분이 일정한 축척으로 나타난다.

중심투영
사진의 중앙부는 대축척, 중심에서 멀수록 소축척이 된다.

2. 항공사진의 특수 3점

(1) 주점

사진의 중심점으로 렌즈 중심에서 사진면에 내린 수선의 발(m)

(2) 연직점

렌즈 중심으로부터 지표면이 내린 수선의 발(N)을 지상연직점을 연장하여 사진면과 만나는 n점

$$mn = f\tan i$$

(3) 등각점

사진면과 직교하는 광선과 연직선이 이루는 각을 2등분하는 점(j)

$$mj = f\tan\frac{i}{2}$$

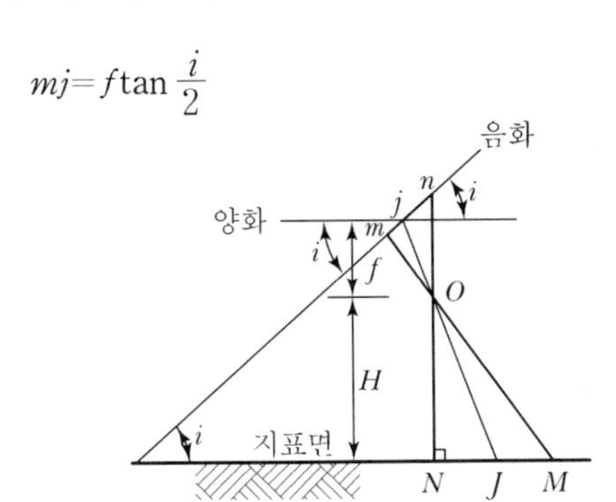

[항공사진의 특수 3점]

특수 3점 사이의 관계
① 주점은 고정된 점이며 등각점과 연직점을 결정짓는 기준이다.
② 경사가 적을 때는 주점을 연직점, 등각점 대용으로 사용
③ 경사가 없을 때 주점, 연직점, 등각점이 동일하다.

특수 3점의 활용
① 주점 : 거의 수직사진
② 연직점 : 고저차가 큰 지역의 수직사진, 경사사진
③ 등각점 : 평탄한 지형의 경사사진

3. 기복변위

(1) 정의

지표면에 기복이 있으면 연직촬영을 해도 축척은 동일하지 않으며 사진면에서 연직점을 중심으로 방사상으로 생기는 변위를 기복변위라 한다.

(2) 변위량(Δr)

① Δr : ΔR과 $\Delta PP'A \backsim \Delta OPn$ 관계 이용

$$\Delta r = \frac{f}{H} \cdot \Delta R = \frac{f}{H} \cdot \frac{r}{f} \cdot h = \frac{h}{H} \cdot r$$

② 최대변위량($\Delta\gamma_{max}$)

$$\Delta\gamma_{max} = \frac{h}{H} \cdot \gamma_{max} \left(\text{단, } \gamma_{max} = \frac{\sqrt{2}}{2} a \right)$$

여기서, h : 비고
H : 촬영고도
r : 연직점부터 사진상까지 거리

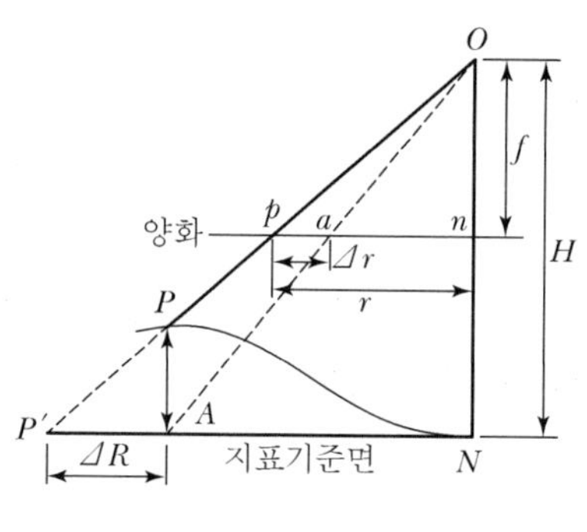

[기복변위]

Section 05 입체사진측량

1. 입체시(정입체시)

어떤 대상물의 중복사진을 명시거리에 놓고 왼쪽 사진을 왼쪽 눈, 오른쪽 사진을 오른쪽 눈으로 보면 좌우의 상이 하나로 융합되면서 입체감을 얻게 된다.

2. 역입체시

① 입체시 과정에서 높은 것이 낮게, 낮은 것이 높게 보이는 현상을 역입체시라 한다.

② 정입체시가 되는 한 쌍의 사진에서 좌우사진을 바꾸어 입체시하는 경우

③ 입체시 과정에서 색안경의 적색과 청색을 바꾸어 볼 경우

3. 입체사진의 조건

(1) 한 쌍의 사진을 촬영한 카메라의 광축이 거의 동일 평면 내에 있어야 한다.

(2) 기선고도비($\frac{B}{H}$)가 적당한 값(약 0.25)이어야 한다.

(3) 2매의 사진축척은 거의 같아야 한다.

① 축척차 15%까지는 입체시가 가능하다.

② 장시간 입체시를 할 경우는 축척차 5% 이상은 좋지 않다.

4. 입체시의 방법

(1) 육안에 의한 방법

정입체시 같은 방법이다.

(2) 입체경에 의한 방법

① 렌즈식 입체경

② 반사식 입체경

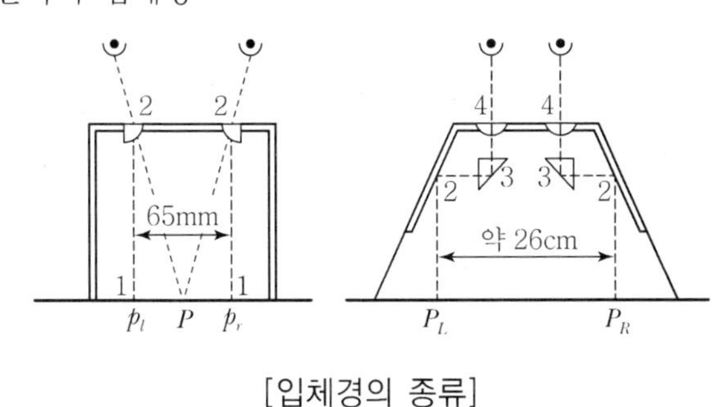

[입체경의 종류]

입체경

① 렌즈식 : 2개의 볼록렌즈를 안기선 평균값 65mm 간격으로 놓고 조립, 쉽게 입체감을 얻을 수 있으나, 시야가 좁고 일부는 잘 보이나 그외 부분은 굴절되어 보인다.

② 반사식 : 렌즈식의 결점을 보완광로가 길기 때문에 입체감이 좋다. 입체시가 한번에 넓은 범위에서 이루어진다.

(3) 여색입체시의 방법

1) 여색인쇄법

한 쌍의 사진의 오른쪽은 적색, 왼쪽은 청색으로 현상하여 겹쳐 인쇄한 후 오른쪽에 청색, 왼쪽에 적색의 안경으로 보면 입체감을 얻는다.

여색투영광법
입체영화 보는 법과 같다.

2) 여색투영광법

인쇄 없이 입체감을 얻는 방법

(4) 입체시의 변화

1) 기선변화에 의한 변화

촬영기선이 긴 경우가 촬영기선이 짧은 경우보다 더 높게 보인다.

2) 초점거리에 의한 변화

초점거리가 긴 쪽의 사진이 짧은 쪽 사진보다 더 낮게 보인다.

3) 촬영고도의 차에 의한 분류

촬영고도를 변경하여 같은 촬영기선에서 촬영할 경우 낮은 촬영고도로 촬영한 사진이 촬영고도가 높은 경우보다 더 높게 보인다.

4) 눈의 높이에 따른 변화

눈의 위치가 약간 높아짐에 따라 입체상은 더 높게 보인다.

5) 눈을 옆으로 돌렸을 때의 변화

눈이 움직이는 쪽으로 비스듬히 기울어져 보인다.

5. 시차(P)

(1) 정의

두 점의 연속된 사진에서 발생하는 동일지점의 사진상의 변위를 시차라고 한다.

(2) 시차차에 의한 변위량(h)

$$h = \frac{H}{P_r + \Delta P} \cdot \Delta P$$

여기서, H : 비행고도
h : 시차
ΔP(시차차) : $P_a - P_r$
P_a : 건물정상의 시차
P_r : 기준면의 시차

(3) ΔP가 P_r보다 무시할 정도로 작을 때

$$h=\frac{H}{P_r}\cdot \Delta P=\frac{H}{b_0}\cdot \Delta P$$

$$\Delta P=\frac{h}{H}\cdot P_r=\frac{h}{H}\cdot b_0 (\ b_0 : \text{주점기선 길이})$$

표정

1. 표정의 정의

표정은 사진상의 임의의 점과 대응되는 땅의 점과 상호관계를 정하는 방법으로 지형의 정확한 모델을 기하학적으로 재현하는 방법이다.

2. 표정의 순서

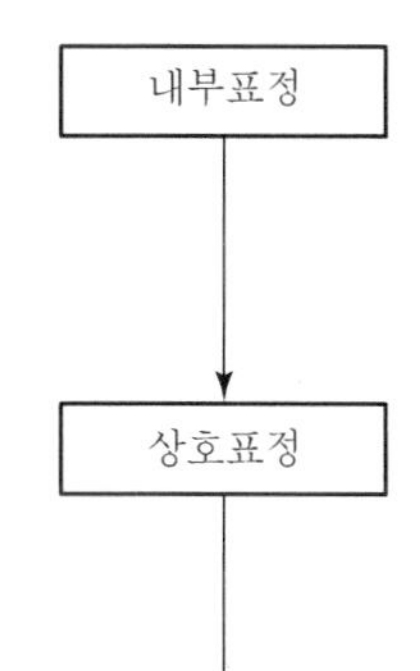

내부표정

도화기의 투영기에 촬영 당시와 같은 상태로 양화건판을 정착시킴
① 주점위치를 결정
② 화면거리의 조정(주점거리의 조정)

상호표정

종시차(P_y)를 소거하여 목표지형물의 상대적 위치를 맞추는 작업
① 상호표정인자는 5개의 표정점만 있으면 가능하나 보통 6점을 취함
② 5개의 인자(k, φ, w, b_y, b_z)
③ 평형변위부(k_1, k_2, b_y) : y방향 크기는 불변이며 영점이동
④ 축척부(φ_1, φ_2, b_z) : 중앙점에 대해 대칭이동
y방향 크기를 일정하게 분배, 배분한다.

절대표정(대지표정)

상호표정이 끝난 입체모델을 지상좌표계와 일치하도록 하는 작업
① 축척의 결정
② 수준면의 결정
③ 위치의 결정
④ 절대표정인자(λ, ϕ, Ω, k, b_x, b_y, b_z)

접합표정

한 쌍의 입체사진 중 한쪽의 표정인자는 움직이지 않고 다른 쪽만 움직여 접합시키는 방법
① 모델 간 접합요소를 결정(축척, 위치 및 방위, 미소변위)

상호표정 인자의 운동

① k_1의 작용 및 k_2의 작용

(a) k의 원래성분 (b) k_1의 작용 (c) k_2의 작용

② φ_1의 작용 및 φ_2의 작용

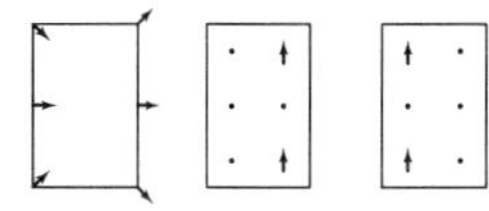

(a) φ의 원래성분 (b) φ_1의 작용 (c) φ_2의 작용

③ ω의 작용

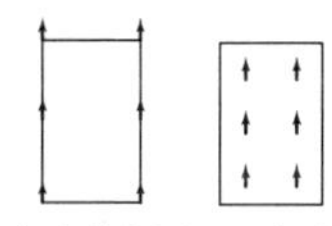

(a) b_y의 원래성분 (b) b_y의 작용

④ b_y의 작용

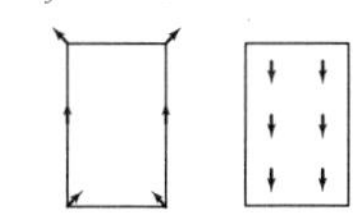

(a) ω의 원래성분 (b) ω의 작용

⑤ b_z의 작용

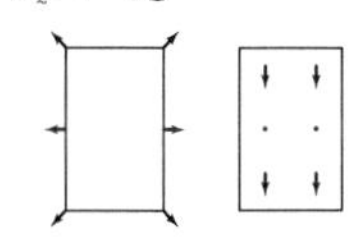

(a) b_z의 원래성분 (b) b_z의 작용

Section 07
사진의 판독 및 정밀도

1. 사진판독의 정의

사진면으로부터 얻어지는 피사체의 정보를 목적에 따라 해석하는 기술로 피사체 또는 지표면의 형상, 지질, 식생, 토양 등의 연구수단으로 사용된다.

2. 사진판독의 요소

(1) 색조

피사체가 갖는 빛의 반사에 의한 것으로 육안으로 보통 10~15단계의 구별이 가능하다.

(2) 모양

피사체의 배열상황에 의한 판별로 사진상의 식생, 지형 또는 지표면의 색조 등을 말한다.

(3) 질감

색조, 형상, 크기, 음영 등 여러 요소의 조합으로 구성된 조밀, 거칠음, 세밀함 등으로 표현된다.

(4) 형상

목표물의 구성, 배치 및 윤곽 등의 일반적인 형태를 말한다.

(5) 크기

피사체가 갖는 입체적, 평면적인 넓이와 길이를 말한다.

(6) 음영

판독시 빛의 방향과 촬영시의 빛의 방향을 일치시키는 것이 입체감을 얻기 쉽다.

(7) 상호위치관계

(8) 과고감

과고감은 지표면의 기복을 과장하여 나타낸 것으로 평탄한 곳은 사진 판독에 도움을 주나 사면의 경사는 실제보다 급하게 보이므로 오판에 주의한다.

3. 항공사진의 판독순서

① 촬영계획
② 촬영과 사진작성
③ 판독기준의 작성
④ 판독
⑤ 현지조사(지리조사)
⑥ 정리

4. 사진측정의 정밀도

(1) 평면오차

사진상에서 10~30 μm(단, m은 축척분모수)

(2) 표고오차

0.1~0.2‰H

(3) 높이의 정밀도

① 촬영고도 6,000m일 때 높이 정도 1/2,500~1/5,000
② 표고점 높이의 오차는 전표고점의 80% 이상이 등고선 간격의 1/4 이내, 20% 이하가 1/2 이내이다.

사진측정의 정밀도
표고의 정도는 낮으나 평면위치의 정도는 높다.

(4) 평면위치의 정밀도

① 지형도상 평면위치 오차 : 평균 0.3mm, 최대 0.6mm
② 평면위치의 평균제곱오차 : 도상±0.7mm

(5) 편위수정의 정밀도

0.2~1.0mm 정도이며 비고에 보정을 하면, $S=\frac{1}{5,000}$ 이상에서는 사진상 0.8mm 이내로 된다.

사진지도 및 원격탐측

1. 사진지도

(1) 사진지도의 종류

1) 약조정집성 사진지도(일반적인 사진지도)

사진기의 경사에 의한 변위를 편위수정기에 의한 편위수정을 하지 않고 사진을 그대로 집성한 사진지도로 등고선 삽입이 안 되었다.

2) 조정집성 사진지도

편위수정기에 의해 편위를 수정한 사진을 집성하여 만든 지도로 등고선 삽입이 안 되었다.

3) 반조정 집성 사진지도

편위수정기에 의해 편위를 일부 수정하여 집성한 사진지도로 등고선 삽입이 안 되었다.

4) 정사투영 사진지도

정밀입체도화기와 연동시킨 정사투영기에 의해 카메라의 경사, 지표면의 비고를 수정하고 등고선을 삽입한 지도

(2) 사진지도의 장단점

장점	① 넓은 지역을 한눈에 알 수 있다. ② 조사하는 데 편리하다. ③ 지표면에 있는 단속적인 징후도 경사로 되어 연속으로 보인다. ④ 지형지질이 다른 것을 사진상에서 추적할 수 있다.
단점	① 산지와 평지에서는 지형이 일치하지 않는다. ② 운반하는 데 불편하다. ③ 사진의 색조가 다르므로 오판할 경우가 있다. ④ 산의 사면이 실제보다 깊게 찍혀져 있다.

2. 원격탐측

(1) 원격탐측의 정의

지상이나 항공기 및 인공위성 등의 탑재기에 설치된 탐측기를 이용하여 지표, 지상, 지하, 대기권 및 우주공간의 대상물에서 반사 또는 방사된 전자파를 탐지하고 이들 자료를 이용하여 토지, 자원, 환경에 대한 정보를 얻어 이를 해석하는 기법을 말한다.

(2) 원격탐측의 특징(인공위성 이용시)

① 짧은 시간에 넓은 지역을 동시에 측정할 수 있으며 반복측정이 가능하다.
② 다중파장대에 의해 지구표면의 정보획득이 용이하고, 측정자료가 수치 기록되어 판독이 자동이고 정량화가 가능하다.
③ 회전주기가 일정하므로 원하는 지점 및 시기에 관측하기 어렵다.
④ 관측이 좁은 시야각으로 얻어진 영상은 정사투영에 가깝다.
⑤ 탐사된 자료가 즉시 이용될 수 있으므로 재해, 환경문제 해결에 편리하다.

(3) 원격탐측의 분류

1) 탐재기에 의한 분류
① 지상탐재기
② 기구
③ 항공기
④ 인공위성

2) 높이에 따른 분류
① 고도 20~40km : 정지, 궤도위성 및 고고도 항공기
② 고도 5~10km : 저고도 항공기
③ 고도 0.2~2km : 헬리콥터
④ 지상관측기

3) 센서에 의한 분류
① 수동적 : 선주사방식, 카메라방식 등
② 능동적 : Rader 방식, Laser 방식 등

탐측기 센서에 의한 분류
① 수동적
㉠ 주사방식
• 영상방식 : 사진기
• 비영상방식 : 지자기, 중력관측
㉡ 비주사방식
• 영상면주사방식 : TV사진기
• 대상물면주사방식 : Mss, TM, HRY
② 능동적
㉠ 비주사방식
• Laser Spectrometer, Laser거리관측기
㉡ 주사방식
• Rader, SLAR(Side Looking Airbone Rader)

원격탐측의 파장
① 자외선
② 적외선
③ 가시광선
④ 극초단파 등

수치지형 모델
(DTM ; Digital Terrain Model)
적당한 밀도로 분포하는 지점들의 위치 및 표고의 수치값을 자기테이프에 기록하고 그 수치를 이용하여 지형을 수치적으로 근사하게 표현하는 모형으로 지형의 기복을 컴퓨터가 처리할 수 있는 형태로 표현

수치표고 모델
(DEM ; Digital Elevation Model)
순수한 지표면의 높이값만을 점이나 면으로 표현한 자료
인공구조물이나 자연물 등의 높이를 제외하고 순수한 지형의 높이를 3차원으로 표현

DTM은 해발고도를 사용하는 DEM이며, 저장방식에 따라 지형모형을 구현한다. DEM은 3차원위치(X, Y, Z)를 이용하여 표시한다.

수치표면 모델
(DSM ; Digital surface Model)
자연 지형뿐만 아니라 인공구조물의 높이까지 3차원으로 표현한 것

수치지형도 제작 순서
계획수립 → 위성영상수신 → 위성영상처리(방사, 기하보정) → 지상기준점측량 → 입력 및 정밀기하보정 → Epipolar Image 생성 → 수치도화 → 현지조사 → 정위치편집 → 구조화편집 → 완료

방사, 기하 보정
방사학적 오차 및 기하학적 찌그러짐으로 인해, 관측된 영상은 지표면의 모습과 아주 다르며, 관측된 영상은 다양한 목적의 응용을 위하여 처리, 분석 전에 이러한 오차를 제거하는 전처리과정을 거친다.

(4) 원격탐측의 응용분야

1) 토지, 환경, 자원관련 분야에서 군사적 목적까지 여러 분야에 응용된다.

2) 응용분야
① 지도제작
② 국토개발에 필요한 제반요소 수립
③ 환경조사
④ 농업, 삼림, 수자원 관리
⑤ 재해조사
⑥ 군사적 부분 등에 이용된다.

(5) 항공 LIDAR

1) 정의
LIDAR은 레이저에 의한 대상물의 위치결정방법으로 산림이나 수목지대에서도 투과율이 높다. 항공기에 레이저 펄스, GPS 수신기, 관성측량 장치 등을 동시에 탑재하여 비행 방향에 따라 일정한 간격으로 지형을 관측하고 위치결정은 GPS, 수직거리는 관성측량기로 한다.

2) 특징
① 산림, 수목 및 늪지대에서도 지형도 제작 용이
② 항공사진에 비해 작업속도가 빠르며 경제적
③ 저고도 비행에 의해서만 가능
④ 산림지대에 투과율이 높다.

3) 활용
① 지형 및 일반구조물의 측량
② 용적계산
③ 구조물의 변형량 계산
④ 가상공간 및 건물 시뮬레이션

Item pool

예상문제 및 기출문제

01. 사진측량의 특성을 설명한 내용 중 잘못된 것은? (산기 04)

㉮ 정량적 및 정성적 관측을 할 수 있다.
㉯ 정확도가 균일하다.
㉰ 움직이는 물체의 측정이 불가능한 단점이 있다.
㉱ 축척변경이 용이하다.

해설 사진측량은 동체 측량이 가능하며 정량적, 정성적 해석이 가능하다.

02. 초점거리 150mm, 비행고도 4,500m인 항공사진에서 사진 측량의 평균오차 한계는?

㉮ 0.3~0.9m
㉯ 1.0~1.5m
㉰ 1.7~2.1m
㉱ 2.8~3.4m

해설 ① 평면(X, Y) 정도는 (10~30) μ × 축적분모수(M)

② $1\mu = \frac{1}{1,000}$ mm

③ $\frac{1}{M} = \frac{f}{H} = \frac{150}{4,500,000} = \frac{1}{30,000}$

④ 정도 = (10~30) μ×30,000 = 0.3~0.9m

03. 비행 고도가 일정할 때 사진 축척이 가장 작은 사진기는? (산기 04)

㉮ 초광각 사진기
㉯ 광각 사진기
㉰ 보통각 사진기
㉱ 협각 사진기

해설 H가 일정하면 f는 작을수록 소축척이다.
($\frac{1}{m} = \frac{f}{H}$)

04. 비행고도가 일정할 때 보통각, 광각, 초광각 등 세가지 카메라로 사진을 찍었을 때 사진축척이 가장 큰 것은?

㉮ 보통각
㉯ 광각
㉰ 초광각
㉱ 카메라의 종류와는 무관하다.

해설 보통각 카메라의 초점길이가 가장 길어 동일고도 촬영시 대축척 사진이 가능하다.

05. 사진의 크기와 촬영고도가 같을 경우 초광각 사진기에 의한 촬영지역의 면적은 광각의 경우 약 몇 배가 되는가? (기사 06)

㉮ 0.3배 ㉯ 1배
㉰ 3배 ㉱ 5배

해설

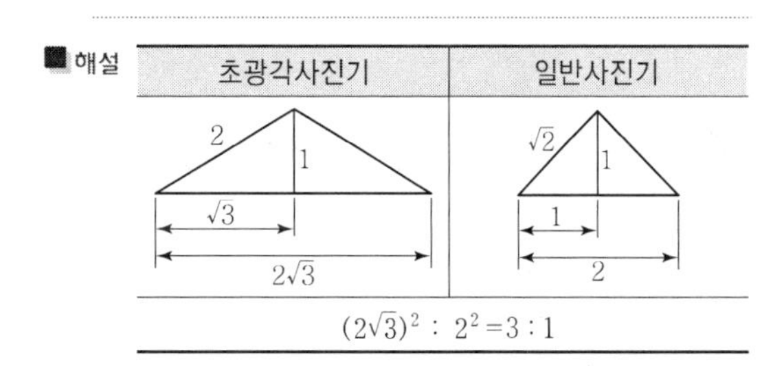

06. 항공사진 측량에서 블록(Block)을 형성하기 위하여 이용되는 점은? (산기 06)

㉮ 자연점
㉯ 자침점
㉰ 특수3점
㉱ 횡접합점

해설 횡접합점은 항공사진 측량시 블록을 형성하기 위하여 이용되는 점이다.

|해답| 1.㉰ 2.㉮ 3.㉮ 4.㉮ 5.㉰ 6.㉱

07. 사진상에서 태양광선의 반사에 의해 헐레이션(Halation)이 발생하여 밝게 촬영되는 현상을 무엇이라 하는가?

㉮ Sun Spot(선 스폿)
㉯ Shadow Spot(섀도 스폿)
㉰ Lineament(리니어먼트)
㉱ Soil Mark(소일 마크)

08. 사진의 중심점을 찾으려면 다음 어느 것을 이용하는가? (기사 06)

㉮ 화면거리 ㉯ 사진번호
㉰ 사진의 크기 ㉱ 사진지표

해설 사진지표를 이용하여 중심점을 구한다.

09. 사진측정의 특수 3점이 아닌 것은? (기사 05)

㉮ 표정점 ㉯ 주점
㉰ 연직점 ㉱ 등각점

해설 특수 3점(주점, 연직점, 등각점)

10. 사진상의 연직점에 대한 설명으로 옳은 것은? (기사 05, 15)

㉮ 대물렌즈의 중심을 말한다.
㉯ 렌즈의 중심으로부터 사진면에 내린 수선의 발
㉰ 렌즈의 중심으로부터 지면에 내린 수선의 연장선과 사진면과의 교점
㉱ 사진면에 직교되는 광선과 연직선이 만나는 점

해설 연직점은 지면에 내린 수선이 렌즈 중심을 통과, 사진면과 만나는 교점이다.

11. 항공사진의 특수 3점이 하나로 일치되는 사진은? (산기 05, 17)

㉮ 근사수직사진 ㉯ 엄밀수직사진
㉰ 경사사진 ㉱ 파노라마사진

해설 엄밀수직사진은 주점, 연직점, 등각점이 한 점에 일치되는 사진이며 경사각도가 0°이다.

12. 초점거리 15cm인 카메라로 경사각 30°로 촬영된 사진상에 연직점 n과 등각점 j와의 거리는? (기사 03)

㉮ 40.2mm ㉯ 46.4mm
㉰ 64.2mm ㉱ 86.6mm

해설 nj(연직~등각)

$= f\tan\frac{I}{2}$

$=150\times\tan\frac{30^\circ}{2}$

$=40.2\text{mm}$

13. 항공 사진 측량과 평판 측량을 비교할 때 다음과 같은 특성들이 있다. 이 중 항공 사진 측량의 장점이 아닌 것은? (산기 06)

㉮ 분업에 의해 작업하므로 능률적이다.
㉯ 정도가 균일하며 상대 오차가 양호하다.
㉰ 축척 변경이 용이하다.
㉱ 대축척 측량일수록 경계적이다.

해설 대축척일 때 사진매수가 증가하므로 비경제적이다.

14. 지상사진측량과 항공사진 측량에 관한 설명 중 틀린 것은?

㉮ 지상사진측량은 축척변경이 용이하나, 항공사진측량은 축척변경이 안 된다.
㉯ 작업지역이 좁은 경우에는 지상사진측량이, 작업지역이 넓은 경우에는 항공사진측량이 유리하다.
㉰ 지상사진측량은 전방교회법으로 측량한다.
㉱ 항공사진측량은 후방교회법으로 측량한다.

해설 항공사진측량이 지상사진측량보다 축척변경이 더 용이하다.

|해답| 7.㉮ 8.㉱ 9.㉮ 10.㉰ 11.㉯ 12.㉮ 13.㉱ 14.㉮

15. 항공 사진 측량에서 산악지역이라 함은 다음 중 어느 것을 의미하는가? (기사 06)

㉮ 평탄지역에 비하여 경사 조정이 편리한 곳
㉯ 산이 많은 지역
㉰ 한 모델상에 고저차가 비행 고도의 10% 이상인 지역
㉱ 표정시 산정과 협곡에 시차 분포가 균일한 곳

해설 한 모델상에 고저차가 비행고도의 10% 이상인 지역이며, 사각발생을 억제하기 위해 중복도를 10~20% 높인다.

16. 항공사진은 다음 어떤 원리에 의한 지형지물의 상인가? (산기 06)

㉮ 정사투영 ㉯ 평행투영
㉰ 등적투영 ㉱ 중심투영

해설 항공사진은 중심투영, 지도는 정사투영

17. 항공사진의 기복 변위와 관계 없는 것은? (기사 06)

㉮ 정사 투영 ㉯ 중심 투영
㉰ 지형, 지물의 비고 ㉱ 촬영고도

해설 ① 기복변위는 대상물이 기복이 있어 연직 촬영 시에도 축척이 동일하지 않고 사진면에 연직점 중심으로 변위가 발생한다.
② 변위량(Δr) = $\frac{h}{H}r$이므로 정사투영과는 무관하다.

18. 항공사진측량에서 산악지역(Accident Terrain 혹은 Mountainous Area)이 포함하는 의미로 옳은 것은? (기사 12)

㉮ 산지의 면적이 평지의 면적보다 그 분포비율이 높은 지역
㉯ 한 장의 사진이나 한 모델 상에서 지형의 고저차가 비행고도의 10% 이상인 지역
㉰ 평탄지역에 비하여 경사조정이 편리한 지역
㉱ 표정 시에 산정(山頂)과 협곡에 시차분포가 균일한 지역

해설 산악지역
비행고도에 대하여 10% 이상의 고저차가 있을 때

19. 사진기의 경사, 지표면의 비고를 조정하여 등고선을 삽입한 사진지도는? (산기 03)

㉮ 정사투영 사진지도
㉯ 조정집성 사진지도
㉰ 약조정집성 사진지도
㉱ 반조정집성 사진지도

해설 ① 조정접성 사진지도는 사진기의 경사와 비고를 조정한다.
② 정사투영 사진지도는 경사와 비고의 조정 후 등고선을 삽입한다.

20. 다음의 입체시에 대한 설명 중 옳은 것은? (기사 05, 17)

㉮ 다른 조건이 동일할 때 초점거리가 긴 사진기에 의한 입체상이 짧은 사진기의 입체상보다 높게 보인다.
㉯ 한 쌍의 입체사진은 촬영코스 방향과 중복도만 유지하면 두 사진의 축척이 20% 정도 달라도 상관없다.
㉰ 다른 조건이 동일할 때 기선의 길이를 길게 하는 것이 짧은 경우보다 과고감이 크게 된다.
㉱ 입체상의 변화는 기선고도비에 영향을 받지 않는다.

해설 동일조건시 기선의 길이가 길면 과고감이 크다.

21. 입체시에 대한 설명 중 옳지 않은 것은? (기사 03, 16)

㉮ 2매의 사진이 입체감을 나타내기 위해서는 사진축척이 거의 같고 촬영한 카메라의 광축이 거의 동일평면 내에 있어야 한다.
㉯ 여색 입체사진이 오른쪽은 적색, 왼쪽은 청색으로 인쇄되었을 때 오른쪽에 청색, 왼쪽에 적색의 안경으로 보아야 바른 입체시가 된다.
㉰ 렌즈의 화면거리가 길 때가 짧을 때보다 입체상이 더 높게 보인다.
㉱ 입체시 과정에서 본래의 고저가 반대가 되는 현상을 역입체시라고 한다.

|해답| 15.㉰ 16.㉱ 17.㉮ 18.㉯ 19.㉮ 20.㉰ 21.㉰

■ 해설 ① 여색 입체사진의 화면거리가 길 때가 짧을 때보다 입체상이 더 낮아 보인다.
② 여색 입체시는 역입체시이다.
- 정입체시 높은 곳은 높게, 낮은 곳은 낮게
- 역입체시 높은 곳은 낮게, 낮은 곳은 높게

22. 항공사진판독의 기본요소로 옳지 않은 것은? (산기 12)

㉮ 색조 · 크기 ㉯ 형상 · 음영
㉰ 질감 · 모양 ㉱ 날짜 · 촬영고도

■ 해설 사진판독 요소
색조, 모양, 질감, 형상, 크기, 음영, 상호위치관계, 과고감

23. 기계적 절대표정(Absolute Orientation)에서 행하여지는 작업은? (기사 06)

㉮ 축척만을 맞춘다.
㉯ 경사만을 바로 잡는다.
㉰ 축척과 경사를 바로 잡는다.
㉱ 내부표정 및 상호표정 이전에 하는 작업이다.

■ 해설 절대표정
① 축척 결정
② 수준면 결정(표고, 경사)
③ 위치, 방위결정

24. 사진측량의 표정에 대한 설명 중 옳지 않은 것은? (산기 03)

㉮ 기계식 상호표정은 ϕ_1, ϕ_1, k_2, k_1, ω 표정인자 순으로 진행한다.
㉯ 외부표정은 상호표정, 접합표정, 절대표정으로 나뉜다.
㉰ 상호표정은 궁극적으로 종시차 P_y를 소거하는 것을 말한다.
㉱ 절대표정은 지상 좌표계와 일치시키는 과정이다.

■ 해설 기계식 상호표정의 순서는 k_1, k_2, ϕ_2, ϕ_1, ω 순으로 한다.

25. 사진측량의 결과로 얻어진 그림과 같은 모델상에서 상호표정을 위해 사용해야 할 인자는? (산기 04)

㉮ ω
㉯ k
㉰ bz
㉱ by

■ 해설 축적 변위부 $\phi_1 + \phi_2 = bz$

26. 절대표정에 대한 설명 중 틀린 것은? (기사 04)

㉮ 표고, 경사의 결정
㉯ 상호표정 다음에 행함
㉰ 화면거리의 조정
㉱ 축척의 결정

■ 해설 내부표정 : 화면거리 조정, 주점조정

27. 다음 중 내부표정에 의해 처리할 수 있는 사항은? (기사 03)

㉮ 축척결정 ㉯ 수준면 결정
㉰ 주점거리 조정 ㉱ 종시차 소거

■ 해설 내부표정
① 주점거리 조정
② 화면거리(f)의 조정

28. 항공사진을 도화기를 사용하여 표정을 실시하려고 한다. 사진의 축척, 경사, 방위는 어떠한 표정(標定)을 실시할 때 결정되는가? (기사 03)

㉮ 접속표정(接續標定) ㉯ 절대표정(絕對標定)
㉰ 상호표정(相互標定) ㉱ 내부표정(內部標定)

■ 해설 ① 내부표정 : 화면거리 조정
② 상호표정 : 종시차소거
③ 접속표정 : 모델 간, 스트립 간의 접합
④ 절대표정 : 축척결정, 위치, 방위결정, 표고, 경사의 결정

|해답| 22.㉱ 23.㉰ 24.㉮ 25.㉰ 26.㉰ 27.㉰ 28.㉯

29. 항공사진측량에서 사진지표는 무엇을 구할 때 사용하는가? (산기 05)

㉮ 주점　　㉯ 표정점
㉰ 연직점　　㉱ 부점

해설 사진지표는 필름 귀퉁이나 변의 중앙에 있으며 지표와 지표를 대각선 연결하여 교차되는 점을 주점이라 한다.

30. 사진의 기하학적 성질 중 공간상의 임의의 점 (X_P, Y_P, Z_P)과 그에 대응하는 사진상의 점 (x, y) 및 사진기의 촬영중심 0(X_0, Y_0, Z_0)이 동일 직선 상에 있어야 하는 조건은?

㉮ 수렴 조건
㉯ 샤임플러그 조건
㉰ 공선 조건
㉱ 소실점 조건

해설 공선 조건은 사진의 기하학적 성질 중 공간상의 임의의 점(X_P, Y_P, Z_P)과 그에 대응하는 사진상의 점(x, y) 및 사진기의 촬영중심 O(X_0, Y_0, Z_0)이 동일 직선상에 있어야 하는 조건이다.

31. 축척 1/25,000의 항공사진을 속도 180km/h로 촬영할 경우에 허용흔들림을 사진상으로 0.01mm로 한다면 최장 허용노출 시간은? (산기 06)

㉮ $\frac{1}{100}$ 초　　㉯ $\frac{1}{200}$ 초
㉰ $\frac{1}{300}$ 초　　㉱ $\frac{1}{400}$ 초

해설 최장노출시간(T_l) $= \frac{\Delta s \cdot m}{V}$

$$= \frac{0.01\times 25,000}{180\times 1,000\times 1,000\times \frac{1}{3,600}} = \frac{1}{200} \text{초}$$

32. 초점거리 210mm, 사진의 거리 크기 18cm×18cm, 평탄한 지역의 항공사진상 주점기선장은 70mm였다. 이 항공사진의 축척을 1/20,000로 하면 비고 200m에 대한 시차차는? (기사 05, 15)

㉮ 2.2mm　　㉯ 3.3mm
㉰ 4.4mm　　㉱ 5.5mm

해설 ① $\frac{1}{M} = \frac{f}{H}$, $H = Mf$

② $\Delta P = \frac{h}{H} b_0 = \frac{h}{Mf} b_0$

$$= \frac{200}{20,000\times 0.21}\times 0.07$$

$= 0.0033\text{m} = 3.3\text{mm}$

33. 항공사진에 나타난 건물 정상의 시차를 관측하니 16mm이고, 건물 밑부분의 시차를 관측하니 15.82mm이었다. 이 건물 밑부분을 기준으로 한 촬영고도가 5,000m일 때 건물의 높이는? (기사 12)

㉮ 36.8m　　㉯ 41.2m
㉰ 51.4m　　㉱ 56.3m

해설 시차(굴뚝의 높이)

$$h = \frac{H}{P_r + \Delta P} \cdot \Delta P$$

① $h = \frac{5,000,000}{15.82 + (16 - 15.82)} \times (16 - 15.82)$

$= 56,250\text{mm} ≒ 56.3\text{m}$

34. 촬영고도 2,500m에서 촬영된 인접한 2매의 수직사진이 있다. 이 사진의 주점기선장이 10cm 라면, 기준면에서 비고 50m인 지점의 시차차는? (기사 05)

㉮ 1mm　　㉯ 2mm
㉰ 3mm　　㉱ 4mm

해설 ① $\frac{h}{H} = \frac{\Delta P}{b_0}$

② 시차차

$$\Delta P = \frac{h}{H} b_0 = \frac{50}{2,500} \times 0.1 = 0.002\text{m} = 2\text{mm}$$

|해답| 29.㉮ 30.㉰ 31.㉯ 32.㉯ 33.㉱ 34.㉯

35. 촬영고도 4,000m에서 종중복도 60%인 2장의 사진에서 주점기선장이 각각 102mm와 95mm였다면 비고 50m 철탑의 시차차는 얼마인가?(단, 카메라 초점거리는 15cm임) (산기 05)

㉮ 1.23mm ㉯ 1.42mm
㉰ 2.37mm ㉱ 2.42mm

해설 ① $\frac{h_1}{H} = \frac{\Delta P}{b_0}$

② 시차차(ΔP)

$= \frac{h_1}{H} b_0 = \frac{50}{4,000} \times \left(\frac{102+95}{2}\right) = 1.23\text{mm}$

36. 촬영 고도 3,000m로부터 초점 거리 15cm의 카메라로 촬영한 중복도 60%의 2장의 사진이 있다. 각각의 사진에서 주점 기선장을 측정한 결과 127mm와 129mm였다면 비고 60m인 굴뚝의 시차차는? (기사 04, 11)

㉮ 1.58mm ㉯ 2.16mm
㉰ 2.56mm ㉱ 2.78mm

해설 ① $\frac{\Delta p}{b} = \frac{h}{H}$

② $\Delta p = \frac{h}{H} b = \frac{60}{3,000} \times \left(\frac{127+129}{2}\right)$

$= 2.56\text{mm}$

37. 초점거리 150mm 사진기로 촬영고도 5,250m에서 사진크기 23cm×23cm의 사진을 얻었다. 이 사진의 입체시 모델에서 좌측 사전에 의한 기선장은 103mm, 우측 사진에 의한 기선장은 104mm 이었다면 사진의 종중복도는? (기사 12)

㉮ 53% ㉯ 55%
㉰ 57% ㉱ 59%

해설 $b_o = a(1 - \frac{p}{100})$

$p = (1 - \frac{b_o}{a}) \times 100 = (1 - \frac{\frac{103+104}{2}}{230}) \times 100$

$= 55\%$

38. 촬영고도 800m의 연직사진에서 높이 20m에 대한 시차차의 크기는 얼마인가?(단, 초점거리는 21cm, 화면 크기는 23×23cm, 종중복도는 60%이다.)

㉮ 0.8mm ㉯ 1.3mm
㉰ 1.8mm ㉱ 2.3mm

해설 ① 시차차(ΔP) $= \frac{h}{H} \cdot P_r = \frac{h}{H} b_0$

$= \frac{20}{800} \times 0.092 = 0.0023\text{m} = 2.3\text{mm}$

② $b_0 = a\left(1 - \frac{p}{100}\right) = 0.23 \times \left(1 - \frac{60}{100}\right)$

$= 0.092\text{m}$

39. 촬영고도 3,000m, 사진 Ⅰ의 주점기선장 59mm, 사진 Ⅱ의 주점기선장 61mm일 때 시차차 2.5mm인 두 점 간의 고저차는 얼마인가? (산기 03)

㉮ 75m ㉯ 100m
㉰ 125m ㉱ 150m

해설 $\frac{\Delta P}{b_0} = \frac{h}{H}$

$h = \frac{\Delta P \cdot H}{b_0} = \frac{2.5 \times 3,000,000}{\frac{59+61}{2}} = 125,000\text{mm}$

$= 125\text{m}$

40. 항공사진에서 건물의 높이를 결정하기 위하여 건물의 정점과 밑뿌리의 시차차를 측정하니 0.04mm이었다. 이 건물의 높이는?(단, 촬영고도 3,000m, 주점기선장은 15.96mm이었다.) (산기 06)

㉮ 6.5m ㉯ 7.0m
㉰ 7.5m ㉱ 8.0m

해설 ① 시차차(ΔP) $= \frac{h}{H} \cdot P_r = \frac{h}{H} \cdot b_0$

② $h = \frac{H}{b_0} \Delta P = \frac{3,000,000}{15.96} \times 0.04 = 7518.79\text{mm}$

$= 7.5\text{m}$

 |해답| 35.㉰ 36.㉰ 37.㉯ 38.㉱ 39.㉰ 40.㉰

41. 항공사진의 기복변위에 대한 설명 중 잘못된 것은? (산기 03)

㉮ 지표면의 기복에 의해 발생한다.
㉯ 기복변위량은 촬영고도에 반비례한다.
㉰ 기복변위량은 초점거리에 비례한다.
㉱ 사진면에서 등각점의 상하방향으로 변위가 발생한다.

■ 해설 기복변위 : 지표면에 기복이 있는 경우
사진면에서 연직점을 중심으로 방사상의 변위가 발생한다.

42. 촬영고도 3,000m인 항공사진에서 사진연직점으로부터 12cm 떨어진 위치에 나타난 토지의 기복변위는 얼마인가?(단, 해당 토지는 기준면으로부터의 비고가 200m이다.) (산기 03)

㉮ 800cm　　㉯ 80cm
㉰ 8cm　　㉱ 0.8cm

■ 해설 기복변위

① $\frac{\Delta r}{r} = \frac{h}{H}$

② $\Delta r = \frac{h}{H} r = \frac{200}{3,000} \times 0.12 = 0.008\text{m} = 0.8\text{cm}$

43. 항공 사진상에 굴뚝의 윗부분이 주점으로부터 80mm 떨어져 나타났으며 굴뚝의 길이는 10mm 이었다. 실제 굴뚝의 높이가 70m라면 이 사진은 촬영고도 얼마에서 촬영된 것인가? (기사 16)

㉮ 490m　　㉯ 560m
㉰ 630m　　㉱ 700m

■ 해설 기복변위 $\Delta r = \frac{h}{H} \cdot r$

$\therefore H = \frac{h}{\Delta r} r = \frac{70}{0.01} \times 0.08 = 560\text{m}$

44. 축척 1/10,000로 촬영한 수직사진이 있다. 사진의 크기를 23cm×23cm, 종중복도를 60%로 하면 촬영기선의 길이는? (기사 03)

㉮ 920m　　㉯ 1,380m
㉰ 690m　　㉱ 1,610m

■ 해설 $B_0 = ma\left(1 - \frac{P}{100}\right) = 10,000 \times 0.23\left(1 - \frac{60}{100}\right)$
$= 920\text{m}$

45. 종중복도가 60%인 단촬영경로로 촬영한 사진의 지상 유효면적은?(단, 촬영고도 3,000m, 초점거리 150mm, 사진크기 210mm×210mm) (산기 04)

㉮ 15.089km²　　㉯ 10.584km²
㉰ 7.056km²　　㉱ 5.889km²

■ 해설 ① 축척$\left(\frac{1}{m}\right) = \frac{f}{H} = \frac{0.15}{3,000} = \frac{1}{20,000}$

② 유효면적(A_0)

$A\left(1 - \frac{p}{100}\right) = (ma)^2\left(1 - \frac{p}{100}\right)$
$= (20,000 \times 0.21)^2 \times \left(1 - \frac{60}{100}\right)$
$= 7,056,000\text{m}^2 = 7.056\text{km}^2$

46. 비행고도 4,600m에서 초점거리 184mm 사진기로 촬영한 수직항공사진에서 길이 150m 교량은 얼마의 크기로 표현되는가? (산기 05, 15)

㉮ 8.5mm　　㉯ 8.0mm
㉰ 7.5mm　　㉱ 6.0mm

■ 해설 ① 축척$\left(\frac{1}{m}\right) = \frac{f}{H} = \frac{0.184}{4,600} = \frac{1}{25,000}$

② 축척$\left(\frac{1}{m}\right) = \frac{\text{도상거리}}{\text{실제거리}}$

도상거리 $= \frac{\text{실제거리}}{m} = \frac{150}{25,000}$
$= 0.0006\text{m} = 6.0\text{mm}$

47. 초점거리 210mm인 사진기로 촬영고도 3,000m 에서 촬영한 항공사진에서 표고 300m인 지형에서의 축척은? (산기 05)

㉮ 1/9,825　　㉯ 1/11,250
㉰ 1/12,857　　㉱ 1/13,263

■해설 축척$\left(\frac{1}{M}\right)$

$$=\frac{f}{H\pm\Delta h}=\frac{0.21}{3,000-300}=\frac{1}{12,857}$$

48. 비행고도 3,000m의 비행기에서 초점거리 15cm인 사진기로 촬영한 수직항공사진에서 길이가 50m인 교량의 길이는? (기사 05, 산기 09, 11)

㉮ 1mm ㉯ 2.5mm
㉰ 3.6mm ㉱ 4.2mm

■해설 ① 축척$\left(\frac{1}{M}\right)=\frac{f}{H}=\frac{0.15}{3,000}=\frac{1}{20,000}$

② 도상거리 = 실제거리×축척 $=50\times\frac{1}{20,000}$

$=0.0025\text{m}=2.5\text{mm}$

49. 축척이 1/20,000인 항공사진을 초점거리가 21cm인 카메라로 찍기 위한 알맞은 비행고도는? (산기 04)

㉮ 4.2km ㉯ 3.8km
㉰ 2.6km ㉱ 1.8km

■해설 ① $\frac{1}{m}=\frac{f}{H}$

② $H=mf=20,000\times0.21=4,200\text{m}$

50. 촬영 기준면의 표고가 200m인 평지를 사진 축척 1/10,000로 촬영한 연직 사진의 촬영 기준면으로부터의 비행고도는?(단, 카메라의 화면 거리(Principal Distance)는 15cm임) (기사 04)

㉮ 1,500m ㉯ 1,600m
㉰ 1,700m ㉱ 1,800m

■해설 ① $\frac{1}{m}=\frac{f}{H\pm h}$ $\quad \frac{1}{10,000}=\frac{0.15}{H-200}$

② $H=0.15\times10,000+200=1,700\text{m}$

51. 초점거리가 150mm이고 사진축척이 1/40,000일 때 도화기의 C계수가 1,200이면 도화할 수 있는 최소 등고선의 간격은?

㉮ 3m ㉯ 5m
㉰ 7m ㉱ 9m

■해설 촬영고도(H) = C계수× Δh(최소등고선간격)

$$\Delta h=\frac{H}{C\text{계수}}=\frac{0.15\times40,000}{1,200}=5\text{m}$$

52. 지상 고도 3,000m의 비행기 위에서 초점거리 150.0mm인 사진기로 촬영한 항공사진에서 길이가 30m인 교량의 사진에서의 길이는? (산기 04)

㉮ 1.3mm ㉯ 2.3mm
㉰ 1.5mm ㉱ 2.5mm

■해설 ① 축척$\left(\frac{1}{m}\right)=\frac{f}{H}=\frac{0.15}{3,000}=\frac{1}{200,000}$

② $\frac{1}{M}=\frac{\text{도상길이}}{\text{실제길이}}$

∴ 도상길이 $=\frac{\text{실제길이}}{M}=\frac{30}{200,000}$

$=0.0015\text{m}=1.5\text{mm}$

53. 초점거리가 210mm인 카메라로 표고 570m의 지형을 1/25,000의 사진축척으로 촬영한 연직사진이 있다. 비행고도는 얼마인가? (산기 03)

㉮ 5,050m ㉯ 5,250m
㉰ 5,820m ㉱ 6,020m

■해설 ① $\frac{1}{m}=\frac{f}{H-570}-\frac{1}{25,000}$

② $H=f\cdot m+570=0.21\times25,000+570=5,820\text{m}$

54. 주점거리가 210mm인 사진기로 평탄지를 촬영한 항공사진의 기선고도비는?(단, 사진면의 크기 23cm×23cm, 축척 1/15,000, 종중복도 60%이다.) (산기 12)

㉮ 0.35 ㉯ 0.40
㉰ 0.44 ㉱ 0.48

 |해답| 48.㉯ 49.㉮ 50.㉰ 51.㉯ 52.㉰ 53.㉰ 54.㉰

■ 해설 기선고도비($\frac{B}{H}$)

① $\frac{B}{H} = \frac{m \cdot a(1-\frac{p}{100})}{m \cdot f}$

$= \frac{15,000 \times 0.23 \times (1-\frac{60}{100})}{15,000 \times 0.21}$

$= 0.438 ≒ 0.44$

55. 동일한 구역을 같은 사진기를 이용하여 촬영할 때 비행고도를 1,000m에서 2,000m로 높인다고 가정하면 1,000m 촬영에서 100장의 사진이 필요할 때 2,000m에서는 몇 장이 필요한가? (산기 06, 17)

㉮ 50장 ㉯ 25장
㉰ 16장 ㉱ 8장

■ 해설 ① $(\frac{1}{m}) = (\frac{f}{H})$

② $100 : x = \left(\frac{1}{1,000}\right)^2 : \left(\frac{1}{2,000}\right)^2$,

$\frac{x}{1,000^2} = \frac{100}{2,000^2}$,

$x = \left(\frac{1,000}{2,000}\right)^2 \times 100 = 25$매

56. 항공사진 측량에서 사진상에 나타난 두 점 A, B의 거리는 208mm이었으며, 지상좌표는 아래와 같았다. 이때 사진축척(S)은 얼마인가? (기사 06)

$X_A = 205,346.39\text{m}$, $Y_A = 10,793.16\text{m}$
$X_B = 205,100.11\text{m}$, $Y_B = 11,587.87\text{m}$

㉮ S=1/3,000 ㉯ S=1/4,000
㉰ S=1/5,000 ㉱ S=1/6,000

■ 해설 ① $\overline{AB}$거리 $= \sqrt{(X_B - X_A)^2 + (Y_B - Y_A)^2}$

$= \sqrt{(205,110.11 - 205,346.39)^2 + (11,587.87 - 10.793,16)^2}$

$= 831.996\text{m}$

② 축척과 거리 관계

$\frac{1}{m} = \frac{\text{도상거리}}{\text{실제거리}} = \frac{0.208}{831.996} = \frac{1}{4,000}$

57. 주점 기선장이 밀착 사진에서 10cm일 때 25cm ×25cm인 항공사진의 중복도는? (기사 04)

㉮ 50% ㉯ 60%
㉰ 70% ㉱ 80%

■ 해설 $b_0 = a\left(1 - \frac{p}{100}\right)$

$P = \left(1 - \frac{b_0}{a}\right) \times 100 = \left(1 - \frac{10}{25}\right) \times 100 = 60\%$

58. 초점거리 153mm, 사진크기 23cm×23cm인 카메라를 사용하여 동서 14km, 남북 7km, 평균표고 250m로 거의 평탄한 사각형 지역을 축척 1/15,000로 촬영하고자 한다. 필요한 모델수는?(단, 종·횡 중복도는 각각 60%, 30%임) (기사 05)

㉮ 21매 ㉯ 33매
㉰ 49매 ㉱ 65매

■ 해설 ① 종모델수 $= \frac{S_1}{B_0} = \frac{S_1}{ma\left(1 - \frac{P}{100}\right)}$

$= \frac{14,000}{15,000 \times 0.23 \times \left(1 - \frac{60}{100}\right)} = 10.1 = 11$매

② 횡모델수 $= \frac{S_2}{C_0} = \frac{S_2}{ma\left(1 - \frac{q}{100}\right)}$

$\frac{7,000}{15,000 \times 0.23 \times \left(1 - \frac{30}{100}\right)} = 2.9 = 3$매

③ 총모델수 = 종모델수×횡모델수 = 11×3 = 33매

59. 종방향 40km, 횡방향 30km인 토지를 축척 1 : 40,000, 사진 크기 23×23cm, 초점거리 160mm, 종중복도 60%, 횡중복도 30%로 촬영할 때 입체모델 수는? (기사 05)

㉮ 55 ㉯ 45
㉰ 35 ㉱ 25

■ 해설 ① 종모델수 $= \frac{S_1}{B_0} = \frac{S_1}{ma\left(1 - \frac{P}{100}\right)}$

$\frac{40,000}{40,000 \times 0.23 \times \left(1 - \frac{60}{100}\right)} = 10.86 = 11$매

|해답| 55.㉯ 56.㉯ 57.㉯ 58.㉯ 59.㉮

② 횡모델수 $= \frac{S_2}{C_0} = \frac{S_2}{ma\left(1-\frac{q}{100}\right)}$

$\frac{30,000}{40,000 \times 0.23 \times \left(1-\frac{30}{100}\right)} = 4.66 = 5$매

③ 총모델수 = 종모델수 × 횡모델수 = 11 × 5 = 55매

60. 22km×12km 지역을 축척 1/15,000의 항공사진으로 촬영할 때 필요한 모형의 수는?(단, 사진크기 23cm×23cm, 종중복도 60%, 횡중복도 30%이며 안전율은 고려치 않는다.) (기사 04)

㉮ 80매 ㉯ 85매
㉰ 90매 ㉱ 95매

해설 ① 종모델수 $= \frac{S_1}{B_0}$

$B_0 = ma\left(1-\frac{p}{100}\right)$

$= 15,000 \times 0.00023\left(1-\frac{60}{100}\right) = 1.38\text{km}$

종모델수 $= \frac{S_1}{B_0} = \frac{22}{1.38} = 15.9 = 16$매

② 횡모델수 $= \frac{S_1}{C_0}$

$C_0 = ma\left(1-\frac{q}{100}\right)$

$= 15,000 \times 0.00023\left(1-\frac{30}{100}\right) = 2.415\text{km}$

횡모델수 $= \frac{S_2}{C_0} = \frac{12}{2.415} = 4.96 \fallingdotseq 5$매

③ 총모델수 = 종모델 × 횡모델 = 16 × 5 = 80매

61. 촬영고도 4,000m에서 초점거리 15cm의 카메라로 평지를 촬영한 밀착사진의 크기가 23cm×23cm이고, 종중복 55%, 횡중복 35%일 때 연직사진의 유효 입체 모델의 면적은? (기사 05)

㉮ 9km^2 ㉯ 10km^2
㉰ 11km^2 ㉱ 12km^2

해설 ① 축척 $\left(\frac{1}{m}\right) = \frac{f}{H} = \frac{0.45}{4,000} = \frac{1}{26,666}$

② 유효면적$(A_0) = A\left(1-\frac{p}{100}\right)\left(1-\frac{q}{100}\right)$

$= (ma)^2\left(1-\frac{p}{100}\right)\left(1-\frac{q}{100}\right)$

$= (26,666 \times 0.23)^2 \times \left(1-\frac{55}{100}\right) \times \left(1-\frac{35}{100}\right)$

$= 11,002,649.85\text{m}^2/11\text{km}^2$

62. 다음 중 원격탐사(Remote Sensing)를 정의한 것으로 옳은 것은? (기사 05)

㉮ 우주선에서 찍은 사진을 이용하여 지상에서 항공사진의 처리와 같은 방법으로 판독하는 기법
㉯ 우주에 산재해 있는 물체의 고유 스펙트럼을 이용하여 구성성분을 지상의 레이다로 수집하여 처리하는 기법
㉰ 지상에서 대상물체에 전자파를 발생시켜 그 반사판을 이용하여 측정하는 기법
㉱ 센서를 이용하여 지표의 대상물에서 반사 또는 방사된 전자파를 측정하여 대상물에 관한 정보를 얻는 기법

해설 원격탐사는 센서를 이용하여 지표대상물에서 방사, 반사하는 전자파를 측정하여 정량적 · 정성적 해석을 하는 탐사다.

63. 원격탐측에 사용되고 있는 센서 중 수동적 센서가 아닌 것은? (기사 04)

㉮ 전자 스캐너
㉯ 다중파장대 사진기
㉰ 비디콘 사진기(Vidicon Camera)
㉱ 레이더(Ladar)

해설 능동적 센서에는 레이저, 레이더방식 등이 있다.

64. 다음 중 지구자원 탐사위성으로부터 얻어진 영상의 활용분야로 가장 거리가 먼 것은? (산기 06)

㉮ 수자원조사
㉯ 환경오염조사
㉰ 수온의 분포상태
㉱ 두 점 간의 정밀한 거리측정

해설 지구자원 탐사위성은 수자원, 환경오염, 수온의 분포 상태 등의 조사에 사용한다.

 |해답| 60.㉮ 61.㉰ 62.㉱ 63.㉱ 64.㉱

65. 다음 위성 중에서 가장 높은 해상력(Resolution)을 가진 영상 감지기를 탑재한 위성은?(기사 04)

㉮ IKONOS ㉯ SPOT
㉰ LANDSAT ㉱ NOAA

해설 ① IKONOS : 고해상도 상업용 위성, 지형도 제작, 도시계획 등에 사용
② NOAA : 해상력 높은 기상관측형 위성
③ SPOT, LANDSAT : 지구자원 탐사위성

Chapter 13

GPS 및 GSIS 측량

Contents

GPS측량

1. GPS의 정의

정확한 위치를 알고 있는 위성에서 발사한 전파를 수신하여 관측점까지의 소요시간을 관측함으로써 미지점의 위치를 구하는 인공위성을 이용한 범지구위치 결정체계이다.

2. GPS의 구성

GPS와 GSIS

① GPS(Global Positioning System) : 위성측위 시스템
② GSIS(Geo-Spatial Information System) : 지형공간 정보 시스템

(1) 우주부분

① 21개 위성과 3개의 예비위성으로 구성되어 전파신호를 보내는 역할을 담당한다.
② 전파 송 · 수신기, 원자시계, 컴퓨터 및 작동에 필요한 여러 가지 보조장치를 탑재하고 있어 위성의 공간상 위치와 삼차원 후방교선법에 의해서 사용자의 위치를 해석할 수 있다.

GPS의 사용좌표

GPS 의 사용좌표는 WGS84좌표를 사용한다.

(2) 제어부분

① 모니터와 위성체계의 연속적인 제어, GPS의 시간결정, 위성 시간값 예측, 각각 위성에 대해 주기적인 항법신호 갱신 등의 일을 한다.
② 추적국, 주제어국, 지상안테나로 구성되어 있다.

(3) 사용자부분

① 위성으로부터 전송되는 신호정보를 이용하여 수신기의 위치를 결정하고, 시각비교를 활용하는 분야이다.
② GPS 수신기와 자료처리를 위한 소프트웨어로 구성되어 있다.

GPS는 NNSS의 발전형이다.

구분	GPS	NNSS
궤도	원궤도	극궤도
관측법	전파도달시간	도플러효과
정확도	$10^{-7} \sim 10^{-6}$	수 cm

3. GPS의 위성신호의 구성

(1) 반송파

기본주파수 10.23MHz에서 각각 154배와 120배로 증가시켜 전리층의 영향을 최소화한 L파장대로 주파수 1,575.42MHz(L_1)과 1,227.60MHz (L_2)로서 위성의 위치계산을 위한 케플러 요소와 자료신호를 포함한다.

(2) PRN부호

주파수와 주파수가 각각의 특정비율로 변조된다. 이 방법은 Pseudo Random 방식으로 위상이 180° 변하게 된다.

(3) 항법메시지

변조된 신호에 실리게 되면 위치측정을 위한 위성의 위치정보와 위성 상태 등이 L_1주파수, L_2주파수에 실리게 된다.

4. GPS의 원리

(1) 코드측정

① 코드신호가 위성에서부터 수신기까지 도달하는 데 소요되는 시간의 지연을 이용하여 계산한다.

② 수신기는 특정시간에 레플리카 코드를 만들고 이때 생성된 코드는 교차상관에 의한 방법으로 비교된다.

③ 광속을 곱하면 두 점 간의 거리를 구할 수 있다.

교차상관
위성으로부터 수신되는 신호와 수신기의 신호가 동일한 위상을 갖도록 이진배열을 순환시키는 방법이다.

(2) 반송파 측정

① 위성에서 생성된 신호의 위성변화를 이용하여 거리관측을 한다.

② 반송파의 파장은 C/A와 Pcode의 Chip Length보다 상대적으로 짧기 때문에 반송파 위상은 mm의 정밀도로 측정될 수 있다.

코드측정과 반송파측정 비교

코드측정	반송파측정
① 신속하다.	① 시간소요가 많다.
② 정밀도 낮다.	② 정밀도 높다.
③ 비행기, 선박의 항법측량	③ 기준점측량

5. GPS의 관측방법

(1) 절대관측(1점 위치 관측)

1) 4개 이상의 위성에서 수신한 신호 가운데 C/A Code를 이용하여 실시간처리로 수신기 위치를 결정하는 방법이다.

2) 절대관측 이용

① 지상 또는 지구주변 공간의 자신의 위치를 즉시 구할 수 있다.

② 인공위성, 로켓 등과 같은 고속운동체의 순간적 위치와 속도도 측정 가능하다.

③ 주로 자동차, 선박, 항공기의 항법시스템으로 이용된다.

상대관측

정지관측	① 2대 수신기 관측점 고정 ② 정확도 높다. ③ 지적삼각측량
이동관측	① 1대 수신기 고정국 1대 수신기 이동국 ② 지적도근측량

(3) 상대관측(정밀관측)

① 정지관측 : GPS 측량기를 사용하여 기초, 세부측량을 할 때 2대의 수신기를 각각의 관측점에 고정하고 4대 이상의 위성으로부터 동시에 30분 이상 전파신호를 수신하는 방법이다.

② 이동관측 : GPS 측량기를 사용하여 지적도근측량, 세부측량하고 1대 수신기는 고정국, 1대는 이동국으로 한다.

6. GPS의 오차의 요인

(1) 위성에 관련된 오차

① 궤도편의 : 위성에 작용하는 여러 힘들에 대한 부정확한 모형화의 선택적 가용성과 인위적인 위성정보방송의 정확도 저하에 의하여 주로 발생한다.

② 위성시계의 편의 : 시간유지와 신호동기를 위해 고도의 정밀도를 가진 세슘 또는 루비듐 원자시계를 사용하며 정확하게 교정할 수 있다.

(2) 신호전달과 관련된 오차

1) 전리층 편의

전리층을 통과한 GPS 신호전파가 이온층을 통과하는 시간이 길면 길수록, 이온화된 입자들이 많을수록 오차는 커진다. 실제보다 관측거리를 길게 한다.

2) 대류권 지연

전리층을 통과하고 대류권을 통과한다. 이 층은 지구기후에 의해 구름과 같이 수증기가 있어 굴절오차의 원인이지만 표준 보정식에 의해 소거될 수 있다.

3) 다중경로 영향

바다표면이나 빌딩과 같은 곳으로부터 반사신호에 의한 직접신호의 간섭으로 발생한다. 특별제작한 안테나와 적절한 위치선정으로 줄일 수 있다.

GPS의 특징

① 고밀도 측량이 가능
② 장거리 측량에 이용
③ 관측점 간 시통이 필요 없다.
④ 중력과 관계 없이 4차원 공간의 측위방법이다.
⑤ 기후에 관계없고, 주야관측이 가능하다.
⑥ 위성의 궤도정보가 필요하다.
⑦ 전리층 영향에 대한 정보가 필요하다.
⑧ WGS84좌표를 사용 지역타원체로 변환이 필요하다.

(3) 수신기에 관련된 편의

1) 수신기 시계의 편의

수신기의 시계는 위성의 원자시계보다 저가의 시계를 사용하므로 GPS 시간의 동기오차가 발생한다.
시계오차를 미지수로 하는 세 개의 의사거리 방정식을 사용하여 수신기 오차(x, y, z)와 시계오차(t)를 구할 수 있다.

2) 주파수 오차

주파수의 모호성과 주파수 단절에 의해 발생하며 위성관측시만 발생한다.

(4) 위성배치상태와 관련된 편의

① 표준편차(σ_r)로 표시되는 각각의 거리관측 자체의 정확도에 의존한다.
② 위성의 기하학적 분포에 따른 정확도에 의존한다.
③ 좌표의 정확도는 표준편차(σ_r)과 일정한 정밀도 저하율(DOP)의 곱에 의하여 표시된다.

7. GPS의 활용분야

① 측량 및 측지측량 기준망 설정
② 지형공간 정보 및 시설물의 유지관리
③ 차량, 선박, 항공기의 운항체계 활용
④ 지구물리학적 해석에 활용
⑤ 국토개발
⑥ 긴급구조 및 방재
⑦ 여가선용
⑧ 우주개발

최적의 위성배치
체적이 최대일 때이므로 한 위성은 머리 위, 다른 세 위성은 각각 120°를 이룰 때이다.

DGPS(정밀GPS)
- GPS의 오차보정기술
- 지구에서 멀리 떨어진 위성에서 신호를 수신하므로 오차가 발생하며 이를 수정하기 위하여 지상의 방송국에서 위성에서 수신한 신호로 확인한 위치와 실제 위치와의 차이를 전송하여 오차를 교정하는 기술

DOP(Diution of Precision)
위성의 기하학적 배치상태에 따라 측위의 정확도가 달라지는데 이를 DOP라 한다.
DOP(정밀도 저하율)는 값이 작을수록 정확하며 1이 가장 정확하고 5까지는 실용상 지장이 없다.

GSIS(Geo-Spatial Information System)

GSIS의 필요성
① 의사결정의 신속성과 정확성
② 지도의 생산 및 수정시간 단축
③ 유지관리 시간 및 비용절감
④ 효과적인 계획과 설계도 비용절감
⑤ 작업시간의 단축
⑥ 정보의 표준화로 정보의 질적안정
⑦ 정보취득시간의 절감
⑧ 물류비용의 절감
⑨ 대고객 서비스의 질 향상
⑩ 신뢰도 향상
⑪ 복잡한 데이터 분석결과의 시각화

1. GSIS체계

① 국토계획, 지역계획, 자원개발계획, 공사계획 등 각종 계획의 입안과 추진을 성공적으로 추진하기 위해 토지, 자원, 환경 또는 이와 관련된 사회, 경제적 현황에 대한 방대한 양의 정보가 필요하며, 이러한 다양한 정보를 수집하여 처리하고 분석하며 출력하는 시스템이다.
② 지리정보체계(GIS), 토지정보체계(LIS), 도시정보체계(UIS), 도면자동화(AM), 시설물관리(FM) 등을 종합적 연계적으로 처리 운영하는 정보체계이다.

2. GSIS체계의 구비조건

① 하나 또는 그 이상의 자료 입력 형식
② 소요공간 관계와 관련된 정보의 저장 및 유지기능
③ 자료 간의 상관성과 적절한 요소들의 원인 - 결과 반응을 고려한 모델화
④ 다양한 방식에 의한 자료의 출력

입력장치
① 해석도화기
② 디지타이저
③ 스캐너

출력장치
① 인쇄장치
② 자동제도기
③ 영상표시장치

3. 자료의 처리체계

(1) 크게 구분한 경우

① 자료입력　② 자료처리　③ 출력

(2) 세부적으로 구분한 경우

1) 자료입력

① 도면과 같은 자료들은 반자동방식 또는 자동방식에 의해 수치화한 후 입력한다.
② 기존 수치자료는 기본도의 투영법 및 축척 등에 맞도록 재편집된다.
③ 위치자료 취득은 선형에 의한 Vector방법과 영상소 단위에 의한 Raster방법 등이 있다.

2) 부호화

① 점, 선, 면 또는 다각형 등에 포함된 공간적 변량을 부호화한다.

② 격자방식(도면주사식)

㉠ 토지 및 거리 실체 요소에 겹쳐진 행렬형과 같은 것으로 각 특성정보는 격자방안의 체계적 배열에 의해 수집된다.

㉡ 상세한 자료의 수집을 위해 격자크기를 작게 하거나 격자 내에 들어오는 자료형태의 상대적인 양을 기록한다.

㉢ 원격탐측자료같이 수치영상 체계에 의한 자료(사진 등)에 사용되며 비디오사진기, 평판주사, 원통주사 방식 등이 있다.

③ 선추적방식(벡터방식)

㉠ 소요의 특성자료를 포함하는 지역단위의 경계선을 수치 부호화하여 저장한다.

㉡ 격자방식보다 정확한 경계선을 정할 수 있고 전산기의 저장용량도 줄일 수 있다.

㉢ 주로 망이나 등고선 같은 선형자료를 수치변환하는 데 사용한다.

3) 자료정비

자료의 유지관리는 모든 자료의 등록, 저장, 재생 및 유지에 관한 일련의 프로그램으로 구성한다.

자료입력

① 반자동방식(해석도화기, 디지타이저)

② 자동방식(레이저빔, 스캐너)

4) 자료, 조작처리

① 표면분석과 중첩분척의 두 가지 자동분석이 가능하다.

② 표면분석은 하나의 자료층상에 있는 변량들 간의 관계분석에 적용

③ 중첩에 의한 정량적 해석은 각각의 정성적 변량에 관한 수치지표를 부여하여 수행하며 상대적 중요도에 따라 경중률을 부과하여 보다 정밀한 중첩분석을 한다.

위치자료 취득

① Vector : 지도각도기, 레벨, 신호 등

② Raster : 사진, 영상 등

5) 출력

① 도면이나 도표의 형태로 검색 및 출력을 할 수 있다.

② 인쇄도면, 이산도, 표 및 지도 등을 여러 가지 형태와 크기로 제작할 수 있다.

③ 관찰 및 감시막을 통해서 자료기반의 한 구역 또는 다중 자료기반에 관한 도형 및 도형정보를 표시해볼 수 있다.

4. GSIS의 활용

(1) 토지정보체계(Land Information System)

① 다목적 국토정보체계의 구축
② 건설계획과 환경보호의 조화를 이룬 최적계획 수립
③ 발전소의 위치 설정 계획
④ 수치형상모형(DFM ; Digital Feature Model)을 이용한 지형분석 및 경관 정보추출
⑤ 토지부동산 정보관리체계
⑥ 다목적 지적정보체계

(2) 지리정보체계(GIS ; Geographic Information System)

① 행정업무지원체계
② 교육 및 학제관리
③ 경영 및 판매전략 수립

(3) 도시정보체계(UIS ; Urban Information System)

① 도시현황 파악
② 도시계획
③ 도시정비
④ 도시기반 시설관리
⑤ 도시행정
⑥ 도시방재

(4) 지역 및 국토정보체계
(RIS/NLIS ; Regional National Land Information System)

① 국정기본 정보수집에의 활용 및 조직망 구성
② 대규모 건설공사 계획수립을 위한 지질, 지형자료체계 구축
③ 지역계획 자료체계 구축
④ 국토 정보체계 자료기반 구축
⑤ 각급 토지이용 계획, 관리－공공사업, 택지개발
⑥ 국토정보체계의 개념

(5) 수치지도 제작 및 지도정보체계
(DM/MIS ; Digital Mapping and Map Information System)

① 수치지도 제작

자료의 형태와 자료기반 관리체계

① 자료의 형태 : 메타자료(Meta Data)의 특성과 자료 간의 관계, 정의 등 자료에 대한 정보를 제공하는 자료, 즉 자료설명서
② 자료기반 관리체계 : DBMS(Data Base Management System) 여러 자료를 컴퓨터자료 기반으로 구축하여 다수의 컴퓨터 사용자들이 다양한 응용 및 동시에 검색, 변경 및 관리할 수 있도록 한 자료를 관리하는 체계

② 지도정보체계 : 수치지도의 활용에 중점을 둔 정보체계

(6) 도면자동화 및 시설물 관리 (AM/FM ; Automated Mapping and Facility Management)

① 도면자동화의 개념
② 상수도시설 관리체계
③ 하수도시설 관리체계
④ 전화시설 관리체계
⑤ 전력시설 관리체계
⑥ 가스시설 관리체계
⑦ 도로시설 관리
⑧ 철도시설 관리
⑨ 유선방송시설 관리
⑩ 공항시설 관리
⑪ 항만시설 관리

(7) 측량정보체계(SIS ; Surveying Information System)

① 측량 및 조사정보체계
② 측지정보체계
③ 사진 측량정보체계
④ 원격탐측 정보체계

(8) 도형 및 영상정보체계(GIIS ; Graphic and Image Information System)

① 수치영상처리
② 전산도형해석
③ 전산지원설계(CAD/CAM)
④ 보의 관측

(9) 교통정보체계(TIS ; Transportation Information System)

① 육상교통 관리체계
② 해상교통
③ 항공교통
④ 교통계획과 교통영향 평가

(10) **환경정보체계**(EIS ; Environmental Information System)

① 대기오염정보
② 수질오염정보
③ 고형폐기물 처리정보
④ 원격탐측과 공간분석기법을 이용한 유해 폐기물위치 평가
⑤ 생활환경, 생태계, 경관변화 예측 및 영향평가
⑥ 고층건물 및 대형시설물 건설에 따른 일조량 변화
⑦ 고속전철, 고속도로, 대규모 플랜트 등 건설에 따른 소음, 진동, 전파 장애 영향평가 및 감쇄

(11) **자원정보체계**(RIS ; Resource Information System)

① 농산자원정보
② 삼림자원정보
③ 수자원정보
④ 에너지, 광물자원 경영관리

(12) **경관 및 조경정보체계**
(VLIS ; Viewscape and Landscape Information System)

① 수치형상모형(DFM), 전산도형해석 기법과 조경, 다양한 모의 관측이 가능하여, 최적 경관계획안 수립이 가능
② 수치형상자료와 계획요소의 조합에 의한 경관조사, 평가 및 계획 수치형상자료 : 수치고도모형(DEM), 수치지세모형(DTM), 수치외관모형(DSM)
③ 조경설계(3차원 도형해석과 수목, 식재 등 고려)
④ 도로경관(도로의 노선, 횡단구성, 시설물, 녹지 등 고려)
⑤ 교량경관(교량형식, 위치, 전망점을 고려)
⑥ 터널경관(터널단면형상 결정, 터널 외부 조경, 터널 내부 조명)
⑦ 도시경관(가로구성, 보행자, 공원, 광장, Event 요소 등 고려)
⑧ 하천 및 호수경관(하천 및 호수의 위치, 수량, 주변공간, 수목, 수공구조물 고려)
⑨ 항만경관(항만시설, 항로별 조망, 수변경관)
⑩ 자연 경관 및 경관 개선대책 수립 등

(13) **재해정보체계**(DIS ; Disaster Information System)

① 홍수방재체제 수립

② 지진방재체제
③ 대기오염 경보체제
④ 민방공체제 구축
⑤ 소방, 경찰
⑥ 범죄예방 및 주적
⑦ 산불 방지대책, 산사태, 눈사태 방지대책
⑧ 태풍
⑨ 방사능 방재정보

(14) **해양정보체계**(MIS ; Marine Information System)

① 해저영상수집
② 해저지형정보
③ 해저지질정보
④ 해양에너지조사
⑤ 해수유동, 해상정보
⑥ 위성영상, 해양관측 센서
⑦ 빙하 유동상황 추적 및 이동경로 예측, 항로방재대책 수립
⑧ 조석, 조류예보

(15) **기상정보체계**(MIS ; Meteorological Information System)

① 인공위성 영상분석에 의한 기상 변동추적 및 장기간 일기예보체제 구축
② 기후 및 기상관측의 자료전송 조직망 구성
③ 위성영상 자료해석과 기상예측 모형의 발전방안
④ 기상위성 관측자료와 지형특성을 고려한 태풍경로 추적 및 피해예측
⑤ 기상정보의 실시간 처리체계 구축
⑥ 기상관측자료와 지역별 지형특성 분석에 의한 일시별 정밀 기상예보체계 개발
⑦ 기상정보의 활용분야 조사 및 가치공학 도입에 의한 상품화 전략 수립

(16) **국방정보체계**(NDIS ; National Defence Information System)

① 인공위성 자료를 이용하여 전지역의 지형도 작성 및 지도자료기반 구축
② 시계열 영상분석에 의한 적정변화탐지 및 대응체계 수립

③ 위성영상, GPS, 수치형상모형 자료 조합해석 미사일 공격목표 선정 및 최대 공격효과 예측
④ 항공사진 및 위성영상의 수치지세 모형 중첩에 의한 작전지역의 3차원 영상생성 및 항공침투모의훈련
⑤ 지형특성분석에 의한 데이터 탐색범위 추출 및 방공체계 구축
⑥ SLAR(Side-Looking Airbone Rader) : 영상에 의한 적정탐지 및 수직영상지도 작성
⑦ 위성영상 분석에 의한 적 지역 농업, 삼림자원 현황조사 및 식량무기화 방안대책
⑧ 수치영상모형을 활용한 가시도(View-Shade Analysis) 분석
⑨ 국방행정 정보자료 기반구축 및 활용

(17) **지하정보체계**(UGIS ; Underground Information System)

① 지하시설에 대한 정보
② 지하지도 작성
③ 지반, 지질정보

Item pool
예상문제 및 기출문제

01. GPS(Global Positioning System)에 관한 설명으로 틀린 것은? (산기 05)

㉮ GPS에 의한 위치결정 시스템은 전파의 도달소요시간을 이용하여 위성으로부터의 거리를 관측한다.
㉯ GPS에서 사용하고 있는 좌표계는 WGS-72이다.
㉰ 관측에 소요되는 시간과 정확도를 보완하기 위해 개발되었으며 NNSS의 개량형이다.
㉱ GPS에서 직접 구한 높이는 우리가 일상 사용하는 표고와 다르다.

■해설 GPS에 사용하는 좌표계는 WGS84좌표

02. 범세계적 위치결정체계(GPS)에 대한 설명 중 옳지 않은 것은? (산기 05)

㉮ 기상에 관계없이 위치결정이 가능하다.
㉯ NNSS의 발전형으로 관측소요시간 및 정확도를 향상시킨 체계이다.
㉰ 우주 부분, 제어 부분, 사용자 부분으로 구성되어 있다.
㉱ 사용되는 좌표계는 WGS72이다.

■해설 GPS 사용 좌표는 WGS84 좌표이다.

03. 측지좌표 기준계로서 SPOT이나 GPS에서 채택하고 있는 좌표계는? (기사 05)

㉮ GRS 80　　㉯ WGS 72
㉰ WGS 84　　㉱ U.T.M

■해설 GPS나 SPOT 등의 위성측량에서 사용하는 좌표계는 WGS84 좌표이다.

04. 범지구측위체계(GPS)를 이용해 수집하는 지리좌표계로 적당한 것은?

㉮ Bessel　　㉯ Clarke
㉰ WGS72　　㉱ WGS84

■해설 GPS나 SPOT 등의 위성측량에서 사용하는 좌표계는 WGS84 좌표이다.

05. 다음 중 GPS의 특징에 대한 설명으로 옳지 않은 것은? (기사 05)

㉮ 장거리 측량에 주로 이용된다.
㉯ 관측점 간의 시통이 필요하지 않다.
㉰ 날씨에 영향을 많이 받는다.
㉱ 고정밀도 측량이 가능하다.

■해설 GPS는 기후나 안개 등의 영향이 없다.

06. 위성측량에 대한 설명으로 틀린 것은? (기사 05)

㉮ NNSS에 의한 위치결정 시스템은 도플러 현상을 이용한다.
㉯ GPS에서 사용하고 있는 기준타원체는 WGS84 타원체이다.
㉰ 관측의 소요시간과 정확도 면에서의 문제점을 보완하기 위해 GPS의 발전형으로 NNSS를 개발하였다.
㉱ GPS는 군사적 목적으로 개발되었으나 그 활용분야가 민간부분에까지 널리 확대되고 있다.

■해설 GPS는 NNSS의 개량형이다.

|해답| 1.㉯ 2.㉱ 3.㉰ 4.㉱ 5.㉰ 6.㉰

07. 범지구측위체계(GPS)를 이용한 측량의 특징으로 옳지 않은 것은?

㉮ 3차원 공간 계측이 가능하다.
㉯ 기상의 영향을 거의 받지 않으며 야간에도 측량 가능하다.
㉰ Besset 타원체에 기반한 경위도 좌표정보를 수집하므로 좌표정밀도가 높다.
㉱ 기선 결정의 경우 두 측점 간의 시통에 관계가 없다.

해설 GPS 특징
① 고정밀 측량이 가능하다.
② 장거리를 신속하게 측량할 수 있다.
③ 관측점 간의 시통이 필요 없다.
④ 기상조건의 영향이 없고, 야간 관측도 가능하다.
⑤ 3차원 공간 계측이 가능하며 움직이는 대상물도 측정이 가능하다.

08. 측점 간의 시통이 불필요하고 24시간 상시 높은 정밀도로 3차원 위치 측정이 가능하며, 실시간 측정이 가능하여 항법용으로도 활용되는 측량 방법은? (기사 04)

㉮ NNSS 측량　㉯ GPS 측량
㉰ VLBI 측량　㉱ 토털스테이션 측량

해설 GPS 측량
① 높은 정밀도 측량
② 중력에 관계없는 3차원적 측량
③ 관측점 간 시통이 필요 없는 측량
④ 기후에 영향이 없는 측량
⑤ 야간 관측도 가능한 측량
⑥ 장거리 측량

09. GPS 측량에서 측점의 표고를 구하였더니 89.123m였다. 이 지점의 지오이드 높이가 40.150m라면 실제 표고(정표고)는 얼마인가? (산기 06)

㉮ 129.273m　㉯ 48.973m
㉰ 69.048m　㉱ 89.123m

해설 실제표고=측점의 표고－지오이드 높이
=89.123－40.150=48.973m

10. 다음 중 지형공간정보체계의 자료 처리 체계로 가장 옳게 배열된 것은? (기사 04)

㉮ 부호화－자료 입력－자료 정비－조작 처리－출력
㉯ 자료 입력－부호화－자료 정비－조작 처리－출력
㉰ 자료 입력－자료 정비－부호화－조작 처리－출력
㉱ 자료 입력－조작 처리－자료 정비－부호화－출력

11. 점, 선, 면 또는 입체적 특성을 갖는 자료를 공간적 위치 기준에 맞추어 다양한 목적과 형태로서 분석, 처리할 수 있는 최신 정보체계는?

㉮ DTM(Digital Terrain Model)
㉯ GIS(Geographic Information System)
㉰ GPS(Global Positioning System)
㉱ WGS(World Geodetic System)

해설 GIS(지리정보체계)
복잡한 계획과 관리문제를 해결하기 위하여 컴퓨터를 기반으로 공간자료를 입력, 저장, 관리, 분석, 표현하는 체계

12. 다음의 GPS 현장 관측방법 중에서 일반적으로 정확도가 가장 높은 관측 방법은? (산기 12)

㉮ 정적 관측법
㉯ 동적 관측법
㉰ 실시간 동적 관측법
㉱ 의사 동적 관측법

해설 정지관측이 정확도가 높다.

 |해답| 7.㉰ 8.㉯ 9.㉯ 10.㉯ 11.㉯ 12.㉮

13. GPS 위성측량에 대한 설명으로 옳은 것은?

㉮ GPS를 이용하여 취득한 높이는 지반고이다.
㉯ GPS에서 사용하고 있는 기준타원체는 GRS80 타원체이다.
㉰ 대기 내 수증기는 GPS 위성 신호를 지연시킨다.
㉱ VRS 측량에서는 망조정이 필요하다.

■해설 대류권 지연
이 층은 지구 기후에 의해 구름과 같은 수증기가 있어 굴절 오차의 원인이 된다.

14. GPS 구성 부문 중 위성의 신호 상태를 점검하고, 궤도 위치에 대한 정보를 모니터링하는 임무를 수행하는 부문은?

㉮ 우주부문　㉯ 제어부문
㉰ 사용자부문　㉱ 개발부문

■해설 GPS 구성
① 우주부분 : 21개의 위성과 3개의 예비위성으로 구성, 전파신호를 보내는 역할
② 제어부분 : 위성의 신호상태를 점검, 궤도 위치에 대한 정보를 모니터링
③ 사용자부분 : 위성으로부터 전송되는 신호정보를 이용하여 수신기의 위치를 결정

15. GNSS 위성측량시스템으로 틀린 것은?

㉮ GPS　㉯ GSIS
㉰ QZSS　㉱ GALILEO

■해설 GSIS는 지형공간 정보시스템이다.

16. 지리정보시스템(GIS) 데이터의 형식 중에서 벡터 형식의 객체자료 유형이 아닌 것은?

㉮ 격자(Cell)　㉯ 점(Point)
㉰ 선(Line)　㉱ 면(Polygon)

■해설 벡터는 점, 선, 면의 3대 구성요소를 통하여 좌표로 표현 가능하다.

17. GNSS 측량에 대한 설명으로 옳지 않은 것은?

㉮ 3차원 공간 계측이 가능하다.
㉯ 기상의 영향을 거의 받지 않으며 야간에도 측량이 가능하다.
㉰ Bessel 타원체를 기준으로 경위도 좌표를 수집하기 때문에 좌표정밀도가 높다.
㉱ 기선 결정의 경우 두 측점 간의 시통에 관계가 없다.

■해설 GNSS(범지구위성항법 시스템)은 미국의 GPS, 러시아의 GLONASS, 유럽의 Galileo 프로젝트, 중국의 Beidou, 일본의 QZSS 등이 속한다.
사용좌표계는 세계 다수의 국가가 사용하는 ITRF계 미국의 GPS운영측지계인 WGS계 러시아의 GNONASS 운영측지계인 PZ계로 나눌 수 있다.

|해답| 13.㉰ 14.㉯ 15.㉯ 16.㉮ 17.㉰

과년도 출제문제 및 해설

Contents

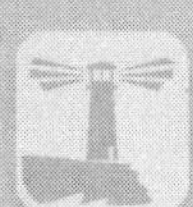

Item pool (기사 2017년 3월 시행)

과년도 출제문제 및 해설

01. 삼각수준측량에서 정밀도 10^{-5}의 수준차를 허용할 경우 지구곡률을 고려하지 않아도 되는 최대 시준거리는?(단, 지구곡률반지름 R=6,370km 이고, 빛의 굴절계수는 무시)

① 35m ② 64m
③ 70m ④ 127m

■ 해설

㉠ $\frac{1}{100,000}=\frac{\frac{(1-k)D^2}{2R}}{D}$

㉡ $D=\frac{2\times 6,370}{1\times 100,000}=0.1274\text{km}=127\text{m}$

02. 측점 M의 표고를 구하기 위하여 수준점 A, B, C로부터 수준측량을 실시하여 표와 같은 결과를 얻었다면 M의 표고는?

측점	표고(m)	관측방향	고저차(m)	노선길이
A	11.03	A→M	+2.10	2km
B	13.60	B→M	−0.30	4km
C	11.64	C→M	+1.45	1km

① 13.09m ② 13.13m
③ 13.17m ④ 13.22m

■ 해설 ㉠ 경중률은 노선길이에 반비례

$P_A : P_B : P_C=\frac{1}{2}:\frac{1}{4}:\frac{1}{1}=2:1:4$

㉡ 최확치(h_0)

$=\frac{P_A\times h_A+P_B\times h_B+P_C\times h_C}{P_A+P_B+P_C}$

$=\frac{2\times 13.13+1\times 13.3+4\times 13.09}{2+1+4}$

$=13.13\text{m}$

03. 답사나 홍수 등 급하게 유속관측을 필요로 하는 경우에 편리하여 주로 이용하는 방법은?

① 이중부자
② 표면부자
③ 스크루(Screw)형 유속계
④ 프라이스(Price)식 유속계

■ 해설 표면부자
홍수 시 표면유속을 관측할 때 사용한다.

04. 토적곡선(Mass Curve)을 작성하는 목적으로 가장 거리가 먼 것은?

① 토량의 운반거리 산출
② 토공기계의 선정
③ 토량의 배분
④ 교통량 산정

■ 해설 토적곡선은 토공에 필요하며 토량의 배분, 토공기계 선정, 토량운반거리 산출에 쓰인다.

05. 다음 중 다각측량의 순서로 가장 적합한 것은?

① 계획 → 답사 → 선점 → 조표 → 관측
② 계획 → 선점 → 답사 → 조표 → 관측
③ 계획 → 선점 → 답사 → 관측 → 조표
④ 계획 → 답사 → 선점 → 관측 → 조표

■ 해설 트래버스 측량순서
계획 → 답사 → 선점 → 조표 → 거리관측 → 각관측 → 거리와 각관측 정도의 평균 → 계산

|해답| 1.④ 2.② 3.② 4.④ 5.①

06. 국토지리정보원에서 발급하는 기준점 성과표의 내용으로 틀린 것은?

① 삼각점이 위치한 평면좌표계의 원점을 알 수 있다.
② 삼각점 위치를 결정한 관측방법을 알 수 있다.
③ 삼각점의 경도, 위도, 직각좌표를 알 수 있다.
④ 삼각점의 표고를 알 수 있다.

해설 기준점 성과표는 기준점의 수평위치, 표고, 인접 지점 간의 방향각 및 거리 등을 기록한 표이다.

07. 노선측량에서 교각이 32°15′00″, 곡선 반지름이 600m일 때의 곡선장(C.L.)은?

① 355.52m　② 337.72m
③ 328.75m　④ 315.35m

해설

$$곡선장(CL) = RI\frac{\pi}{180°}$$
$$= 600 \times 32°15' \times \frac{\pi}{180°}$$
$$= 337.72\text{m}$$

08. 한 변의 길이가 10m인 정사각형 토지를 축척 1 : 600 도상에서 관측한 결과, 도상의 변 관측 오차가 0.2mm씩 발생하였다면 실제 면적에 대한 오차 비율(%)은?

① 1.2%　② 2.4%
③ 4.8%　④ 6.0%

해설

㉠ $\frac{\Delta A}{A} = 2\frac{\Delta L}{L}$

㉡ $\Delta L = 0.2 \times 600 = 120\text{mm} = 0.12\text{m}$

㉢ $\frac{\Delta A}{A} = 2 \times \frac{0.12}{10} = 0.024 = 2.4\%$

09. 그림과 같은 수준망에 대해 각각의 환(I~IV)에 따라 폐합 오차를 구한 결과가 표와 같다. 폐합 오차의 한계가 $\pm 1.0\sqrt{S}\text{cm}$일 때 우선적으로 재관측할 필요가 있는 노선은?(단, S : 거리[km])

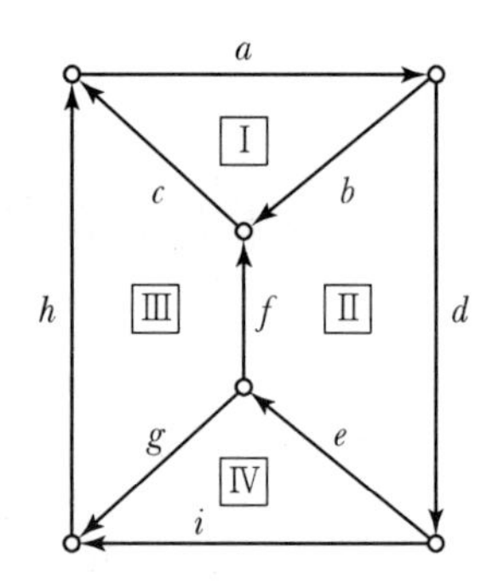

노선	a	b	c	d	e	f	g	h	i
거리(m)	4.1	2.2	2.4	6.0	3.6	4.0	2.2	2.3	3.5

환	I	II	III	IV	외주
폐합오차(m)	−0.017	0.048	−0.026	−0.083	−0.031

① e노선　② f노선
③ g노선　④ h노선

해설 오차가 많이 발생한 노선은 II, IV이므로 이 중 중복되는 e노선에서 오차가 가장 많이 발생하였으므로 우선적으로 재측한다.

10. 지성선에 해당하지 않는 것은?

① 구조선　② 능선
③ 계곡선　④ 경사변환선

해설 지성선은 지표면이 다수의 평면으로 이루어졌다고 가정할 때 그 면과 면이 만나는 선이며 능선, 계곡선, 경사변환선 등이 있다.

11. 토털스테이션으로 각을 측정할 때 기계의 중심과 측점이 일치하지 않아 0.5mm의 오차가 발생하였다면 각 관측 오차를 2″ 이하로 하기 위한 변의 최소 길이는?

① 82.501m　② 51.566m
③ 8.250m　④ 5.157m

해설

㉠ $\frac{\Delta L}{L} = \frac{\theta''}{\rho''}$

㉡ $L = \frac{\rho''}{\theta''}\Delta L = \frac{206265}{2} \times 0.5$
$= 51566.25\text{mm} = 51.566\text{m}$

|해답| 6.② 7.② 8.② 9.① 10.① 11.②

12. 삼각형 A, B, C의 내각을 측정하여 다음과 같은 결과를 얻었다. 오차를 보정한 각 B의 최확값은?

- $\angle A = 59°59'27''$(1회 관측)
- $\angle B = 60°00'11''$(2회 관측)
- $\angle C = 59°59'49''$(3회 관측)

① 60°00′20″ ② 60°00′22″
③ 60°00′33″ ④ 60°00′44″

해설 ㉠ 경중률이 다른 경우 오차를 경중률에 반비례하여 배분한다.
㉡ 경중률(P)은 관측횟수(N)에 비례한다.
$P_A : P_B : P_C = 1 : 2 : 3$
㉢ 폐합오차(E)$= -33''$
㉣ $\angle B$의 조정량$= 33 \times \dfrac{3}{11} = +9''$
㉤ $\angle B$의 최확값$= 60°00'11'' + 9'' = 60°00'20''$

13. 지구의 형상에 대한 설명으로 틀린 것은?

① 회전타원체는 지구의 형상을 수학적으로 정의한 것이고, 어느 하나의 국가에서 기준으로 채택한 타원체를 기준타원체라 한다.
② 지오이드는 물리적 형상을 고려하여 만든 불규칙한 곡면이며, 높이 측정의 기준이 된다.
③ 지오이드 상에서 중력 포텐셜의 크기는 중력 이상에 의하여 달라진다.
④ 임의 지점에서 회전타원체에 내린 법선이 적도면과 만나는 각도를 측지위도라 한다.

해설 지오이드는 중력의 등포텐셜면이다.

14. 완화곡선에 대한 설명으로 옳지 않은 것은?

① 완화곡선의 곡선 반지름은 시점에서 무한대, 종점에서 원곡선의 반지름 R로 된다.
② 클로소이드의 형식에는 S형, 복합형, 기본형 등이 있다.
③ 완화곡선의 접선은 시점에서 원호에, 종점에서 직선에 접한다.
④ 모든 클로소이드는 닮은꼴이며 클로소이드 요소에는 길이의 단위를 가진 것과 단위가 없는 것이 있다.

해설 완화곡선의 접선은 시점에서 직선에, 종점에서 원호에 접한다.

15. 25cm×25cm인 항공사진에서 주점기선의 길이가 10cm일 때 이 항공사진의 중복도는?

① 40% ② 50%
③ 60% ④ 70%

해설 ㉠ $b_0 = a\left(1 - \dfrac{P}{100}\right)$
㉡ $P = \left(1 - \dfrac{b_0}{a}\right) \times 100 = \left(1 - \dfrac{10}{25}\right) \times 100$
$= 60\%$

16. 노선 설치방법 중 좌표법에 의한 설치방법에 대한 설명으로 틀린 것은?

① 토털스테이션, GPS 등과 같은 장비를 이용하여 측점을 위치시킬 수 있다.
② 좌표법에 의한 노선의 설치는 다른 방법보다 지형의 굴곡이나 시통 등의 문제가 적다.
③ 좌표법은 평면곡선 및 종단곡선의 설치 요소를 동시에 위치시킬 수 있다.
④ 평면적인 위치의 측설을 수행하고 지형표고를 관측하여 종단면도를 작성할 수 있다.

해설 좌표법은 노선의 시점이나 종점 및 교점 등과 같은 곡선의 요소를 입력하여야 한다.

17. 촬영고도 800m의 연직사진에서 높이 20m에 대한 시차차의 크기는?(단, 초점거리는 21cm, 사진 크기는 23×23cm, 종중복도는 60%이다.)

① 0.8mm ② 1.3mm
③ 1.8mm ④ 2.3mm

■ 해설 ㉠ 시차차$(\Delta P) = \frac{h}{H} \cdot P_r = \frac{h}{H} b_0$

$= \frac{20}{800} \times 0.092$

$= 0.0023\text{m} = 2.3\text{mm}$

㉡ $b_0 = a\left(1 - \frac{p}{100}\right) = 0.23 \times \left(1 - \frac{60}{100}\right)$

$= 0.092\text{m}$

18. 다음 설명 중 옳지 않은 것은?

① 측지학적 3차원 위치결정이란 경도, 위도 및 높이를 산정하는 것이다.
② 측지학에서 면적이란 일반적으로 지표면의 경계선을 어떤 기준면에 투영하였을 때의 면적을 말한다.
③ 해양측지는 해양상의 위치 및 수심의 결정, 해저지질조사 등을 목적으로 한다.
④ 원격탐사는 피사체와의 직접 접촉에 의해 획득한 정보를 이용하여 정략적 해석을 하는 기법이다.

■ 해설 원격탐사는 센서를 이용하여 지표대상물에서 방사, 반사하는 전자파를 측정하여 정량적 · 정성적 해석을 하는 탐사다.

19. 등고선의 성질에 대한 설명으로 옳지 않은 것은?

① 등고선은 분수선(능선)과 평행하다.
② 등고선은 도면 내 · 외에서 폐합하는 폐곡선이다.
③ 지도의 도면 내에서 폐합하는 경우 등고선의 내부에는 산꼭대기 또는 분지가 있다.
④ 절벽에서 등고선이 서로 만날 수 있다.

■ 해설 등고선은 능선(분수선), 계곡선(합수선)과 직교한다.

20. 하천의 유속측정 결과, 수면으로부터 깊이의 2/10, 4/10, 6/10, 8/10 되는 곳의 유속(m/s)이 각각 0.662, 0.552, 0.442, 0.332였다면 3점법에 의한 평균유속은?

① 0.4603m/s ② 0.4695m/s
③ 0.5245m/s ④ 0.5337m/s

■ 해설 3점법$(V_n) = \frac{V_{0.2} + 2V_{0.6} + V_{0.8}}{4}$

$= \frac{0.662 + 2 \times 0.442 + 0.332}{4}$

$= 0.4695\text{m/s}$

Item pool (산업기사 2017년 3월 시행)

과년도 출제문제 및 해설

01. 초점거리 120mm, 비행고도 2,500m로 촬영한 연직사진에서 비고 300m인 작은 산의 축척은?

① 약 1/17,500
② 약 1/18,400
③ 약 1/35,000
④ 약 1/45,000

해설

$$축척(\frac{1}{M}) = \frac{f}{H \pm \Delta h}$$
$$= \frac{0.12}{2,500-300} = \frac{0.12}{2,200} ≒ \frac{1}{18,400}$$

02. 도로설계에 있어서 캔트(Cant)의 크기가 C인 곡선의 반지름과 설계속도를 모두 2배로 증가시키면 새로운 캔트의 크기는?

① $2C$　② $4C$
③ $C/2$　④ $C/4$

해설

캔트$(C) = \frac{SV^2}{Rg}$에서

R과 V를 2배로 하면 C는 2배가 된다.

03. 축척 1 : 1,000의 지형도를 이용하여 축척 1 : 5,000 지형도를 제작하려고 한다. 1 : 5,000 지형도 1장의 제작을 위해서는 1 : 1,000 지형도 몇 장이 필요한가?

① 5매　② 10매
③ 20매　④ 25매

해설

㉠ 면적은 축척$\left(\frac{1}{m}\right)^2$에 비례

㉡ 매수$=\left(\frac{5,000}{1,000}\right)^2 = 25$매

04. 다음 표는 폐합트레버스 위거, 경거의 계산 결과이다. 면적을 구하기 위한 CD측선의 배횡거는?

측선	위거(m)	경거(m)
AB	+67.21	+89.35
BC	−42.12	+23.45
CD	−69.11	−45.22
DA	+44.02	−67.58

① 360.15m　② 311.23m
③ 202.15m　④ 180.38m

해설 ㉠ 첫 측선의 배횡거는 첫 측선의 경거와 같다.
㉡ 임의 측선의 배횡거는 전 측선의 배횡거+전 측선의 경거+그 측선의 경거이다.
㉢ 마지막 측선의 배횡거는 마지막 측선의 경거와 같다.(부호 반대)

- AB측선의 배횡거
=89.35m
- BC측선의 배횡거
=89.35+89.35+23.45
=202.15m
- CD측선의 배횡거
=202.15+23.45−45.22
=180.38m

05. 매개변수 A=60m인 클로소이드의 곡선길이가 30m일 때 종점에서의 곡선반지름은?

① 60m　② 90m
③ 120m　④ 150m

해설 ㉠ $A^2 = R \cdot L$

㉡ $R = \frac{A^2}{L} = \frac{60^2}{30} = 120\text{m}$

|해답| 01.② 02.① 03.④ 04.④ 05.③

06. 하천측량 중 유속의 관측을 위하여 2점법을 사용할 때 필요한 유속은?

① 수면에서 수심의 20%와 60%인 곳의 유속
② 수면에서 수심의 20%와 80%인 곳의 유속
③ 수면에서 수심의 40%와 60%인 곳의 유속
④ 수면에서 수심의 40%와 80%인 곳의 유속

해설

$$2점법(V_m)=\frac{V_{0.2}+V_{0.8}}{2}$$

07. 그림과 같은 지역의 토공량은?(단, 각 구역의 크기는 동일하다.)

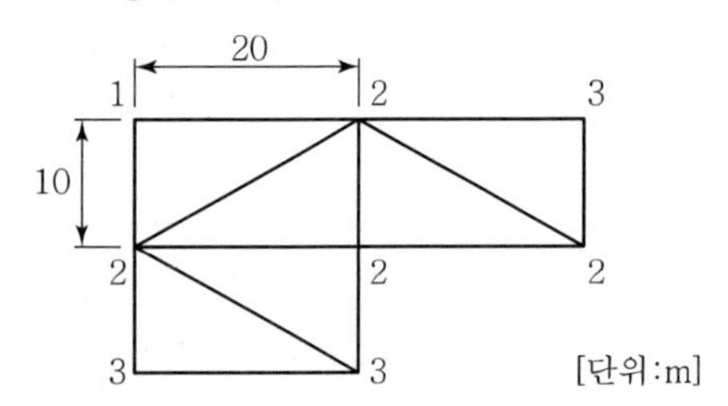

① 600m³　　② 1,200m³
③ 1,300m³　　④ 2,600m³

해설 삼각형 분할

$$V=\frac{A}{3}(\Sigma h_1+2\Sigma h_2+3\Sigma h_3\cdots)$$

㉠ $\Sigma h_1=1+3+3=7$

㉡ $\Sigma h_2=3+2=5$

㉢ $\Sigma h_3=2$

㉣ $\Sigma h_4=2+2=4$

㉤ $V=\dfrac{\frac{10\times 20}{2}}{3}(7+2\times 5+3\times 2+4\times 4)$

$=1,300\text{m}^3$

08. 거리측량에서 발생하는 오차 중에서 착오(과오)에 해당되는 것은?

① 줄자의 눈금이 표준자와 다를 때
② 줄자의 눈금을 잘못 읽었을 때
③ 관측 시 줄자의 온도가 표준온도와 다를 때
④ 관측 시 장력이 표준장력과 다를 때

해설 착오는 관측자의 과실이나 실수에 의해 생기는 오차

09. 디지털카메라로 촬영한 항공사진측량의 일반적인 특징에 대한 설명으로 옳은 것은?

① 기상 상태에 관계없이 측량이 가능하다.
② 넓은 지역을 촬영한 사진은 정사투영이다.
③ 다양한 목적에 따라 축척 변경이 용이하다.
④ 기계 조작이 간단하고 현장에서 측량이 잘못된 곳을 발견하기 쉽다.

해설 장점

㉠ 정량적, 정성적인 측량이 가능하다.
㉡ 동적인 대상물의 측량이 가능하다.
㉢ 측량의 정밀도가 균일하다.

- 표고의 경우 : $\left(\frac{1}{10,000}\sim\frac{2}{10,000}\right)\times H$ (촬영고도)
- 평면의 경우 : $10\sim30\mu\times\text{m}$ (축척분모수), (단 $\mu=\frac{1}{1,000}\text{mm}$)

㉣ 접근하기 어려운 대상물의 측량이 가능하다.
㉤ 분업화에 의한 작업능률성이 좋다.
㉥ 축척의 변경이 용이하다.
㉦ 경제성이 좋다.
㉧ 4차원 측정이 가능하다.

10. 어떤 경사진 터널 내에서 수준측량을 실시하여 그림과 같은 결과를 얻었다. $a=1.15$m, $b=1.56$m, 경사거리$(S)=31.69$m, 연직각 $\alpha=+17°47'$일 때 두 측점 간의 고저차는?

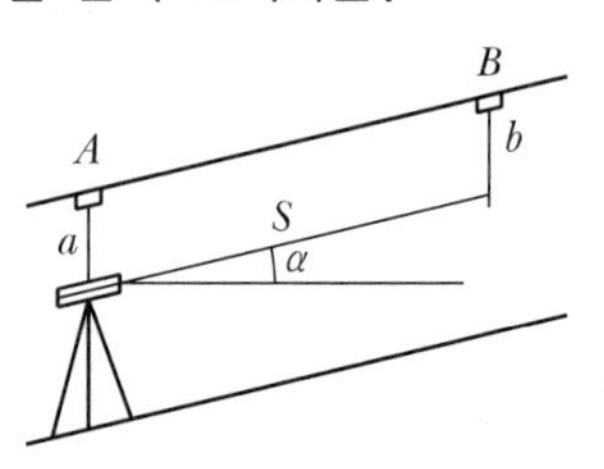

① 5.3m　　② 8.04m
③ 10.09m　　④ 12.43m

■해설 $\Delta h = (b + S\sin\alpha) - a$
$= (1.56 + 31.69 \times \sin 17°47') - 1.15$
$= 10.088\text{m} \fallingdotseq 10.09\text{m}$

11. 축척 1 : 600으로 평판측량을 할 때 앨리데이드의 외심거리 24mm에 의하여 생기는 외심오차는?

① 0.04mm ② 0.08mm
③ 0.4mm ④ 0.8mm

■해설 ㉠ 외심오차 $= \dfrac{e}{M}$

㉡ 도상 허용오차$= \dfrac{24}{600} = 0.04\text{mm}$

12. 표고 236.42m의 평탄지에서 거리 500m를 평균해면상의 값으로 보정하려고 할 때, 보정량은?(단, 지구 반지름은 6,370km로 한다.)

① −1.656cm
② −1.756cm
③ −1.856cm
④ −1.956cm

■해설 평균해면상 보정
$C = -\dfrac{LH}{R} = -\dfrac{500 \times 236.42}{6370 \times 1000}$
$= -0.018557\text{m} = -1.856\text{cm}$

13. 트래버스 측량의 일반적인 순서로 옳은 것은?

① 선점 → 조표 → 수평각 및 거리 관측 → 답사 → 계산
② 선점 → 조표 → 답사 → 수평각 및 거리 관측 → 계산
③ 답사 → 선점 → 조표 → 수평각 및 거리 관측 → 계산
④ 답사 → 조표 → 선점 → 수평각 및 거리 관측 → 계산

■해설 트래버스 측량순서
계획 → 답사 → 선점 → 조표 → 거리관측 → 각관측 → 거리와 각관측 정도의 평균 → 계산

14. 삼각점 C에 기계를 세울 수 없어 B에 기계를 설치하여 $T'=31°15'40''$를 얻었다면 T는?(단, $e=2.5\text{m}$, $\psi=295°20'$, $S_1=1.5\text{km}$, $S_2=2.0\text{km}$)

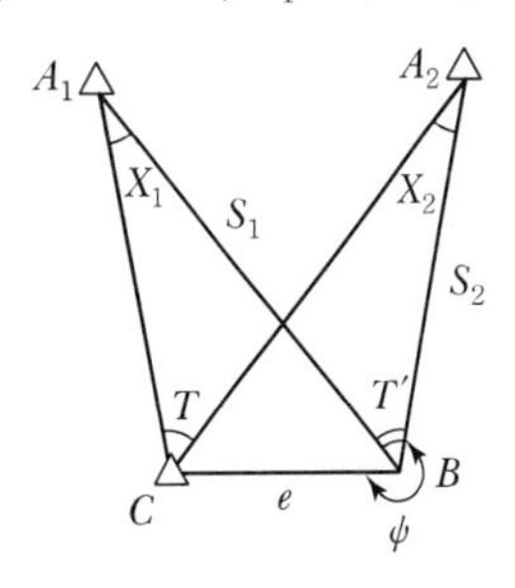

① 31°14′45″ ② 31°13′54″
③ 30°14′45″ ④ 30°07′42″

■해설 $T + X_1 = T' + X_2$, $T = T' + X_2 - X_1$이므로

㉠ $\dfrac{e}{\sin X_1} = \dfrac{S_1}{\sin(360° - \phi)}$

$\dfrac{2.5}{\sin X_1} = \dfrac{1500}{\sin(360° - 295°20')}$

$\therefore X_1 = 0°05'11''$

㉡ $\dfrac{e}{\sin X_2} = \dfrac{S_2}{\sin(360° - \phi + T')}$

$\dfrac{2.5}{\sin X_2} = \dfrac{2000}{\sin(360° - 295°20' + 31°15'40'')}$

$\therefore X_2 = 0°04'16''$

㉢ $T = 31°15'40'' + 0°4'16'' - 0°5'11''$
$= 31°14'45''$

15. 지형도의 등고선 간격을 결정하는 데 고려하여야 할 사항과 거리가 먼 것은?

① 지형 ② 축척
③ 측량목적 ④ 측량거리

■해설 등고선의 간격 결정 시 측량의 목적, 지형, 축척에 맞게 결정한다.

|해답| 11.① 12.③ 13.③ 14.① 15.④

16. 토지의 면적계산에 사용되는 심프슨의 제1법칙은 그림과 같은 포물선 AMB의 면적(빗금 친 부분)을 사각형 $ABCD$ 면적의 얼마로 보고 유도한 공식인가?

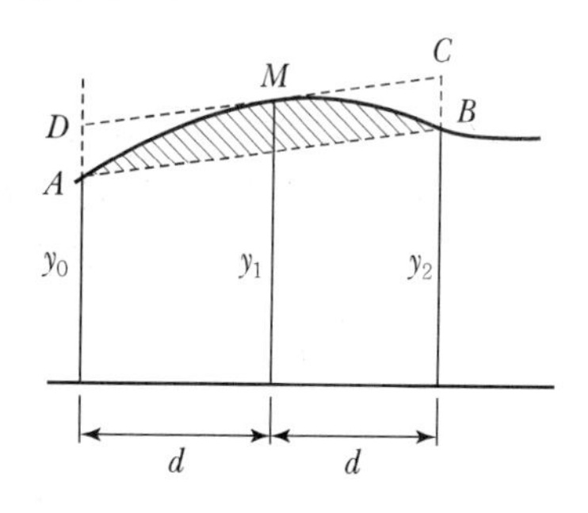

① 1/2 ② 2/3
③ 3/4 ④ 3/8

해설 경계선을 2차 포물선으로 보아 전체면적의 $\frac{2}{3}$로 본다.

17. 500m의 거리를 50m의 줄자로 관측하였다. 줄자의 1회 관측에 의한 오차가 ±0.01m라면 전체 거리 관측값의 오차는?

① ±0.03m ② ±0.05m
③ ±0.08m ④ ±0.10m

해설 $E=\pm\delta\sqrt{n}=\pm 0.01\sqrt{\dfrac{500}{50}}=\pm 0.03\text{m}$

18. 수준측량 용어 중 지반고를 구하려고 할 때 기지점에 세운 표척의 읽음을 의미하는 것은?

① 전시 ② 후시
③ 표고 ④ 기계고

해설 후시(B.S)
기지점에 세운 표척의 눈금을 읽는 것

19. 노선측량에서 노선을 선정할 때 유의해야 할 사항으로 옳지 않은 것은?

① 배수가 잘 되는 곳으로 한다.
② 노선 선정 시 가급적 직선이 좋다.
③ 절토 및 성토의 운반거리를 가급적 짧게 한다.
④ 가급적 성토 구간이 길고, 토공량이 많아야 한다.

해설 ㉠ 노선 선정 시 가능한 한 직선으로 하며 경사는 완만하게 한다.
㉡ 절성토량이 같고 절토의 운반거리를 짧게 한다.
㉢ 배수가 잘 되는 곳을 선정한다.

20. 우라나라의 노선측량에서 고속도로에 주로 이용되는 완화곡선은?

① 클로소이드 곡선 ② 렘니스케이트 곡선
③ 2차 포물선 ④ 3차 포물선

해설 ㉠ 클로소이드 곡선 : 도로
㉡ 3차 포물선 : 철도
㉢ 렘니스케이트 곡선 : 시가지 지하철
㉣ 반파장 sine 곡선 : 고속철도

 |해답| 16.② 17.① 18.② 19.④ 20.①

Item pool (기사 2017년 5월 시행)

과년도 출제문제 및 해설

01. 측량의 분류에 대한 설명으로 옳은 것은?

① 측량구역이 상대적으로 협소하여 지구의 곡률을 고려하지 않아도 되는 측량을 측지측량이라 한다.

② 측량정확도에 따라 평면기준점측량과 고저기준점측량으로 구분한다.

③ 구면 삼각법을 적용하는 측량과 평면삼각법을 적용하는 측량과의 근본적인 차이는 삼각형 내각의 합이다.

④ 측량법에는 기본측량과 공공측량의 두 가지로만 측량을 분류한다.

■ 해설 ㉠ 곡률을 무시한 평면측량, 곡률을 고려한 측지측량
㉡ 법에 따른 분류는 기본, 공공, 일반측량

02. 수준측량에서 시준거리를 같게 함으로써 소거할 수 있는 오차에 대한 설명으로 틀린 것은?

① 기포관축과 시준선이 평행하지 않을 때 생기는 시준선 오차를 소거할 수 있다.

② 시준거리를 같게 함으로써 지구곡률오차를 소거할 수 있다.

③ 표척 시준 시 초점나사를 조정할 필요가 없으므로 이로 인한 오차인 시준오차를 줄일 수 있다.

④ 표척의 눈금 부정확으로 인한 오차를 소거할 수 있다.

■ 해설 표척눈금 영점오차의 경우 기계를 짝수로 설치함으로써 소거한다.

03. UTM 좌표에 대한 설명으로 옳지 않은 것은?

① 중앙 자오선의 축척계수는 0.9996이다.

② 좌표계는 경도 6°, 위도 8° 간격으로 나눈다.

③ 우리나라는 40구역(ZONE)과 43구역(ZONE)에 위치하고 있다.

④ 경도의 원점은 중앙자오선에 있으며 위도의 원점은 적도 상에 있다.

■ 해설 우리나라는 51구역(Zone)과 52구역(Zone)에 위치하고 있다.

04. 1,600m²의 정사각형 토지 면적을 0.5m²까지 정확하게 구하기 위해서 필요한 변길이의 최대 허용오차는?

① 2.25mm　② 6.25mm
③ 10.25mm　④ 12.25mm

■ 해설 ㉠ 면적과 거리 정밀도의 관계

$$\frac{\Delta A}{A}=2\frac{\Delta L}{L}$$

② $L=\sqrt{A}=\sqrt{1,600}=40\text{m}$

③ $\Delta L=\dfrac{\Delta A\cdot L}{2\cdot A}=\dfrac{0.5\times 40}{2\times 1,600}=0.00625\text{m}$
$=6.25\text{mm}$

05. 도로공사에서 거리 20m인 성토구간에 대하여 시작 단면 $A_1=72\text{m}^2$, 끝 단면 $A_2=182\text{m}^2$, 중앙단면 $A_m=132\text{m}^2$라고 할 때 각주공식에 의한 성토량은?

① 2,540.0m³　② 2,573.3m³
③ 2,600.0m³　④ 2,606.7m³

■ 해설

$$V=\frac{L}{6}(A_1+4A_m+A_2)$$
$$=\frac{20}{6}(72+4\times 132+182)=2606.7\text{m}^3$$

|해답| 1.③ 2.④ 3.③ 4.② 5.④

06. 도로 기점으로부터 교점(I.P)까지의 추가거리가 400m, 곡선 반지름 R=200m, 교각 I=90°인 원곡선을 설치할 경우, 곡선시점(B.C)은? (단, 중심 말뚝거리=20m)

① No.9 ② No.9+10m
③ No.10 ④ No.10+10m

해설 ㉠ $TL = R\tan\frac{I}{2} = 200 \times \left(\tan\frac{90°}{2}\right) = 200\text{m}$
㉡ BC 거리=IP−TL=400−200=200m
㉢ 200m = No.10

07. 곡선 설치에서 교각 I=60°, 반지름 R=150m일 때 접선장(T.L)은?

① 100.0m ② 86.6m
③ 76.8m ④ 38.6m

해설 $TL(\text{접선장}) = R\tan\frac{I}{2} = 150 \times \tan\frac{60°}{2} = 86.6\text{m}$

08. 수평각 관측방법에서 그림과 같이 각을 관측하는 방법은?

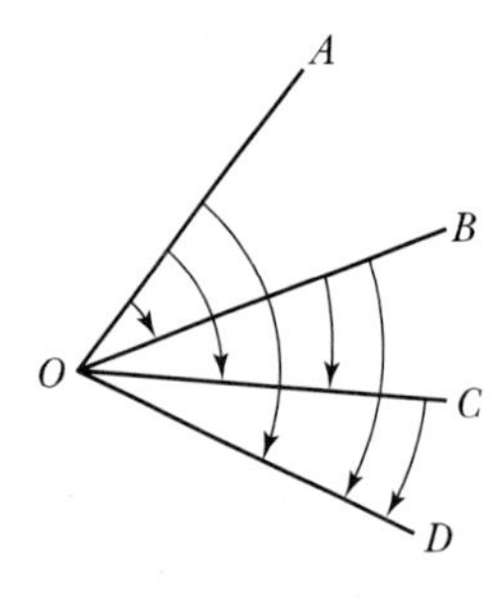

① 방향각 관측법 ② 반복 관측법
③ 배각 관측법 ④ 조합각 관측법

해설 각 관측법은 관측할 여러 개의 방향선 사이의 각을 차례로 방향각 법으로 관측

09. 수치지형도(Digital Map)에 대한 설명으로 틀린 것은?

① 우리나라는 축척 1 : 5,000 수치지형도를 국토기본도로 한다.
② 주로 필지정보와 표고자료, 수계정보 등을 얻을 수 있다.
③ 일반적으로 항공사진측량에 의해 구축된다.
④ 축척별 포함사항이 다르다.

해설 수치지형도는 측량결과에 따라 지표면 상에 위치와 지형 및 지명 등 여러 공간 정보를 일정한 축척에 따라 기호나 문자, 속성 등으로 표시하여 정보시스템에서 분석, 편집 및 입력, 출력할 수 있도록 제작된 것이다.
1 : 5,000 지형도를 기본으로 1 : 10,000 지형도, 1 : 25,000 및 1 : 50,000 지형도가 있으며 각각에 지형도에 따라 포함된 내용이 다르다.

10. 수준측량의 야장 기입방법 중 가장 간단한 방법으로 전시(B.S.)와 후시(F.S.)만 있으면 되는 방법은?

① 고차식 ② 교호식
③ 기고식 ④ 승강식

해설 ㉠ 고차식 야장기입법 : 두 점 간의 고저차를 구할 때 주로 사용, 전시와 후시만 있는 경우
㉡ 중간점이 많을 때는 기고식 야장기입법을 사용한다.
㉢ 승강식은 정밀한 측정을 요할 때

11. 수면으로부터 수심의 $\frac{2}{10}$, $\frac{4}{10}$, $\frac{6}{10}$, $\frac{8}{10}$인 곳에서 유속을 측정한 결과가 각각 1.2m/s, 1.0m/s, 0.7m/s, 0.3m/s이었다면 평균 유속은?(단, 4점법 이용)

① 1.095m/s ② 1.005m/s
③ 0.895m/s ④ 0.775m/s

 |해답| 6.③ 7.② 8.④ 9.② 10.① 11.④

해설 4점법(V_m)

$$= \frac{1}{5}\left\{V_{0.2} + V_{0.4} + V_{0.6} + V_{0.8} + \frac{1}{2}\left(V_{0.2} + \frac{V_{0.8}}{2}\right)\right\}$$

$$= \frac{1}{5}\left\{1.2 + 1.0 + 0.7 + 0.3 + \frac{1}{2}\left(1.2 + \frac{0.3}{2}\right)\right\}$$

$$= 0.775\text{m/s}$$

12. 삼각망 조정에 관한 설명으로 옳지 않은 것은?

① 임의의 한 변의 길이는 계산경로에 따라 달라질 수 있다.
② 검기선은 측정한 길이와 계산된 길이가 동일하다.
③ 1점 주위에 있는 각의 합은 360°이다.
④ 삼각형의 내각의 합은 180°이다.

해설 ㉠ 측점조건 : 한 측점 둘레의 각의 합 360°(점방정식)

㉡ 도형조건
- 다각형의 내각의 합 180°($n-2$) (각 방정식)
- 삼각형 내각의 합 180° (각 방정식)
- 삼각망 임의의 한 변의 길이는 순서에 관계없이 같은 값(변방정식)

13. 비고 65m의 구릉지에 의한 최대 기복변위는?(단, 사진기의 초점거리 15cm, 사진의 크기 23cm×23cm, 축척 1 : 20,000이다.)

① 0.14cm ② 0.35cm
③ 0.64cm ④ 0.82cm

해설 기복변위

㉠ $\frac{\Delta\gamma}{\gamma} = \frac{h}{H}$, $\Delta\gamma = \frac{h}{H}\gamma$

㉡ $H = f \cdot M = 0.15 \times 20{,}000 = 3{,}000\text{m}$

㉢ $\Delta\gamma_{\max} = \frac{h}{H}\gamma_{\max} = \frac{65}{3000} \times 0.23 \times \frac{\sqrt{2}}{2}$
$= 0.00352\text{m} = 0.35\text{cm}$

14. 클로소이드 곡선(Clothoid curve)에 대한 설명으로 옳지 않은 것은?

① 고속도로에 널리 이용된다.
② 곡률이 곡선의 길이에 비례한다.
③ 완화곡선(緩和曲線)의 일종이다.
④ 클로소이드 요소는 모두 단위를 갖지 않는다.

해설 클로소이드는 닮은 꼴이며 클로소이드 요소는 길이의 단위를 가진 것과 단위가 없는 것이 있다.

15. 항공사진측량의 입체시에 대한 설명으로 옳은 것은?

① 다른 조건이 동일할 때 초점거리가 긴 사진기에 의한 입체상이 짧은 사진기의 입체상보다 높게 보인다.
② 한 쌍의 입체사진은 촬영코스 방향과 중복도만 유지하면 두 사진의 축척이 30% 정도 달라도 무관하다.
③ 다른 조건이 동일할 때 기선의 길이를 길게 하는 것이 짧은 경우보다 과고감이 크게 된다.
④ 입체상의 변화는 기선고도비에 영향을 받지 않는다.

해설 동일 조건 시 기선의 길이가 길면 과고감이 크다.

16. 측점 A에 각관측 장비를 세우고 50m 떨어져 있는 측점 B를 시준하여 각을 관측할 때, 측선 AB에 직각방향으로 3cm의 오차가 있었다면 이로 인한 각관측 오차는?

① 0°1′13″ ② 0°1′22″
③ 0°2′04″ ④ 0°2′45″

해설 ㉠ $\frac{\Delta L}{L} = \frac{\theta''}{\rho''}$

㉡ $\theta'' = \frac{\Delta L}{L}\rho'' = \frac{0.03}{50} \times 206265'' = 2'04''$

|해답| 12.① 13.② 14.④ 15.③ 16.③

17. 직접법으로 등고선을 측정하기 위하여 A점에 레벨을 세우고 기계고 1.5m를 얻었다. 70m 등고선 상의 P점을 구하기 위한 표척(Staff)의 관측값은?(단, A점 표고는 71.6m이다.)

① 1.0m ② 2.3m
③ 3.1m ④ 3.8m

해설 ㉠ $H_P = H_A + I - h$
㉡ $h = H_A + I - H_P = 71.6 + 1.5 - 70 = 3.1\text{m}$

18. 하천에서 수애선 결정에 관계되는 수위는?

① 갈수위(DWL)
② 최저수위(HWL)
③ 평균최저수위(NLWL)
④ 평수위(OWL)

해설 수애선은 하천경계의 기준이며 평균 평수위를 기준으로 한다.

19. 20m 줄자로 두 지점의 거리를 측정한 결과가 320m이었다. 1회 측정마다 ±3mm의 우연오차가 발생한다면 두 지점 간의 우연오차는?

① ±12mm ② ±14mm
③ ±24mm ④ ±48mm

해설 ① 우연오차(M)
$= \pm\delta\sqrt{n} = 3 \pm \sqrt{\dfrac{320}{20}} = \pm 12\text{mm}$
$= \pm 0.012\text{m}$
② $L_0 = 320 \pm 0.012\text{m}$

20. 시가지에서 5개의 측점으로 폐합 트래버스를 구성하여 내각을 측정한 결과, 각관측 오차가 30″이었다. 각관측의 경중률이 동일할 때 각오차의 처리방법은?(단, 시가지의 허용오차 범위 $= 20''\sqrt{n} \sim 30''\sqrt{n}$)

① 재측량한다.
② 각의 크기에 관계없이 등배분한다.
③ 각의 크기에 비례하여 배분한다.
④ 각의 크기에 반비례하여 배분한다.

해설 ㉠ 시가지의 허용범위
$= 20''\sqrt{5} \sim 30''\sqrt{5} = 44.72'' \sim 1'7''$
㉡ 측각오차(30″) < 허용범위(44.72″~1′7″)이므로 관측 정도가 같다고 보고 관측오차를 등배분한다.

|해답| 17.③ 18.④ 19.① 20.②

Item pool (산업기사 2017년 5월 시행)

과년도 출제문제 및 해설

01. 항공사진의 특수 3점이 하나로 일치되는 사진은?

① 경사사진
② 파노라마사진
③ 근사수직사진
④ 엄밀수직사진

■ 해설 엄밀수직사진은 주점, 연직점, 등각점이 한 점에 일치되는 사진이며 경사각도가 0°이다.

02. 교호수준측량의 결과가 그림과 같을 때, A점의 표고가 55.423m라면 B점의 표고는?

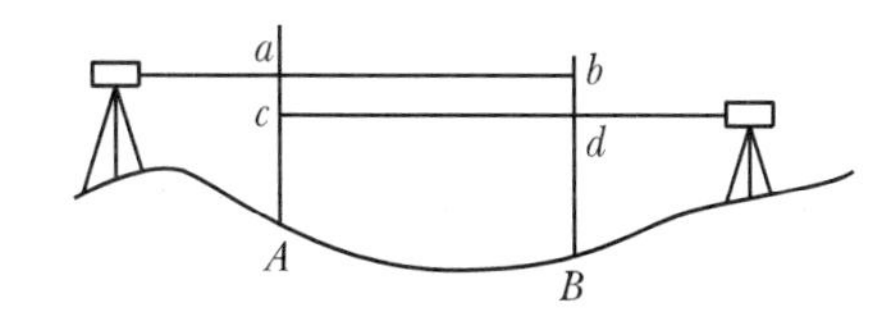

$a=2.665\text{m},\ b=3.965\text{m},\ c=0.530\text{m},\ d=1.816\text{m}$

① 52.930m ② 53.281m
③ 54.130m ④ 54.137m

■ 해설
㉠ $\Delta H=\dfrac{(a_1+a_2)-(b_1+b_2)}{2}$
$=\dfrac{(2.665+0.530)-(3.965+1.816)}{2}$
$=-1.293\text{m}$
㉡ $H_B=H_A\pm\Delta H=55.423-1.293=54.13\text{m}$

03. 축척 1 : 5,000 지형도(30cm×30cm)를 기초로 하여 축척이 1 : 50,000인 지형도(30cm×30cm)를 제작하기 위해 필요한 축척 1 : 5,000 지형도의 매수는?

① 50매 ② 100매
③ 150매 ④ 200매

■ 해설
㉠ 면적은 축척$\left(\dfrac{1}{m}\right)^2$에 비례한다.
㉡ 면적비$=\left(\dfrac{50000}{5000}\right)^2=100$매

04. 수준측량에서 전시와 후시의 시준거리를 같게 하여 소거할 수 있는 기계오차로 가장 적합한 것은?

① 거리의 부등에서 생기는 시준선의 대기 중 굴절에서 생긴 오차
② 기포관 축과 시준선이 평행하지 않기 때문에 생긴 오차
③ 온도 변화에 따른 기포관의 수축팽창에 의한 오차
④ 지구의 곡률에 의해서 생긴 오차

■ 해설 전·후시 거리를 같게 하여 소거하는 것은 시준축 오차이며 기포관 축과 시준선이 평행하지 않아 생기는 오차다.

05. 기준면으로부터 촬영고도 4,000m에서 종중복도 60%로 촬영한 사진 2장의 기선장이 99mm, 철탑의 최상단과 최하단의 시차차가 2mm이었다면 철탑의 높이는?(단, 카메라 초점거리=150mm)

① 80.8m ② 82.5m
③ 89.2m ④ 92.4m

■ 해설
㉠ $\dfrac{h_1}{H}=\dfrac{\Delta P}{b_0}$
㉡ $h_1=\dfrac{\Delta P}{b_0}H=\dfrac{2}{99}\times4{,}000=80.8\text{m}$

|해답| 1.④ 2.③ 3.② 4.② 5.①

06. 다음 중 삼각점의 기준점 성과표가 제공하지 않는 성과는?

① 직각좌표　② 경위도
③ 중력　④ 표고

해설 기준점 성과표는 기준점의 수평위치, 표고, 인접 지점 간의 방향각 및 거리 등을 기록한 표이다.

07. 클로소이드에 대한 설명으로 옳은 것은?

① 설계속도에 대한 교통량 산정곡선이다.
② 주로 고속도로에 사용되는 완화곡선이다.
③ 도로 단면에 대한 캔트의 크기를 결정하기 위한 곡선이다.
④ 곡선길이에 대한 확폭량 결정을 위한 곡선이다.

해설 ㉠ 클로소이드 곡선 : 도로
㉡ 3차 포물선 : 철도
㉢ 렘니스케이트 곡선 : 시가지 지하철
㉣ 반파장 sine 곡선 : 고속철도

08. 삼각형 세 변의 길이가 25.0m, 40.8m, 50.6m일 때 면적은?

① $431.87m^2$　② $495.25m^2$
③ $505.49m^2$　④ $551.27m^2$

해설 삼변법
㉠ $S=\frac{1}{2}(a+b+c)=\frac{1}{2}(25+40.8+50.6)$
$=58.2m$
㉡ $A=\sqrt{S(S-a)(S-b)(S-c)}$
$=\sqrt{58.2(58.2-25)(58.2-40.8)(58.2-50.6)}$
$=505.49m^2$

09. 50m의 줄자를 사용하여 길이 1,250m를 관측할 경우, 줄자에 의한 거리측량 오차를 50m에 대하여 ±5mm라고 가정한다면 전체 길이의 거리 측정에서 생기는 오차는?

① ±20mm　② ±25mm
③ ±30mm　④ ±35mm

해설 $E=\pm\delta\sqrt{n}=\pm 5\sqrt{\frac{1,250}{50}}=\pm 25mm$

10. 측지학에 대한 설명으로 틀린 것은?

① 평면위치의 결정이란 기준타원체의 법선이 타원체 표면과 만나는 점의 좌표, 즉 경도 및 위도를 정하는 것이다.
② 높이의 결정은 평균해수면을 기준으로 하는 것으로 직접 수준측량 또는 간접 수준측량에 의해 결정한다.
③ 천체의 고도, 방위각 및 시각을 관측하여 관측지점의 지리학적 경위도 및 방위를 구하는 것을 천문측량이라 한다.
④ 지상으로부터 발사 또는 방사된 전자파를 인공위성으로 흡수하여 해석함으로써 지구자원 및 환경을 해결할 수 있는 것을 위성측량이라 한다.

해설 원격탐측이란 대상물에서 반사 또는 방사되는 전자파를 탐지하고 이들 자료를 이용하여 지구 자원, 환경에 대한 정보를 얻어 이를 해석하는 기법이다.

11. 노선의 횡단측량에서 No.1+15m 측점의 절토 단면적이 $100m^2$, No.2 측점의 절토 단면적이 $40m^2$일 때 두 측점 사이의 절토량은?(단, 중심말뚝 간격=20m)

① $350m^3$　② $700m^3$
③ $1,200m^3$　④ $1,400m^3$

해설 양단평균법$(V)=\frac{A_1+A_2}{2}\times L$
$=\frac{100+40}{2}\times 5=350m^3$

12. 원곡선을 설치하기 위한 노선측량에서 그림과 같이 장애물로 인하여 임의의 점 C, D에서 관측한 결과가 $\angle ACD$=140°, $\angle BDC$=120°, $\overline{CD}$=350m이었다면 $\overline{AC}$의 거리는?(단, 곡선반지름 R=500m, A=곡선시점)

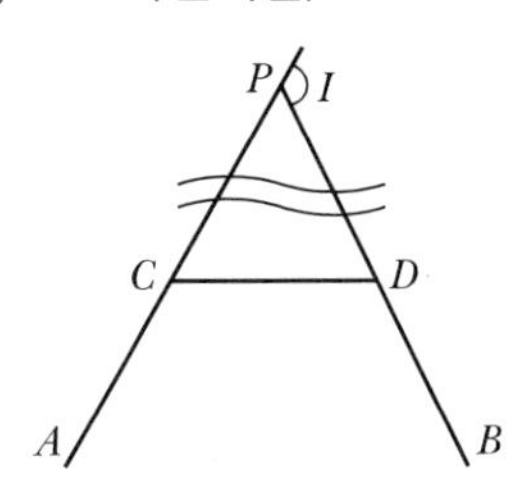

① 288.1m ② 288.8m
③ 296.2m ④ 297.8m

해설 ㉠ 교각(I)

$= \angle PCD + \angle PDC = 40° + 60°$

$= 100°$

㉡ $\dfrac{\overline{PC}}{\sin 60°} = \dfrac{350}{\sin 80°}$, $\overline{PC} = 307.78$m

㉢ 접선장(TL)

$= R\tan\dfrac{I}{2} = 500 \times \tan\dfrac{100°}{2}$

$= 595.88$m

㉣ $\overline{AC}$ 거리

$= TL - \overline{CP} = 595.88 - 307.78$

$= 288.1$m

13. 클로소이드 매개변수 A=60m이고 곡선길이 L=50m인 클로소이드의 곡률반지름 R은?

① 41.7m ② 54.8m
③ 72.0m ④ 100.0m

해설 ㉠ $A^2 = R.L$

㉡ $R = \dfrac{A^2}{L} = \dfrac{60^2}{50} = 72$m

14. 그림은 편각법에 의한 트래버스 측량 결과이다. DE 측선의 방위각은?(단, $\angle A$=48°50′40″, $\angle B$=43°30′30″, $\angle C$=46°50′00″, $\angle D$=60° 12′45″)

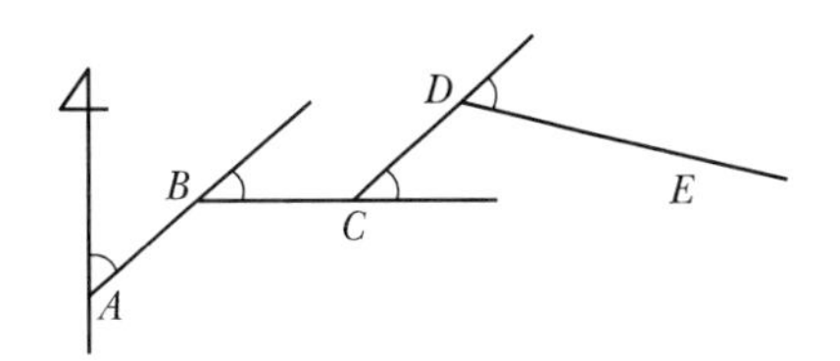

① 139°11′10″ ② 96°31′10″
③ 92°21′10″ ④ 105°43′55″

해설 편각법에 의한 방위각 계산

임의의 측선의 방위각=전측선의 방위각±편각 (우회⊕, 좌회⊖)

㉠ AB 측선 방위각=48°50′40″

㉡ BC 측선 방위각=48°50′40″+43°30′30″ =92°21′10″

㉢ CD 측선 방위각=92°21′10″−46°50′00″ =45°43′10″

㉣ DE 측선 방위각=45°43′10″+60°12′45″ =105°43′55″

15. 수애선을 나타내는 수위로서 어느 기간 동안의 수위 중 이것보다 높은 수위와 낮은 수위의 관측 수가 같은 수위는?

① 평수위 ② 평균수위
③ 지정수위 ④ 평균최고수위

해설 ㉠ 평수위 : 어느 기간 동안 이 수위보다 높은 수위와 낮은 수위의 관측 횟수가 같은 수위

㉡ 평균 수위 : 어느 기간 동안 수위의 값을 누계 내 관측 수로 나눈 수위

16. 축척 1 : 200으로 평판측량을 할 때, 앨리데이드의 외심거리 30mm에 의해 생기는 도상 외심오차는?

① 0.06mm ② 0.15mm
③ 0.18mm ④ 0.30mm

해설 ㉠ 외심오차 $q = \dfrac{e}{M}$

㉡ $q = \dfrac{30}{200} = 0.15$mm

17. 폐합 트래버스에서 전 측선의 길이가 900m이고 폐합비가 1/9,000일 때, 도상 폐합오차는? (단, 도면의 축척은 1 : 500)

① 0.2mm　② 0.3mm
③ 0.4mm　④ 0.5mm

해설 ㉠ $\text{폐합비} = \frac{\text{폐합오차}}{\text{측선의 전길이}}$

㉡ $\text{폐합오차} = \frac{900}{9,000} = 0.1\text{m}$

㉢ $\frac{1}{m} = \frac{\text{도상거리}}{\text{실제거리}}$, $\frac{1}{500} = \frac{\text{도상거리}}{0.1}$

㉣ 도상거리=0.2mm

18. 도상에 표고를 숫자로 나타내는 방법으로 하천, 항만, 해안측량 등에서 수심측량을 하여 고저를 나타내는 경우에 주로 사용되는 것은?

① 음영법　② 등고선법
③ 영선법　④ 점고법

해설 점고법
㉠ 표고를 숫자에 의해 표시
㉡ 해양, 항만, 하천 등의 지형도에 사용한다.

19. 트래버스 측량의 종류 중 가장 정확도가 높은 방법은?

① 폐합트래버스　② 개방트래버스
③ 결합트래버스　④ 종합트래버스

해설 결합트래버스 측량이 정밀도가 가장 높다.

20. 표는 도로 중심선을 따라 20m 간격으로 종단측량을 실시한 결과이다. No.1의 계획고를 52m로 하고 −2%의 기울기로 설계한다면 No.5에서의 성토고 또는 절토고는?

측점	No.1	No.2	No.3	No.4	No.5
지반고(m)	54.50	54.75	53.30	53.12	52.18

① 성토고 1.78m　② 성토고 2.18m
③ 절토고 1.78m　④ 절토고 2.18m

해설 ① No.5 계획고
=No.1 계획고+구배×No.5까지의 거리
=52−0.02×80=50.4m
② No.5 절토고=No.5 지반고−계획고
=52.18−50.4=1.78m

|해답| 17.① 18.④ 19.③ 20.③

Item pool (기사 2017년 9월 시행)

과년도 출제문제 및 해설

01. 측점 A에 토털스테이션을 정치하고 B점에 설치한 프리즘을 관측하였다. 이때 기계고 1.7m, 고저각 +15°, 시준고 3.5m, 경사거리가 2,000m이었다면, 두 측점의 고저차는?

① 495.838m ② 515.838m
③ 535.838m ④ 555.838m

■ 해설 $\Delta h = I + S\sin\alpha - P_h$
$= 1.7 + 2{,}000 \times \sin 15° - 3.5$
$= 515.838\text{m}$

02. 100m²의 정사각형 토지면적을 0.2m²까지 정확하게 계산하기 위한 한 변의 최대허용오차는?

① 2mm ② 4mm
③ 5mm ④ 10mm

■ 해설 ㉠ 면적과 거리 정밀도 관계
$$\frac{\Delta A}{A} = 2\frac{\Delta L}{L}$$
㉡ $A = L^2$, $L = \sqrt{A} = \sqrt{100} = 10$
㉢ $\Delta L = \dfrac{\Delta A}{A} \cdot \dfrac{L}{2} = \dfrac{0.2}{100} \times \dfrac{10}{2} = 0.01\text{m}$
$= 10\text{mm}$

03. 트래버스 측량의 각 관측방법 중 방위각법에 대한 설명으로 틀린 것은?

① 진북을 기준으로 어느 측선까지 시계방향으로 측정하는 방법이다.
② 험준하고 복잡한 지역에서는 적합하지 않다.
③ 각이 독립적으로 관측되므로 오차 발생 시, 개별 각의 오차는 이후의 측량에 영향이 없다.
④ 각 관측값의 계산과 제도가 편리하고 신속히 관측할 수 있다.

■ 해설 ㉠ 방위각법은 직접방위각이 관측되어 편리하나 오차 발생 시 이후 측량에도 영향을 끼친다.
㉡ ③은 교각법의 내용임

04. 측량에 있어 미지값을 관측할 경우에 나타나는 오차와 관련된 설명으로 틀린 것은?

① 경중률은 분산에 반비례한다.
② 경중률은 반복 관측일 경우 각 관측값 간의 편차를 의미한다.
③ 일반적으로 큰 오차가 생길 확률은 작은 오차가 생길 확률보다 매우 적다.
④ 표준편차는 각과 거리 같은 1차원의 경우에 대한 정밀도의 척도이다.

■ 해설 경중률은 특정 측정값과 이와 연관된 다른 측정값에 대한 상대적인 신뢰성을 표현하는 척도이다.

05. 도면에서 곡선에 둘러싸여 있는 부분의 면적을 구하기에 가장 적합한 방법은?

① 좌표법에 의한 방법
② 배횡거법에 의한 방법
③ 삼사법에 의한 방법
④ 구적기에 의한 방법

■ 해설 곡선으로 둘러싸인 면적계산
㉠ 심프슨 제1법칙
㉡ 구적기 이용
㉢ 방안지 이용

|해답| 1.② 2.④ 3.③ 4.② 5.④

06. 하천측량에 대한 설명으로 옳지 않은 것은?

① 수위관측소의 위치는 지천의 합류점 및 분류점으로서 수위의 변화가 일어나기 쉬운 곳이 적당하다.
② 하천측량에서 수준측량을 할 때의 거리표는 하천의 중심에 직각방향으로 설치한다.
③ 심천측량은 하천의 수심 및 유수 부분의 하저 상황을 조사하고 횡단면도를 제작하는 측량을 말한다.
④ 하천측량 시 처음에 할 일은 도상 조사로서 유로 상황, 지역면적, 지형, 토지 이용 상황 등을 조사하여야 한다.

해설 지천의 합류, 분류점에서 수위 변화가 없는 곳에 설치

07. 캔트가 C인 노선에서 설계속도와 반지름을 모두 2배로 할 경우, 새로운 캔트 C'는?

① $\dfrac{C}{2}$　　② $\dfrac{C}{4}$
③ $2C$　　④ $4C$

해설
㉠ 캔트$(C)=\dfrac{SV^2}{Rg}$
㉡ 속도와 반경을 2배로 하면 C는 2배로 늘어난다.

08. 그림과 같은 수준환에서 직접수준측량에 의하여 표와 같은 결과를 얻었다. D점의 표고는? (단, A점의 표고는 20m, 경중률은 동일)

구분	거리 (km)	표고 (m)
$A\to B$	3	$B=12.401$
$B\to C$	2	$C=11.275$
$C\to D$	1	$D=9.780$
$D\to A$	2.5	$A=20.044$

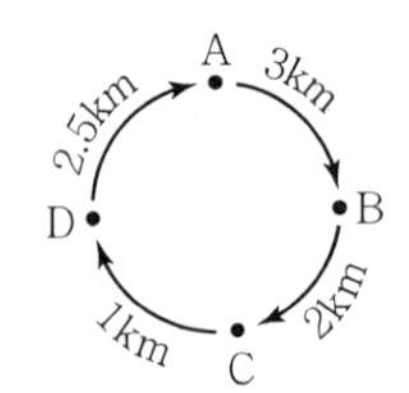

① 6.877m　　② 8.327m
③ 9.749m　　④ 10.586m

해설
㉠ 폐합오차$(E)=+0.044$
㉡ 조정량$=\dfrac{\text{조정할 측점까지의 거리}}{\text{총거리}}\times$폐합오차
㉢ D점의 조정량$=\dfrac{6}{8.5}\times 0.044=0.031\,\text{m}$
㉣ D점의 표고$=9.780-0.031=9.749\text{m}$

09. 지형측량에서 등고선의 성질에 대한 설명으로 옳지 않은 것은?

① 등고선은 절대 교차하지 않는다.
② 등고선은 지표의 최대 경사선 방향과 직교한다.
③ 동일 등고선 상에 있는 모든 점은 같은 높이이다.
④ 등고선 간의 최단거리의 방향은 그 지표면의 최대경사의 방향을 가리킨다.

해설 동굴이나 절벽에서 교차한다.

10. 지오이드(Geoid)에 대한 설명 중 옳지 않은 것은?

① 평균해수면을 육지까지 연장한 가상적인 곡면을 지오이드라 하며 이것은 지구타원체와 일치한다.
② 지오이드는 중력장의 등퍼텐셜면으로 볼 수 있다.
③ 실제로 지오이드면은 굴곡이 심하므로 측지측량의 기준으로 채택하기 어렵다.
④ 지구타원체의 법선과 지오이드의 법선 간의 차이를 연직선 편차라 한다.

해설 지오이드면은 불규칙한 곡면으로 준거타원체와 거의 일치한다.

11. 노선측량으로 곡선을 설치할 때에 교각(I) 60°, 외선 길이(E) 30m로 단곡선을 설치할 경우 곡선 반지름(R)은?

① 103.7m　　② 120.7m
③ 150.9m　　④ 193.9m

해설
㉠ 외선길이$(E)=R\left(\sec\dfrac{I}{2}-1\right)$
㉡ $R=\dfrac{E}{\sec\dfrac{I}{2}-1}=\dfrac{30}{\sec\dfrac{60°}{2}-1}=193.9\text{m}$

12. 홍수 때 급히 유속을 측정하기에 가장 알맞은 것은?

① 봉부자 ② 이중부자
③ 수중부자 ④ 표면부자

해설 표면부자
홍수 시 표면유속을 관측할 때 사용한다.

13. 트래버스 측량의 각 관측방법 중 방위각법에 대한 설명으로 틀린 것은?

① 진북을 기준으로 어느 측선까지 시계방향으로 측정하는 방법이다.
② 험준하고 복잡한 지역에서는 적합하지 않다.
③ 각이 독립적으로 관측되므로 오차 발생 시, 개별 각의 오차는 이후의 측량에 영향이 없다.
④ 각 관측값의 계산과 제도가 편리하고 신속히 관측할 수 있다.

해설 방위각법은 직접방위각이 관측되어 편리하나 오차 발생 시 이후 측량에도 영향을 끼친다.

14. 삼각측량과 삼변측량에 대한 설명으로 틀린 것은?

① 삼변측량은 변 길이를 관측하여 삼각점의 위치를 구하는 측량이다.
② 삼각측량의 삼각망 중 가장 정확도가 높은 망은 사변형삼각망이다.
③ 삼각점의 선점 시 기계나 측표가 동요할 수 있는 습지나 하상은 피한다.
④ 삼각점의 등급을 정하는 주된 목적은 표석 설치를 편리하게 하기 위함이다.

해설 삼각점은 각종 측량의 골격이 되는 기준점이다.

15. 수준측량의 부정오차에 해당되는 것은?

① 기포의 순간 이동에 의한 오차
② 기계의 불완전 조정에 의한 오차
③ 지구곡률에 의한 오차
④ 빛의 굴절에 의한 오차

해설 부정오차
㉠ 시차에 의한 오차는 시차로 인해 정확한 표척값을 읽지 못할 때 발생
㉡ 레벨의 조정 불안정
㉢ 기상변화에 의한 오차는 바람이나 온도가 불규칙하게 변화하여 발생
㉣ 기포관의 둔감
㉤ 기포관 곡률의 부등에 의한 오차
㉥ 진동, 지진에 의한 오차
㉦ 대물렌즈의 출입에 의한 오차

16. 촬영고도 3,000m에서 초점거리 153mm의 카메라를 사용하여 고도 600m의 평지를 촬영할 경우의 사진축척은?

① $\frac{1}{14,865}$ ② $\frac{1}{15,686}$
③ $\frac{1}{16,766}$ ④ $\frac{1}{17,568}$

해설
$$\text{축척}\left(\frac{1}{m}\right)=\frac{f}{H\pm\Delta h}=\frac{0.153}{3,000-600}\fallingdotseq\frac{1}{15,686}$$

17. 표고 300m의 지역($800km^2$)을 촬영고도 3,300m에서 초점거리 152mm의 카메라로 촬영했을 때 필요한 사진매수는?(단, 사진크기 23cm×23cm, 종중복도 60%, 횡중복도 30%, 안전율 30%임)

① 139매 ② 140매
③ 181매 ④ 281매

해설
㉠ $\frac{1}{m}=\frac{f}{H}$, $\frac{1}{m}=\frac{0.152}{3,000}\fallingdotseq\frac{1}{19,737}$
㉡ $A_0=(ma)^2\left(1-\frac{P}{100}\right)\left(1-\frac{q}{100}\right)$
$=(19,737\times0.23)^2\left(1-\frac{60}{100}\right)\left(1-\frac{30}{100}\right)$
$=5,770,002\text{m}^2$
㉢ $N=\frac{F}{A_0}(1+\text{안전율})$
$=\frac{800,000,000}{5,770,002}(1+0.3)$
$=180.24\fallingdotseq181\text{매}$

18. GNSS 측량에 대한 설명으로 틀린 것은?

① 다양한 항법위성을 이용한 3차원 측위방법으로 GPS, GLONASS, Galileo 등이 있다.
② VRS 측위는 수신기 1대를 이용한 절대 측위방법이다.
③ 지구질량 중심을 원점으로 하는 3차원 직교좌표체계를 사용한다.
④ 정지측량, 신속정지측량, 이동측량 등으로 측위방법을 구분할 수 있다.

해설 VRS 측위는 가상기준점 방식의 새로운 실시간 GPS 측량법으로 기지국 GPS를 설치하지 않고 이동국 GPS만을 이용하여 VRS 센터에서 제공하는 위치보정 데이터를 수신함으로써 RTK 또는 DGPS 측량을 수행하는 첨단기법이다.

19. 노선측량에 관한 설명으로 옳은 것은?

① 일반적으로 단곡선 설치 시 가장 많이 이용하는 방법은 지거법이다.
② 곡률이 곡선길이에 비례하는 곡선을 클로소이드곡선이라 한다.
③ 완화곡선의 접선은 시점에서 원호에, 종점에서 직선에 접한다.
④ 완화곡선의 반지름은 종점에서 무한대이고 시점에서는 원곡선의 반지름이 된다.

해설
㉠ 클로소이드 곡선의 곡률($\frac{1}{R}$)은 곡선장에 비례
㉡ 매개변수 $A^2 = RL$
㉢ 곡선길이가 일정할 때 곡선 반지름이 크면 접선각은 작아진다.

20. 지형측량의 순서로 옳은 것은?

① 측량계획 – 골조측량 – 측량원도 작성 – 세부측량
② 측량계획 – 세부측량 – 측량원도 작성 – 골조측량
③ 측량계획 – 측량원도 작성 – 골조측량 – 세부측량
④ 측량계획 – 골조측량 – 세부측량 – 측량원도 작성

|해답| 18.② 19.② 20.④

Item pool (산업기사 2017년 9월 시행)

과년도 출제문제 및 해설

01. 등고선의 특성에 대한 설명으로 틀린 것은?

① 등고선은 분수선과 직교하고 계곡선과는 평행하다.
② 동굴이나 절벽에서는 교차할 수 있다.
③ 동일 등고선 상의 모든 점은 표고가 같다.
④ 등고선은 도면 내외에서 폐합하는 폐곡선이다.

해설 등고선은 능선(분수선), 계곡선(합수선)과 직교한다.

02. 수준측량에 관한 설명으로 옳지 않은 것은?

① 전·후시의 표척 간 거리는 등거리로 하는 것이 좋다.
② 왕복관측을 대신하여 2대의 기계로 동일 표척을 관측하는 것이 좋다.
③ 왕복관측 도중에 관측자를 바꾸지 않는 것이 좋다.
④ 표척을 앞뒤로 서서히 움직여 최소 눈금을 읽는 것이 좋다.

해설 주의사항
㉠ 왕복측량을 원칙으로 한다.
㉡ 왕복측량이라도 노선거리는 다르게 한다.
㉢ 레벨 세우는 횟수는 짝수로 한다.
㉣ 읽음값은 5mm 단위로 읽는다.
㉤ 전·후시를 같게 한다.

03. 토적곡선(Mass curve)을 작성하는 목적으로 옳지 않은 것은?

① 토량의 운반거리 산출
② 토공기계 선정
③ 토량의 배분
④ 중심선 설치

해설 토적곡선은 토공에 필요하며 토량의 배분, 토공기계 선정, 토량의 운반거리 산출에 쓰인다.

04. 삼각측량을 통해 단일삼각망의 내각을 측정하여 다음과 같은 각을 얻었다. 각 내각의 최확값은?

$\angle A = 32°13'29''$, $\angle B = 55°32'19''$, $\angle C = 92°14'30''$

① $\angle A = 32°13'24''$, $\angle B = 55°32'12''$, $\angle C = 92°14'24''$
② $\angle A = 32°13'23''$, $\angle B = 55°32'12''$, $\angle C = 92°14'25''$
③ $\angle A = 32°13'23''$, $\angle B = 55°32'13''$, $\angle C = 92°14'24''$
④ $\angle A = 32°13'24''$, $\angle B = 55°32'13''$, $\angle C = 92°14'23''$

해설 ㉠ 폐합오차$(E) = 18''$
㉡ 경중률이 같으므로 등배분한다 $-\dfrac{18''}{3} = -6''$
㉢ $\angle A = 32°13'23''$
$\angle B = 55°32'13''$
$\angle C = 92°14'24''$

05. 축척 1 : 50,000 지형도에서 A점에서 B점까지의 도상거리가 50mm이고, A점의 표고가 200m, B점의 표고가 10m라고 할 때 이 사면의 경사는?

① 1/18.4　② 1/20.5
③ 1/22.3　④ 1/13.2

해설 $$경사(i) = \frac{H}{D} = \frac{200-10}{0.05 \times 50{,}000} = \frac{190}{2{,}500} ≒ \frac{1}{13.2}$$

06. 교점(I.P)은 도로의 기점에서 187.94m의 위치에 있고 곡선반지름 250m, 교각 43°57′20″인 단곡선의 접선길이는?

① 87.046m ② 100.894m
③ 288.834m ④ 350.447m

■해설 접선장(TL)

$= R\tan\frac{I}{2} = 250 \times \tan\left(\frac{43°57'20''}{2}\right)$

$= 100.894\text{m}$

07. 노선의 완화곡선으로서 3차 포물선이 주로 사용되는 곳은?

① 고속도로 ② 일반철도
③ 시가지전철 ④ 일반도로

■해설 ㉠ 클로소이드 곡선 : 도로
㉡ 3차 포물선 : 철도
㉢ 렘니스케이트 곡선 : 시가지 지하철
㉣ 반파장 sine 곡선 : 고속철도

08. 터널 양 끝단의 기준점 A, B를 포함해서 트래버스측량 및 수준측량을 실시한 결과가 아래와 같을 때, AB 간의 경사거리는?

- 기준점 A의 (X, Y, H)
  (330,123.45m, 250,243.89m, 100.12m)
- 기준점 B의 (X, Y, H)
  (330,342.12m, 250,567.34m, 120.08m)

① 290.94m ② 390.94m
③ 490.94m ④ 590.94m

■해설 ① $\overline{AB} = \sqrt{(X_B - X_A)^2 + (Y_B - Y_A)^2}$

$= \sqrt{(330,342.12 - 330,123.45)^2 + (250,567.34 - 250,243.89)}$

$= 390.431\text{m}$

② 경사거리 $= \sqrt{390,431^2 + 19.96^2}$

$= 390.941\text{m}$

09. 장애물로 인하여 P, Q점에서 관측이 불가능하여 간접측량한 결과 AB=225.85m였다면 이때 PQ의 거리는?(단, $\angle PAB$=79°36′, $\angle QAB$=35°31′, $\angle PBA$=34°17′, $\angle QBA$=82°05′)

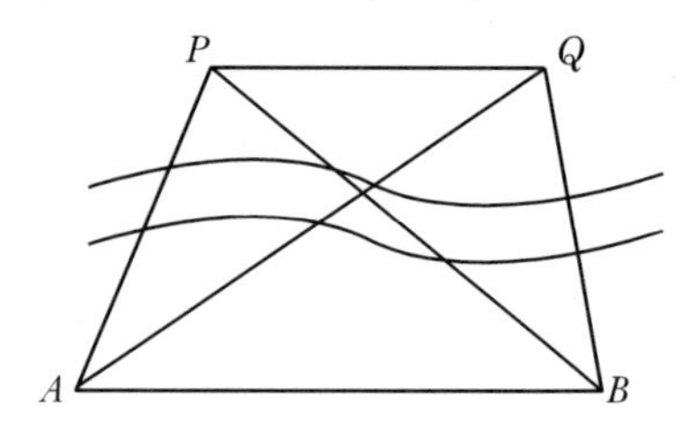

① 179.46m ② 177.98m
③ 178.65m ④ 180.61m

■해설 sin 정리 이용

㉠ $\frac{\overline{AQ}}{\sin 82°05'} = \frac{225.85}{\sin(180° - 35°31' - 82°05')}$

$\overline{AQ} = 252.42\text{m}$

㉡ $\frac{\overline{AP}}{\sin 34°17'} = \frac{225.85}{\sin(180° - 79°36' - 35°17')}$

$\overline{AP} = 139.13\text{m}$

㉢ $\overline{PC} = \overline{AP}\sin(79°36' - 35°31') = 96.795\text{m}$

$\overline{CQ} = \overline{AQ} - \overline{AP}\cos(79°36' - 35°31')$

$= 152.479\text{m}$

$\overline{PQ} = \sqrt{\overline{PC}^2 + \overline{CQ}^2} = 180.608\text{m}$

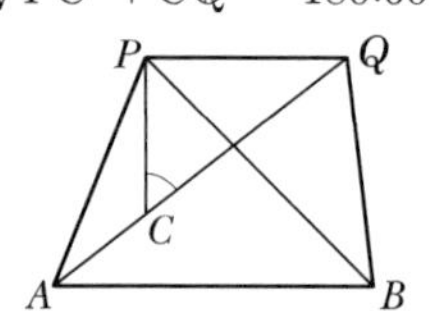

■별해 $\overline{PQ} = \sqrt{\overline{AQ}^2 + \overline{AP}^2 - 2 \cdot \overline{AQ} \cdot \overline{AP} \cdot \cos\alpha}$

$= 180.61\text{m}$

10. B.M.에서 P점까지의 고저를 관측하는 데 10km인 A코스, 12km인 B코스로 각각 수준측량하여 A코스의 결과 표고는 62.324m, B코스의 결과 표고는 62.341m이었다. P점 표고의 최확값은?

① 62.341m ② 62.338m
③ 62.332m ④ 62.324m

■해설 ㉠ 경중률은 노선거리에 반비례한다.

$P_A : P_B = \frac{1}{10} : \frac{1}{12} = 6 : 5$

 |해답| 6.② 7.② 8.② 9.④ 10.③

㉡ $H_P = \dfrac{P_A H_A + P_B H_B}{P_A + P_B}$

$= \dfrac{6 \times 62.324 + 5 \times 62.341}{6+5}$

$= 62.332\text{m}$

11. 동일한 구역을 같은 카메라로 촬영할 때 비행고도를 1,000m에서 2,000m로 높인다고 가정하면 1,000m 촬영에서 100장의 사진이 필요하다고 할 때, 2,000m 촬영에서 필요한 사진은 약 몇 장인가?

① 400장　② 200장
③ 50장　④ 25장

■해설 ㉠ $\left(\dfrac{1}{m}\right) = \left(\dfrac{f}{H}\right)$

㉡ $100 : x = \left(\dfrac{1}{1{,}000}\right)^2 : \left(\dfrac{1}{2{,}000}\right)^2$,

$\dfrac{x}{1{,}000^2} = \dfrac{100}{2{,}000^2}$,

$x = \left(\dfrac{1{,}000}{2{,}000}\right)^2 \times 100 = 25$매

12. 지오이드에 대한 설명으로 옳은 것은?

① 육지 및 해저의 굴곡을 평균값으로 정한 면이다.
② 평균해수면을 육지 내부까지 연장했을 때의 가상적인 곡면이다.
③ 육지와 해양의 지평면을 말한다.
④ 회전타원체와 같은 것으로 지구형상이 되는 곡면이다.

■해설 평균 해수면을 육지까지 연장했을 때의 가상적 곡면

13. 도로의 노선측량에서 종단면도에 나타나지 않는 항목은?

① 각 관측점에서의 계획고
② 각 관측점의 기점으로부터의 누적거리
③ 지반고와 계획고에 대한 성토, 절토량
④ 각 관측점의 지반고

■해설 종단면도 기재사항
㉠ 측점
㉡ 거리, 누가 거리
㉢ 지반고, 계획고
㉣ 성토고, 절토고
㉤ 구배

14. 하천측량을 실시할 경우 수애선의 기준이 되는 것은?

① 고수위　② 평수위
③ 갈수위　④ 홍수위

■해설 수애선은 하천경계의 기준이며 평균 평수위를 기준으로 한다.

15. 시간과 경비가 많이 들고 조건식 수가 많아 조정이 복잡하지만 정확도가 높은 삼각망은?

① 단열삼각망
② 유심삼각망
③ 사변형 삼각망
④ 단삼각망

■해설 ㉠ 사변형 망은 정밀도가 가장 높으나 조정이 복잡하고 시간과 경비가 많이 소요된다.
㉡ 삼각망의 정밀도는 사변형 > 유심 > 단열 순이다.

16. 유속측량 장소의 선정 시 고려하여야 할 사항으로 옳지 않은 것은?

① 가급적 수위의 변화가 뚜렷한 곳이어야 한다.
② 직류부로서 흐름과 하상경사가 일정하여야 한다.
③ 수위 변화에 횡단 형상이 급변하지 않아야 한다.
④ 관측 장소의 상·하류의 유로가 일정한 단면을 갖고 있으며 관측이 편리하여야 한다.

■해설 잔류 및 역류가 없고, 수위 변화가 적은 곳이어야 한다.

|해답| 11.④ 12.② 13.③ 14.② 15.③ 16.①

17. 도로와 철도의 노선 선정 시 고려해야 할 사항에 대한 설명으로 옳지 않은 것은?

① 성토를 절토보다 많게 해야 한다.
② 가급적 급경사 노선은 피하는 것이 좋다.
③ 기존 시설물의 이전비용 등을 고려한다.
④ 건설비 · 유지비가 적게 드는 노선이어야 한다.

해설 ㉠ 노선 선정 시 가능한 한 직선으로 하며 경사는 완만하게 한다.
㉡ 절성토량이 같고 절토의 운반거리를 짧게 한다.
㉢ 배수가 잘 되는 곳을 선정한다.

18. 초점길이 150mm인 카메라로 촬영고도 3,000m에서 촬영하였다. 이때의 촬영기선길이가 1,920m이라면 종중복도는?(단, 사진의 크기 23cm×23cm)

① 50% ② 58%
③ 60% ④ 65%

해설 ㉠ $b_0 = \frac{B}{m} = a\left(1-\frac{P}{100}\right)$, $\frac{1}{m} = \frac{f}{H}$
㉡ $m = 20{,}000$, $b_0 = \frac{1{,}920}{20{,}000} = 0.096\text{m}$
㉢ $P = \left(1-\frac{b_0}{a}\right)\times 100$
$= \left(1-\frac{9.6}{23}\right)\times 100 = 58.2\%$

19. 그림과 같은 지역의 면적은?

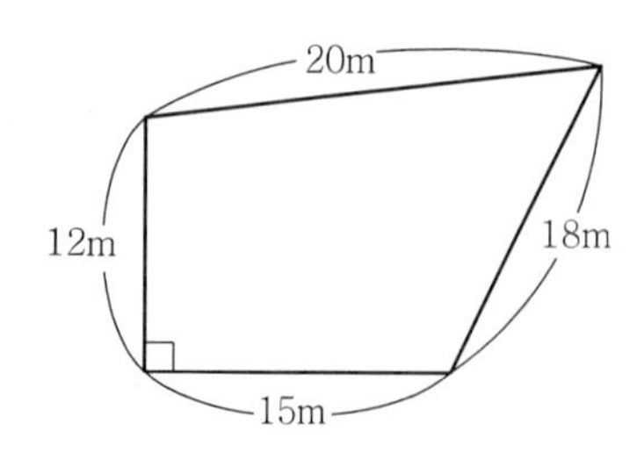

① 246.5m^2 ② 268.4m^2
③ 275.2m^2 ④ 288.9m^2

해설

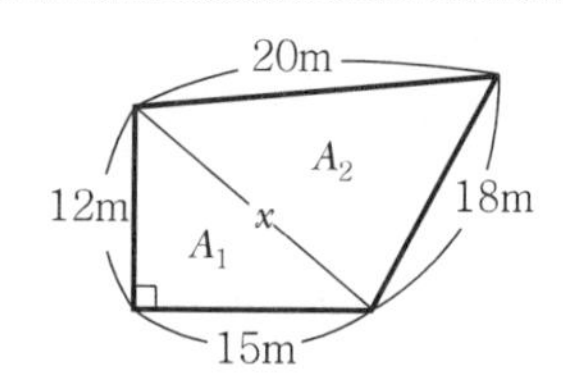

- $A_1 = \frac{1}{2}\times 12\times 15 = 90\text{m}^2$
- $x = \sqrt{12^2+15^2} = 19.209\text{m} \fallingdotseq 19.21\text{m}$
- A_2는 헤론의 공식 이용

$S = \frac{a+b+x}{2} = \frac{20+18+19.21}{2}$
$= 28.605\text{m}$
$A_2 = \sqrt{(S(S-a)(S-b)(S-x))}$
$= \sqrt{(28.605\cdot(28.605-20)\cdot(28.605-18)\cdot(28.605-19.21))}$
$= 156.603\text{m}^2$

- $A = A_1 + A_2 = 90 + 156.603 = 246.6\text{m}^2$
$\fallingdotseq 246.5\text{m}^2$

20. 1회 관측에서 ±3mm의 우연오차가 발생하였다. 10회 관측하였을 때의 우연오차는?

① ±3.3mm ② ±0.3mm
③ ±9.5mm ④ ±30.2mm

해설 $E = \pm\,\delta\sqrt{n} = \pm\,3\sqrt{10} = \pm\,9.5\text{mm}$

 |해답| 17.① 18.② 19.① 20.③

Item pool (기사 2018년 3월 시행)

과년도 출제문제 및 해설

01. 직사각형의 가로, 세로의 거리가 그림과 같다. 면적 A의 표현으로 가장 적절한 것은?

75m±0.003m | A | 100m±0.008m

① $7{,}500\text{m}^2 \pm 0.67\text{m}^2$
② $7{,}500\text{m}^2 \pm 0.41\text{m}^2$
③ $7{,}500.9\text{m}^2 \pm 0.67\text{m}^2$
④ $7{,}500.9\text{m}^2 \pm 0.41\text{m}^2$

■해설 • 면적오차(M)$=\pm\sqrt{(a\times m_b)^2+(b\times m_a)^2}$
$=\pm\sqrt{(75\times0.008)^2+(100\times0.003)^2}$
$=\pm0.67\text{m}^2$
• $\text{A}=\text{A}\pm\text{M}=(75\times100)\pm0.67$
$=7{,}500\pm0.67\text{m}^2$

02. 하천측량을 실시하는 주목적에 대한 설명으로 가장 적합한 것은?

① 하천 개수공사나 공작물의 설계, 시공에 필요한 자료를 얻기 위하여
② 유속 등을 관측하여 하천의 성질을 알기 위하여
③ 하천의 수위, 기울기, 단면을 알기 위하여
④ 평면도, 종단면도를 작성하기 위하여

■해설 주변시설, 공작물 설치 시 필요한 계획설계, 시공에 필요한 자료를 얻기 위해 하천측량을 실시한다.

03. 30m당 0.03m가 짧은 줄자를 사용하여 정사각형 토지의 한 변을 측정한 결과 150m이었다면 면적에 대한 오차는?

① 41m^2　② 43m^2
③ 45m^2　④ 47m^2

■해설 • $A=150\times150=22{,}500\text{m}^2$
• $A_0=A\left(1\pm\dfrac{\Delta L}{L}\right)^2=22{,}500\left(1\pm\dfrac{0.03}{30}\right)^2$
$=22{,}455\text{m}^2$
• 면적오차$(dA)=22{,}500-22{,}455=45\text{m}^2$

04. 지반의 높이를 비교할 때 사용하는 기준면은?

① 표고(elevation)
② 수준면(level surface)
③ 수평면(horizontal plane)
④ 평균해수면(mean sea level)

■해설 평균해수면은 표고의 기준이 되는 수준면이다.

05. 클로소이드 곡선에서 곡선 반지름(R)=450m, 매개변수(A)=300m일 때 곡선길이(L)는?

① 100m　② 150m
③ 200m　④ 250m

■해설 • $A^2=RL$
• $L=\dfrac{A^2}{R}=\dfrac{300^2}{450}=200\text{m}$

06. 등고선의 성질에 대한 설명으로 옳지 않은 것은?

① 등고선은 도면 내외에서 폐합하는 폐곡선이다.
② 등고선은 분수선과 직각으로 만난다.
③ 동굴 지형에서 등고선은 서로 만날 수 있다.
④ 등고선의 간격은 경사가 급할수록 넓어진다.

■해설 등고선의 간격은 경사가 급할수록 좁아진다.

07. 축척 1 : 25,000 지형도에서 거리가 6.73cm인 두 점 사이의 거리를 다른 축척의 지형도에서 측정한 결과 11.21cm이었다면 이 지형도의 축척은 약 얼마인가?

① 1 : 20,000 ② 1 : 18,000
③ 1 : 15,000 ④ 1 : 13,000

■ 해설
- $\frac{1}{M} = \frac{\text{도상거리}}{\text{실제거리}}$

  실제거리 = 6.73×25,000 = 168,250cm = 1,682.5m
- 축척$\left(\frac{1}{M}\right) = \frac{\text{도상거리}}{\text{실제거리}} = \frac{0.1121}{1,682.5} ≒ \frac{1}{15,000}$

08. 트래버스측량(다각측량)에 관한 설명으로 옳지 않은 것은?

① 트래버스 중 가장 정밀도가 높은 것은 결합 트래버스로서 오차점검이 가능하다.
② 폐합 오차 조정에서 각과 거리측량의 정확도가 비슷한 경우 트랜싯 법칙으로 조정하는 것이 좋다.
③ 오차의 배분은 각 관측의 정확도가 같을 경우 각의 대소에 관계없이 등분하여 배분한다.
④ 폐합 트래버스에서 편각을 관측하면 편각의 총합은 언제나 360°가 되어야 한다.

■ 해설 트랜싯 법칙은 각 관측의 정밀도가 거리관측의 정밀도보다 높은 경우 실시한다.

09. 수심 H인 하천의 유속측정에서 수면으로부터 깊이 0.2H, 0.6H, 0.8H인 점의 유속이 각각 0.663m/s, 0.532m/s, 0.467m/s이었다면 3점법에 의한 평균유속은?

① 0.565m/s ② 0.554m/s
③ 0.549m/s ④ 0.543m/s

■ 해설 3점법의 평균유속(V_m)

$$= \frac{V_{0.2} + 2V_{0.6} + V_{0.8}}{4}$$

$$= \frac{0.663 + 2\times0.532 + 0.467}{4} = 0.549\text{m/s}$$

10. 교점($I.P$)은 도로 기점에서 500m의 위치에 있고 교각 I=36°일 때 외선길이(외할)=5.00m라면 시단현의 길이는?(단, 중심말뚝거리는 20m이다.)

① 10.43m ② 11.57m
③ 12.36m ④ 13.25m

■ 해설
- $E(\text{외할}) = R\left(\sec\frac{I}{2} - 1\right)$

  $R = \frac{E}{\sec\frac{I}{2} - 1} = \frac{5}{\sec\frac{36°}{2} - 1} = 97.16\text{m}$
- $TL = R\tan\frac{I}{2} = 97.16\times\tan\frac{36°}{2} = 31.57\text{m}$
- 곡선의 시점(BC) = $IP - TL$ = 500 − 31.57 = 468.43m
- 시단현길이(l_1) = 480 − 468.43 = 11.57m

11. 사진측량의 특징에 대한 설명으로 옳지 않은 것은?

① 기상조건에 상관없이 측량이 가능하다.
② 정량적 관측이 가능하다.
③ 측량의 정확도가 균일하다.
④ 정성적 관측이 가능하다.

■ 해설 사진측량은 기상조건 및 태양고도 등에 영향을 받는다.

12. 단일삼각형에 대해 삼각측량을 수행한 결과 내각이 α=54°25′32″, β=68°43′23″, γ=56°51′14″이었다면 β의 각 조건에 의한 조정량은?

① −4″ ② −3″
③ +4″ ④ +3″

■ 해설
- 내각의 합은 180°이다.
- $\alpha + \beta + \gamma = 180°0'9''$
- 조정량 $= \frac{-9''}{3} = -3''$

 |해답| 7.③ 8.② 9.③ 10.② 11.① 12.②

13. 그림과 같이 4개의 수준점 A, B, C, D에서 각각 1km, 2km, 3km, 4km 떨어진 P점의 표고를 직접 수준 측량한 결과가 다음과 같을 때 P점의 최확값은?

- A→P = 125.762m
- B→P = 125.750m
- C→P = 125.755m
- D→P = 125.771m

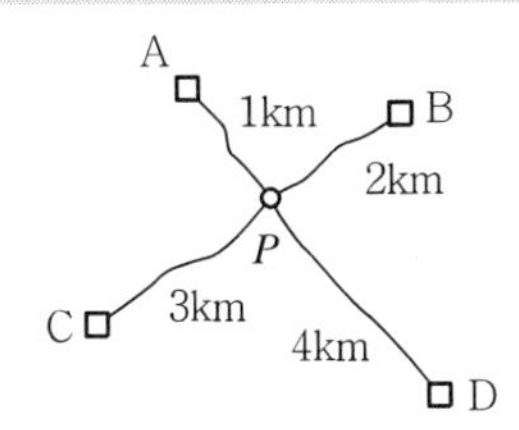

① 125.755m ② 125.759m
③ 125.762m ④ 125.765m

해설 • 경중률(P)은 노선거리에 반비례

$$P_A : P_B : P_C : P_D = \frac{1}{L_A} : \frac{1}{L_B} : \frac{1}{L_C} : \frac{1}{L_D}$$
$$= 12 : 6 : 4 : 3$$

• $h_0 = 125 + \dfrac{12\times0.762 + 6\times0.750 + 4\times0.755 + 3\times0.771}{12+6+4+3}$
$= 125.759\text{m}$

14. GNSS 관측성과로 틀린 것은?

① 지오이드 모델 ② 경도와 위도
③ 지구중심좌표 ④ 타원체고

해설 지오이드 모델은 지구상에서 높이를 측정하는 기준이 되는 평균해수면과 GPS 높이의 기준이 되는 타원체고의 차이를 연속적으로 구축한 것

15. 삼각망의 종류 중 유심삼각망에 대한 설명으로 옳은 것은?

① 삼각망 가운데 가장 간단한 형태이며 측량의 정확도를 얻기 위한 조건이 부족하므로 특수한 경우 외에는 사용하지 않는다.
② 가장 높은 정확도를 얻을 수 있으나 조정이 복잡하고, 포함된 면적이 작으며 특히 기선을 확대할 때 주로 사용한다.
③ 거리에 비하여 측점수가 가장 적으므로 측량이 간단하며 조건식의 수가 적어 정확도가 낮다.
④ 광대한 지역의 측량에 적합하며 정확도가 비교적 높은 편이다.

해설 유심삼각망
- 넓은 지역의 측량에 적합하다.
- 동일 측점수에 비해 포함 면적이 넓다.
- 정밀도는 단열보다 높고 사변형보다 낮다.

16. 다음은 폐합 트래버스 측량성과이다. 측선 CD의 배횡거는?

측선	위거(m)	경거(m)
AB	65.39	83.57
BC	−34.57	19.68
CD	−65.43	−40.60
DA	34.61	−62.65

① 60.25m ② 115.90m
③ 135.45m ④ 165.90m

해설 ㉠ 첫측선의 배횡거는 첫측선의 경거와 같다.
㉡ 임의 측선의 배횡거는 전측선의 배횡거+전측선의 경거+그 측선의 경거이다.
㉢ 마지막 측선의 배횡거는 마지막 측선의 경거와 같다.(부호반대)
- AB측선의 배횡거 = 83.57m
- BC측선의 배횡거 = 83.57 + 83.57 + 19.68 = 186.82m
- CD측선의 배횡거 = 186.82 + 19.68 − 40.60 = 165.90m

17. 어떤 횡단면의 도상면적이 40.5cm²이었다. 가로 축척이 1 : 20, 세로 축척이 1 : 60이었다면 실제면적은?

① 48.6m² ② 33.75m²
③ 4.86m² ④ 3.375m²

해설 • $\left(\dfrac{1}{M}\right)^2 = \dfrac{\text{도상면적}}{\text{실제면적}}$

• 실제면적 = 도상면적 × M^2 = 40.5×(20×60)
= 48,600cm^2 = 4,860m^2

18. 동일한 지역을 같은 조건에서 촬영할 때, 비행고도만을 2배로 높게 하여 촬영할 경우 전체 사진 매수는?

① 사진 매수는 1/2만큼 늘어난다.
② 사진 매수는 1/2만큼 줄어든다.
③ 사진 매수는 1/4만큼 늘어난다.
④ 사진 매수는 1/4만큼 줄어든다.

해설 $\frac{1}{m}=\frac{f}{H}$이므로 H가 2배가 되면 m이 2배가 되므로 $\left(\frac{1}{m}\right)^2$이 되어 사진매수는 $\frac{1}{4}$만큼 줄어든다.

19. 중심말뚝의 간격이 20m인 도로구간에서 각 지점에 대한 횡단면적을 표시한 결과가 그림과 같을 때, 각주공식에 의한 전체 토공량은?

[단위 : m^2]

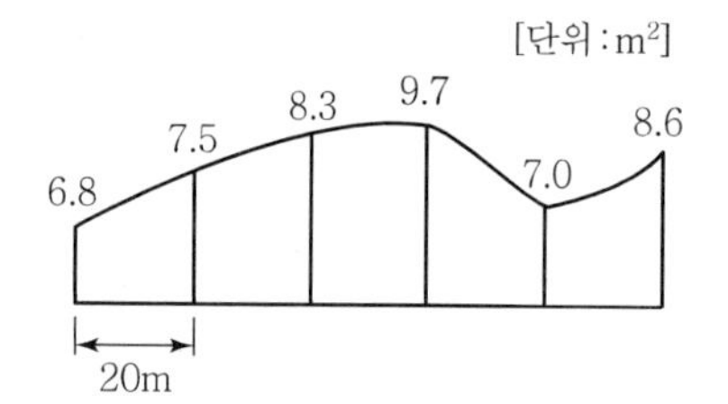

① 156m^3　② 672m^3
③ 817m^3　④ 920m^3

해설 • $V=\frac{40}{6}((6.8+4\times7.5+8.3)+(8.3+4\times9.7+7.0))+\left(\frac{7.0+8.6}{2}\right)\times20=817.3\text{m}^3$

• 각주(V) $=\frac{L}{6}(A_1+4A_m+A_2)$,
양단평균(V) $=\left(\frac{A_1+A_2}{2}\right)L$

20. 노선측량에 대한 용어 설명 중 옳지 않은 것은?

① 교점 – 방향이 변하는 두 직선이 교차하는 점
② 중심말뚝 – 노선의 시점, 종점 및 교점에 설치하는 말뚝
③ 복심곡선 – 반지름이 서로 다른 두 개 또는 그 이상의 원호가 연결된 곡선으로 공통접선의 같은 쪽에 원호의 중심이 있는 곡선
④ 완화곡선 – 고속으로 이동하는 차량이 직선부에서 곡선부로 진입할 때 차량의 원심력을 완화하기 위해 설치하는 곡선

해설 중심말뚝은 노선을 측량할 때 번호 0을 기점으로 하여 노선의 중심선을 따라 20m마다 박는 말뚝

 |해답| 18.④ 19.③ 20.②

Item pool (산업기사 2018년 3월 시행)

과년도 출제문제 및 해설

01. 1 : 5,000 축척 지형도를 이용하여 1 : 25,000 축척 지형도 1매를 편집하고자 한다면, 필요한 1 : 5,000 축척 지형도의 총매수는?

① 25매 ② 20매
③ 15매 ④ 10매

해설
- 면적비는 축척비의 자승$\left(\frac{1}{M}\right)^2$에 비례한다.
- 매수$=\left(\frac{25,000}{5,000}\right)^2=25$매

02. 그림과 같이 표면 부자를 하천 수면에 띄워 A점을 출발하여 B점을 통과할 때 소요시간이 1분 40초였다면 하천의 평균 유속은?(단, 평균 유속을 구하기 위한 계수는 0.8로 한다.)

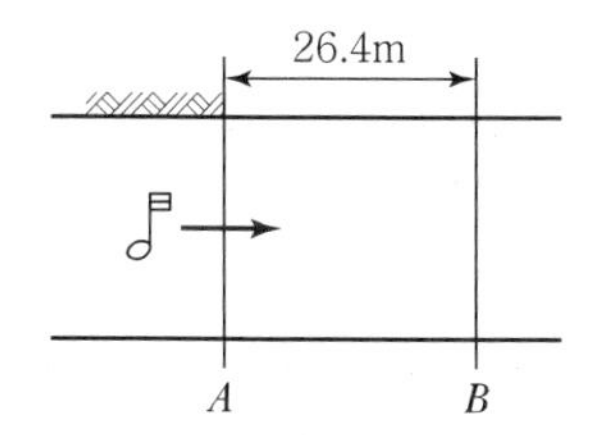

① 0.09m/sec ② 0.19m/sec
③ 0.21m/sec ④ 0.36m/sec

해설 $V_m=0.8\frac{l}{t}=0.8\times\frac{26.4}{100}=0.21\text{m/sec}$

03. 지상 100m×100m의 면적을 4cm²로 나타내기 위한 도면의 축척은?

① 1 : 250 ② 1 : 500
③ 1 : 2,500 ④ 1 : 5,000

해설
- 면적비=축척비의 자승$\left(\frac{1}{M}\right)^2$
- $\left(\frac{1}{M}\right)^2=\frac{\text{도상면적}}{\text{실제면적}}=\frac{2\times 2\text{cm}}{10,000\times 10,000\text{cm}}$
- $\frac{1}{M}=\frac{2}{10,000}=\frac{1}{5,000}$

04. 클로소이드 곡선에 대한 설명으로 옳은 것은?

① 곡선의 반지름 R, 곡선길이 L, 매개변수 A의 사이에는 $RL=A^2$의 관계가 성립한다.
② 곡선의 반지름에 비례하여 곡선길이가 증가하는 곡선이다.
③ 곡선길이가 일정할 때 곡선의 반지름이 크면 접선각도 커진다.
④ 곡선반지름과 곡선길이가 같은 점을 동경이라 한다.

해설
- 클로소이드 곡선의 곡률($\frac{1}{R}$)은 곡선장에 비례
- 매개변수 $A^2=RL$
- 곡선길이가 일정할 때 곡선반지름이 크면 접선각은 작아진다.

05. 폐합다각형의 관측결과 위거오차 −0.005m, 경거오차 −0.042m, 관측길이 327m의 성과를 얻었다면 폐합비는?

① $\frac{1}{20}$ ② $\frac{1}{330}$
③ $\frac{1}{770}$ ④ $\frac{1}{7730}$

해설 폐합비$=\frac{\text{폐합오차}(E)}{\text{전측선의 길이}(\Sigma L)}$
$=\frac{\sqrt{(-0.005)^2+(-0.042)^2}}{327}\fallingdotseq\frac{1}{7,730}$

06. 토공작업을 수반하는 종단면도에 계획선을 넣을 때 고려하여야 할 사항으로 옳지 않은 것은?

① 계획선은 필요와 요구에 맞게 한다.
② 절토는 성토로 이용할 수 있도록 운반거리를 고려해야 한다.
③ 단조로움을 피하기 위하여 경사와 곡선을 병설하여 가능한 한 많이 설치한다.
④ 절토량과 성토량은 거의 같게 한다.

해설 경사와 곡선은 병설할 수 없고 제한 내에 있도록 하여야 한다.

07. 등고선의 성질에 대한 설명으로 옳지 않은 것은?

① 어느 지점의 최대경사방향은 등고선과 평행한 방향이다.
② 경사가 급한 지역은 등고선 간격이 좁다.
③ 동일 등고선 위의 지점들은 높이가 같다.
④ 계곡선(합수선)은 등고선과 직교한다.

해설 최대경사방향은 등고선과 직각방향으로 교차한다.

08. 그림과 같은 개방 트래버스에서 CD측선의 방위는?

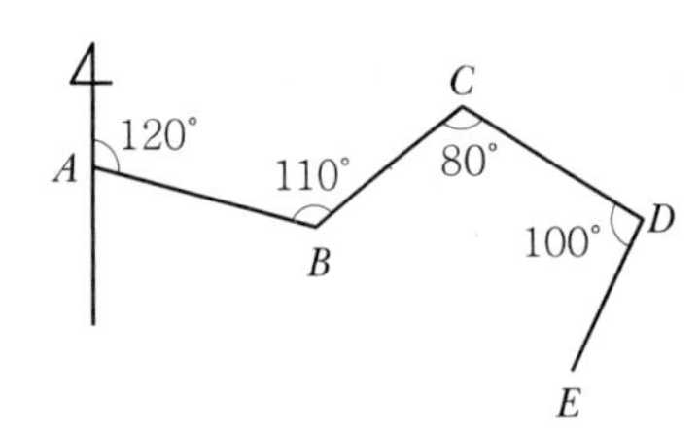

① N50°W　　② S30°E
③ S50°W　　④ N30°E

해설
- 임의 측선의 방위각 = 전측선의 방위각 + 180° ± 교각(우측⊖, 좌측⊕)
- AB 방위각 = 120°
  BC 방위각 = 120° + 180° + 110° = 50°
  CD 방위각 = 50° + 180° − 80° = 150°
- CD측선의 방위(150°는 2상한)
  = 180° − 150° = S30°E

09. 비행고도 3km에서 초점거리 15cm인 사진기로 항공사진을 촬영하였다면, 길이 40m 교량의 사진상 길이는?

① 0.2cm　　② 0.4cm
③ 0.6cm　　④ 0.8cm

해설
- 축척$\left(\frac{1}{M}\right)=\frac{f}{H}=\frac{0.15}{3,000}=\frac{1}{20,000}$
- 도상거리 = 실제거리 × 축척 $= 40\times\frac{1}{20,000}$
  $= 0.002\text{m} = 0.2\text{cm}$

10. GNSS 위성을 이용한 측위에 측점의 3차원적 위치를 구하기 위하여 수신이 필요한 최소 위성의 수는?

① 2　　② 4
③ 6　　④ 8

해설 측점의 3차원적 위치를 구하기 위해서 최소 4개 이상의 위성이 필요하다.

11. 하천 양안의 고저차를 관측할 때 교호수준측량을 하는 가장 주된 이유는?

① 개인오차를 제거하기 위하여
② 기계오차(시준축 오차)를 제거하기 위하여
③ 과실에 의한 오차를 제거하기 위하여
④ 우연오차를 제거하기 위하여

해설 교호수준측량은 시준 길이가 길어지면 발생하는 기계적 오차를 소거하고 전·후시 거리를 같게 해서 평균 고저차를 구하는 방법

12. 그림과 같은 삼각형의 꼭짓점 A, B, C의 좌표가 A(50, 20), B(20, 50), C(70, 70)일 때, A를 지나며 $\triangle ABC$의 넓이를 $m : n = 4 : 3$으로 분할하는 P점의 좌표는?(단, 좌표의 단위는 m이다.)

 |해답| 6.③ 7.① 8.② 9.① 10.② 11.② 12.②

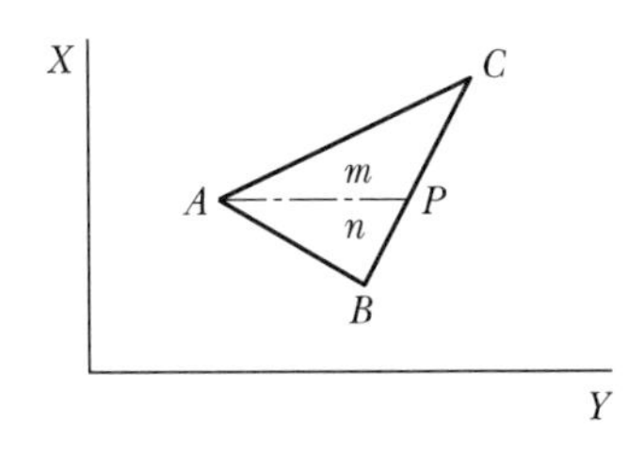

① (58.6, 41.4) ② (41.4, 58.6)
③ (50.6, 63.4) ④ (50.4, 65.6)

해설
- $\overline{AB}=\sqrt{(50-20)^2+(50-20)^2}=42.426$
- $\overline{BC}=\sqrt{(70-20)^2+(70-50)^2}=53.852$
- $\overline{AC}=\sqrt{(70-50)^2+(70-20)^2}=53.852$
- $\overline{PC}=\dfrac{4}{4+3}\overline{BC}=\dfrac{4}{7}\times53.852=30.773$
- $\overline{PB}=\dfrac{3}{4+3}\overline{BC}=\dfrac{3}{7}\times53.852=23.079$

$30.773=\sqrt{(70-X)^2+(70-Y)^2}$

$23.079=\sqrt{(X-20)^2+(Y-50)^2}$

$\therefore X=41.4,\ Y=58.6$

13. 그림에서 A, B 사이에 단곡선을 설치하기 위하여 $\angle ADB$의 2등분선상의 C점을 곡선의 중점으로 선택하였다면 곡선의 접선 길이는?(단, DC=20m, I=80°20′이다.)

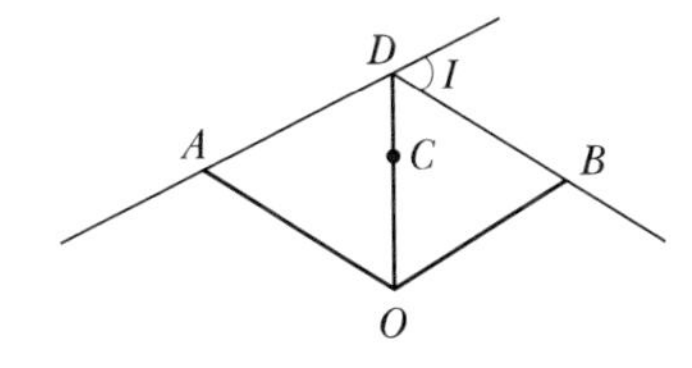

① 64.80m ② 54.70m
③ 32.40m ④ 27.34m

해설
- 외할$(E)=R\left(\sec\dfrac{I}{2}-1\right)$

$$R=\frac{E}{\sec\frac{I}{2}-1}=\frac{20}{\sec\frac{80°20'}{2}-1}=64.808$$

- 접선장(TL)

$$=R\tan\frac{I}{2}=64.808\times\tan\frac{80°20'}{2}=54.70\text{m}$$

14. 30m당 ±1.0mm의 오차가 발생하는 줄자를 사용하여 480m의 기선을 측정하였다면 총오차는?

① ±3.0mm ② ±3.5mm
③ ±4.0mm ④ ±4.5mm

해설 총부정오차$(M)=\pm\delta\sqrt{n}=\pm1\sqrt{\dfrac{480}{30}}=\pm4.0\text{mm}$

15. 직접수준측량을 하여 그림과 같은 결과를 얻었을 때 B점의 표고는?(단, A점의 표고는 100m이고 단위는 m이다.)

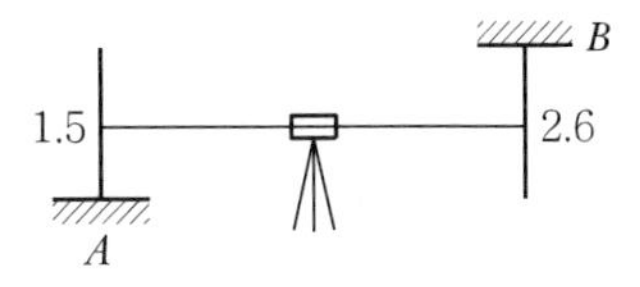

① 101.1m ② 101.5m
③ 104.1m ④ 105.2m

해설 $H_B=H_A+BS+FS=100+1.5+2.6=104.1\text{m}$

16. 그림과 같이 2개의 직선구간과 1개의 원곡선 부분으로 이루어진 노선을 계획할 때, 직선구간 AB의 거리 및 방위각이 700m, 80°이고, CD의 거리 및 방위각은 1,000m, 110°이었다. 원곡선의 반지름이 500m라면, A점으로부터 D점까지의 노선거리는?

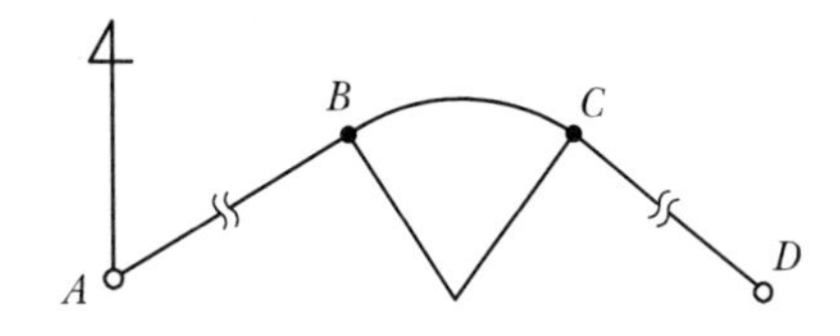

① 1,830.8m ② 1,874.4m
③ 1,961.8m ④ 2,048.9m

해설
- $\overline{CD}$의 방위각$=80°+x=110°$, $x=30°$
- 노선거리$=\overline{AB}+RI\dfrac{\pi}{180°}+\overline{CD}$

$$=700+\left(500\times30°\times\frac{\pi}{180°}\right)+1,000$$

$$=1,961.8\text{m}$$

17. 유심삼각망에 관한 설명으로 옳은 것은?

① 삼각망 중 가장 정밀도가 높다.
② 대규모 농지, 단지 등 방대한 지역의 측량에 적합하다.
③ 기선을 확대하기 위한 기선삼각망측량에 주로 사용된다.
④ 하천, 철도, 도로와 같이 측량 구역의 폭이 좁고 긴 지형에 적합하다.

해설 유심삼각망
- 넓은 지역의 측량에 적합
- 동일측점수에 비해 포함면적이 넓다.
- 정밀도는 단열보다 높고 사변형보다 낮다.

18. 수심 h인 하천의 유속측정에서 수면으로부터 0.2h, 0.6h, 0.8h의 유속이 각각 0.625m/sec, 0.564m/sec, 0.382m/sec일 때 3점법에 의한 평균유속은?

① 0.498m/sec ② 0.505m/sec
③ 0.511m/sec ④ 0.533m/sec

해설

$$3점법(V_m) = \frac{V_{0.2} + 2V_{0.6} + V_{0.8}}{4} = \frac{0.625 + 2 \times 0.564 + 0.382}{4} = 0.533\text{m/sec}$$

19. 삼각측량을 실시하려고 할 때, 가장 정밀한 방법으로 각을 측정할 수 있는 방법은?

① 단각법 ② 배각법
③ 방향각법 ④ 각관측법

해설 각관측법이 가장 정확한 값을 얻을 수 있는 방법으로 1등삼각측량에 이용한다.

20. 항공삼각측량에 대한 설명으로 옳은 것은?

① 항공연직사진으로 세부 측량이 기준이 될 사진망을 짜는 것을 말한다.
② 항공사진측량 중 정밀도가 높은 사진측량을 말한다.
③ 정밀도화기로 사진모델을 연결시켜 도화작업을 하는 것을 말한다.
④ 지상기준점을 기준으로 사진좌표나 모델좌표를 측정하여 측지좌표로 환산하는 측량이다.

Item pool (기사 2018년 4월 시행)

과년도 출제문제 및 해설

01. 지형의 토공량 산정 방법이 아닌 것은?

① 각주공식 ② 양단면 평균법
③ 중앙단면법 ④ 삼변법

해설 삼변법은 면적을 구하는 방법

02. 그림에서 $\overline{AB}$= 500m, $\angle a$=71°33′54″, $\angle b_1$ = 36°52′12″, $\angle b_2$ =39°05′38″, $\angle c$=85°36′05″를 관측하였을 때 $\overline{BC}$의 거리는?

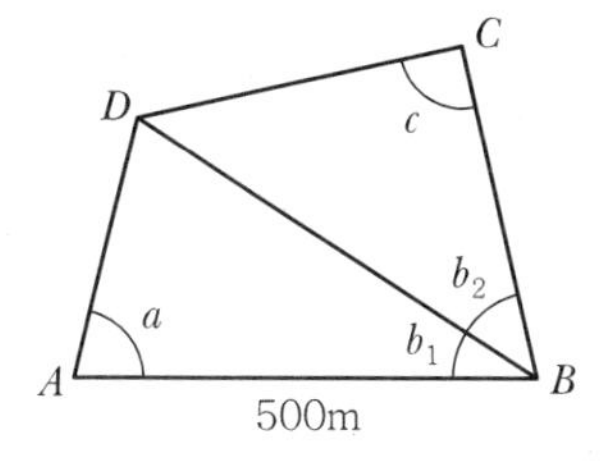

① 391mm ② 412mm
③ 422mm ④ 427mm

해설
- $\dfrac{\overline{BD}}{\sin a}=\dfrac{500}{\sin(180-(\angle a+\angle b_1))}$

  $\overline{BD}=\dfrac{500\sin a}{\sin(180-(\angle a+\angle b_1))}=500\text{m}$
- $\dfrac{\overline{BD}}{\sin c}=\dfrac{\overline{BC}}{\sin(180-(\angle b_2+\angle c))}$

  $\therefore\ \overline{BC}=\dfrac{\overline{BD}\sin(180-(\angle b_2+\angle c))}{\sin c}=412.31\text{m}$

03. 비행고도 6,000m에서 초점거리 15cm인 사진기로 수직항공사진을 획득하였다. 길이가 50m인 교량의 사진상의 길이는?

① 0.55mm ② 1.25mm
③ 3.60mm ④ 4.20mm

해설
- 축척$\left(\dfrac{1}{m}\right)=\dfrac{f}{H}=\dfrac{0.15}{6,000}=\dfrac{1}{40,000}$
- $\dfrac{1}{M}=\dfrac{\text{도상길이}}{\text{실제길이}}$

$\therefore$ 도상길이

$=\dfrac{\text{실제길이}}{M}=\dfrac{50}{40,000}=0.00125\text{m}=1.25\text{mm}$

04. 구하고자 하는 미지점에 평판을 세우고 3개의 기지점을 이용하여 도상에서 그 위치를 결정하는 방법은?

① 방사법 ② 계선법
③ 전방교회법 ④ 후방교회법

해설 후방교회법은 미지점에 평판을 세워 기지점을 시준하여 도상의 위치를 결정한다.

05. 클로소이드(clothoid)의 매개변수(A)가 60m, 곡선길이(L)가 30m일 때 반지름(R)은?

① 60m ② 90m
③ 120m ④ 150m

해설
- 매개변수(A^2)$=R\cdot L$
- $R=\dfrac{A^2}{L}=\dfrac{60^2}{30}=120\text{m}$

06. 하천측량에 대한 설명으로 틀린 것은?

① 제방중심선 및 종단측량은 레벨을 사용하여 직접수준측량 방식으로 실시한다.
② 심천측량은 하천의 수심 및 유수부분의 하저상황을 조사하고 횡단면도를 제작하는 측량이다.
③ 하천의 수위경계선인 수애선은 평균수위를 기준으로 한다.

④ 수위 관측은 지천의 합류점이나 분류점 등 수위 변화가 생기지 않는 곳을 선택한다.

해설 수애선은 하천경계의 기준이며 평균 평수위를 기준으로 한다.

07. 지형의 표시법에서 자연적 도법에 해당하는 것은?

① 점고법 ② 등고선법
③ 영선법 ④ 채색법

해설
- 자연적 도법 : 영선(우모)법, 음영(명암)법
- 부호적 도법 : 점고법, 등고선법, 채색법

08. 도로 설계 시에 단곡선의 외할(E)은 10m, 교각은 60°일 때, 접선장($T.L$)은?

① 42.4m ② 37.3m
③ 32.4m ④ 27.3m

해설
- 외할$(E) = R\left(\sec\frac{I}{2} - 1\right)$

$$R = \frac{E}{\sec\frac{I}{2} - 1} = \frac{5}{\sec\frac{60°}{2} - 1} = 64.64$$

- 접선장$(T.L) = R\tan\frac{I}{2}$

$$= 64.64 \times \tan\frac{60°}{2} = 37.3\text{m}$$

09. 레벨을 이용하여 표고가 53.85m인 A점에 세운 표척을 시준하여 1.34m를 얻었다. 표고 50m의 등고선을 측정하려면 시준하여야 할 표척의 높이는?

① 3.51m ② 4.11m
③ 5.19m ④ 6.25m

해설 $H_P = H_A + I - h$

$h = H_A + I - H_P = 53.85 + 1.34 - 50 = 5.19\text{m}$

10. 다각측량에 관한 설명 중 옳지 않은 것은?

① 각과 거리를 측정하여 점의 위치를 결정한다.
② 근거리이고 조건식이 많아 삼각측량에서 구한 위치보다 정확도가 높다.
③ 선로와 같이 좁고 긴 지역의 측량에 편리하다.
④ 삼각측량에 비해 시가지 또는 복잡한 장애물이 있는 곳의 측량에 적합하다.

해설 높은 정확도를 요하지 않는 골조측량에 사용하며 삼각측량보다 정확도가 낮다.

11. 기지의 삼각점을 이용하여 새로운 도근점들을 매설하고자 할 때 결합 트래버스 측량(다각측량)의 순서는?

① 도상계획 → 답사 및 선점 → 조표 → 거리관측 → 각관측 → 거리 및 각의 오차 분배 → 좌표계산 및 측점전개
② 도상계획 → 조표 → 답사 및 선점 → 각관측 → 거리관측 → 거리 및 각의 오차 분배 → 좌표계산 및 측점전개
③ 답사 및 선점 → 도상계획 → 조표 → 각관측 → 거리관측 → 거리 및 각의 오차 분배 → 좌표계산 및 측점전개
④ 답사 및 선점 → 조표 → 도상계획 → 거리관측 → 각관측 → 좌표계산 및 측점전개 → 거리 및 각의 오차 분배

해설 트래버스 측량순서
계획 → 답사 → 선점 → 조표 → 거리관측 → 각관측 → 거리와 각관측 정도의 평균 → 계산

12. 완화곡선에 대한 설명으로 옳지 않은 것은?

① 완화곡선은 모든 부분에서 곡률이 동일하지 않다.
② 완화곡선의 반지름은 무한대에서 시작한 후 점차 감소되어 원곡선의 반지름과 같게 된다.
③ 완화곡선의 접선은 시점에서 원호에 접한다.
④ 완화곡선에 연한 곡선 반지름의 감소율은 캔트의 증가율과 같다.

 |해답| 7.③ 8.② 9.③ 10.② 11.① 12.③

■ 해설 완화곡선의 접선은 시점에서 직선에, 종점에서 원호에 접한다.

13. 축척 1 : 600인 지도상의 면적을 축척 1 : 500으로 계산하여 38.675m^{2}을 얻었다면 실제면적은?

① 26.858m^2 ② 32.229m^2
③ 46.410m^2 ④ 55.692m^2

■ 해설
$$A_0=\left(\frac{m_2}{m_1}\right)^2\times A=\left(\frac{600}{500}\right)^2\times 38.675=55.692\text{m}^2$$

14. A, B 두 점 간의 거리를 관측하기 위하여 그림과 같이 세 구간으로 나누어 측량하였다. 측선 $\overline{AB}$의 거리는?(단, Ⅰ : 10m±0.01m, Ⅱ : 20m±0.03m, Ⅲ : 30m±0.05m이다.)

A ●—Ⅰ—●—Ⅱ—●—Ⅲ—● B

① 60m±0.09m ② 30m±0.06m
③ 60m±0.06m ④ 30m±0.09m

■ 해설
$$\overline{AB_0}=L_1+L_2+L_3\pm\sqrt{m_1^2+m_2^2+m_3^2}$$
$$=10+20+30\pm\sqrt{0.01^2+0.03^2+0.05^2}$$
$$=60\pm0.059\fallingdotseq 60\pm0.06\text{m}$$

15. 그림과 같은 터널 내 수준측량의 관측결과에서 A점의 지반고가 20.32m일 때 C점의 지반고는?(단, 관측값의 단위는 m이다.)

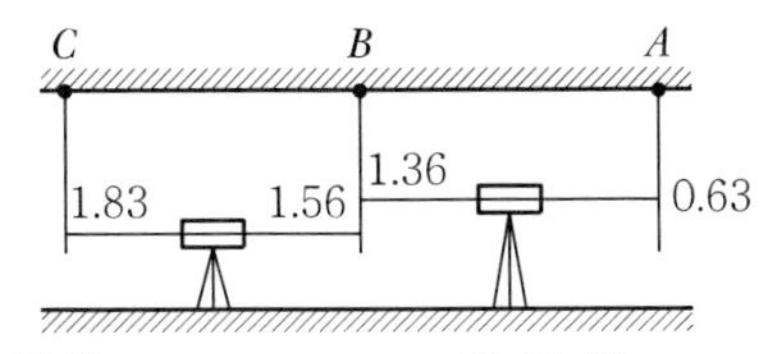

① 21.32m ② 21.49m
③ 16.32m ④ 16.49m

■ 해설 $H_c=20.32-0.63+1.36-1.56+1.83=21.32\text{m}$

16. 그림의 다각측량 성과를 이용한 C점의 좌표는?(단, $\overline{AB}=\overline{BC}=100\text{m}$이고, 좌표 단위는 m이다.)

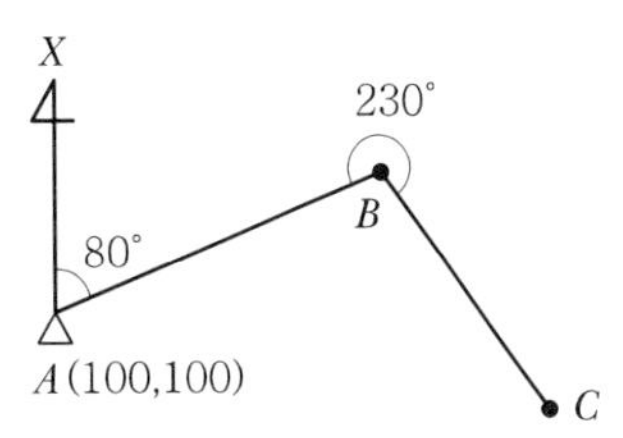

① $X=48.27\text{m}$, $Y=256.28\text{m}$
② $X=53.08\text{m}$, $Y=275.08\text{m}$
③ $X=62.31\text{m}$, $Y=281.31\text{m}$
④ $X=69.49\text{m}$, $Y=287.49\text{m}$

■ 해설 임의 측선의 방위각=전측선의 방위각+180°±교각(우측⊖, 좌측⊕)
㉠ $\overline{AB}$ 방위각=80°
㉡ $\overline{BC}$ 방위각=80°+180°+230°=130°
㉢ 좌표
- $X_B=X_A+\overline{AB}\cos80°$
  $=100+100\cos80°=117.36\text{m}$
- $Y_B=Y_A+\overline{AB}\sin80°$
  $=100+100\sin80°=198.48\text{m}$
- $X_C=X_B+\overline{AB}\cos130°$
  $=117.36+100\cos130°=53.08\text{m}$
  $Y_C=Y_B+\overline{AB}\sin130°$
  $=198.48+100\sin130°=275.08\text{m}$

17. A, B, C, D 네 사람이 각각 거리 8km, 12.5km, 18km, 24.5km의 구간을 왕복 수준측량하여 폐합차를 7mm, 8mm, 10mm, 12mm 얻었다면 4명 중에서 가장 정밀한 측량을 실시한 사람은?

① A ② B
③ C ④ D

■ 해설 ㉠ 오차(m)는 노선거리(L) 제곱근에 비례한다.
㉡ $E=\pm m\sqrt{n}$, $m=\dfrac{E}{\sqrt{n}}$
- $m_A=\dfrac{7}{\sqrt{16}}=1.75$
- $m_B=\dfrac{8}{\sqrt{25}}=1.6$

|해답| 13.④ 14.③ 15.① 16.② 17.②

- $m_C = \frac{10}{\sqrt{36}} = 1.67$
- $m_D = \frac{12}{\sqrt{49}} = 1.71$

㉢ B가 가장 정확하다.

18. 항공사진의 특수3점에 해당되지 않는 것은?

① 주점 ② 연직점
③ 등각점 ④ 표정점

해설 특수3점(주점, 연직점, 등각점)

19. 수준점 A, B, C에서 수준측량을 하여 P점의 표고를 얻었다. 관측거리를 경중률로 사용한 P점 표고의 최확값은?

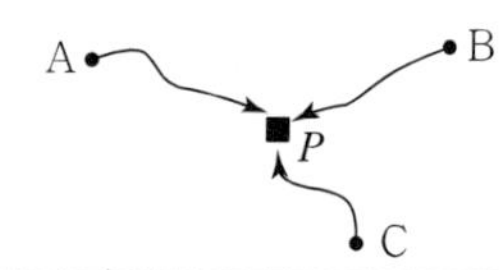

노 선	P점 표고값	노선거리
$A \rightarrow P$	57.583m	2 km
$B \rightarrow P$	57.700m	3 km
$C \rightarrow P$	57.680m	4 km

① 57.641m ② 57.649m
③ 57.654m ④ 57.706m

해설 • 경중률(P)은 노선거리(L)에 반비례

$P_1 : P_2 : P_3 = \frac{1}{2} : \frac{1}{3} : \frac{1}{4} = 6 : 4 : 3$

• $h_0 = \frac{P_1h_1 + P_2h_2 + P_3h_3}{P_1 + P_2 + P_3}$

$= \frac{6 \times 57.583 + 4 \times 57.7 + 3 \times 57.68}{6 + 4 + 3}$

$= 57.641\text{m}$

20. 지구상에서 50km 떨어진 두 점의 거리를 지구곡률을 고려하지 않은 평면측량으로 수행한 경우의 거리오차는?(단, 지구의 반지름은 6,370km이다.)

① 0.257m ② 0.138m
③ 0.069m ④ 0.005m

해설 $\frac{\Delta l}{l} = \frac{l^2}{12R^2}$

$\Delta l = \frac{l^3}{12R^2} = \frac{50^3}{12 \times 6{,}370^2}$

$= 0.0002567\text{km} \fallingdotseq 0.257\text{m}$

Item pool (산업기사 2018년 4월 시행)

과년도 출제문제 및 해설

01. 곡선부를 주행하는 차의 뒷바퀴가 앞바퀴보다 항상 안쪽을 지나게 되므로 직선부보다 도로폭을 크게 해주는 것은?

① 편경사 ② 길 어깨
③ 확폭 ④ 측구

■해설 곡선부에서 폭이 직선부보다 넓어야 하므로 철도 궤간에서는 슬랙, 도로에서는 확폭을 한다.

02. 하천의 수위관측소의 설치장소로 적당하지 않은 것은?

① 하상과 하안이 안전한 곳
② 수위가 구조물의 영향을 받지 않는 곳
③ 홍수 시에도 수위를 쉽게 알아볼 수 있는 곳
④ 수위의 변화가 크게 발생하여 그 변화가 뚜렷한 곳

■해설 잔류 및 역류가 없고, 수위 변화가 적은 곳

03. 원곡선에 의한 종곡선 설치에서 상향기울기 4.5/1,000와 하향기울기 35/1,000의 종단선형에 반지름 3,000m의 원곡선을 설치할 때, 종단곡선의 길이(L)는?

① 240.5m ② 150.2m
③ 118.5m ④ 60.2m

■해설 종단곡선$(L) = R\left(\frac{m}{1,000} - \frac{n}{1,000}\right)$

$= 3,000\left(\frac{4.5}{1,000} + \frac{35}{1,000}\right) = 118.5\text{m}$

04. 캔트(C)인 원곡선에서 곡선반지름을 3배로 하면 변화된 캔트(C')는?

① $\frac{C}{9}$ ② $\frac{C}{3}$
③ $3C$ ④ $9C$

■해설
- 캔트$(C) = \frac{SV^2}{Rg}$
- R를 3배로 하면 C는 $\frac{1}{3}$로 줄어든다.

05. 수준측량에서 사용되는 기고식 야장 기입 방법에 대한 설명으로 틀린 것은?

① 종·횡단 수준측량과 같이 후시보다 전시가 많을 때 편리하다.
② 승강식보다 기입사항이 많고 상세하여 중간점이 많을 때에는 시간이 많이 걸린다.
③ 중간시가 많은 경우 편리한 방법이나 그 점에 대한 검산을 할 수가 없다.
④ 지반고에 후시를 더하여 기계고를 얻고, 다른 점의 전시를 빼면 그 지점에 지반고를 얻는다.

■해설
- 기고식 야장 기입법은 중간점이 많은 경우 사용한다.
- 승강식 야장 기입법은 정밀한 측량에 적합 중간점이 많은 경우 계산이 복잡하고 시간과 비용이 많이 소요된다.

06. 교각이 60°, 교점까지의 추가거리가 356.21m, 곡선시점까지의 추가거리가 183.00m이면 단곡선의 곡선반지름은?

① 616.97m ② 300.01m
③ 205.66m ④ 100.00m

|해답| 1.③ 2.④ 3.③ 4.② 5.② 6.②

■ 해설
- $TL = R\tan\frac{I}{2}$, $TL = 356.21 - 183 = 173.21$
- $173.21 = R \times \tan\frac{60°}{2}$, $R = \frac{173.21}{\tan\frac{60°}{2}} = 300.01\text{m}$

07. 측지측량 용어에 대한 설명 중 옳지 않은 것은?

① 지오이드란 평균해수면을 육지부분까지 연장한 가상곡면으로 요철이 없는 미끈한 타원체이다.
② 연직선편차는 연직선과 기준타원체 법선 사이의 각을 의미한다.
③ 구과량은 구면삼각형의 면적에 비례한다.
④ 기준타원체는 수평위치를 나타내는 기준면이다.

■ 해설 지오이드면은 불규칙한 곡면으로 준거타원체와 거의 일치한다.

08. 삼각망 중 정확도가 가장 높은 삼각망은?

① 단열삼각망 ② 단삼각망
③ 유심삼각망 ④ 사변형삼각망

■ 해설
- 조건식수가 많아 사변형삼각망이 정밀도가 높다.
- 정밀도는 사변형>유심>단열 순이다.

09. P점의 좌표가 $X_P = -1{,}000\text{m}$, $Y_P = 2{,}000\text{m}$이고 PQ의 거리가 1,500m, PQ의 방위각이 120°일 때 Q점의 좌표는?

① $X_Q = -1{,}750\text{m}$, $Y_Q = +3{,}299\text{m}$
② $X_Q = +1{,}750\text{m}$, $Y_Q = +3{,}299\text{m}$
③ $X_Q = +1{,}750\text{m}$, $Y_Q = -3{,}299\text{m}$
④ $X_Q = -1{,}750\text{m}$, $Y_Q = -3{,}299\text{m}$

■ 해설
- $X_Q = X_P + PQ\cos 120°$
  $= -1{,}000 + 1{,}500 \times \cos 120° = -1{,}750\text{m}$
- $Y_Q = Y_P + PQ\sin 120°$
  $= 2{,}000 + 1{,}500 \times \sin 120° = 3{,}299\text{m}$

10. 그림과 같은 지역을 표고 190m 높이로 성토하여 정지하려 한다. 양단면평균법에 의한 토공량은?(단, 160m 이하의 부피는 생략한다.)

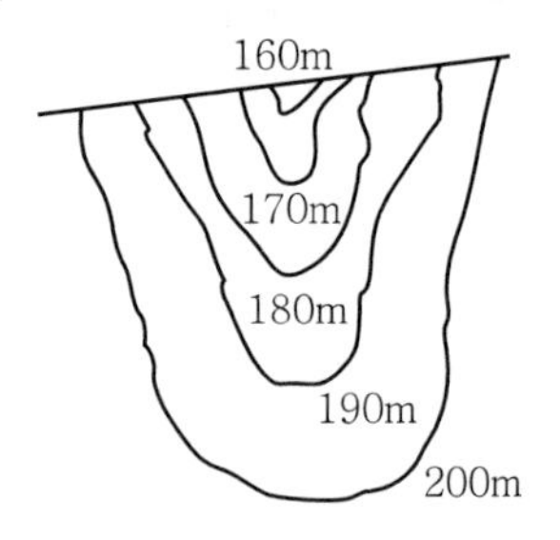

160m : 300m^2	170m : 900m^2
180m : 1,800m^2	190m : 3,500m^2
200m : 8,000m^2	

① 103,500m^3 ② 74,000m^3
③ 46,000m^3 ④ 29,000m^3

■ 해설
$$V = \frac{10}{2}((300+900)+(900+1{,}800) + (1{,}800+3{,}500)) = 46{,}000\text{m}^3$$

11. 삼각점 A에 기계를 세웠을 때, 삼각점 B가 보이지 않아 P를 관측하여 $T' = 65°42'39''$의 결과를 얻었다면 $T = \angle DAB$는?(단, $S = 2\text{km}$, $e = 40\text{cm}$, $\phi = 256°40'$)

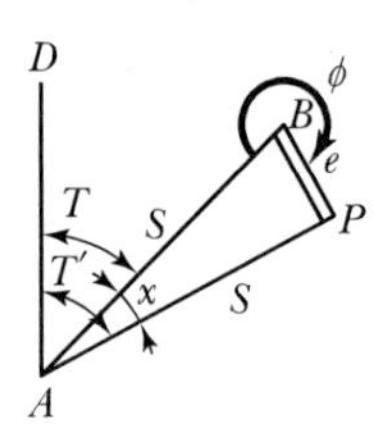

① 65°39′58″ ② 65°40′20″
③ 65°41′59″ ④ 65°42′20″

■ 해설
- $\frac{e}{\sin x} = \frac{S}{\sin(360° - \phi)}$
  $x = \sin^{-1}\left(\frac{e}{S} \times \sin(360° - \phi)\right)$
  $= \sin^{-1}\left(\frac{0.4}{2{,}000} \times \sin(360° - 256°40')\right)$
  $= 40''$
- $T = T' - x = 65°42'39'' - 40'' = 65°41'59''$

12. 초점거리 153mm의 카메라로 고도 800m에서 촬영한 수직사진 1장에 찍히는 실제면적은? (단, 사진의 크기는 23cm×23cm이다.)

① 1.446km^2　② 1.840km^2
③ 5.228km^2　④ 5.290km^2

해설
- $\frac{1}{m}=\frac{f}{H}=\frac{0.153}{800}=\frac{1}{5,229}$
- $A=(ma)^2=(0.23\times 5,229)^2$
  $=1,446,415\text{m}^2=1.446\text{km}^2$

13. 1km^2의 면적이 도면상에서 4cm^2일 때의 축척은?

① 1 : 2,500　② 1 : 5,000
③ 1 : 25,000　④ 1 : 50,000

해설
- 면적비=축척비의 자승$\left(\frac{1}{M}\right)^2$
- $\left(\frac{1}{M}\right)^2=\frac{\text{도상면적}}{\text{실제면적}}=\frac{2\times 2\text{cm}}{100,000\times 100,000\text{cm}}$
- $\frac{1}{M}=\frac{2}{100,000}=\frac{1}{50,000}$

14. 항공사진의 중복도에 대한 설명으로 옳지 않은 것은?

① 종중복도는 동일 촬영경로에서 30% 이하로 동일할 경우 허용될 수 있다.
② 중복도는 입체시를 위하여 촬영 진행방향으로 60%를 표준으로 한다.
③ 촬영 경로 사이의 인접코스 간 중복도는 30%를 표준으로 한다.
④ 필요에 따라 촬영 진행 방향으로 80%, 인접코스 중복을 50%까지 중복하여 촬영할 수 있다.

해설
- 동일코스 내의 일반사진 간의 종중복(P)을 일반적으로 60% 준다.
- 동일코스 내의 일반사진 간의 횡중복(q)을 일반적으로 30% 준다.
- 산악지역, 시가지의 경우 사각지역을 없애기 위해 중복도를 10~20% 정도 높인다.

15. 1 : 25,000 지형도에서 표고 621.5m와 417.5m 사이에 주곡선 간격의 등고선 수는?

① 5　② 11
③ 15　④ 21

해설
- $\frac{1}{25,000}$ 도면 주곡선 간격 10m
- $\Delta H=621.5-417.5=204\text{m}$
- 주곡선수$=\frac{204}{10}=20.4 ≒ 21$개
- 420부터 620까지 10간격으로 21개

16. 거리관측의 정밀도와 각관측의 정밀도가 같다고 할 때 거리관측의 허용오차를 1/3,000로 하면 각관측의 허용오차는?

① 4″　② 41″
③ 1′9″　④ 1′23″

해설
- $\frac{\Delta l}{L}=\frac{\theta''}{\rho''}$
- $\theta''=\frac{1}{3,000}\times 206,265''=1'9''$

17. A점은 30m 등고선상에 있고 B점은 40m 등고선상에 있다. AB의 경사가 25%일 때 AB 경사면의 수평거리는?

① 10m　② 20m
③ 30m　④ 40m

해설
- $i=\frac{H}{D}\times 100$
- $D=\frac{H}{i}\times 100=\frac{10}{25}\times 100=40\text{m}$

18. 교호수준측량을 하는 주된 이유로 옳은 것은?

① 작업속도가 빠르다.
② 관측인원을 최소화할 수 있다.
③ 전시, 후시의 거리차를 크게 둘 수 있다.
④ 굴절 오차 및 시준축 오차를 제거할 수 있다.

|해답| 12.① 13.④ 14.① 15.④ 16.③ 17.④ 18.④

■ 해설 교호수준측량은 시준 길이가 길어지면 발생하는 기계적 오차를 소거하고 전·후시 거리를 같게 해서 평균 고저차를 구하는 방법

19. 하천의 연직선 내의 평균유속을 구하기 위한 2점법의 관측 위치로 옳은 것은?

① 수면으로부터 수심의 10%, 90% 지점
② 수면으로부터 수심의 20%, 80% 지점
③ 수면으로부터 수심이 30%, 70% 지점
④ 수면으로부터 수심의 40%, 60% 지점

■ 해설 2점법$(V_m) = \dfrac{V_{0.2} + V_{0.8}}{2}$

20. 두 지점의 거리($\overline{AB}$)를 관측하는데, 갑은 4회 관측하고, 을은 5회 관측한 후 경중률을 고려하여 최확값을 계산할 때, 갑과 을의 경중률(갑 : 을)은?

① 4 : 5 ② 5 : 4
③ 16 : 25 ④ 25 : 16

■ 해설 경중률(P)은 측정횟수(n)에 비례한다.
$P_{갑} : P_{을} = 4 : 5$

Item pool (기사 2018년 8월 시행)

과년도 출제문제 및 해설

01. 트래버스 $ABCD$에서 각 측선에 대한 위거와 경거 값이 아래 표와 같을 때, 측선 BC의 배횡거는?

측선	위거(m)	경거(m)
AB	+75.39	+81.57
BC	−33.57	+18.78
CD	−61.43	−45.60
DA	+44.61	−52.65

① 81.57m ② 155.10m
③ 163.14m ④ 181.92m

■해설 ㉠ 첫 측선의 배횡거는 첫 측선의 경거와 같다.
㉡ 임의 측선의 배횡거는 전 측선의 배횡거+전 측선의 경거+그 측선의 경거이다.
㉢ 마지막 측선의 배횡거는 마지막 측선의 경거와 같다.(부호반대)
- AB 측선의 배횡거=81.57
- BC 측선의 배횡거=81.57+81.57+18.78
=181.92m

02. DGPS를 적용할 경우 기지점과 미지점에서 측정한 결과로부터 공통오차를 상쇄시킬 수 있기 때문에 측량의 정확도를 높일 수 있다. 이때 상쇄되는 오차요인이 아닌 것은?

① 위성의 궤도정보오차
② 다중경로오차
③ 전리층 신호지연
④ 대류권 신호지연

■해설 다중경로오차는 바다표면이나 빌딩 같은 곳으로부터 반사신호에 의한 직접신호의 간섭으로 발생한다. 특별 제작한 안테나와 적절한 위치선정으로 줄일 수 있다.

03. 사진축척이 1 : 5,000이고 종중복도가 60%일 때 촬영기선 길이는?(단, 사진크기는 23cm×23cm이다.)

① 360m ② 375m
③ 435m ④ 460m

■해설 $B_0 = ma\left(1-\dfrac{P}{100}\right)$

$= 5,000\times 0.23\left(1-\dfrac{60}{100}\right) = 460\text{m}$

04. 완화곡선에 대한 설명으로 옳지 않은 것은?

① 모든 클로소이드(clothoid)는 닮음꼴이며 클로소이드 요소는 길이의 단위를 가진 것과 단위가 없는 것이 있다.
② 완화곡선의 접선은 시점에서 원호에, 종점에서 직선에 접한다.
③ 완화곡선의 반지름은 그 시점에서 무한대, 종점에서는 원곡선의 반지름과 같다.
④ 완화곡선에 연한 곡선반지름의 감소율은 캔트(cant)의 증가율과 같다.

■해설 완화곡선의 접선은 시점에서 직선에, 종점에서 원곡선에 접한다.

05. 삼변측량에 관한 설명 중 틀린 것은?

① 관측요소는 변의 길이뿐이다.
② 관측값에 비하여 조건식이 적은 단점이 있다.
③ 삼각형의 내각을 구하기 위해 cosine 제2법칙을 이용한다.
④ 반각공식을 이용하여 각으로부터 변을 구하여 수직위치를 구한다.

■해설 반각공식은 변을 이용하여 각을 구하는 공식

|해답| 1.④ 2.② 3.④ 4.② 5.④

06. 교호수준측량에서 A점의 표고가 55.00m이고 $a_1 = 1.34$m, $b_1 = 1.14$m, $a_2 = 0.84$m, $b_2 = 0.56$m 일 때 B점의 표고는?

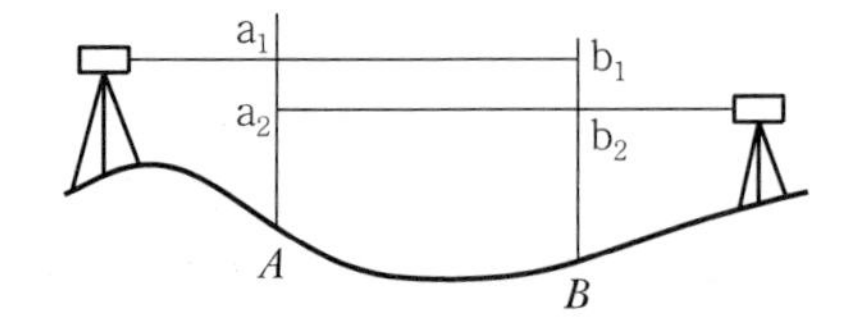

① 55.24m ② 56.48m
③ 55.22m ④ 56.42m

■해설
• $\Delta H = \dfrac{(a_1 + a_2) - (b_1 + b_2)}{2}$
$= \dfrac{(1.34 + 0.84) - (1.14 + 0.56)}{2}$
$= 0.24$
• $H_B = H_A + \Delta H = 55 + 0.24 = 55.24\text{m}$

07. 하천측량 시 무제부에서의 평면측량 범위는?

① 홍수가 영향을 주는 구역보다 약간 넓게
② 계획하고자 하는 지역의 전체
③ 홍수가 영향을 주는 구역까지
④ 홍수영향 구역보다 약간 좁게

■해설 무제부에서 측량범위는 홍수의 흔적이 있는 곳보다 약간 넓게 한다.(100m 정도)

08. 어떤 거리를 10회 관측하여 평균 2,403.557m의 값을 얻고 잔차의 제곱의 합 8,208mm²을 얻었다면 1회 관측의 평균제곱근오차는?

① ±23.7mm ② ±25.5mm
③ ±28.3mm ④ ±30.2mm

■해설 평균제곱근오차
1회 관측 시$(M_0) = \pm\sqrt{\dfrac{[VV]}{n-1}} = \pm\sqrt{\dfrac{8,208}{10-1}}$
$= 30.199 = 30.2\text{mm}$

09. 지반고(h_A)가 123.6m인 A점에 토털스테이션을 설치하여 B점의 프리즘을 관측하여, 기계고 1.5m, 관측사거리(S) 150m, 수평선으로부터의 고저각(α) 30°, 프리즘고(P_h) 1.5m를 얻었다면 B점의 지반고는?

① 198.0m ② 198.3m
③ 198.6m ④ 198.9m

■해설 $H_B = H_A + I + S\sin\alpha - P_h$
$= 123.6 + 1.5 + 150 \times \sin 30° - 1.5$
$= 198.6\text{m}$

10. 측량성과표에 측점 A의 진북방향각은 0°06′17″이고, 측점 A에서 측점 B에 대한 평균방향각은 263°38′26″로 되어 있을 때에 측점 A에서 측점 B에 대한 역방위각은?

① 83°32′09″ ② 83°44′43″
③ 263°32′09″ ④ 263°44′43″

■해설 역방위각 = 263°38′26″ − 0°06′17″ + 180°
= 83°32′09″

11. 수심이 h인 하천의 평균 유속을 구하기 위하여 수면으로부터 $0.2h$, $0.6h$, $0.8h$가 되는 깊이에서 유속을 측량한 결과 0.8m/s, 1.5m/s, 1.0m/s이었다. 3점법에 의한 평균 유속은?

① 0.9m/s ② 1.0m/s
③ 1.1m/s ④ 1.2m/s

■해설 3점법$(V_m) = \dfrac{V_{0.2} + 2V_{0.6} + V_{0.8}}{4}$
$= \dfrac{0.8 + 2 \times 1.5 + 1.0}{4}$
$= 1.2\text{m/s}$

12. 위성에 의한 원격탐사(Remote Sensing)의 특징으로 옳지 않은 것은?

① 항공사진측량이나 지상측량에 비해 넓은 지역의 동시측량이 가능하다.

 |해답| 6.① 7.① 8.④ 9.③ 10.① 11.④ 12.③

② 동일 대상물에 대해 반복측량이 가능하다.
③ 항공사진측량을 통해 지도를 제작하는 경우보다 대축척 지도의 제작에 적합하다.
④ 여러 가지 분광 파장대에 대한 측량자료 수집이 가능하므로 다양한 주제도 작성이 용이하다.

■ 해설 항공사진측량을 통해 지도를 제작하는 경우보다 소축척지도의 제작이 적합하다.

13. 교각이 60°이고 반지름이 300m인 원곡선을 설치할 때 접선의 길이(T.L.)는?

① 81.603m ② 173.205m
③ 346.412m ④ 519.615m

■ 해설 접선장(T.L.) $= R\tan\frac{I}{2} = 300\times\tan\frac{60°}{2}$
$= 173.205\text{m}$

14. 지상 1km²의 면적을 지도상에서 4cm²으로 표시하기 위한 축척으로 옳은 것은?

① 1 : 5,000 ② 1 : 50,000
③ 1 : 25,000 ④ 1 : 250,000

■ 해설
- 면적비 = 축척비의 자승$\left(\frac{1}{M}\right)^2$
- $\left(\frac{1}{M}\right)^2 = \frac{\text{도상면적}}{\text{실제면적}} = \frac{2\times 2\text{cm}}{100{,}000\times 100{,}000\text{cm}}$
- $\frac{1}{m} = \frac{2}{100{,}000} = \frac{1}{50{,}000}$

15. 수준측량에서 레벨의 조정이 불완전하여 시준선이 기포관 축과 평행하지 않을 때 생기는 오차의 소거 방법으로 옳은 것은?

① 정위, 반위로 측정하여 평균한다.
② 지반이 견고한 곳에 표척을 세운다.
③ 전시와 후시의 시준거리를 같게 한다.
④ 시작점과 종점에서의 표척을 같은 것을 사용한다.

■ 해설 시준축 오차는 기포관 축과 시준선이 평행하지 않아 생기는 오차로 전·후시 거리를 같게 하여 소거한다.

16. △ABC의 꼭짓점에 대한 좌푯값이 (30, 50), (20, 90), (60, 100)일 때 삼각형 토지의 면적은?(단, 좌표의 단위 : m)

① 500m² ② 750m²
③ 850m² ④ 960m²

■ 해설

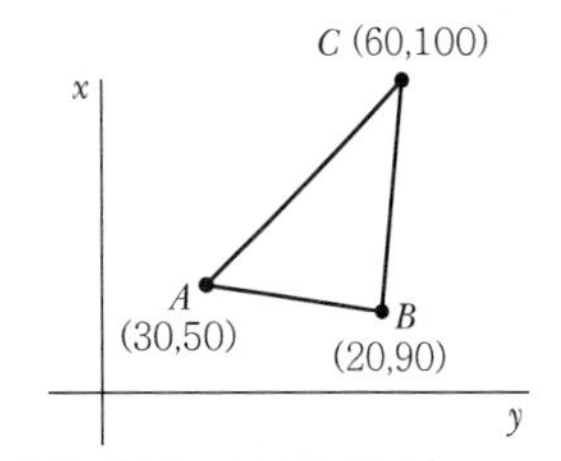

- $\overline{AB} = \sqrt{(30-20)^2+(90-50)^2} = 41.23\text{m}$
- $\overline{BC} = \sqrt{(60-20)^2+(100-90)^2} = 41.23\text{m}$
- $\overline{AC} = \sqrt{(60-30)^2+(100-50)^2} = 58.31\text{m}$
- 삼변법

$S = \frac{1}{2}(a+b+c) = \frac{1}{2}(41.23+41.23+58.31)$
$= 70.385\text{m}$
$A = \sqrt{s(s-a)(s-b)(s-c)}$
$= \sqrt{\begin{matrix}70.385(70.385-41.23)\\(70.385-41.23)(70.385-58.31)\end{matrix}}$
$= 849.96\text{m}^2 ≒ 850\text{m}^2$

17. GNSS 상대측위 방법에 대한 설명으로 옳은 것은?

① 수신기 1대만을 사용하여 측위를 실시한다.
② 위성과 수신기 간의 거리는 전파의 파장 개수를 이용하여 계산할 수 있다.
③ 위상차의 계산은 단순차, 2중차, 3중차와 같은 차분기법으로는 해결하기 어렵다.
④ 전파의 위상차를 관측하는 방식이나 절대측위 방법보다 정확도가 낮다.

■ 해설 상대관측
- 정지관측 : 수신기 2대, 관측점 고정, 정확도 높음, 지적삼각측량, 4대 이상의 위성으로부터 동시에 30분 이상 전파신호 수신
- 이동관측 : 고정국 수신기 1대, 이동국 수신기 1대, 지적도근측량

18. 노선 측량의 일반적인 작업 순서로 옳은 것은?

A : 종 · 횡단측량	B : 중심선측량
C : 공사측량	D : 답사

① $A \rightarrow B \rightarrow D \rightarrow C$
② $D \rightarrow B \rightarrow A \rightarrow C$
③ $D \rightarrow C \rightarrow A \rightarrow B$
④ $A \rightarrow C \rightarrow D \rightarrow B$

■ 해설 답사 → 중심측량 → 종 · 횡단측량 → 공사측량

19. 삼각형의 토지면적을 구하기 위해 밑변 a와 높이 h를 구하였다. 토지의 면적과 표준오차는? (단, $a = 15 \pm 0.015$m, $h = 25 \pm 0.025$m)

① $187.5 \pm 0.04\text{m}^2$　② $187.5 \pm 0.27\text{m}^2$
③ $375.0 \pm 0.27\text{m}^2$　④ $375.0 \pm 0.53\text{m}^2$

■ 해설 • 오차(M)

$$= \pm \frac{1}{2}\sqrt{(a \times m_h)^2 + (h \times m_a)^2}$$

$$= \pm \frac{1}{2}\sqrt{(15 \times 0.025)^2 + (25 \times 0.015)^2}$$

$$= \pm 0.265$$

• 면적(A_o)

$$= A \pm M$$

$$= \frac{1}{2} \times 15 \times 25 \pm 0.265 = 187.5 \pm 0.27\text{m}^2$$

20. 축척 1 : 5,000 수치지형도의 주곡선 간격으로 옳은 것은?

① 5m　② 10m
③ 15m　④ 20m

■ 해설 등고선 간격

구분	1 : 5,000	1 : 10,000	1 : 25,000	1 : 50,000
주곡선	5m	5m	10m	20m
계곡선	25m	25m	50m	100m
간곡선	2.5m	2.5m	5m	10m
조곡선	1.25m	1.25m	2.5m	5m

|해답| 18.② 19.② 20.①

Item pool (산업기사 2018년 9월 시행)

과년도 출제문제 및 해설

01. 거리의 정확도 1/10,000을 요구하는 100m 거리측량에 사거리를 측정해도 수평거리로 허용되는 두 점간의 고저차 한계는?

① 0.707m ② 1.414m
③ 2.121m ④ 2.828m

해설
- 정도 $= \frac{오차}{거리} = \frac{\frac{h^2}{2L}}{L} = \frac{h^2}{2L^2} = \frac{1}{10,000}$
- $h = \sqrt{\frac{2 \times 100^2}{10,000}} = 1.414\text{m}$

02. 삼각측량에서 사용되는 대표적인 삼각망의 종류가 아닌 것은?

① 단열삼각망 ② 귀심삼각망
③ 사변형망 ④ 유심다각망

해설 삼각측량에서는 단열삼각망, 유심삼각망, 사변형망이 사용된다.

03. 완화곡선에 대한 설명으로 틀린 것은?

① 곡률반지름이 큰 곡선에서 작은 곡선으로의 완화구간 확보를 위하여 설치한다.
② 완화곡선에 연한 곡선반지름의 감소율은 캔트의 증가율과 동일하다.
③ 캔트를 완화곡선의 횡거에 비례하여 증가시킨 완화곡선은 클로소이드이다.
④ 완화곡선의 반지름은 시점에서 무한대이고 종점에서 원곡선의 반지름과 같아진다.

해설 곡률이 곡선장에 비례하는 곡선을 클로소이드 곡선이라 한다.

04. 측선 AB의 방위가 N50°E일 때 측선 BC의 방위는?(단, 내각 ABC=120°이다.)

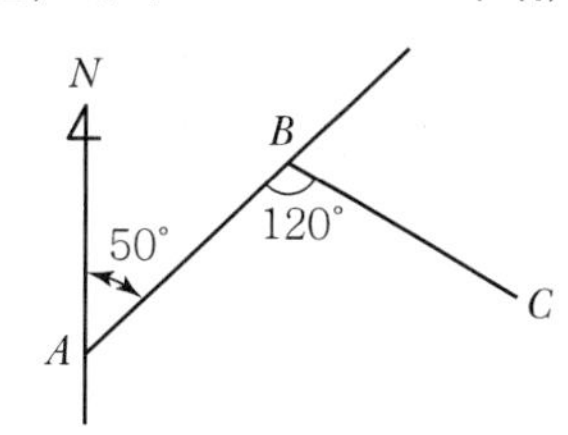

① S70°E ② N110°E
③ S60°W ④ E20°S

해설
- 임의의 측선의 방위각
  = 전측선의 방위각 + 180° ± 교각(우측⊖, 좌측⊕)
- $\overline{AB}$ 방위각 = 50°
  $\overline{BC}$ 방위각 = 50° + 180° − 120° = 110°
- $\overline{BC}$의 방위(2상한) = 180° − 110 = S70°E

05. 수위표의 설치장소로 적합하지 않은 곳은?

① 상 · 하류 최소 300m 정도 곡선인 장소
② 교각이나 기타 구조물에 의한 수위변동이 없는 장소
③ 홍수 시 유실 또는 이동이 없는 장소
④ 지천의 합류점에서 상당히 상류에 위치한 장소

해설 상 · 하류 약 100m 정도 직선이고 유속이 크지 않아야 한다.

06. 수심 H인 하천의 유속측정에서 평균유속을 구하기 위한 1점의 관측위치로 가장 적당한 수면으로부터 깊이는?

① 0.2H ② 0.4H
③ 0.6H ④ 0.8H

해설 1점법(V_m) = $V_{0.6}$

|해답| 1.② 2.② 3.③ 4.① 5.① 6.③

07. 그림과 같이 O점에서 같은 정확도로 각 x_1, x_2, x_3를 관측하여 $x_3-(x_1+x_2)=+45''$의 결과를 얻었다면 보정값으로 옳은 것은?

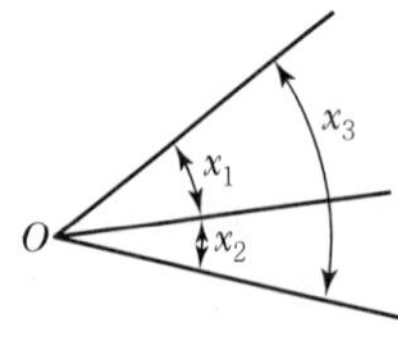

① $x_1=+15''$, $x_2=+15''$, $x_3=+15''$
② $x_1=-15''$, $x_2=-15''$, $x_3=+15''$
③ $x_1=+15''$, $x_2=+15''$, $x_3=-15''$
④ $x_1=-10''$, $x_2=-10''$, $x_3=-10''$

해설
• 조건식 $x_3-(x_1+x_2)=+45''$
• x_3는 크므로 (−), x_1, x_2는 작으므로 (+)
• 보정량 $=\dfrac{45''}{3}=15''$
• 큰 각 $x_3=-15''$, 작은 각 x_1, $x_2=+15''$씩 보정

08. 표와 같은 횡단수준측량 성과에서 우측 12m 지점의 지반고는?(단, 측점 No.10의 지반고는 100.00m이다.)

좌(m)		No	우(m)	
2.50	3.40	No.10	2.40	1.50
12.00	6.00		6.00	12.00

① 101.50m ② 102.40m
③ 102.50m ④ 103.40m

해설 우측 12m 지반고
=No.10+우측(12m 지점)
=100+1.50=101.50m

09. 노선측량에서 원곡선에 의한 종단곡선을 상향기울기 5%, 하향기울기 2%인 구간에 설치하고자 할 때, 원곡선의 반지름은?(단, 곡선시점에서 곡선종점까지의 거리=30m)

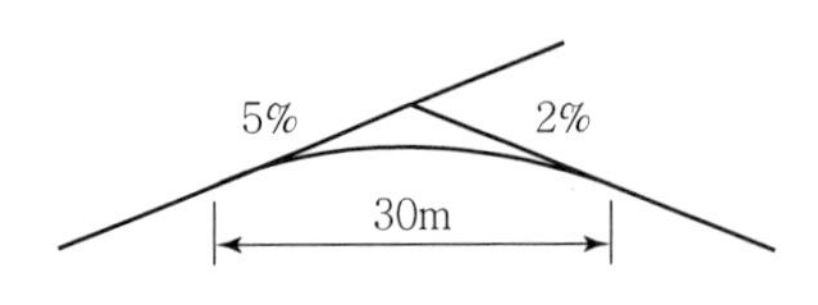

① 900.24m ② 857.14m
③ 775.20m ④ 428.57m

해설
• 종단길이$(L)=R\left(\dfrac{m}{100}-\dfrac{n}{100}\right)$
• $30=R\left(\dfrac{5}{100}+\dfrac{2}{100}\right)$,
$\therefore\ R=\dfrac{30}{\left(\dfrac{5}{100}+\dfrac{2}{100}\right)}=428.57\text{m}$

10. 축척 1 : 5,000의 등경사지에 위치한 A, B점의 수평거리가 270m이고, A점의 표고가 39m, B점의 표고가 27m이었다. 35m 표고의 등고선과 A점간의 도상 거리는?

① 18mm ② 20mm
③ 22mm ④ 24mm

해설

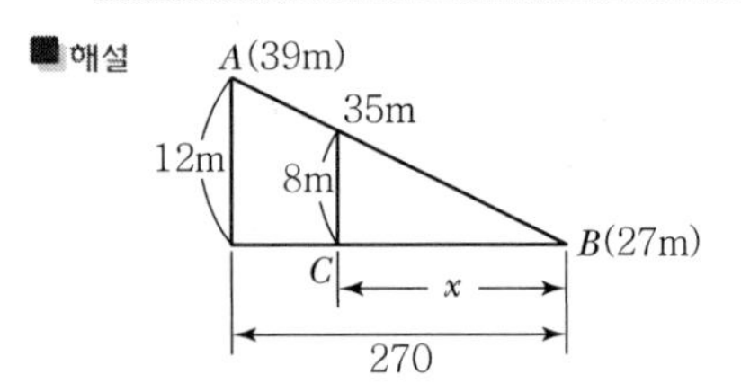

• $D:H=x:h$ $(270:12=x:8)$
$x=\dfrac{8}{12}\times270=180\text{m}$
• AC 수평거리$=D-x=270-180=90\text{m}$
• AC 도상거리$=\dfrac{\text{실제거리}}{M}=\dfrac{90}{5{,}000}$
$=0.018\text{m}=18\text{mm}$

11. 종단면도를 이용하여 유토곡선(mass curve)을 작성하는 목적과 가장 거리가 먼 것은?

① 토량의 운반거리 산출
② 토공장비의 선정
③ 토량의 배분
④ 교통로 확보

해설 토적곡선은 토공에 필요하며 토량의 배분, 토공기계선정, 토량운반거리산출에 쓰인다.

 |해답| 7.③ 8.① 9.④ 10.① 11.④

12. 완화곡선 중 곡률이 곡선길이에 비례하는 곡선은?

① 3차 포물선
② 클로소이드(clothoid) 곡선
③ 반파장 싸인(sine) 체감곡선
④ 렘니스케이트(lemniscate) 곡선

해설 클로소이드 곡선의 곡률은 곡선장에 비례한다.

13. 각측량 시 방향각에 6″의 오차가 발생한다면 3km 떨어진 측점의 거리오차는?

① 5.6cm ② 8.7cm
③ 10.8cm ④ 12.6cm

해설
- $\frac{\Delta L}{L} = \frac{\theta''}{\rho''}$
- $\Delta L = L\frac{\theta''}{\rho''} = 3{,}000 \times \frac{6''}{206{,}265''} = 0.087\text{m} = 8.7\text{cm}$

14. 항공사진의 특수3점이 아닌 것은?

① 표정점 ② 주점
③ 연직점 ④ 등각점

해설 특수3점(주점, 연직점, 등각점)

15. 접선과 현이 이루는 각을 이용하여 곡선을 설치하는 방법으로 정확도가 비교적 높은 단곡선 설치법은?

① 현편거법 ② 지거설치법
③ 중앙종거법 ④ 편각설치법

해설 편각설치법은 접선과 현이 이루는 편각을 이용하여 곡선을 설치하며 정확도가 높아 신규도로, 철도 곡선 설치 등에 사용한다.

16. 축척 1 : 5000인 도면상에서 택지개발지구의 면적을 구하였더니 34.98cm²이었다면 실제면적은?

① 1,749m² ② 87,450m²
③ 174,900m² ④ 8,745,000m²

해설
- $\left(\frac{1}{M}\right)^2 = \frac{\text{도상면적}}{\text{실제면적}}$
- 실제면적 $= M^2 \times$ 도상면적
  $= 5{,}000^2 \times 34.98 = 874{,}500{,}000\text{cm}^2$
  $= 87{,}450\text{m}^2$

17. 다음 중 위성에 탑재된 센서의 종류가 아닌 것은?

① 초분광센서(Hyper Spectral Sensor)
② 다중분광센서(Multispectral Sensor)
③ SAR(Synthetic Aperture Rader)
④ IFOV(Instantaneous Field Of View)

해설 SAR는 공중에서 지상 및 해양을 관찰하는 레이더이다. 주로 군용 정찰 장비로 개발되기 시작하여, 제트기, 헬리콥터, 무인정찰기와 인공위성에도 장착되고 있다.

18. 삼각측량에서 내각을 60°에 가깝도록 정하는 것을 원칙으로 하는 이유로 가장 타당한 것은?

① 시각적으로 보기 좋게 배열하기 위하여
② 각 점이 잘 보이도록 하기 위하여
③ 측각의 오차가 변의 길이에 미치는 영향을 최소화하기 위하여
④ 선점 작업의 효율성을 위하여

해설 측각, 거리 오차를 최소화하기 위하여 정삼각형(내각이 60°)에 가깝게 한다.

19. 우리나라의 축척 1 : 50,000 지형도에서 주곡선의 간격은?

① 5m ② 10m
③ 20m ④ 25m

해설 등고선 간격

구분	1 : 5,000	1 : 10,000	1 : 25,000	1 : 50,000
주곡선	5m	5m	10m	20m
계곡선	25m	25m	50m	100m
간곡선	2.5m	2.5m	5m	10m
조곡선	1.25m	1.25m	2.5m	5m

|해답| 12.② 13.② 14.① 15.④ 16.② 17.④ 18.③ 19.③

20. 기포관의 기포를 중앙에 있게 하여 100m 떨어져 있는 곳의 표척 높이를 읽고 기포를 중앙에서 5눈금 이동하여 표척의 눈금을 읽은 결과 그 차가 0.05m이었다면 감도는?

① 19.6″ ② 20.6″

③ 21.6″ ④ 22.6″

해설 감도$(\theta'') = \dfrac{L}{nD}\rho'' = \dfrac{0.05}{5 \times 100} \times 206265'' = 20.6''$

 |해답| 20.②

Item pool (기사 2019년 3월 시행)

과년도 출제문제 및 해설

01. 항공사진의 주점에 대한 설명으로 옳지 않은 것은?

① 주점에서는 경사사진의 경우에도 경사각에 관계없이 수직사진의 축척과 같은 축척이 된다.
② 인접사진과의 주점길이가 과고감에 영향을 미친다.
③ 주점은 사진의 중심으로 경사사진에서는 연직점과 일치하지 않는다.
④ 주점은 연직점, 등각점과 함께 항공사진의 특수3점이다.

■ 해설
- 주점은 고정된 점이며 등각점과 연직점을 결정짓는 기준이다.
- 경사가 작을 때는 주점을 연직점, 등각점 대용으로 사용한다.
- 경사가 없을 때는 주점, 연직점, 등각점이 동일하다.

02. 철도의 궤도간격 b=1.067m, 곡선반지름 R=600m인 원곡선상을 열차가 100km/h로 주행하려고 할 때 캔트는?

① 100mm　② 140mm
③ 180mm　④ 220mm

■ 해설

$$캔트(C)=\frac{SV^2}{gR}=\frac{1.067\times\left(100\times1,000\times\frac{1}{3,600}\right)^2}{9.8\times600}$$

$$=0.14\text{m}=140\text{mm}$$

03. 교각(I) 60°, 외선 길이(E) 15m인 단곡선을 설치할 때 곡선길이는?

① 85.2m　② 91.3m
③ 97.0m　④ 101.5m

■ 해설
- 외할$(E)=R\left(\sec\frac{I}{2}-1\right)$

$$R=\frac{E}{\sec\frac{I}{2}-1}=\frac{15}{\sec\frac{60°}{2}-1}=96.96\text{m}$$

- 곡선길이$(C.L)=RI\frac{\pi}{180°}=96.96\times60°\times\frac{\pi}{180°}$

$$=101.53\text{m}$$

04. 수준측량에서 발생하는 오차에 대한 설명으로 틀린 것은?

① 기계의 조정에 의해 발생하는 오차는 전시와 후시의 거리를 같게 하여 소거할 수 있다.
② 표척의 영눈금 오차는 출발점의 표척을 도착점에서 사용하여 소거할 수 있다.
③ 측지삼각수준측량에서 곡률오차와 굴절오차는 그 양이 미소하므로 무시할 수 있다.
④ 기포의 수평조정이나 표척면의 읽기는 육안으로 한계가 있으나 이로 인한 오차는 일반적으로 허용오차 범위 안에 들 수 있다.

■ 해설 측지(대지)측량에서는 구차와 기차, 즉 양차를 보정해야 한다.

$$\Delta h=\frac{D^2}{2R}(1-K)$$

05. 일반적으로 단열삼각망으로 구성하기에 가장 적합한 것은?

① 시가지와 같이 정밀을 요하는 골조측량
② 복잡한 지형의 골조측량
③ 광대한 지역의 지형측량
④ 하천조사를 위한 골조측량

■ 해설 단열삼각망은 폭이 좁고 긴 지역(도로, 하천)에 이용한다.

|해답| 1.① 2.② 3.④ 4.③ 5.④

06. 삼각측량의 각 삼각점에 있어 모든 각의 관측 시 만족되어야 하는 조건이 아닌 것은?

① 하나의 측점을 둘러싸고 있는 각의 합은 360°가 되어야 한다.
② 삼각망 중에서 임의의 한 변의 길이는 계산의 순서에 관계없이 같아야 한다.
③ 삼각망 중 각각 삼각형 내각의 합은 180°가 되어야 한다.
④ 모든 삼각점의 포함면적은 각각 일정하여야 한다.

■ 해설 ① 점조건
② 변조건
③ 각조건

07. 초점거리 20cm의 카메라로 평지로부터 6,000m의 촬영고도로 찍은 연직 사진이 있다. 이 사진에 찍혀 있는 평균 표고 500m인 지형의 사진 축척은?

① 1 : 5,000　② 1 : 27,500
③ 1 : 29,750　④ 1 : 30,000

■ 해설 $축척(\frac{1}{M}) = \frac{f}{H \pm \Delta h} = \frac{0.2}{6,000-500} = \frac{1}{27,500}$

08. 수준측량의 야장 기입법에 관한 설명으로 옳지 않은 것은?

① 야장 기입법에는 고차식, 기고식, 승강식이 있다.
② 고차식은 단순히 출발점과 끝점의 표고차만 알고자 할 때 사용하는 방법이다.
③ 기고식은 계산과정에서 완전한 검산이 가능하여 정밀한 측량에 적합한 방법이다.
④ 승강식은 앞 측점의 지반고에 해당 측점의 승강을 합하여 지반고를 계산하는 방법이다.

■ 해설 기고식 야장 기입법은 중간점이 많은 경우에 사용하며, 완전한 검산을 할 수 없다.

09. 위성측량의 DOP(Dilution Of Precision)에 관한 설명 중 옳지 않은 것은?

① 기하학적 DOP(GDOP), 3차원위치 DOP(PDOP), 수직위치 DOP(VDOP), 평면위치 DOP(HDOP), 시간 DOP(TDOP) 등이 있다.
② DOP는 측량할 때 수신 가능한 위성의 궤도정보를 항법메시지에서 받아 계산할 수 있다.
③ 위성측량에서 DOP가 작으면 클 때보다 위성의 배치상태가 좋은 것이다.
④ 3차원위치 DOP(PDOP)는 평면 DOP(HDOP)와 수직 위치 DOP(VDOP)의 합으로 나타난다.

■ 해설
- GPS 관측지역의 상공을 지나는 위성의 기하학적 배치상태에 따라 측위의 정확도가 달라지며 이를 DOP라 한다.
- 3차원위치의 정확도는 PDOP에 따라 달라지며 PDOP는 4개의 관측위성이 이루는 사면체의 체적이 최대일 때 정확도가 좋으며, 이때는 관측자의 머리 위에 다른 세 개의 위성이 각각 120°를 이룰 때이다.
- DOP의 값이 작을수록 정확하며 1이 가장 정확하고 5까지는 실용상 지장이 없다.
- GDOP : 기하학적 정밀도 저하율
  PDOP : 위치 정밀도 저하율(3차원위치)
  HDOP : 수평 정밀도 저하율(수평위치)
  VDOP : 수직 정밀도 저하율(높이)
  RDOP : 상대 정밀도 저하율
  TDOP : 시간 정밀도 저하율

10. 완화곡선에 대한 설명으로 옳지 않은 것은?

① 곡선반지름은 완화곡선의 시점에서 무한대, 종점에서 원곡선의 반지름으로 된다.
② 완화곡선의 접선은 시점에서 직선에, 종점에서 원호에 접한다.
③ 완화곡선에 연한 곡선반지름의 감소율은 캔트의 증가율의 2배가 된다.
④ 완화곡선 종점의 캔트는 원곡선의 캔트와 같다.

■ 해설 완화곡선에 연한 곡률반경의 감소율은 캔트의 증가율과 같다.(부호는 반대이다.)

|해답| 6.④ 7.② 8.③ 9.④ 10.③

11. 축척 1 : 500 지형도를 기초로 하여 축척 1 : 5,000의 지형도를 같은 크기로 편찬하려 한다. 축척 1 : 5,000 지형도 1장을 만들기 위한 축척 1 : 500 지형도의 매수는?

① 50매 ② 100매
③ 150매 ④ 250매

해설
- 면적은 축척$\left(\frac{1}{M}\right)^2$에 비례
- 매수$=\left(\frac{5,000}{500}\right)^2=100$매

12. 거리와 각을 동일한 정밀도로 관측하여 다각측량을 하려고 한다. 이때 각 측량기의 정밀도가 10″라면 거리측량기의 정밀도는 약 얼마 정도이어야 하는가?

① 1/15,000 ② 1/18,000
③ 1/21,000 ④ 1/25,000

해설 $\frac{\Delta L}{L}=\frac{\theta''}{\rho''}=\frac{10''}{206,265''}≒\frac{1}{21,000}$

13. 지오이드(Geoid)에 대한 설명으로 옳은 것은?

① 육지와 해양의 지형면을 말한다.
② 육지 및 해저의 요철(凹凸)을 평균한 매끈한 곡면이다.
③ 회전타원체와 같은 것으로서 지구의 형상이 되는 곡면이다.
④ 평균해수면을 육지내부까지 연장했을 때의 가상적인 곡면이다.

해설 평균 해수면을 육지까지 연장한 가상의 곡면으로 불규칙한 곡면이다.

14. 평야지대에서 어느 한 측점에서 중간 장애물이 없는 26km 떨어진 측점을 시준할 때 측점에 세울 표척의 최소 높이는?(단, 굴절계수는 0.14이고 지구곡률반지름은 6,370km이다.)

① 16m ② 26m
③ 36m ④ 46m

해설 $\Delta h=\frac{D^2}{2R}(1-K)=\frac{26^2}{2\times 6,370}(1-0.14)$
$=0.0456\text{km}=45.6\text{m}$

15. 다각측량 결과 측점 A, B, C의 합위거, 합경거가 표와 같다면 삼각형 A, B, C의 면적은?

측점	합위거(m)	합경거(m)
A	100.0	100.0
B	400.0	100.0
C	100.0	500.0

① 40,000m² ② 60,000m²
③ 80,000m² ④ 120,000m²

해설

측점	합위거(m)	합경거(m)	$(x_{n-1}-x_{n+1})y$
A	100	100	$(100-400)\cdot 100=-30,000$
B	400	100	$(100-100)\cdot 100=0$
C	100	500	$(400-100)\cdot 500=150,000$

- 배면적 $2A=120,000$
- 면적 $A=\frac{120,000}{2}=60,000\text{m}^2$

16. A, B, C 세 점에서 P점의 높이를 구하기 위해 직접수준측량을 실시하였다. A, B, C점에서 구한 P점의 높이는 각각 325.13m, 325.19m, 325.02m이고 $AP=BP=1$km, $CP=3$km일 때 P점의 표고는?

① 325.08m ② 325.11m
③ 325.14m ④ 325.21m

해설
- 경중률은 거리에 비례한다.

$P_A : P_B : P_C=\frac{1}{S_A}:\frac{1}{S_B}:\frac{1}{S_C}$
$=\frac{1}{1}:\frac{1}{1}:\frac{1}{3}=3:3:1$

- $H_P=325+\frac{3\times0.13+3\times0.19+1\times0.02}{3+3+1}$
$=325.14\text{m}$

17. 비행장이나 운동장과 같이 넓은 지형의 정지공사 시에 토량을 계산하고자 할 때 적당한 방법은?

① 점고법　　② 등고선법
③ 중앙단면법　　④ 양단면 평균법

해설 점고법은 넓고 비교적 평탄한 지형의 체적계산에 사용하고 지표상에 있는 점의 표고를 숫자로 표시해 높이를 나타내는 방법

18. 방위각 265°에 대한 측선의 방위는?

① S85°W　　② E85°W
③ N85°E　　④ E85°N

해설

N
W 270　　90 E
265°　85°
180
S

- 방위 = 방위각 − 180°
- 부호 SW
- 265° − 180 = S85°W

19. $100m^2$인 정사각형 토지의 면적을 $0.1m^2$까지 정확하게 구현하고자 한다면 이에 필요한 거리 관측의 정확도는?

① 1/2,000　　② 1/1,000
③ 1/500　　④ 1/300

해설 면적과 거리의 정도관계

$$\frac{\Delta A}{A} = 2\frac{\Delta L}{L}$$

$$\frac{0.1}{100} = 2 \times \frac{\Delta L}{L}$$

$$\frac{\Delta L}{L} = \frac{1}{2} \times \frac{0.1}{100} = \frac{1}{2,000}$$

20. 지형측량에서 지성선(地性線)에 대한 설명으로 옳은 것은?

① 등고선이 수목에 가려져 불명확할 때 이어주는 선을 의미한다.
② 지모(地貌)의 골격이 되는 선을 의미한다.
③ 등고선에 직각방향으로 내려 그은 선을 의미한다.
④ 곡선(谷線)이 합류되는 점들을 서로 연결한 선을 의미한다.

해설 지성선은 지표면이 다수의 평면으로 이루어졌다고 가정할 때 그 면과 면이 만나는 선이며 능선, 계곡선, 경사변환선 등이 있다.

Item pool (산업기사 2019년 3월 시행)

과년도 출제문제 및 해설

01. 반지름 500m인 단곡선에서 시단현 15m에 대한 편각은?

① 0°51′34″ ② 1°4′27″
③ 1°13′33″ ④ 1°17′42″

해설 편각$(S)=\frac{L_1}{R}\times\frac{90°}{\pi}=\frac{15}{500}\times\frac{90°}{\pi}=0°51'34''$

02. 다음 중 기지의 삼각점을 이용한 삼각측량의 순서로 옳은 것은?

㉠ 도상계획 ㉡ 답사 및 선점
㉢ 계산 및 성과표 작성 ㉣ 각관측
㉤ 조표

① ㉠ → ㉡ → ㉤ → ㉣ → ㉢
② ㉠ → ㉤ → ㉡ → ㉣ → ㉢
③ ㉡ → ㉠ → ㉤ → ㉣ → ㉢
④ ㉡ → ㉤ → ㉠ → ㉣ → ㉢

해설 계획 → 답사 → 선점 → 조표 → 각관측 → 삼각점 전개 → 계산 및 성과표 작성

03. 지구자전축과 연직선을 기준으로 천체를 관측하여 경위도와 방위각을 결정하는 측량은?

① 지형측량 ② 평판측량
③ 천문측량 ④ 스타디아 측량

해설 천문측량의 목적
- 경위도 원점 결정
- 독립된 지역의 위치 결정
- 측지측량망의 방위각 조정
- 연직선 편차 결정

04. A점의 표고가 179.45m이고 B점의 표고가 223.57m이면, 축척 1 : 5,000의 국가기본도에서 두 점 사이에 표시되는 주곡선 간격의 등고선 수는?

① 7개 ② 8개
③ 9개 ④ 10개

해설
- $\frac{1}{5,000}$ 지형도상 주곡선 간격 5m
- 주곡선 수 $=\frac{\text{표고차}}{\text{주곡선 간격}}=\frac{223.57-179.45}{5}$
  $=8.82=9$개
- 176~220까지 5m 간격으로 9개

05. 평면직교좌표계에서 P점의 좌표가 X=500m, Y=1,000m이다. P점에서 Q점까지의 거리가 1,500m이고 PQ측선의 방위각이 240°라면 Q점의 좌표는?

① $X=-750$m, $Y=-1,299$m
② $X=-750$m, $Y=-299$m
③ $X=-250$m, $Y=-1,299$m
④ $X=-250$m, $Y=-299$m

해설
- Q의 위거(X_Q)
  $=X_P+l\cos\theta=500+1,500\times\cos240°$
  $=-250$m
- Q의 경거(Y_Q)
  $=Y_P+l\sin\theta=1,000+1,500\times\sin240°$
  $=-299$m

06. 고속도로의 노선설계에 많이 이용되는 완화곡선은?

① 클로소이드 곡선
② 3차 포물선
③ 렘니스케이트 곡선
④ 반파장 sine 곡선

|해답| 1.① 2.① 3.③ 4.③ 5.④ 6.①

■해설 ① 클로소이드 곡선 : 도로
② 3차 포물선 : 철도
③ 렘니스케이트 곡선 : 시가지 지하철
④ 반파장 sine 곡선 : 고속철도

07. 하천의 수위표 설치 장소로 적당하지 않은 곳은?

① 수위가 교각 등의 영향을 받지 않는 곳
② 홍수 시 쉽게 양수표가 유실되지 않는 곳
③ 상 · 하류가 곡선으로 연결되어 유속이 크지 않은 곳
④ 하상과 하안이 세굴이나 퇴적이 되지 않는 곳

■해설 상 · 하류의 약 100m 정도는 직선이고 유속의 크기가 크지 않아야 한다.

08. 그림과 같은 교호수준측량의 결과에서 B점의 표고는?(단, A점의 표고는 60m이고 관측결과의 단위는 m이다.)

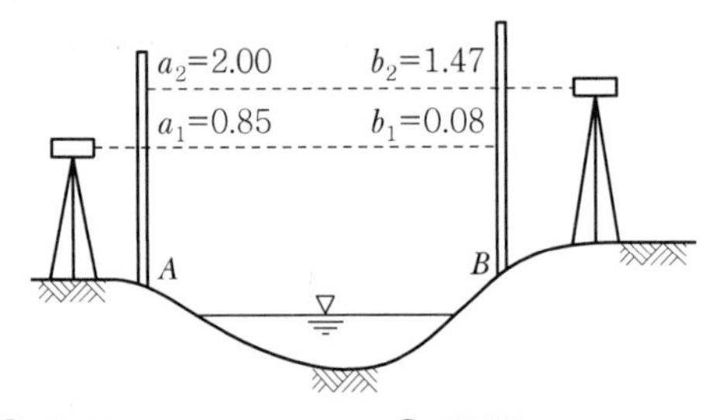

① 59.35m ② 60.65m
③ 61.82m ④ 61.27m

■해설
• $\Delta H=\dfrac{(a_1-b_1)+(a_2-b_2)}{2}$
$=\dfrac{(0.85-0.08)+(2.0-1.47)}{2}=0.65$
• $H_B=H_A+\Delta H=60+0.65=60.65\text{m}$

09. 수준측량의 야장 기입법 중 중간점(IP)이 많을 경우 가장 편리한 방법은?

① 승강식 ② 기고식
③ 횡단식 ④ 고차식

■해설 • 기고식 : 중간점이 많고 길고 좁은 지형
• 승강식 : 정밀한 측정을 요할 때

10. 다각측량(Traverse Survey)의 특징에 대한 설명으로 옳지 않은 것은?

① 좁고 긴 선로측량에 편리하다.
② 다각측량을 통해 3차원(x, y, z) 정밀 위치를 결정한다.
③ 세부측량의 기준이 되는 기준점을 추가 설치할 경우에 편리하다.
④ 삼각측량에 비하여 복잡한 시가지 및 지형기복이 심해 시준이 어려운 지역의 측량에 적합하다.

■해설 트래버스측량의 용도 및 특징
• 높은 정확도를 요하지 않는 골조측량
• 산림지대, 시가지 등 삼각측량이 불리한 지역의 기준점 설치
• 도로, 수로, 철도 등과 같이 좁고 긴 지형의 기준점 설치
• 환경, 산림, 노선, 지적측량의 골조측량에 사용된다.
• 거리와 각을 관측하여 도식해법에 의해 모든 점의 위치를 결정할 경우 편리하다.
• 기본 삼각점이 멀리 배치되어 있어 좁은 지역의 세부측량의 기준이 되는 점을 추가 설치할 경우 편리하다.

11. 삼각측량의 삼각점에서 행해지는 각관측 및 조정에 대한 설명으로 옳지 않은 것은?

① 한 측점의 둘레에 있는 모든 각의 합은 360°가 되어야 한다.
② 삼각망 중 어느 한 변의 길이는 계산순서에 관계없이 동일해야 한다.
③ 삼각형 내각의 합은 180°가 되어야 한다.
④ 각관측 방법은 단측법을 사용하여야 한다.

■해설 삼각측량 시 각관측 방법은 각관측법이다.

 |해답| 7.③ 8.② 9.② 10.② 11.④

12. 축척 1 : 1,200 지형도상의 지역을 축척 1 : 1,000으로 잘못 보고 면적을 계산하여 10.0m²를 얻었다면 실제면적은?

① 12.5m² ② 13.3m²
③ 13.8m² ④ 14.4m²

해설
- 면적은 $\left(\frac{1}{m}\right)^2$에 비례
- $A_1 : A_2 = \left(\frac{1}{m_1}\right)^2 : \left(\frac{1}{m_2}\right)^2$
- $A_2 = \left(\frac{m_2}{m_1}\right)^2 \times A_1 = \left(\frac{1,200}{1,000}\right)^2 \times 10 = 14.4\text{m}^2$

13. 노선의 종단측량 결과는 종단면도에 표시하고 그 내용을 기록해야 한다. 이때 종단면도에 포함되지 않는 내용은?

① 지반고와 계획고의 차 ② 측점의 추가거리
③ 계획선의 경사 ④ 용지 폭

해설 종단면도 기재 사항
- 측점
- 거리, 누가거리
- 지반고, 계획고
- 성토고, 절토고
- 구배

14. 레벨의 조정이 불완전할 경우 오차를 소거하기 위한 가장 좋은 방법은?

① 시준 거리를 길게 한다.
② 왕복측량하여 평균을 취한다.
③ 가능한 한 거리를 짧게 측량한다.
④ 전시와 후시의 거리를 같도록 측량한다.

해설 전·후시 거리를 같게 하여 소거하는 것은 시준축 오차이며, 기포관 축과 시준선이 평행하지 않아 생기는 오차이다.

15. 원격탐사(Remote Sensing)의 정의로 가장 적합한 것은?

① 지상에서 대상물체의 전파를 발생시켜 그 반사파를 이용하여 관측하는 것
② 센서를 이용하여 지표의 대상물에서 반사 또는 방사된 전자스펙트럼을 관측하고 이들의 자료를 이용하여 대상물이나 현상에 관한 정보를 얻는 기법
③ 물체의 고유스펙트럼을 이용하여 각각의 구성성분을 지상의 레이더망으로 수집하여 처리하는 방법
④ 지상에서 찍은 중복사진을 이용하여 항공사진측량의 처리와 같은 방법으로 판독하는 작업

해설 원격탐사는 센서를 이용하여 지표대상물에서 방사, 반사하는 전자파를 측정하여 정량적·정성적 해석을 하는 탐사이다.

16. 양 단면의 면적이 $A_1 = 80\text{m}^2$, $A_2 = 40\text{m}^2$, 중간단면적 $A_m = 70\text{m}^2$이다. A_1, A_2 단면 사이의 거리가 30m이면 체적은?(단, 각주공식을 사용한다.)

① 2,000m³ ② 2,060m³
③ 2,460m³ ④ 2,640m³

해설
$$각주공식(V) = \frac{L}{6}(A_1 + 4A_m + A_2)$$
$$= \frac{30}{6}(80 + 4 \times 70 + 40) = 2,000\text{m}^3$$

17. 클로소이드의 기본식은 $A^2 = R \cdot L$이다. 이때 매개변수(Parameter) A값을 A^2으로 쓰는 이유는?

① 클로소이드의 나선형을 2차 곡선 형태로 구성하기 위하여
② 도로에서의 완화곡선(클로소이드)은 2차원이기 때문에
③ 양변의 차원(Dimension)을 일치시키기 위하여
④ A값의 단위가 2차원이기 때문에

해설 매개변수 A값을 A^2로 하는 이유는 양변의 차원을 일치시키기 위함이다.

|해답| 12.④ 13.④ 14.④ 15.② 16.① 17.③

18. 어떤 거리를 같은 조건으로 5회 관측한 결과가 아래와 같다면 최확값은?

- 121.573m
- 121.575m
- 121.572m
- 121.574m
- 121.571m

① 121.572m ② 121.573m
③ 121.574m ④ 121.575m

해설 산술평균(L_0)

$$= \frac{121.573+121.575+121.572+121.574+121.571}{5}$$

$= 121.573\text{m}$

19. 그림은 레벨을 이용한 등고선 측량도이다. (a)에 알맞은 등고선의 높이는?

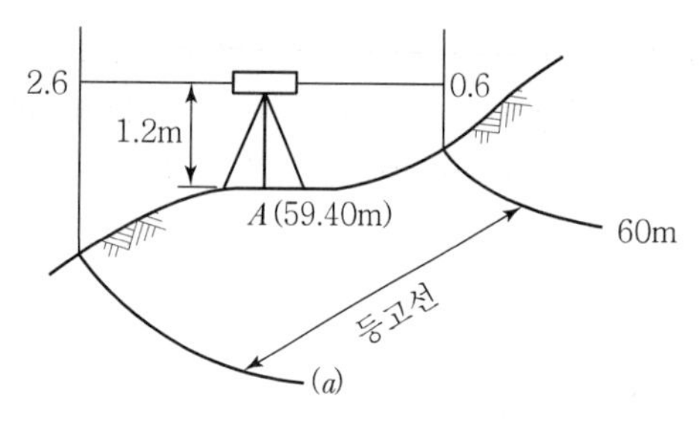

① 55m ② 57m
③ 58m ④ 59m

해설 $H_a = H_{60} + 0.6 - 2.6 = 60 + 0.6 - 2.6 = 58\text{m}$

20. 트래버스 측량에서는 각관측의 정도와 거리관측의 정도가 서로 같은 정밀도로 되어야 이상적이다. 이때 각이 30″의 정밀도로 관측되었다면 각관측과 같은 정도의 거리관측 정밀도는?

① 약 1/12,500 ② 약 1/10,000
③ 약 1/8,200 ④ 약 1/6,800

해설

- $\frac{\Delta L}{L} = \frac{\theta''}{\rho''}$
- $\frac{\Delta L}{L} = \frac{30''}{206,265''} = \frac{1}{6,875.5} ≒ \frac{1}{6,800}$

Item pool (기사 2019년 4월 시행)

과년도 출제문제 및 해설

01. 사진측량에 대한 설명 중 틀린 것은?

① 항공사진의 축척은 카메라의 초점거리에 비례하고, 비행고도에 반비례한다.
② 촬영고도가 동일한 경우 촬영기선길이가 증가하면 중복도는 낮아진다.
③ 입체시된 영상의 과고감은 기선고도비가 클수록 커지게 된다.
④ 과고감은 지도축척과 사진축척의 불일치에 의해 나타난다.

■해설 과고감은 지표면의 기복을 과장하여 나타낸 것으로 사면의 경사는 실제보다 급하게 보인다.

02. 캔트(cant)의 크기가 C인 노선의 곡선반지름을 2배로 증가시키면 새로운 캔트 C'의 크기는?

① $0.5C$ ② C
③ $2C$ ④ $4C$

■해설
- 캔트$(C) = \dfrac{SV^2}{Rg}$
- 반경을 2배로 하면 C는 $\dfrac{1}{2}$로 줄어든다.

03. 대상구역을 삼각형으로 분할하여 각 교점의 표고를 측량한 결과가 그림과 같을 때 토공량은? (단위 : m)

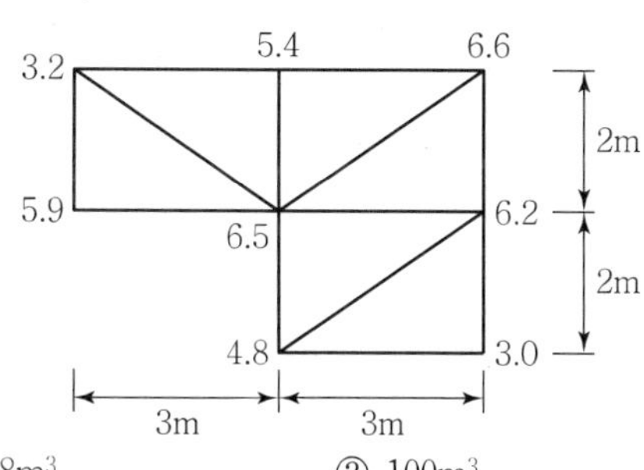

① 98m^3 ② 100m^3
③ 102m^3 ④ 104m^3

■해설 삼각형 분할

$V = \dfrac{A}{3}(\Sigma h_1 + 2\Sigma h_2 + 3\Sigma h_3 + \cdots)$

- $\Sigma h_1 = 5.9 + 3.0 = 8.9$
- $\Sigma h_2 = 3.2 + 5.4 + 6.6 + 4.8 = 20$
- $\Sigma h_3 = 6.2$
- $\Sigma h_5 = 6.5$
- $V = \dfrac{\frac{1}{2} \times 2 \times 3}{3}(8.9 + 2\times20 + 3\times6.2 + 5\times6.5)$
  $= 100\text{m}^3$

04. 수심 h인 하천의 수면으로부터 $0.2h$, $0.6h$, $0.8h$인 곳에서 각각의 유속을 측정한 결과, 0.562m/s, 0.497m/s, 0.364m/s이었다. 3점법을 이용한 평균유속은?

① 0.45m/s ② 0.48m/s
③ 0.51m/s ④ 0.54m/s

■해설

$$3점법(V_m) = \frac{V_{0.2} + 2V_{0.6} + V_{0.8}}{4} = \frac{0.562 + 2\times0.497 + 0.364}{4} = 0.48\text{m/s}$$

05. 그림과 같은 단면의 면적은?(단, 좌표의 단위는 m이다.)

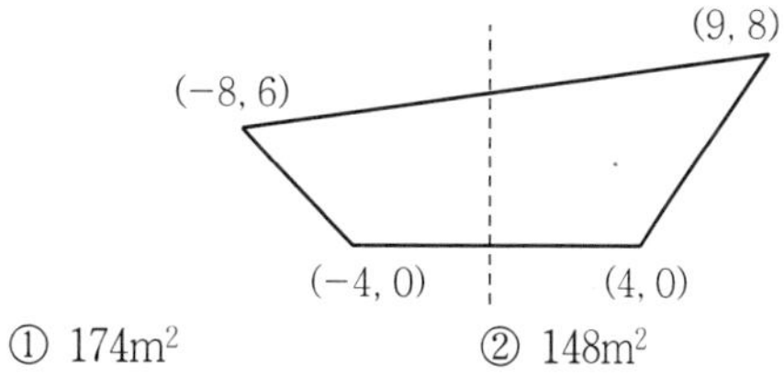

① 174m^2 ② 148m^2
③ 104m^2 ④ 87m^2

|해답| 1.④ 2.① 3.② 4.② 5.④

■ 해설

−4	−8	9	4	−4
0	6	8	0	0

• 배면적 = (∑↙ ⊗) − (∑↘ ⊗)
= (0+54+32+0) − (−24−64−0−0)
= 174m²

• 면적 = $\frac{배면적}{2} = \frac{174}{2} = 87\text{m}^2$

06. 각의 정밀도가 ±20″인 각측량기로 각을 관측할 경우, 각오차와 거리오차가 균형을 이루기 위한 줄자의 정밀도는?

① 약 1/10,000 ② 약 1/50,000
③ 약 1/100,000 ④ 약 1/500,000

■ 해설 $\frac{\Delta L}{L} = = \frac{\theta''}{\rho''} = \frac{10''}{206,265''} = \frac{1}{10,313} \doteq \frac{1}{10,000}$

07. 노선의 곡선반지름이 100m, 곡선길이가 20m일 경우 클로소이드(Clothoid)의 매개변수(A)는?

① 22m ② 40m
③ 45m ④ 60m

■ 해설 • $A^2 = RL$
• $A = \sqrt{R \cdot L} = \sqrt{100 \times 20} = 44.72 \doteq 45\text{m}$

08. 수준점 A, B, C에서 P점까지 수준측량을 한 결과가 표와 같다. 관측거리에 대한 경중률을 고려한 P점의 표고는?

측량경로	거리	P점의 표고
$A \rightarrow P$	1km	135.487m
$B \rightarrow P$	2km	135.563m
$C \rightarrow P$	3km	135.603m

① 135.529m ② 135.551m
③ 135.563m ④ 135.570m

■ 해설 • 경중률은 거리에 반비례한다.

$$P_A : P_B : P_C = \frac{1}{S_1} : \frac{1}{S_2} : \frac{1}{S_3}$$
$$= \frac{1}{1} : \frac{1}{2} : \frac{1}{3} = 6 : 3 : 2$$

• $H_P = \frac{P_A H_A + P_B H_B + P_C H_C}{P_A + P_B + P_C}$
$$= \frac{6 \times 135.487 + 3 \times 135.563 + 2 \times 135.603}{6+3+2}$$
$= 135.529\text{m}$

09. 그림과 같이 교호수준측량을 실시한 결과, $a_1 =$ 3.835m, $b_1 = 4.264$m, $a_2 = 2.375$m, $b_2 = 2.812$m 이었다. 이때 양안의 두 점 A와 B의 높이 차는? (단, 양안에서 시준점과 표척까지의 거리 $CA = DB$이다.)

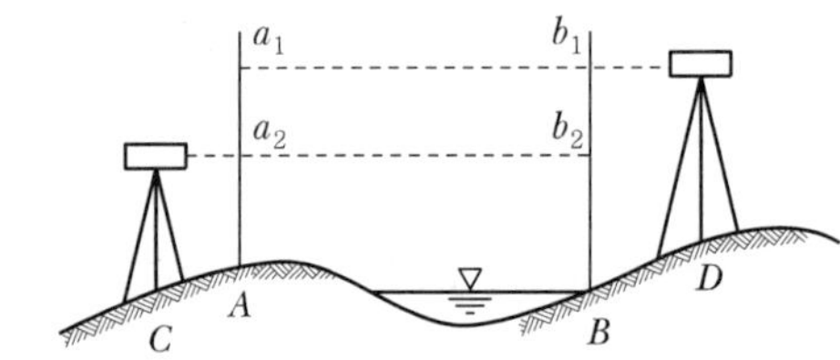

① 0.429m ② 0.433m
③ 0.437m ④ 0.441m

■ 해설
$$\Delta H = \frac{(a_1 - b_1) + (a_2 - b_2)}{2}$$
$$= \frac{(3.835 - 4.264) + (2.375 - 2.812)}{2}$$
$= -0.433\text{m}$

10. GNSS가 다중주파수(Multi Frequency)를 채택하고 있는 가장 큰 이유는?

① 데이터 취득 속도의 향상을 위해
② 대류권 지연 효과를 제거하기 위해
③ 다중경로오차를 제거하기 위해
④ 전리층 지연 효과를 제거하기 위해

■ 해설 전리층 지연 효과 제거를 위하여 다중 주파수를 채택한다.

11. 트래버스측량(다각측량)의 폐합오차 조정방법 중 컴퍼스법칙에 대한 설명으로 옳은 것은?

① 각과 거리의 정밀도가 비슷할 때 실시하는 방법이다.
② 위거와 경거의 크기에 비례하여 폐합오차를 배분한다.
③ 각 측선의 길이에 반비례하여 폐합오차를 배분한다.
④ 거리보다는 각의 정밀도가 높을 때 활용하는 방법이다.

해설 컴퍼스법칙은 각과 거리의 정밀도가 동일한 경우 사용하며 오차배분은 각 변 측선길이에 비례하여 배분한다.

12. 트래버스측량(다각측량)의 종류와 그 특징으로 옳지 않은 것은?

① 결합트래버스는 삼각점과 삼각점을 연결시킨 것으로 조정계산 정확도가 가장 높다.
② 폐합트래버스는 한 측점에서 시작하여 다시 그 측점에 돌아오는 관측 형태이다.
③ 폐합트래버스는 오차의 계산 및 조정이 가능하나, 정확도는 개방트래버스보다 낮다.
④ 개방트래버스는 임의의 한 측점에서 시작하여 다른 임의의 한 점에서 끝나는 관측 형태이다.

해설 폐합트래버스는 측량 결과가 검토되며 정확도는 결합트래버스보다 낮고 개방트래버스보다 높다.

13. 삼각망 조정계산의 경우에 하나의 삼각형에 발생한 각오차의 처리 방법은?(단, 각관측 정밀도는 동일하다.)

① 각의 크기에 관계없이 동일하게 배분한다.
② 대변의 크기에 비례하여 배분한다.
③ 각의 크기에 반비례하여 배분한다.
④ 각의 크기에 비례하여 배분한다.

해설 각의 크기에 관계없이 등배분한다.

14. 종단수준측량에서 중간점을 많이 사용하는 이유로 옳은 것은?

① 중심말뚝의 간격이 20m 내외로 좁기 때문에 중심말뚝을 모두 전환점으로 사용할 수 있기 때문이다.
② 중간점을 많이 사용하고 기고식 야장을 작성할 경우 완전한 검산이 가능하여 종단수준측량의 정확도를 높일 수 있기 때문이다.
③ B.M.점 좌우의 많은 점을 동시에 측량하여 세밀한 종단면도를 작성하기 위해서이다.
④ 핸드레벨을 이용한 작업에 적합한 측량방법이기 때문이다.

해설 종단수준측량에서는 말뚝간격이 20m 이내이기 때문에 모두 전환점으로 사용할 경우 중간점으로 사용한다.

15. 표고 또는 수심을 숫자로 기입하는 방법으로 하천이나 항만 등에서 수심을 표시하는 데 주로 사용되는 방법은?

① 영선법　　② 채색법
③ 음영법　　④ 점고법

해설 점고법
- 표고를 숫자에 의해 표시
- 해양, 항만, 하천 등의 지형도에 사용한다.

16. 그림과 같은 유심 삼각망에서 점조건 조정식에 해당하는 것은?

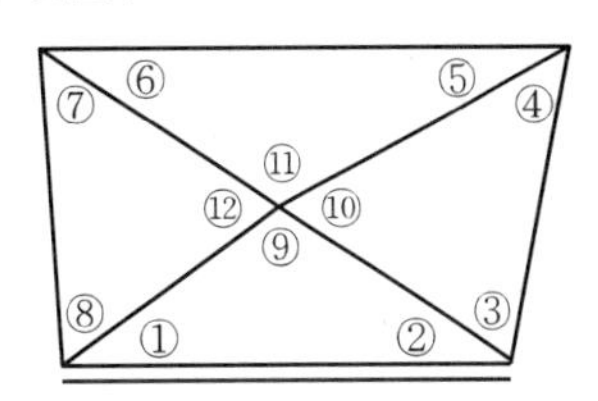

① (①+②+⑨)=180°
② (①+②)=(⑤+⑥)
③ (⑨+⑩+⑪+⑫)=360°
④ (①+②+③+④+⑤+⑥+⑦+⑧)=360°

■ 해설 ① 각조건
③ 점조건
④ 각조건

17. 120m의 측선을 30m 줄자로 관측하였다. 1회 관측에 따른 우연오차가 ±3mm이었다면, 전체 거리에 대한 오차는?

① ±3mm ② ±6mm
③ ±9mm ④ ±12mm

■ 해설 우연오차$=\pm\delta\sqrt{n}=\pm3\sqrt{4}=\pm6$mm

18. 완화곡선에 대한 설명으로 틀린 것은?

① 곡선반지름은 완화곡선의 시점에서 무한대, 종점에서 원곡선의 반지름이 된다.
② 완화곡선에 연한 곡선반지름의 감소율은 캔트의 증가율과 같다.
③ 완화곡선의 접선은 시점에서 원호에, 종점에서 직선에 접한다.
④ 종점에 있는 캔트는 원곡선의 캔트와 같게 된다.

■ 해설 완화곡선의 접선은 시점에서 직선에, 종점에서 원호에 접한다.

19. 축척 1 : 500 지형도를 기초로 하여 축척 1 : 3,000 지형도를 제작하고자 한다. 축척 1 : 3,000 도면 한 장에 포함되는 축척 1 : 500 도면의 매수는?(단, 1 : 500 지형도와 1 : 3,000 지형도의 크기는 동일하다.)

① 16매 ② 25매
③ 36매 ④ 49매

■ 해설
- 면적은 축척$\left(\frac{1}{M}\right)^2$에 비례
- 매수$=\left(\frac{3,000}{500}\right)^2=36$매

20. 지오이드(Geoid)에 관한 설명으로 틀린 것은?

① 중력장 이론에 의한 물리적 가상면이다.
② 지오이드면과 기준타원체면은 일치한다.
③ 지오이드는 어느 곳에서나 중력 방향과 수직을 이룬다.
④ 평균해수면과 일치하는 등포텐셜면이다.

■ 해설 지오이드는 불규칙 면으로 회전타원체와 일치하지 않는다.

Item pool (산업기사 2019년 4월 시행)

과년도 출제문제 및 해설

01. 캔트(Cant) 계산에서 속도 및 반지름을 모두 2배로 하면 캔트는?

① 1/2로 감소한다.
② 2배로 증가한다.
③ 4배로 증가한다.
④ 8배로 증가한다.

해설
- 캔트$(C) = \frac{SV^2}{Rg}$
- 속도, 반지름을 모두 2배로 하면 캔트(C)는 2배

02. 도로 선형계획 시 교각 25°, 반지름 300m인 원곡선과 교각 20°, 반지름 400m인 원곡선의 외선 길이(E)의 차이는?

① 6.284m ② 7.284m
③ 2.113m ④ 1.113m

해설
- $E = R(\sec\frac{I}{2} - 1)$
- $E_1 = 300(\sec\frac{25°}{2} - 1) = 7.2838\text{m}$
- $E_2 = 400(\sec\frac{20°}{2} - 1) = 6.1706\text{m}$
- $E_1 - E_2 = 1.113\text{m}$

03. 두 점 간의 고저차를 레벨에 의하여 직접 관측할 때 정확도를 향상시키는 방법이 아닌 것은?

① 표척을 수직으로 유지한다.
② 전시와 후시의 거리를 같게 한다.
③ 시준거리를 짧게 하여 레벨의 설치 횟수를 늘린다.
④ 기계가 침하되거나 교통에 방해가 되지 않는 견고한 지반을 택한다.

해설 수준측량오차는 측정횟수의 제곱근에 비례한다.

04. 두 변이 각각 82m와 73m이며, 그 사이에 낀 각이 67°인 삼각형의 면적은?

① 1,169m² ② 2,339m²
③ 2,755m² ④ 5,510m²

해설 면적$(E) = \frac{1}{2}ab\sin\alpha = \frac{1}{2} \times 82 \times 73 \times \sin 67°$
$= 2,755\text{m}^2$

05. 반지름 150m의 단곡선을 설치하기 위하여 교각을 측정한 값이 57°36′일 때 접선장과 곡선장은?

① 접선장=82.46m, 곡선장=150.80m
② 접선장=82.46m, 곡선장=75.40m
③ 접선장=236.36m, 곡선장=75.40m
④ 접선장=236.36m, 곡선장=150.80m

해설
- 접선장$(T.L) = R\tan\frac{I}{2}$
  $= 150 \times \tan\frac{57°36'}{2} = 82.46\text{m}$
- 곡선장$(C.L) = RI\frac{\pi}{180°}$
  $= 150 \times 57°36' \times \frac{\pi}{180°} = 150.796\text{m}$

06. 다각측량에서는 측각의 정도와 거리의 정도가 균형을 이루어야 한다. 거리 100m에 대한 오차가 ±2mm일 때 이에 균형을 이루기 위한 측각의 최대 오차는?

① ±1″ ② ±4″
③ ±8″ ④ ±10″

해설
- $\frac{\Delta l}{l} = \frac{\theta''}{\rho''}$
- $\theta'' = \frac{\Delta l}{l}\rho'' = \pm\frac{0.002}{100} \times 206,265'' = \pm 4''$

07. GNSS 관측오차 중 주변의 구조물에 위성 신호가 반사되어 수신되는 오차를 무엇이라고 하는가?

① 다중경로 오차　② 사이클슬립 오차
③ 수신기시계 오차　④ 대류권 오차

■해설 다중경로 오차는 바다표면이나 빌딩과 같은 곳으로부터 반사신호에 의한 직접신호의 간섭으로 발생한다.

08. 축척 1 : 5,000의 지형도에서 두 점 A, B 간의 도상거리가 24mm이었다. A점의 표고가 115m, B점의 표고가 145m이며, 두 점 간은 등경사라 할 때 120m 등고선이 통과하는 지점과 A점 간의 지상 수평거리는?

① 5m　② 20m
③ 60m　④ 100m

■해설

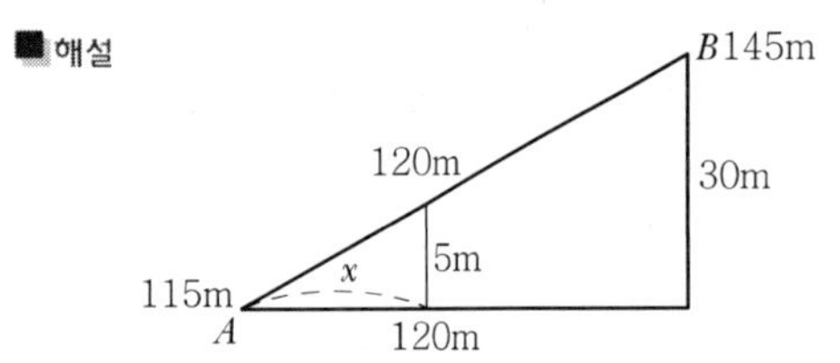

- A, B점 간 거리 = 도상거리×축적

$= 24 \times 5{,}000 = 120{,}000\text{mm} = 120\text{m}$

- $D : H = x : h$, $120 : 30 = x : 5$

$x = \dfrac{120 \times 5}{30} = 20\text{m}$

09. 측지학을 물리학적 측지학과 기하학적 측지학으로 구분할 때, 물리학적 측지학에 속하는 것은?

① 면적의 산정　② 체적의 산정
③ 수평위치의 산정　④ 지자기 측정

■해설 물리학적 측지학은 지구의 형상 및 운동과 내부의 특성을 해석한다.

10. 지구의 반지름이 6,370km이며 삼각형의 구과량이 20″일 때 구면삼각형의 면적은?

① $1{,}934\text{km}^2$　② $2{,}934\text{km}^2$
③ $3{,}934\text{km}^2$　④ $4{,}934\text{km}^2$

■해설

- 구과량$(\epsilon'') = \dfrac{E}{\gamma^2}\rho''$
- 면적$(E) = \gamma^2 \times \dfrac{\epsilon''}{\rho''}$

$= 6{,}370^2 \times \dfrac{20''}{206{,}265} = 3{,}934\text{km}^2$

11. 노선측량의 완화곡선에 대한 설명 중 옳지 않은 것은?

① 완화곡선의 접선은 시점에서 원호에, 종점에서 직선에 접한다.
② 완화곡선의 반지름은 시점에서 무한대, 종점에서 원곡선의 반지름(R)으로 된다.
③ 클로소이드의 조합형식에는 S형, 복합형, 기본형 등이 있다.
④ 모든 클로소이드는 닮은꼴이며, 클로소이드 요소는 길이의 단위를 가진 것과 단위가 없는 것이 있다.

■해설 완화곡선의 접선은 시점에서 직선에, 종점에서 원호에 접한다.

12. 하천측량의 고저측량에 해당하지 않는 것은?

① 종단측량　② 유량관측
③ 횡단측량　④ 심천측량

■해설

- 고저측량 : 종단, 횡단, 심천측량
- 유량측량 : 수위, 유속관측, 유량측정

13. 지형도상의 등고선에 대한 설명으로 틀린 것은?

① 등고선의 간격이 일정하면 경사가 일정한 지면을 의미한다.
② 높이가 다른 두 등고선은 절벽이나 동굴의 지형에서 교차하거나 만날 수 있다.
③ 지표면의 최대경사의 방향은 등고선에 수직인 방향이다.
④ 등고선은 어느 경우라도 도면 내에서 항상 폐합된다.

■해설 등고선은 도면 내 · 외에서 폐합한다.

|해답| 7.① 8.② 9.④ 10.③ 11.① 12.② 13.④

14. 삼각측량 시 삼각망 조정의 세 가지 조건이 아닌 것은?

① 각 조건　　② 변 조건
③ 측점 조건　　④ 구과량 조건

해설 구과량은 구면삼각형 내각의 합이 180° 이상의 차를 말한다.
$\epsilon'' = [\angle A + \angle B + \angle C] - 180°$

15. 삼각형 면적을 계산하기 위해 변길이를 관측한 결과가 그림과 같을 때, 이 삼각형의 면적은?

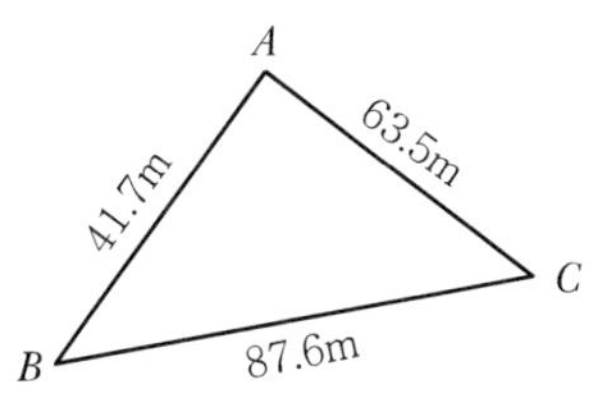

① $1,072.7m^2$　　② $1,235.6m^2$
③ $1,357.9m^2$　　④ $1,435.6m^2$

해설 삼변법

- $S = \frac{1}{2}(a+b+c)$
  $= \frac{1}{2}(27.6+63.5+41.7) = 96.4m$
- $A = \sqrt{S(S-a)(S-b)(S-c)}$
  $= \sqrt{96.4 \times (96.4-87.6) \times (96.4-63.5) \times (96.4-41.7)} = 1,235.6m^2$

16. 다각측량의 특징에 대한 설명으로 옳지 않은 것은?

① 삼각측량에 비하여 복잡한 시가지나 지형의 기복이 심해 시준이 어려운 지역의 측량에 적합하다.
② 도로, 수로, 철도와 같이 폭이 좁고 긴 지역의 측량에 편리하다.
③ 국가평면기준점 결정에 이용되는 측량방법이다.
④ 거리와 각을 관측하여 측점의 위치를 결정하는 측량이다.

해설 트래버스측량의 용도 및 특징

- 높은 정확도를 요하지 않는 골조측량
- 산림지대, 시가지 등 삼각측량이 불리한 지역의 기준점 설치
- 도로, 수로, 철도 등과 같이 좁고 긴 지형의 기준점 설치
- 환경, 산림, 노선, 지적측량의 골조측량에 사용된다.
- 거리와 각을 관측하여 도식해법에 의해 모든 점의 위치를 결정할 경우 편리하다.
- 기본 삼각점이 멀리 배치되어 있어 좁은 지역의 세부측량의 기준이 되는 점을 추가 설치할 경우 편리하다.

17. 항공사진측량에서 관측되는 지형지물의 투영원리로 옳은 것은?

① 정사투영　　② 평행투영
③ 등적투영　　④ 중심투영

해설 항공사진은 중심투영, 지도는 정사투영

18. 어떤 노선을 수준측량한 결과가 표와 같을 때, 측점 1, 2, 3, 4의 지반고 값으로 틀린 것은?(단위 : m)

측점	후시	전시		기계고	지반고
		이기점	중간점		
0	3.121			126.688	123.567
1			2.586		
2	2.428	4.065			
3			0.664		
4		2.321			

① 측점 1 : 124.102m
② 측점 2 : 122.623m
③ 측점 3 : 124.374m
④ 측점 4 : 122.730m

해설
- 측점 1 = 126.688 − 2.586 = 124.102m
- 측점 2 = 126.688 − 4.065 = 122.623m
- 측점 3 = 125.051 − 0.664 = 124.387m
- 측점 4 = 125.051 − 2.321 = 122.730m

19. C점의 표고를 구하기 위해 A코스에서 관측한 표고가 83.324m, B코스에서 관측한 표고가 83.341m였다면 C점의 표고는?

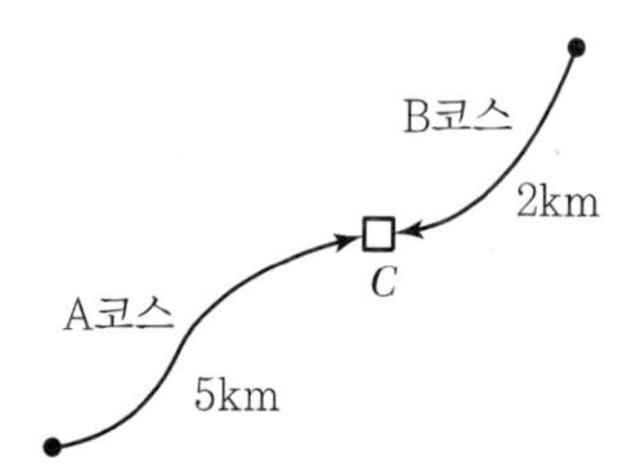

① 83.341m ② 83.336m
③ 83.333m ④ 83.324m

해설 • 경중률(P)은 노선거리에 반비례한다.

$$P_A : P_B = \frac{1}{S_A} : \frac{1}{S_B} = \frac{1}{5} : \frac{1}{2} = 2 : 5$$

• $$H_C = \frac{P_A H_A + P_B H_B}{P_A + P_B} = \frac{2\times 83.324 + 5\times 83.341}{2+5}$$

$$= 83.336\text{m}$$

20. A점에서 출발하여 다시 A점으로 되돌아오는 다각측량을 실시하여 위거오차 20cm, 경거오차 30cm가 발생하였고, 전 측선 길이가 800m라면 다각측량의 정밀도는?

① 1/1,000 ② 1/1,730
③ 1/2,220 ④ 1/2,630

해설 $$\text{폐합비} = \frac{\text{폐합오차}}{\text{전 측선의 길이}}$$

$$= \frac{E}{\Sigma L} = \frac{\sqrt{0.2^2 + 0.3^2}}{800} = \frac{1}{2,219}$$

Item pool (기사 2019년 8월 시행)

과년도 출제문제 및 해설

01. 축척 1 : 2,000의 도면에서 관측한 면적이 2,500m² 이었다. 이때, 도면의 가로와 세로가 각각 1% 줄었다면 실제 면적은?

① 2,451m²　② 2,475m²
③ 2,525m²　④ 2,550m²

해설 $A_0 = A(1+\varepsilon)^2$
$= 2,500(1+0.01)^2 = 2,550.25 \fallingdotseq 2,551\text{m}^2$

02. 삼각수준측량에 의해 높이를 측정할 때 기지점과 미지점의 쌍방에서 연직각을 측정하여 평균하는 이유는?

① 연직축오차를 최소화하기 위하여
② 수평분도원의 편심오차를 제거하기 위하여
③ 연직분도원의 눈금오차를 제거하기 위하여
④ 공기의 밀도변화에 의한 굴절오차의 영향을 소거하기 위하여

해설 삼각수준측량에서 양차를 무시하려면 A, B 양 지점에서 관측하여 평균하면 서로 상쇄되어 없어진다.

03. 시가지에서 25변형 트래버스 측량을 실시하여 2′50″의 각관측 오차가 발생하였다면 오차의 처리 방법으로 옳은 것은?(단, 시가지의 측각 허용범위=$\pm 20''\sqrt{n} \sim 30''\sqrt{n}$, 여기서 n은 트래버스의 측점 수이다.)

① 오차가 허용오차 이상이므로 다시 관측하여야 한다.
② 변의 길이의 역수에 비례하여 배분한다.
③ 변의 길이에 비례하여 배분한다.
④ 각의 크기에 따라 배분한다.

해설
• 시가지 허용 범위
$= 20''\sqrt{25} \sim 30''\sqrt{25} = 1'40'' \sim 2'30''$
• 측각오차(2′50″) > 허용범위(1′40″~2′30″)이므로 재측한다.

04. 삼각점 C에 기계를 세울 수 없어서 2.5m를 편심하여 B에 기계를 설치하고 $T' = 31°15'40''$를 얻었다면 T는?(단, $\phi = 300°20'$, $S_1 = 2\text{km}$, $S_2 = 3\text{km}$)

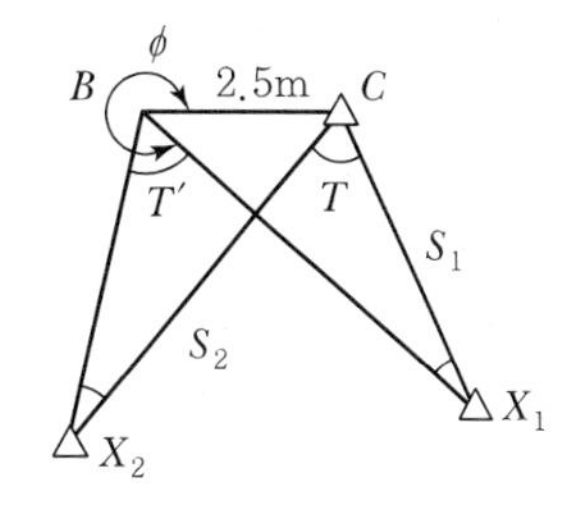

① 31°14′49″　② 31°15′18″
③ 31°15′29″　④ 31°15′41″

해설
• sin 정리 이용

• $\dfrac{2.5}{\sin x_1} = \dfrac{2,000}{\sin(360° - 300°20')}$

$\sin x_1 = \dfrac{2.5}{2,000} \cdot \sin(360° - 300°20')$

$x_1 = \sin^{-1}\left\{\dfrac{2.5}{2,000} \cdot \sin(360° - 300°20')\right\}$

$= 0°3'43''$

• $\dfrac{2.5}{\sin x_2} = \dfrac{3,000}{\sin(360° - 300°20' + 31°15'40'')}$

$\sin x_2 = \dfrac{2.5}{3,000}\sin(360° - 300°20' + 31°15'40'')$

$x_2 = \sin^{-1}\left\{\dfrac{2.5}{3,000}\sin(360° - 300°20' + 31°15'40'')\right\}$

$= 0°2'52''$

• $T + x_1 = T' + x_2$
$T = T' + x_2 - x_1$
$= 31°15'40'' + 0°2'52'' - 0°3'43'' = 31°14'49''$

|해답| 1.④ 2.④ 3.① 4.①

05. 승강식 야장이 표와 같이 작성되었다고 가정할 때, 성과를 검산하는 방법으로 옳은 것은?(단, ⓐ－ⓑ는 두 값의 차를 의미한다.)

측점	후시	전시		승	강	지반고
		T.P.	I.P.	(+)	(−)	
BM	0.175					㉥
No.1			0.154	…		…
No.2	1.098	1.237			…	…
No.3			0.948	…		…
No.4		1.175			…	㉦
합계	㉠	㉡	㉢	㉣	㉤	

① ㉦－㉥＝㉠－㉡＝㉣－㉤
② ㉦－㉥＝㉠－㉢＝㉣－㉤
③ ㉦－㉥＝㉠－㉣＝㉡－㉤
④ ㉦－㉥＝㉡－㉣＝㉢－㉤

해설 승강식 야장 기입법(ΔH)
$=\Sigma B.S-\Sigma F.S=\Sigma$(승)$-\Sigma$(감)

06. 완화곡선 중 클로소이드에 대한 설명으로 옳지 않은 것은?(단, R : 곡선반지름, L : 곡선길이)

① 클로소이드는 곡률이 곡선길이에 비례하여 증가하는 곡선이다.
② 클로소이드는 나선의 일종이며 모든 클로소이드는 닮은꼴이다.
③ 클로소이드의 종점 좌표 x, y는 그 점의 접선각의 함수로 표시된다.
④ 클로소이드에서 접선각 τ를 라디안으로 표시하면 $\tau=\dfrac{R}{2L}$이 된다.

해설 $\tau=\dfrac{L}{2R}$이다.

07. 1 : 50,000 지형도의 주곡선 간격은 20m이다. 지형도에서 4% 경사의 노선을 선정하고자 할 때 주곡선 사이의 도상수평거리는?

① 5mm ② 10mm
③ 15mm ④ 20mm

해설
• 경사(i)$=\dfrac{H}{D}=4\%$이므로, 수평거리는 500m
• 도상수평거리$=\dfrac{D}{M}=\dfrac{500}{50,000}=0.01\text{m}=10\text{mm}$

08. 곡선반지름이 400m인 원곡선을 설계속도 70km/h로 하려고 할 때 캔트(Cant)는?(단, 궤간 b＝1.065m)

① 73mm ② 83mm
③ 93mm ④ 103mm

해설 캔트(C)$=\dfrac{SV^2}{Rg}$

$$=\frac{1.065\times\left(70\times1,000\times\dfrac{1}{3,600}\right)^2}{400\times9.8}$$

$=0.103\text{m}=103\text{mm}$

09. 수애선의 기준이 되는 수위는?

① 평수위 ② 평균수위
③ 최고수위 ④ 최저수위

해설 수애선은 하천경계의 기준이며 평균 평수위를 기준으로 한다.

10. 측점 M의 표고를 구하기 위하여 수준점 A, B, C로부터 수준측량을 실시하여 표와 같은 결과를 얻었다면 M의 표고는?

구분	표고 (m)	관측 방향	고저차 (m)	노선 길이
A	13.03	$A\rightarrow M$	+1.10	2km
B	15.60	$B\rightarrow M$	−1.30	4km
C	13.64	$C\rightarrow M$	+0.45	1km

① 14.13m ② 14.17m
③ 14.22m ④ 14.30m

 |해답| 5.① 6.④ 7.② 8.④ 9.① 10.①

■ 해설 • 경중률은 거리에 반비례한다.

$$P_A : P_B : P_C = \frac{1}{S_A} : \frac{1}{S_B} : \frac{1}{S_C} = \frac{1}{2} : \frac{1}{4} : \frac{1}{1}$$
$$= 4 : 2 : 8$$

• $$H_P = \frac{P_A H_A + P_B H_B + P_C H_C}{P_A + P_B + P_C}$$
$$= \frac{4 \times 14.13 + 2 \times 14.3 + 8 \times 14.09}{4+2+8}$$
$$= 14.13\text{m}$$

11. 다각측량에서 어떤 폐합다각망을 측량하여 위거 및 경거의 오차를 구하였다. 거리와 각을 유사한 정밀도로 관측하였다면 위거 및 경거의 폐합오차를 배분하는 방법으로 가장 적합한 것은?

① 측선의 길이에 비례하여 분배한다.
② 각각의 위거 및 경거에 등분배한다.
③ 위거 및 경거의 크기에 비례하여 배분한다.
④ 위거 및 경거 절대값의 총합에 대한 위거 및 경거 크기에 비례하여 배분한다.

■ 해설 각관측과 거리관측의 정밀도가 동일한 경우 컴퍼스법칙을 이용하며 오차배분은 각 변 측선길이에 비례하여 배분한다.

12. 방위각 153°20′25″에 대한 방위는?

① E63°20′25″S ② E26°39′35″S
③ S26°39′35″E ④ S63°20′25″E

■ 해설

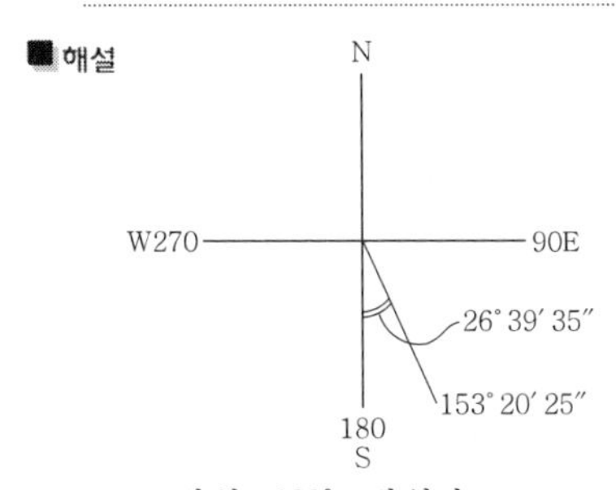

• 방위 = 180° − 방위각
• 부호 SE
• 180° − 153°20′25″ = S26°39′35″E

13. 고속도로 공사에서 각 측점의 단면적이 표와 같을 때, 측점 10에서 측점 12까지의 토량은? (단, 양단면평균법에 의해 계산한다.)

측점	단면적(m^2)	비고
No.10	318	측점 간의 거리 = 20m
No.11	512	
No.12	682	

① 15,120m^3 ② 20,160m^3
③ 20,240m^3 ④ 30,240m^3

■ 해설

$$\text{양단평균법}(V) = \left(\frac{A_1 + A_2}{2}\right)L$$
$$= \left\{\left(\frac{318+512}{2}\right) + \left(\frac{512+682}{2}\right)\right\} \times 20$$
$$= 20{,}240\text{m}^2$$

14. 어느 각을 10번 관측하여 52°12′을 2번, 52°13′을 4번, 52°14′을 4번 얻었다면 관측한 각의 최확값은?

① 52°12′45″ ② 52°13′00″
③ 52°13′12″ ④ 52°13′45″

■ 해설 • 경중률(P)은 측정횟수(n)에 비례

$$P_1 : P_2 : P_3 = 2 : 4 : 4 = 1 : 2 : 2$$

• $$L_0 = \frac{P_1 \angle_1 + P_2 \angle_2 + P_3 \angle_3}{P_1 + P_2 + P_3}$$
$$= \frac{(1 \times 52°12') + (2 \times 52°13') + (2 \times 52°14')}{1+2+2}$$
$$= 52°13'12''$$

15. 100m의 측선을 20m 줄자로 관측하였다. 1회의 관측에 +4mm의 정오차와 ±3mm의 부정오차가 있었다면 측선의 거리는?

① 100.010±0.007m ② 100.010±0.015m
③ 100.020±0.007m ④ 100.020±0.015m

■ 해설 • 정오차 $= +\delta n = +4 \times 5 = 20\text{mm} = 0.02\text{m}$

• 우연오차 $= \pm\delta\sqrt{n} = \pm 3\sqrt{5} = \pm 6.7\text{mm} = 0.0067\text{m}$

• $L_o = L +$ 정오차 ± 우연오차
$= 100 + 0.02 \pm 0.0067$
$= 100.02 \pm 0.007\text{m}$

16. 삼각측량을 위한 기준점 성과표에 기록되는 내용이 아닌 것은?

① 점번호 ② 도엽명칭
③ 천문경위도 ④ 평면직각좌표

해설 천문경위도는 지오이드에 준거하여 천문측량으로 구한 경위도

17. 기준면으로부터 어느 측점까지의 연직거리를 의미하는 용어는?

① 수준선(Level Line)
② 표고(Elevation)
③ 연직선(Plumb Line)
④ 수평면(Horizontal Plane)

해설 표고는 기준면에서 어떤 점까지의 연직높이를 말한다.

18. 곡률이 급변하는 평면 곡선부에서의 탈선 및 심한 흔들림 등의 불안정한 주행을 막기 위해 고려하여야 하는 사항과 가장 거리가 먼 것은?

① 완화곡선 ② 종단곡선
③ 캔트 ④ 슬랙

해설 종단곡선은 종단경사가 급격히 변화하는 노선상의 위치에서는 차가 충격을 받으므로 이것을 제거하고 시거를 확보하기 위해 설치하는 곡선이다.

19. 지성선에 관한 설명으로 옳지 않은 것은?

① 철(凸)선을 능선 또는 분수선이라 한다.
② 경사변환선이란 동일 방향의 경사면에서 경사의 크기가 다른 두 면의 접합선이다.
③ 요(凹)선은 지표의 경사가 최대로 되는 방향을 표시한 선으로 유하선이라고 한다.
④ 지성선은 지표면이 다수의 평면으로 구성되었다고 할 때 평면 간 접합부, 즉 접선을 말하며 지세선이라고도 한다.

해설 최대경사선을 유하선이라 하며 지표의 경사가 최대인 방향으로 표시한 선. 요(凹)선은 계곡선 합수선이라 한다.

20. 하천의 평균유속(V_m)을 구하는 방법 중 3점법으로 옳은 것은?(단, V_2, V_4, V_6, V_8은 각각 수면으로부터 수심(h)의 $0.2h$, $0.4h$, $0.6h$, $0.8h$인 곳의 유속이다.)

① $V_m = \dfrac{V_2 + V_4 + V_8}{3}$

② $V_m = \dfrac{V_2 + V_6 + V_8}{3}$

③ $V_m = \dfrac{V_2 + 2V_4 + V_8}{4}$

④ $V_m = \dfrac{V_2 + 2V_6 + V_8}{4}$

해설
- 1점법 $V_m = V_{0.6}$
- 2점법 $V_m = \dfrac{1}{2}(V_{0.2} + V_{0.8})$
- 3점법 $V_m = \dfrac{1}{4}(V_{0.2} + 2V_{0.6} + V_{0.8})$

 |해답| 16.③ 17.② 18.② 19.③ 20.④

Item pool (산업기사 2019년 9월 시행)

과년도 출제문제 및 해설

01. 삼각점 표석에서 반석과 주석에 관한 내용 중 틀린 것은?

① 반석과 주석의 재질은 주로 금속을 이용한다.
② 반석과 주석의 십자선 중심은 동일 연직선상에 있다.
③ 반석과 주석의 설치를 위해 인조점을 설치한다.
④ 반석과 주석의 두부상면은 서로 수평이 되도록 설치한다.

■해설 표석은 석재로 삼각점이나 수준점을 표시한 것을 말한다. 주석 또는 주석과 반석으로 구분된다.

02. 수준측량에서 전시와 후시의 시준거리를 같게 하여 소거할 수 있는 오차는?

① 표척의 눈금읽기 오차
② 표척의 침하에 의한 오차
③ 표척의 눈금 조정 부정확에 의한 오차
④ 시준선과 기포관축이 평행하지 않기 때문에 발생되는 오차

■해설 전·후거리를 같게 하면 제거되는 오차
- 시준축 오차
- 양차(기차, 구차)

03. 다음 조건에 따른 C점의 높이 최확값은?

- A점에서 관측한 C점의 높이 : 243.43m
- B점에서 관측한 C점의 높이 : 243.31m
- $A\sim C$의 거리 : 5km
- $B\sim C$의 거리 : 10km

① 243.35m ② 243.37m
③ 243.39m ④ 243.41m

■해설
- 경중률(P)은 노선거리에 반비례한다.

$$P_A : P_B = \frac{1}{S_A} : \frac{1}{S_B} = \frac{1}{5} : \frac{1}{10} = 2 : 1$$

- 최확값(h_0)

$$= \frac{P_A \cdot H_A + P_B \cdot H_B}{P_A + P_B} = \frac{2\times 243.43 + 1\times 243.31}{2+1}$$

$=243.39\text{m}$

04. 축척 1 : 1,000에서의 면적을 측정하였더니 도상 면적이 3cm²이었다. 그런데 이 도면 전체가 가로, 세로 모두 1%씩 수축되어 있었다면 실제면적은?

① 29.4m² ② 30.6m²
③ 294m² ④ 306m²

■해설 실제 면적(A_0) $= m^2 \times$측정면적(A)

$$= (1{,}000)^2 \times 3 \times \left(1+\frac{1}{100}\right)^2$$

$$= 3{,}060{,}300\text{cm}^2 = 306\text{m}^2$$

05. 편각법에 의하여 원곡선을 설치하고자 한다. 곡선 반지름이 500m, 시단현이 12.3m일 때 시단현의 편각은?

① 36′27″ ② 39′42″
③ 42′17″ ④ 43′43″

■해설

$$\text{시단편각}(S_1) = \frac{L_1}{R} \times \frac{90°}{\pi} = \frac{12.3}{500} \times \frac{90°}{\pi} = 42'17''$$

06. 하천의 평균유속을 구할 때 횡단면의 연직선 내에서 일점법으로 가장 적합한 관측 위치는?

① 수면에서 수심의 2/10 되는 곳
② 수면에서 수심의 4/10 되는 곳
③ 수면에서 수심의 6/10 되는 곳
④ 수면에서 수심의 8/10 되는 곳

|해답| 1.① 2.④ 3.③ 4.④ 5.③ 6.③

■ 해설 • 1점법 $V_m = V_{0.6}$

• 2점법 $V_m = \frac{1}{2}(V_{0.2} + V_{0.8})$

• 3점법 $V_m = \frac{1}{4}(V_{0.2} + 2V_{0.6} + V_{0.8})$

07. 지형도를 작성할 때 지형 표현을 위한 원칙과 거리가 먼 것은?

① 기복을 알기 쉽게 할 것
② 표현을 간결하게 할 것
③ 정량적 계획을 엄밀하게 할 것
④ 기호 및 도식은 많이 넣어 세밀하게 할 것

■ 해설 지형도는 지표면상의 자연 및 인공적인 지물 지모의 상호위치관계를 수평적, 수직적으로 관측하여 일정한 축척과 도식으로 표현한 지도이다.

08. 그림의 등고선에서 AB의 수평거리가 40m일 때 AB의 기울기는?

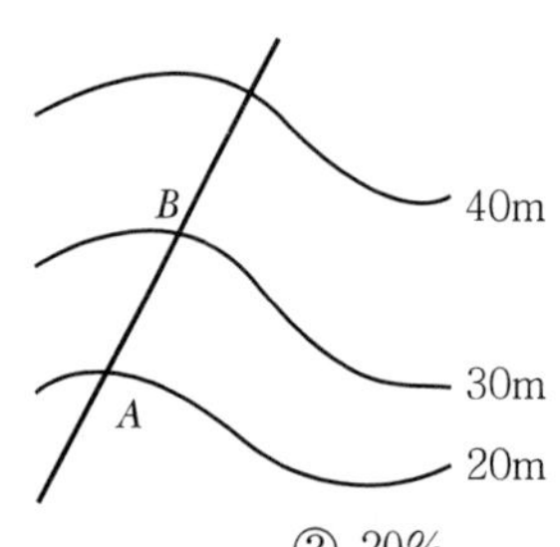

① 10%　　② 20%
③ 25%　　④ 30%

■ 해설 경사$(i) = \frac{H}{D} \times 100 = \frac{10}{40} \times 100 = 25\%$

09. 지구전체를 경도는 6°씩 60개로 나누고, 위도는 8°씩 20개(남위 80°~북위 84°)로 나누어 나타내는 좌표계는?

① UPS 좌표계　　② UTM 좌표계
③ 평면직각 좌표계　　④ WGS 84 좌표계

■ 해설 • UTM 경도 : 경도 6°마다 61지대로 구분
• UTM 위도 : 남위 80°~북위 80°까지 8°씩 20등분

10. 그림과 같은 도로의 횡단면도에서 AB의 수평거리는?

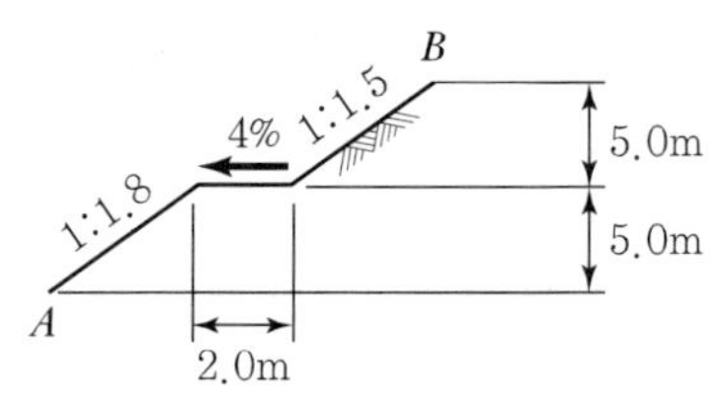

① 8.1m　　② 12.3m
③ 14.3m　　④ 18.5m

■ 해설 $\overline{AB} = (1.8\times5) + 2 + (1.5\times5) = 18.5\text{m}$

11. 어느 지역의 측량 결과가 그림과 같다면 이 지역의 전체 토량은?(단, 각 구역의 크기는 같다.)

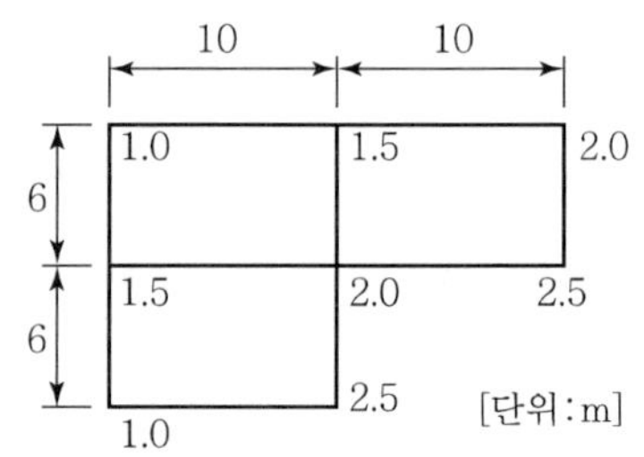

① 200m³　　② 253m³
③ 315m³　　④ 353m³

■ 해설 $V = \frac{A}{4}(\Sigma h_1 + 2\Sigma h_2 + 3\Sigma h_3 + 4\Sigma h_4)$

• $\Sigma h_1 = 1.0 + 2.0 + 2.5 + 2.5 + 1.0 = 9$
• $\Sigma h_2 = 1.5 + 1.5 = 3$
• $\Sigma h_3 = 2.0 = 2$
• $V = \frac{6\times10}{4}(9 + 2\times3 + 3\times2) = 315\text{m}^3$

12. 표고 100m인 촬영기준면을 초점거리 150mm 카메라로 사진축척 1 : 20,000의 사진을 얻기 위한 촬영비행고도는?

① 1,333m　　② 2,900m
③ 3,000m　　④ 3,100m

■ 해설 • $\frac{1}{m} = \frac{f}{H \pm h}$, $\frac{1}{20{,}000} = \frac{0.15}{H - 100}$
• $H = 0.15 \times 20{,}000 + 100 = 3{,}100\text{m}$

13. 위성의 배치상태에 따른 GNSS의 오차 중 단독측위(독립측위)와 관련이 없는 것은?

① GDOP ② RDOP
③ PDOP ④ TDOP

해설
- GDOP : 기하학적 정밀도 저하율
- PDOP : 위치 정밀도 저하율(3차원위치)
- HDOP : 수평 정밀도 저하율(수평위치)
- VDOP : 수직 정밀도 저하율(높이)
- RDOP : 상대 정밀도 저하율
- TDOP : 시간 정밀도 저하율

14. 매개변수 $A=100\text{m}$인 클로소이드 곡선길이 $L=50\text{m}$에 대한 반지름은?

① 20m ② 150m
③ 200m ④ 500m

해설
- $A^2 = R \cdot L$
- $R = \frac{A^2}{L} = \frac{100^2}{50} = 200\text{m}$

15. 수준측량에서 도로의 종단측량과 같이 중간시가 많은 경우에 현장에서 주로 사용하는 야장기입법은?

① 기고식 ② 고차식
③ 승강식 ④ 회귀식

해설
- 기고식 : 중간점이 많고 길고 좁은 지형
- 승강식 : 정밀한 측정을 요할 때

16. 측량지역의 대소에 의한 측량의 분류에 있어서 지구의 곡률로부터 거리오차에 따른 정확도를 $1/10^7$까지 허용한다면 반지름 몇 km 이내를 평면으로 간주하여 측량할 수 있는가?(단, 지구의 곡률반지름은 6,372km이다.)

① 3.49km ② 6.98km
③ 11.03km ④ 22.07km

해설
- 정도 $\frac{\Delta L}{L} = \frac{L^2}{12R^2}$

$\frac{1}{10{,}000{,}000} = \frac{L^2}{12 \times 6{,}372^2}$

- $L = \sqrt{\frac{12 \times 6{,}372^2}{10{,}000{,}000}} = 6.98\text{m}$(직경)
- 반경은 3.49m

17. 그림과 같은 관측값을 보정한 $\angle AOC$는?

- $\angle AOB = 23°45'30''$(1회 관측)
- $\angle BOC = 46°33'20''$(2회 관측)
- $\angle AOC = 70°19'11''$(4회 관측)

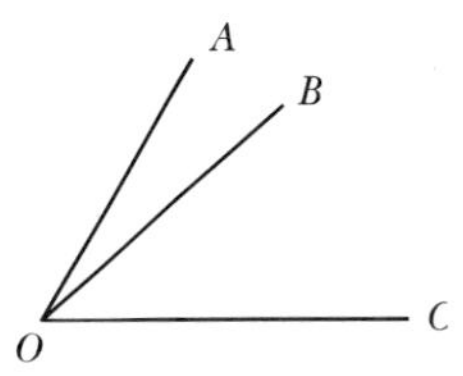

① 70°19′08″ ② 70°19′10″
③ 70°19′11″ ④ 70°19′18″

해설
- 폐합오차$(E) = 21''$
- 경중률은 관측횟수에 반비례한다.

$P_1 : P_2 : P_3 = \frac{1}{1} : \frac{1}{2} : \frac{1}{4} = 4 : 2 : 1$

- $\angle AOC$의 조정량(d)

$= \frac{\text{오차}}{\text{경중률의 합}} \times \text{경중률} = \frac{21''}{7} \times 1 = 3''$

- $\angle AOC = 70°19'11'' - 3'' = 70°19'08''$

18. 산지에서 동일한 각관측의 정확도로 폐합트래버스를 관측한 결과, 관측점수(n)가 11개, 각관측 오차가 1′15″이었다면 오차의 배분방법으로 옳은 것은?(단, 산지의 오차한계는 $\pm 90''\sqrt{n}$을 적용한다.)

① 오차가 오차한계보다 크므로 재관측하여야 한다.
② 각의 크기에 상관없이 등분하여 배분한다.
③ 각의 크기에 반비례하여 배분한다.
④ 각의 크기에 비례하여 배분한다.

해설
- 허용범위 $= \pm 90''\sqrt{n} = \pm 90''\sqrt{11} = 4'59''$
- 허용범위 이내이므로 등배분한다.

|해답| 13.② 14.③ 15.① 16.① 17.① 18.②

19. $\overline{AB}$ 측선의 방위각이 50°30′이고 그림과 같이 각관측을 실시하였다. $\overline{CD}$ 측선의 방위각은?

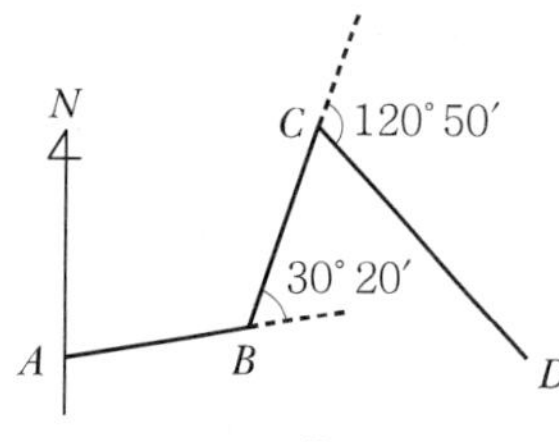

① 139°00′ ② 141°00′
③ 151°40′ ④ 201°40′

해설 편각측정 시
- 임의 측선의 방위각=전측선의 방위각±편각 (우편각 ⊕, 좌편각 ⊖)
- $\overline{AB}$방위각=50°30′
  $\overline{BC}$방위각=50°30′−30°20′=20°10′
  $\overline{CD}$방위각=20°10′+120°50′=141°00′

20. 종단 및 횡단측량에 대한 설명으로 옳은 것은?

① 종단도의 종축척과 횡축척은 일반적으로 같게 한다.
② 노선의 경사도 형태를 알려면 종단도를 보면 된다.
③ 횡단측량은 종단측량보다 높은 정확도가 요구된다.
④ 노선의 횡단측량을 종단측량보다 먼저 실시하여 횡단도를 작성한다.

해설 종단면도 기재 사항
- 측점
- 거리, 누가거리
- 지반고, 계획고
- 성토고, 절토고
- 구배

Item pool (기사 2020년 6월 시행)

과년도 출제문제 및 해설

01. 지형도의 이용법에 해당되지 않는 것은?

① 저수량 및 토공량 산정
② 유역면적의 도상 측정
③ 직접적인 지적도 작성
④ 등경사선 관측

해설 지형도는 지적도와 무관하다.

02. 초점거리 210mm의 카메라로 지면의 비고가 15m인 구릉지에서 촬영한 연직사진의 축척이 1 : 5,000이었다. 이 사진에서 비고에 의한 최대 변위량은?(단, 사진의 크기는 24cm×24cm이다.)

① ±1.2mm　② ±2.4mm
③ ±3.8mm　④ ±4.6mm

해설
- $\Delta r = \frac{h}{H} r$
- $H = f \cdot M = 0.21 \times 5{,}000 = 1{,}050\text{m}$

$\therefore \Delta r_{\max} = \frac{h}{H} r_{\max}$

$= \frac{15}{1{,}050} \times 0.24 \times \frac{\sqrt{2}}{2}$

$= 0.0024\text{m} = 2.4\text{mm}$

03. 지표상 P점에서 9km 떨어진 Q점을 관측할 때 Q점에 세워야 할 측표의 최소 높이는?(단, 지구 반지름 R=6,370km이고, P, Q점은 수평면 상에 존재한다.)

① 10.2m　② 6.4m
③ 2.5m　④ 0.6m

해설
양차$(\Delta h) = \frac{D^2}{2R}(1-k)$

$\Delta h = \frac{9^2}{2 \times 6{,}370} = 0.00635\text{km} \fallingdotseq 6.4\text{m}$

04. 한 측선의 자오선(종축)과 이루는 각이 60°00′이고 계산된 측선의 위거가 −60m, 경거가 −103.92m일 때 이 측선의 방위와 거리는?

① 방위=S60°00′ E, 거리=130m
② 방위=N60°00′ E, 거리=130m
③ 방위=N60°00′ W, 거리=120m
④ 방위=S60°00′ W, 거리=120m

해설
- 방위가 위거(−), 경거(−)이므로 3상한 S60°00′W(방위각 240°)
- 측선길이$= \sqrt{(-60)^2 + (-103.92)^2} = 120\text{m}$

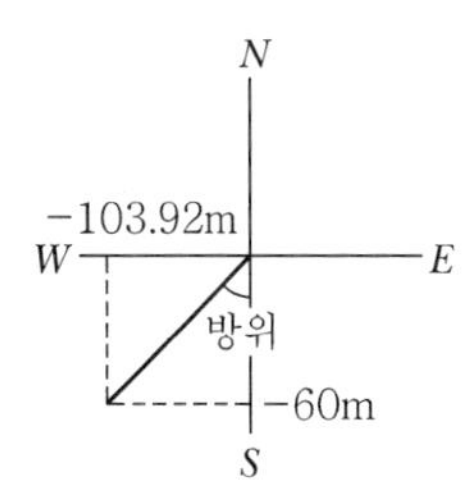

05. 그림과 같은 토지의 $\overline{BC}$에 평행한 $\overline{XY}$로 $m : n = 1 : 2.5$의 비율로 면적을 분할하고자 한다. $\overline{AB}$=35m일 때 $\overline{AX}$는?

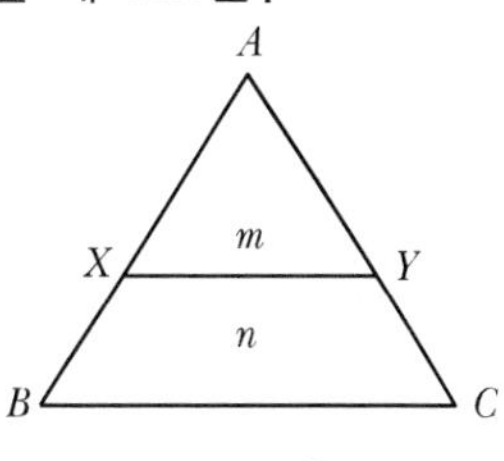

① 17.7m　② 18.1m
③ 18.7m　④ 19.1m

해설
- $\Delta AXY : m = \Delta ABC : m+n$
- $\frac{m}{m+n} = \left(\frac{\overline{AX}}{\overline{AB}}\right)^2$

$\overline{AX} = \overline{AB}\sqrt{\frac{m}{m+n}} = 35\sqrt{\frac{1}{1+2.5}} = 18.7\text{m}$

06. 종중복도 60%, 횡중복도 20%일 때 촬영종기선의 길이와 촬영횡기선 길이의 비는?

① 1 : 2　② 1 : 3
③ 2 : 3　④ 3 : 1

해설
- $B = ma\left(1-\frac{p}{100}\right)$
- $C = ma\left(1-\frac{q}{100}\right)$
- $B : C = 0.4 : 0.8 = 1 : 2$

07. 종단곡선에 대한 설명으로 옳지 않은 것은?

① 철도에서는 원곡선을, 도로에서는 2차 포물선을 주로 사용한다.
② 종단경사는 환경적, 경제적 측면에서 허용할 수 있는 범위 내에서 최대한 완만하게 한다.
③ 설계속도와 지형 조건에 따라 종단경사의 기준값이 제시되어 있다.
④ 지형의 상황, 주변 지장물 등의 한계가 있는 경우 10% 정도 증감이 가능하다.

해설 종단곡선
- 종단곡선은 종단구배가 변하는 곳에 충격을 완화하고 시야를 확보하는 목적으로 설치하는 곡선이다.
- 2차 포물선은 도로에, 원곡선은 철도에 사용한다.
- 종단경사도의 최댓값은 설계속도에 대해 도로 2~9%, 철도 10~35‰로 한다.

08. 삼각측량을 위한 삼각망 중에서 유심다각망에 대한 설명으로 틀린 것은?

① 농지측량에 많이 사용된다.
② 방대한 지역의 측량에 적합하다.
③ 삼각망 중에서 정확도가 가장 높다.
④ 동일 측점 수에 비하여 포함면적이 가장 넓다.

해설 삼각망의 정밀도는 '사변형 > 유심 > 단열' 순이다.

09. 토량 계산공식 중 양단면의 면적차가 클 때 산출된 토량의 일반적인 대소 관계로 옳은 것은? (단, 중앙단면법 : A, 양단면평균법 : B, 각주공식 : C)

① $A = C < B$　② $A < C = B$
③ $A < C < B$　④ $A > C > B$

해설 각주공식이 가장 정확하며, 계산값의 크기는 '양단평균법 > 각주공식 > 중앙단면법' 순이다.

10. 트래버스 측량에서 거리관측의 오차가 관측거리 100m에 대하여 ±1.0mm인 경우 이에 상응하는 각관측 오차는?

① ±1.1″　② ±2.1″
③ ±3.1″　④ ±4.1″

해설 $\frac{\Delta l}{l} = \frac{\theta''}{\rho''}$

$\theta'' = \frac{\Delta l}{l}\rho'' = \pm\frac{0.001}{100} \times 206,265'' \fallingdotseq 2.1''$

11. 위성측량의 DOP(Dilution Of Precision)에 관한 설명으로 옳지 않은 것은?

① DOP는 위성의 기하학적 분포에 따른 오차이다.
② 일반적으로 위성들 간의 공간이 더 크면 위치정밀도가 낮아진다.
③ DOP를 이용하여 실제 측량 전에 위성측량의 정확도를 예측할 수 있다.
④ DOP 값이 클수록 정확도가 좋지 않은 상태이다.

해설 DOP(Dilution Of Precision)
위성의 기하학적 배치상태에 따라 측위의 정확도가 달라지는데 이를 DOP라 한다.
DOP(정밀도 저하율)는 값이 작을수록 정확하며 1이 가장 정확하고 5까지는 실용상 지장이 없다.

 |해답| 6.① 7.④ 8.③ 9.③ 10.② 11.②

12. 종단점법에 의한 등고선 관측방법을 사용하는 가장 적당한 경우는?

① 정확한 토량을 산출할 때
② 지형이 복잡할 때
③ 비교적 소축척으로 산지 등의 지형측량을 행할 때
④ 정밀한 등고선을 구하려 할 때

해설 종단점법은 정밀을 요하지 않는 소축척 산지 등의 등고선 측정에 사용한다.

13. 삼변측량에서 $\triangle ABC$에서 세 변의 길이가 $a=$1,200.00m, $b=$1,600.00m, $c=$1,442.22m라면 변 c의 대각인 $\angle C$는?

① 45° ② 60°
③ 75° ④ 90°

해설

$$\cos C = \frac{a^2+b^2-c^2}{2ab}$$
$$= \frac{1,200^2+1,600^2-1,442.22^2}{2\times1,200\times1,600}$$
$$=0.5$$
$$C=\cos^{-1}0.5=60°$$

14. 그림과 같이 수준측량을 실시하였다. A점의 표고는 300m이고, B와 C구간은 교호수준측량을 실시하였다면, D점의 표고는?(단, 표고차 : $A \rightarrow B=+1.233$m, $B \rightarrow C=+0.726$m, $C \rightarrow B=-0.720$m, $C \rightarrow D=-0.926$m)

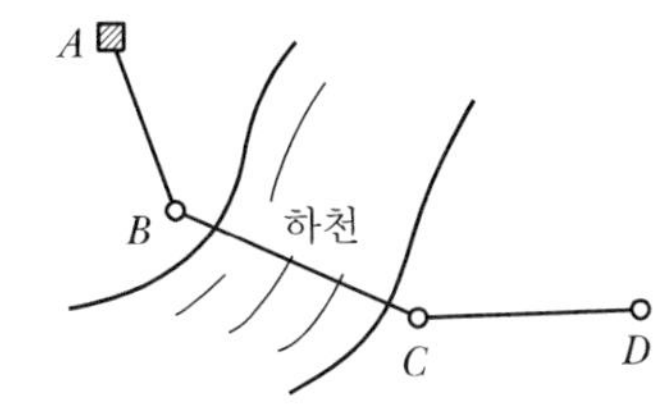

① 300.310m ② 301.030m
③ 302.153m ④ 302.882m

해설

$$H_D = H_A + 1.233 + \left(\frac{0.726+0.720}{2}\right) - 0.926$$
$$=301.03\text{m}$$

15. 트래버스 측량에서 선점 시 주의하여야 할 사항이 아닌 것은?

① 트래버스의 노선은 가능한 한 폐합 또는 결합이 되게 한다.
② 결합 트래버스의 출발점과 결합점 간의 거리는 가능한 한 단거리로 한다.
③ 거리측량과 각측량의 정확도가 균형을 이루게 한다.
④ 측점 간 거리는 다양하게 선점하여 부정오차를 소거한다.

해설 선점 시 측점 간의 거리는 가능한 한 길게 하고 측점수는 적게 한다.

16. 중력이상에 대한 설명으로 옳지 않은 것은?

① 중력이상에 의해 지표면 밑의 상태를 추정할 수 있다.
② 중력이상에 대한 취급은 물리학적 측지학에 속한다.
③ 중력이상이 양(+)이면 그 지점 부근에 무거운 물질이 있는 것으로 추정할 수 있다.
④ 중력식에 의한 계산값에서 실측값을 뺀 것이 중력이상이다.

해설 중력이상=실측 중력값－표준중력식에 의한 값

17. 아래 종단수준측량의 야장에서 ㉠, ㉡, ㉢에 들어갈 값으로 옳은 것은?

(단위 : m)

측점	후시	기계고	전시		지반고
			전환점	이기점	
BM	0.175	㉠			37.133
No. 1				0.154	
No. 2				1.569	
No. 3				1.143	
No. 4	1.098	㉡	1.237		㉢
No. 5				0.948	
No. 6				1.175	

① ㉠ : 37.308, ㉡ : 37.169 ㉢ : 36.071
② ㉠ : 37.308, ㉡ : 36.071 ㉢ : 37.169
③ ㉠ : 36.958, ㉡ : 35.860 ㉢ : 37.097
④ ㉠ : 36.958, ㉡ : 37.097 ㉢ : 35.860

해설 ㉠ : 37.133+0.175=37.308
㉡ : 36.071+1.098=37.169
㉢ : 37.308-1.237=36.071

18. 캔트(Cant)의 계산에서 속도 및 반지름을 2배로 하면 캔트는 몇 배가 되는가?

① 2배 ② 4배
③ 8배 ④ 16배

해설
- 캔트(C) $= \frac{SV^2}{Rg}$
- 속도 2배, 반지름 2배이면 C는 2배가 된다.

19. 종단측량과 횡단측량에 관한 설명으로 틀린 것은?

① 종단도를 보면 노선의 형태를 알 수 있으나 횡단도를 보면 알 수 없다.
② 종단측량은 횡단측량보다 높은 정확도가 요구된다.
③ 종단도의 횡축척과 종축척은 서로 다르게 잡는 것이 일반적이다.
④ 횡단측량은 노선의 종단측량에 앞서 실시한다.

해설 종단측량 후에 횡단측량을 실시한다.

20. 노선측량에서 단곡선의 설치방법에 대한 설명으로 옳지 않은 것은?

① 중앙종거를 이용한 설치방법은 터널 속이나 삼림지대에서 벌목량이 많을 때 사용하면 편리하다.
② 편각설치법은 비교적 높은 정확도로 인해 고속도로나 철도에 사용할 수 있다.
③ 접선편거와 현편거에 의하여 설치하는 방법은 줄자만을 사용하여 원곡선을 설치할 수 있다.
④ 장현에 대한 종거와 횡거에 의하는 방법은 곡률반지름이 짧은 곡선일 때 편리하다.

해설 중앙종거법은 곡선 반경, 길이가 작은 시가지의 곡선 설치나 철도, 도로 등 기설 곡선의 검사 또는 개정에 편리하다. 근사적으로 1/4이 되기 때문에 1/4법이라고도 한다.

Item pool (산업기사 2020년 6월 시행)

과년도 출제문제 및 해설

01. 경사가 일정한 경사지에서 두 점 간의 경사거리를 관측하여 150m를 얻었다. 두 점 간의 고저차가 20m이었다면 수평거리는?

① 148.3m ② 148.5m
③ 148.7m ④ 148.9m

해설

- 경사보정$(C_g)=-\dfrac{h^2}{2L}=\dfrac{20^2}{2\times150}=1.33$
- $L_0=L-C_g=150-1.33 ≒ 148.7\text{m}$

02. 폐합 트래버스 측량을 실시하여 각 측선의 경거, 위거를 계산한 결과, 측선 34의 자료가 없었다. 측선 34의 방위각은?(단, 폐합오차는 없는 것으로 가정한다.)

측선	위거(m)		경거(m)	
	N	S	E	W
12		2.33		8.55
23	17.87			7.03
34				
41		30.19	5.97	

① 64°10′44″ ② 33°15′50″
③ 244°10′44″ ④ 115°49′14″

해설

측선	위거(m)		경거(m)	
	N	S	E	W
12		2.33		8.55
23	17.87			7.03
34	14.65		9.61	
41		30.19	5.97	

- 위거, 경거의 총합은 0이 되어야 한다.
- 34의 방위각

$\tan\theta=\dfrac{\text{경거}(D)}{\text{위거}(L)}$

$\theta=\tan^{-1}\left(\dfrac{D}{L}\right)=\tan^{-1}\left(\dfrac{9.61}{14.65}\right)=33°15′50″$

03. 50m에 대해 20mm 늘어나 있는 줄자로 정사각형의 토지를 측량한 결과, 면적이 62,500m²이었다면 실제면적은?

① 62,450m² ② 62,475m²
③ 62,525m² ④ 62,550m²

해설 실제면적$(A_0)=\left(\dfrac{L+\Delta L}{L}\right)^2\times A$

$=\left(\dfrac{50+0.02}{50}\right)^2\times62,500$

$=62,550\text{m}^2$

04. 측선 AB를 기준으로 하여 C 방향의 협각을 관측하였더니 257°36′37″이었다. 그런데 B점에 편위가 있어 그림과 같이 실제 관측한 점이 B'이었다면 정확한 협각은?(단, $\overline{BB'}$=20cm, $\angle B'BA$=150°, $\overline{AB'}$=2km)

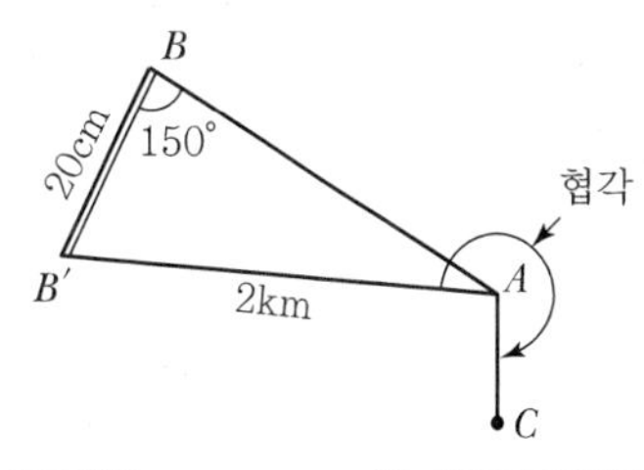

① 257°36′17″ ② 257°36′27″
③ 257°36′37″ ④ 257°36′47″

해설

- $\angle BAB'$이 x일 때

$\dfrac{2,000}{\sin150°}=\dfrac{0.2}{\sin x}$

$\sin x=\dfrac{0.2}{2,000}\times\sin150°$

$x=\sin^{-1}\left(\dfrac{0.2}{2,000}\times\sin150°\right)=0°0′10.31″$

- 정확한 협각 = 관측한 협각 − x

$=257°36′37″-0°0′10.31″$

$≒257°36′27″$

|해답| 1.③ 2.② 3.④ 4.②

05. 하천의 종단측량에서 4km 왕복측량에 대한 허용오차가 C라고 하면 8km 왕복측량의 허용오차는?

① $\frac{C}{2}$　② $\sqrt{2}C$
③ $2C$　④ $4C$

해설 직접수준측량 시 오차와 거리의 관계
- $m_1 : m_2 = \sqrt{L_1} : \sqrt{L_2}$
- $m_2 = \frac{\sqrt{8}}{\sqrt{4}}C = \sqrt{2}C$

06. 최소제곱법의 원리를 이용하여 처리할 수 있는 오차는?

① 정오차　② 우연오차
③ 착오　④ 물리적 오차

해설 부정(우연)오차는 최소제곱법으로 소거한다.

07. 그림과 같이 원곡선을 설치할 때 교점(P)에 장애물이 있어 $\angle ACD$=150°, $\angle CDB$=90° 및 CD의 거리 400m를 관측하였다. C점으로부터 곡선시점(A)까지의 거리는?(단, 곡선의 반지름은 500m이다.)

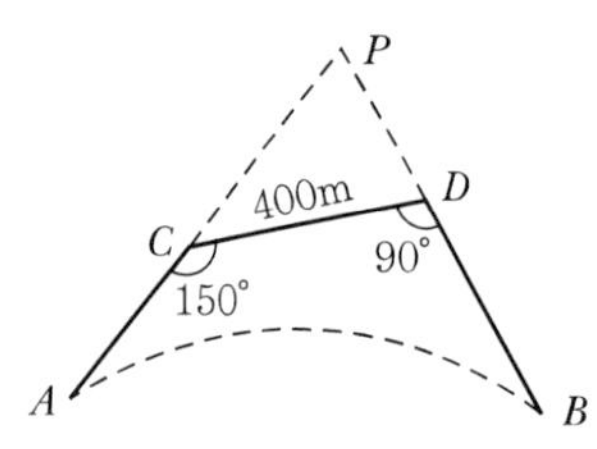

① 404.15m　② 425.88m
③ 453.15m　④ 461.88m

해설
- 교각$(I) = \angle PCD + \angle PDC = 30° + 90° = 120°$
- $\frac{\overline{CP}}{\sin 90°} = \frac{400}{\sin 60°}$,　$\overline{CP} = 461.88\text{m}$
- 접선장$(TL) = R\tan\frac{I}{2}$
  $= 500 \times \tan\frac{120°}{2} = 866.03\text{m}$
- $\overline{AC}$ 거리$= TL - \overline{CP} = 866.03 - 461.88 = 404.15\text{m}$

08. 수준측량의 오차 최소화 방법으로 틀린 것은?

① 표척의 영점오차는 기계의 설치 횟수를 짝수로 세워 오차를 최소화한다.
② 시차는 망원경의 접안경 및 대물경을 명확히 조절한다.
③ 눈금오차는 기준자와 비교하여 보정값을 정하고 온도에 대한 온도보정도 실시한다.
④ 표척 기울기에 대한 오차는 표척을 앞뒤로 흔들 때의 최댓값을 읽음으로 최소화한다.

해설 표척 기울기에 대한 오차는 표척을 앞뒤로 흔들 때의 최솟값을 읽음으로 최소화한다.

09. 원곡선의 설치에서 교각이 35°, 원곡선 반지름이 500m일 때 도로 기점으로부터 곡선시점까지의 거리가 315.45m이면 도로 기점으로부터 곡선종점까지의 거리는?

① 593.38m　② 596.88m
③ 620.88m　④ 625.36m

해설
- CL(곡선장)$= \frac{\pi}{180}RI$
  $= \frac{\pi}{180} \times 500 \times 35 = 305.43\text{m}$
- EC 거리$= BC$ 거리$+ CL$
  $= 315.45 + 305.43 = 620.88\text{m}$

10. 매개변수(A)가 90m인 클로소이드 곡선에서 곡선길이(L)가 30m일 때 곡선의 반지름(R)은?

① 120m　② 150m
③ 270m　④ 300m

해설 $A^2 = R \cdot L$
$R = \frac{A^2}{L} = \frac{90^2}{30} = 270\text{m}$

 |해답| 5.② 6.② 7.① 8.④ 9.③ 10.③

11. 삼각점으로부터 출발하여 다른 삼각점에 결합시키는 형태로서 측량결과의 검사가 가능하며 높은 정확도의 다각측량이 가능한 트래버스의 형태는?

① 결합 트래버스
② 개방 트래버스
③ 폐합 트래버스
④ 기지 트래버스

해설 결합 트래버스
- 기지점에서 출발하여 다른 기지점에 연결한다.
- 정확도가 가장 높다.
- 대규모 측량에 사용한다.

12. 삼각점을 선점할 때의 유의사항에 대한 설명으로 틀린 것은?

① 정삼각형에 가깝도록 할 것
② 영구 보존할 수 있는 지점을 택할 것
③ 지반은 가급적 연약한 곳으로 선정할 것
④ 후속작업에 편리한 지점일 것

해설 지반은 견고하고 침하가 없는 곳을 선정한다.

13. 수심 H인 하천에서 수면으로부터 수심이 $0.2H$, $0.4H$, $0.6H$, $0.8H$인 지점의 유속이 각각 0.562m/s, 0.497m/s, 0.429m/s, 0.364m/s일 때 평균유속을 구한 것이 0.463m/s이었다면 평균유속을 구한 방법으로 옳은 것은?

① 1점법　　② 2점법
③ 3점법　　④ 4점법

해설 2점법의 $V_m = \dfrac{V_{0.2} + V_{0.8}}{2}$

$= \dfrac{0.562 + 0.364}{2}$

$= 0.463\text{m/s}$

14. 측량결과 그림과 같은 지역의 면적은?

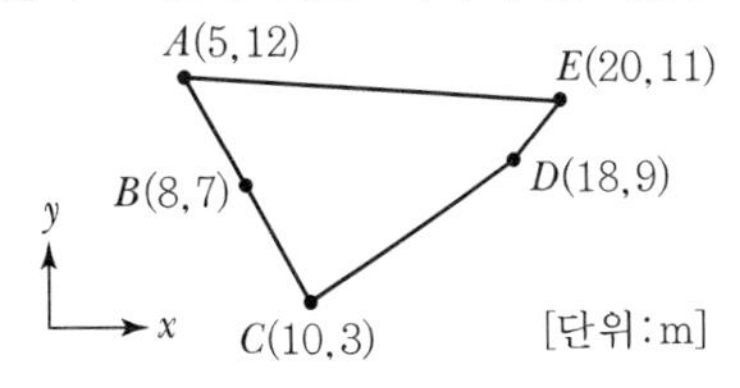

① 66m^2　　② 80m^2
③ 132m^2　　④ 160m^2

해설

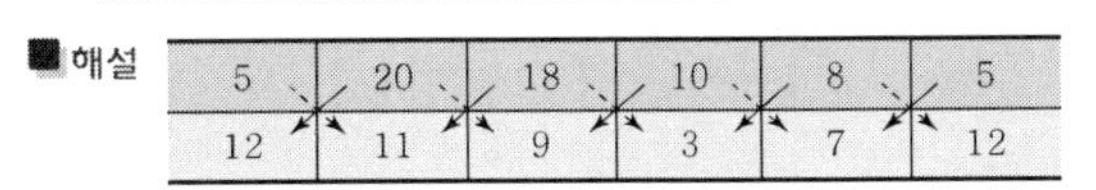

5	20	18	10	8	5
12	11	9	3	7	12

- 배면적 $= (\Sigma \swarrow \otimes) - (\Sigma \searrow \otimes)$

$= (240 + 198 + 90 + 24 + 35)$

$- (55 + 180 + 54670 + 96) = 132\text{m}^2$

- 면적 $= \dfrac{\text{배면적}}{2} = \dfrac{132}{2} = 66\text{m}^2$

15. 어느 측선의 방위가 S60°W이고, 측선길이가 200m일 때 경거는?

① 173.2m　　② 100m
③ −100m　　④ −173.20m

해설
- 3상한이므로 위거와 경거의 부호는 '−'이다.
- 경거 $= L \times \sin\theta = 200 \times \sin(-60°) = -173.2\text{m}$

16. 갑, 을 두 사람이 A, B 두 점 간의 고저차를 구하기 위하여 왕복 수준 측량한 결과가 갑은 38.994m±0.008m, 을은 39.003m±0.004m일 때, 두 점 간 고저차의 최확값은?

① 38.995m　　② 38.999m
③ 39.001m　　④ 39.003m

해설
- 경중률은 오차 제곱에 반비례

$P_A : P_B = \dfrac{1}{8^2} : \dfrac{1}{4^2} = 1 : 4$

- $h_0 = \dfrac{1 \times 38.994 + 4 \times 39.003}{1 + 4} = 39.001\text{m}$

17. 30m 줄자의 길이를 표준자와 비교하여 검증하였더니 30.03m이었다면 이 줄자를 사용하여 관측 후 계산한 면적의 정밀도는?

① $\frac{1}{50}$ ② $\frac{1}{100}$
③ $\frac{1}{500}$ ④ $\frac{1}{1,000}$

해설 거리의 정도와 면적의 정도의 관계

$$\frac{\Delta A}{A}=2\frac{\Delta L}{L}=2\times\frac{0.03}{30}=\frac{1}{500}$$

18. 초점길이가 210mm인 카메라를 사용하여 비고 600m인 지점을 사진축척 1 : 20,000으로 촬영한 수직사진의 촬영고도는?

① 1,200m ② 2,400m
③ 3,600m ④ 4,800m

해설 $\frac{1}{m}=\frac{f}{H\pm h}$

$$\frac{1}{20,000}=\frac{0.21}{H-600}$$

$$H=0.21\times 20,000+600=4,800\text{m}$$

19. 노선측량에서 노선 선정을 할 때 가장 중요한 요소는?

① 곡선의 대소(大小)
② 수송량 및 경제성
③ 곡선 설치의 난이도
④ 공사기일

해설 수송량, 경제성을 고려하여 방향, 기울기, 노선폭을 정한다.

20. 지형을 보다 자세하게 표현하기 위해 다양한 크기의 삼각망을 이용하여 수치지형을 표현하는 모델은?

① TIN ② DEM
③ DSM ④ DTM

해설 TIN(Triangular Irregular Network)
DTM의 구성 방법 중 하나이며 표고점들을 선택적으로 연결하여 형성된 불규칙 삼각망을 말하며, 삼각망 형성 방법에 따라 같은 표본점에서도 다양한 삼각망이 구축될 수 있다.

 |해답| 17.③ 18.④ 19.② 20.①

Item pool (기사 2020년 8월 시행)

과년도 출제문제 및 해설

01. 그림과 같이 $\widehat{A_O B_O}$의 노선을 e=10m만큼 이동하여 내측으로 노선을 설치하고자 한다. 새로운 반지름 R_N은?(단, R_O=200m, I=60°)

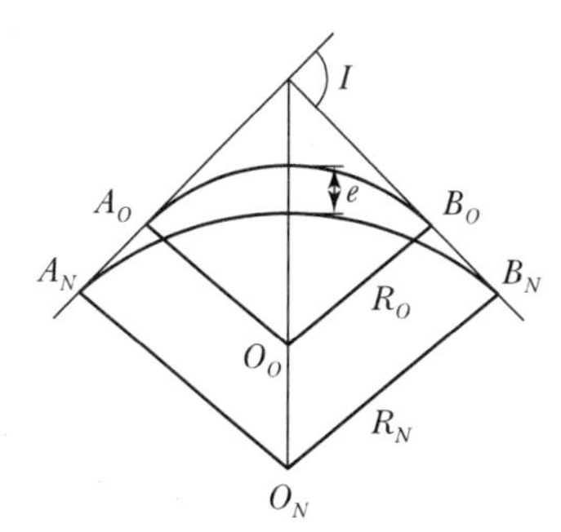

① 217.64m ② 238.26m
③ 250.50m ④ 264.64m

해설
- 외할$(E_0) = R_0\left(\sec\frac{I}{2}-1\right) = 200\left(\sec\frac{60°}{2}-1\right)$
  $= 30.94\text{m}$
- $E_N = E_0 + 10\text{m} = 30.94 + 10 = 40.94\text{m}$
- $E_N = R_N\left(\sec\frac{I}{2}-1\right)$

  $R_N = \dfrac{E_N}{\sec\frac{I}{2}-1} = \dfrac{40.94}{\sec\frac{60°}{2}-1} = 264.64\text{m}$

02. 하천측량에 대한 설명으로 옳지 않은 것은?

① 수위관측소 위치는 지천의 합류점 및 분류점으로서 수위의 변화가 일어나기 쉬운 곳이 적당하다.
② 하천측량에서 수준측량을 할 때의 거리표는 하천의 중심에 직각 방향으로 설치한다.
③ 심천측량은 하천의 수심 및 유수부분의 하저상황을 조사하고 횡단면도를 제작하는 측량을 말한다.
④ 하천측량 시 처음에 할 일은 도상 조사로서 유로 상황, 지역면적, 지형, 토지이용 상황 등을 조사하여야 한다.

해설 지천의 합류, 분류점에서 수위 변화가 없는 곳에 설치

03. 그림과 같이 곡선반지름 R=500m인 단곡선을 설치할 때 교점에 장애물이 있어 $\angle ACD$=150°, $\angle CDB$=90°, CD=100m를 관측하였다. 이때 C점으로부터 곡선의 시점까지의 거리는?

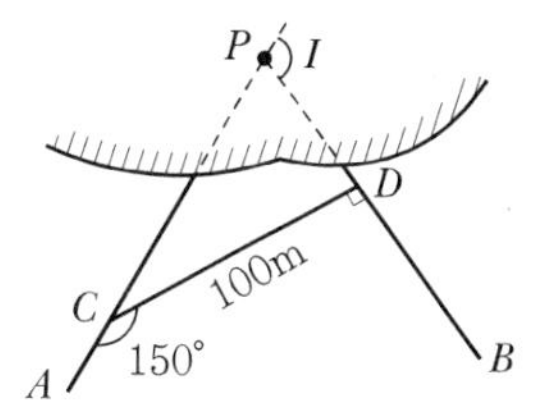

① 530.27m ② 657.04m
③ 750.56m ④ 796.09m

해설
- 교각$(I) = 90° + 30° = 120°$

  $TL = R\tan\frac{I}{2} = 500 \times \tan\frac{120°}{2} = 866.03\text{m}$
- $\dfrac{100}{\sin 60°} = \dfrac{\overline{CP}}{\sin 90°}$

  $\overline{CP} = 115.47\text{m}$
- C점부터 곡선시점까지 거리
  $= TL - \overline{CP} = 866.03 - 115.47 = 750.56\text{m}$

04. 그림의 다각망에서 C점의 좌표는?(단, $\overline{AB} = \overline{BC}$=100m이다.)

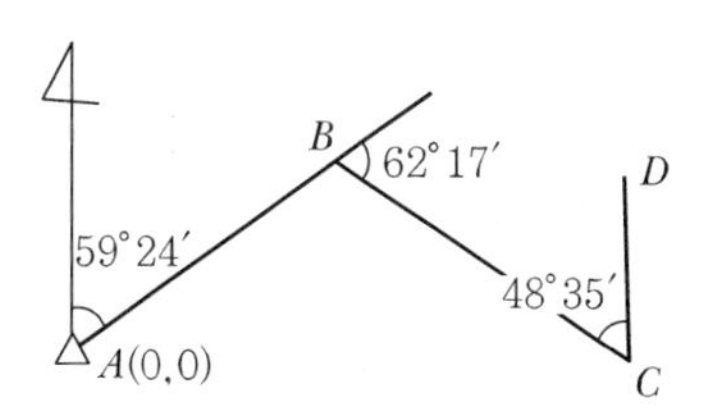

① $X_C = -5.31\text{m}$, $Y_C = 160.45\text{m}$
② $X_C = -1.62\text{m}$, $Y_C = 171.17\text{m}$
③ $X_C = -10.27\text{m}$, $Y_C = 89.25\text{m}$
④ $X_c = 50.90\text{m}$, $Y_c = 86.07\text{m}$

해설
- 방위각=전측선의 방위각± 편각(우측 ⊕, 좌측 ⊖)
  $\overline{AB}$ 방위각$=59°24'$
  $\overline{BC}$ 방위각$=59°24'+62°17'=121°41'$
- 좌표
  B점의 위거(X_B)
  $=\overline{AB}\cos\alpha = 100\times\cos 59°24 = 50.90\text{m}$
  B점의 경거(Y_B)
  $=\overline{AB}\sin\alpha = 100\times\sin 59°24' = 86.07\text{m}$
- C점의 위거$(X_C) = X_B + \overline{BC}\cos\alpha$
  $= 50.90 + 100\cos 121°41'$
  $= -1.62\text{m}$
- C점의 경거$(Y_C) = Y_B + \overline{BC}\sin\alpha$
  $= 86.07 + 100\sin 121°41'$
  $= 171.17\text{m}$

05. 각관측 방법 중 배각법에 관한 설명으로 옳지 않은 것은?

① 방향각법에 비하여 읽기 오차의 영향을 적게 받는다.
② 수평각관측법 중 가장 정확한 방법으로 정밀한 삼각측량에 주로 이용된다.
③ 시준할 때의 오차를 줄일 수 있고 최소 눈금 미만의 정밀한 관측값을 얻을 수 있다.
④ 1개의 각을 2회 이상 반복 관측하여 관측한 각도의 평균을 구하는 방법이다.

해설 수평각관측법 중 가장 정밀도가 높고 1등 삼각측량에 사용하는 방법은 각관측법이다.

06. 수준측량에서 시준거리를 같게 함으로써 소거할 수 있는 오차에 대한 설명으로 틀린 것은?

① 기포관축과 시준선이 평행하지 않을 때 생기는 시준선 오차를 소거할 수 있다.
② 지구곡률오차를 소거할 수 있다.
③ 표척 시준 시 초점나사를 조정할 필요가 없으므로 이로 인한 오차인 시준오차를 줄일 수 있다.
④ 표척의 눈금 부정확으로 인한 오차를 소거할 수 있다.

해설 전 · 후시를 같게 하는 이유
- 레벨 조정 불완전으로 인한 시준축 오차 제거
- 구차의 소거$\left(\dfrac{D^2}{2R}\right)$
- 기차의 소거$\left(\dfrac{-kD^2}{2R}\right)$

07. 삼각측량을 위한 삼각점의 위치선정에 있어서 피해야 할 장소와 가장 거리가 먼 것은?

① 측표를 높게 설치해야 되는 곳
② 나무의 벌목면적이 큰 곳
③ 편심관측을 해야 되는 곳
④ 습지 또는 하상인 곳

해설 삼각점의 위치
- 지반이 단단하고 견고한 곳
- 시통이 잘 되어야 하고 전망이 좋은 곳 (후속측량)
- 평야, 산림지대는 시통을 위해 벌목이나 높은 측표작업이 필요하므로 작업이 곤란하다.

08. 폐합다각측량을 실시하여 위거오차 30cm, 경거오차 40cm를 얻었다. 다각측량의 전체 길이가 500m라면 다각형의 폐합비는?

① $\dfrac{1}{100}$　② $\dfrac{1}{125}$
③ $\dfrac{1}{1,000}$　④ $\dfrac{1}{1,250}$

해설 폐합비$=\dfrac{\text{폐합오차}}{\text{전측선의 길이}}$
$=\dfrac{E}{\Sigma L}=\dfrac{\sqrt{0.3^2+0.4^2}}{500}=\dfrac{1}{1,000}$

09. 직접고저측량을 실시한 결과가 그림과 같을 때, A점의 표고가 10m라면 C점의 표고는?(단, 그림은 개략도로 실제 치수와 다를 수 있음)

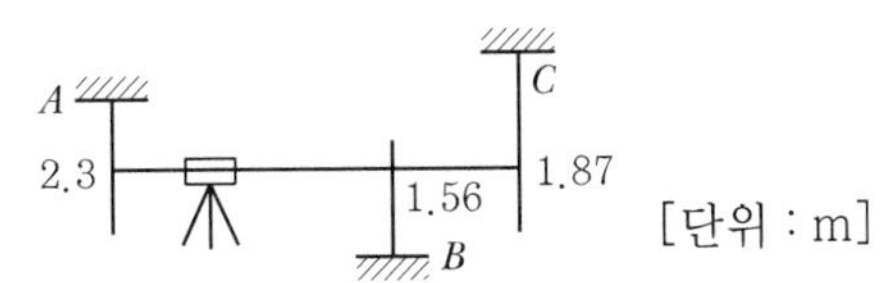

① 9.57m ② 9.66m
③ 10.57m ④ 10.66m

해설 $H_C = H_A - 2.3 + 1.87 = 10 - 2.3 + 1.87 = 9.57\text{m}$

10. 하천측량에서 유속관측에 대한 설명으로 옳지 않은 것은?

① 유속계에 의한 평균유속 계산식은 1점법, 2점법, 3점법 등이 있다.
② 하천기울기(I)를 이용하여 유속을 구하는 식에는 Chezy식과 Manning식 등이 있다.
③ 유속관측을 위해 이용되는 부자는 표면부자, 2중부자, 봉부자 등이 있다.
④ 위어(Weir)는 유량관측을 위해 직접적으로 유속을 관측하는 장비이다.

해설 위어에 의한 유량측정은 직접 유량측정법이다.

11. 직사각형의 두 변의 길이를 $\frac{1}{100}$ 정밀도로 관측하여 면적을 산출할 경우 산출된 면적의 정밀도는?

① $\frac{1}{50}$ ② $\frac{1}{100}$
③ $\frac{1}{200}$ ④ $\frac{1}{300}$

해설 면적과 정밀도의 관계

$$\text{정밀도} = \left(\frac{1}{M}\right) = \frac{\Delta A}{A} = 2\frac{\Delta L}{L}$$
$$= 2 \times \frac{1}{100} = \frac{1}{50}$$

12. 전자파 거리측량기로 거리를 측량할 때 발생되는 관측오차에 대한 설명으로 옳은 것은?

① 모든 관측오차는 거리에 비례한다.
② 모든 관측오차는 거리에 비례하지 않는다.
③ 거리에 비례하는 오차와 비례하지 않는 오차가 있다.
④ 거리가 어떤 길이 이상으로 커지면 관측오차가 상쇄되어 길이에 대한 영향이 없어진다.

해설 EDM에 의한 거리관측오차

㉠ 거리 비례 오차
- 광속도 오차
- 광변조 주파수 오차
- 굴절률 오차

㉡ 거리에 비례하지 않는 오차
- 위상차 관측 오차
- 기계상수, 반사경상수 오차
- 편심으로 인한 오차

13. 토적곡선(Mass Curve)을 작성하는 목적으로 가장 거리가 먼 것은?

① 토량의 배분
② 교통량 산정
③ 토공기계의 선정
④ 토량의 운반거리 산출

해설 토적곡선은 토공에 필요하며 토량의 배분, 토공기계 선정, 토량운반거리 산출에 쓰인다.

14. 지반의 높이를 비교할 때 사용하는 기준면은?

① 표고(Elevation)
② 수준면(Level Surface)
③ 수평면(Horizontal Plane)
④ 평균해수면(Mean Sea Level)

해설 평균해수면은 표고의 기준이 되는 수준면이다.

15. 축척 1 : 50,000 지형도상에서 주곡선 간의 도상길이가 1cm이었다면 이 지형의 경사는?

① 4% ② 5%
③ 6% ④ 10%

해설
- $\frac{1}{M} = \frac{\text{도상거리}}{\text{실제거리}}$
  실제거리(D) = 도상거리 × 50,000
  = 0.01 × 50,000 = 500m
- 1/50,000 지도에서 주곡선 간격(H) : 20m
- 경사도(i) $= \frac{H}{D} \times 100 = \frac{20}{500} \times 100 = 4\%$

16. 노선설치에서 곡선반지름 R, 교각 I인 단곡선을 설치할 때 곡선의 중앙종거(M)를 구하는 식으로 옳은 것은?

① $M = R\left(\sec\frac{I}{2} - 1\right)$

② $M = R\tan\frac{I}{2}$

③ $M = 2R\sin\frac{I}{2}$

④ $M = R\left(1 - \cos\frac{I}{2}\right)$

해설
- $M = R\left(1 - \cos\frac{I}{2}\right)$
- $E = R\left(\sec\frac{I}{2} - 1\right)$

17. 다음 우리나라에서 사용되고 있는 좌표계에 대한 설명 중 옳지 않은 것은?

> 우리나라의 평면직각좌표는 ㉠ 4개의 평면직각좌표계(서부, 중부, 동부, 동해)를 사용하고 있다. 각 좌표계의 ㉡ 원점은 위도 38° 선과 경도 125°, 127°, 129°, 131° 선의 교점에 위치하며, ㉢ 투영법은 TM(Transverse Mercator)을 사용한다. 좌표의 음수 표기를 방지하기 위해 ㉣ 횡좌표에 200,000m, 종좌표에 500,000m를 가산한 가좌표를 사용한다.

① ㉠ ② ㉡
③ ㉢ ④ ㉣

해설 y방향 가상좌표(횡좌표)에 200,000m, x방향 가상좌표(종좌표)에 600,000m를 가산한다.

18. 그림과 같은 편심측량에서 ∠ABC는?(단, $\overline{AB}$=2.0km, $\overline{BC}$=1.5km, e=0.5m, t=54°30′, ρ=300°30′)

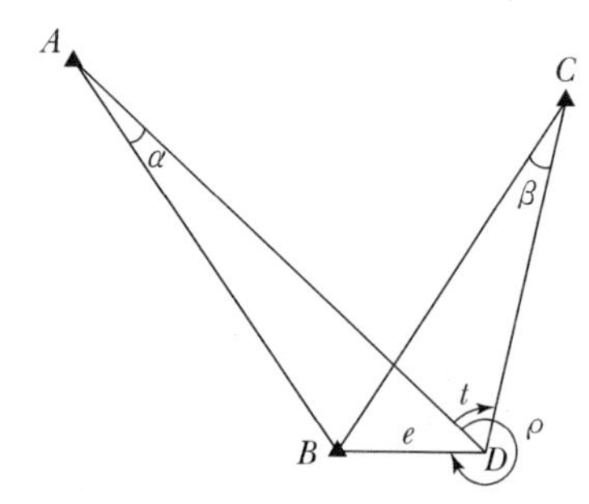

① 54°28′45″ ② 54°30′19″
③ 54°31′58″ ④ 54°33′14″

해설 sine 정리 이용

- $\frac{2{,}000}{\sin(360° - 300°30')} = \frac{0.5}{\sin\alpha}$
  $\sin\alpha = \frac{0.5}{2{,}000} \times \sin(360° - 300°30')$
  $\alpha = \sin^{-1}\left[\left(\frac{0.5}{2{,}000}\right) \times \sin(360° - 300°30')\right]$
  $= 0°0'44.43''$
- $\frac{1{,}500}{\sin(360° - 300°30' + 54°30')} = \frac{0.5}{\sin\beta}$
  $\sin\beta = \frac{0.5}{1{,}500} \times \sin(360° - 300°30' + 54°30')$
  $\beta = \sin^{-1}\left[\left(\frac{0.5}{1{,}500}\right) \times \sin(360° - 300°30' + 54°30')\right]$
  $= 0°1'2.81''$
- $\angle ABC = t + \beta - \alpha$
  $= 54°31' + 0°1'2.81'' - 0°0'44.43''$
  $= 54°30'19''$

19. 지형의 표시방법 중 하천, 항만, 해안 측량 등에서 심천측량을 할 때 측점에 숫자로 기입하여 고저를 표시하는 방법은?

① 점고법 ② 음영법
③ 연선법 ④ 등고선법

■ 해설 점고법
- 표고를 숫자에 의해 표시한다.
- 해양, 항만, 하천 등의 지형도에 사용한다.

20. 다각측량에서 거리관측 및 각관측의 정밀도는 균형을 고려해야 한다. 거리관측의 허용오차가 ±1/10,000이라고 할 때, 각관측의 허용오차는?

① ±20″ ② ±10″
③ ±5″ ④ ±1′

■ 해설 $\frac{\Delta l}{l}=\frac{\theta''}{\rho''}$

$$\theta''=\frac{\Delta l}{l}\rho''=\pm\frac{1}{10,000}206,265''=\pm 20''$$

Item pool (산업기사 2020년 8월 시행)

과년도 출제문제 및 해설

01. 수평각 측정법 중에서 가장 정확한 값을 얻을 수 있는 방법은?

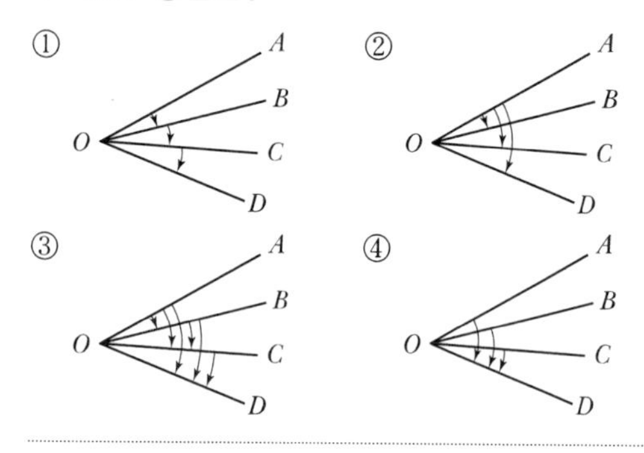

■ 해설 1등 삼각측량은 가장 정확한 각관측법을 사용한다.

02. 수준측량 장비인 레벨의 기포관이 구비해야 할 조건으로 가장 거리가 먼 것은?

① 유리관의 질은 오랜 시간이 흘러도 내부 액체의 영향을 받지 않을 것
② 유리관의 곡률반지름이 중앙 부위로 갈수록 작아질 것
③ 동일 경사에 대해서는 기포의 이동이 동일할 것
④ 기포의 이동이 민감할 것

■ 해설 관의 곡률이 일정하고 관의 내면이 매끈해야 한다.

03. 완화곡선에 대한 설명으로 옳지 않은 것은?

① 완화곡선의 곡선반지름(R)은 시점에서 무한대이다.
② 완화곡선의 접선은 시점에서 직선에 접한다.
③ 완화곡선의 종점에 있는 캔트(Cant)는 원곡선의 캔트(Cant)와 같다.
④ 완화곡선의 길이(L)는 도로폭에 따라 결정된다.

■ 해설 완화곡선의 길이는 캔트(C)에 N배 비례한다.

04. 우리나라의 노선측량에서 고속도로에 주로 이용되는 완화곡선은?

① 렘니스케이트 곡선
② 클로소이드 곡선
③ 2차 포물선
④ 3차 포물선

■ 해설
- 클로소이드 곡선 : 도로
- 3차 포물선 : 철도
- 렘니스케이트 곡선 : 시가지 지하철
- 반파장 sine 곡선 : 고속철도

05. 지상고도 2,000m의 비행기 위에서 초점거리 152.7mm의 사진기로 촬영한 수직항공사진에서 길이 50m인 교량의 사진상의 길이는?

① 2.6mm ② 3.8mm
③ 26mm ④ 38mm

■ 해설
- 축척$\left(\frac{1}{M}\right)=\frac{f}{H}=\frac{0.1527}{2,000}\fallingdotseq\frac{1}{13,000}$
- $\frac{1}{M}=\frac{\text{도상길이}}{\text{실제길이}}$

$\therefore$ 도상길이$=\frac{50}{13,000}=0.0038\text{m}=3.8\text{mm}$

06. 항공사진측량의 특징에 대한 설명으로 틀린 것은?

① 분업에 의해 작업하므로 능률적이다.
② 정밀도가 대체로 균일하며 상대오차가 양호하다.
③ 축척 변경이 용이하다.
④ 대축척 측량일수록 경제적이다.

■ 해설 대축척일 때 사진 매수가 증가하므로 비경제적이다.

07. 노선의 횡단측량에서 No.1+15m 측점의 절토 단면적이 $100m^2$, No.2 측점의 절토 단면적이 $40m^2$일 때 두 측점 사이의 절토량은?(단, 중심 말뚝 간격=20m)

① $350m^3$ ② $700m^3$
③ $1,200m^3$ ④ $1,400m^3$

해설 양단평균법의 $V = \frac{A_1 + A_2}{2} \cdot L$

$= \frac{100+40}{2} \times 5 = 350m^3$

08. 교점(IP)의 위치가 기점으로부터 200.12m, 곡선반지름 200m, 교각 45°00′인 단곡선의 시단현의 길이는?(단, 측점 간 거리는 20m로 한다.)

① 2.72m ② 2.84m
③ 17.16m ④ 17.28m

해설
- $TL = R\tan\frac{I}{2} = 200 \times \frac{\tan 45°}{2} = 82.84\text{m}$
- BC 거리$=$ IP 거리 $-$ TL
  $= 200.12 - 82.84 = 117.28\text{m}$
- 시단현 길이$(l_1) = 20 - 17.28\text{m} = 2.72\text{m}$

09. 기지점 A로부터 기지점 B에 결합하는 트래버스 측량을 실시하여 X좌표의 결합오차 +0.15m, Y좌표의 결합오차 +0.20m를 얻었다면 이 측량의 결합비는?(단, 전체 노선거리는 2,750m 이다.)

① $\frac{1}{18,330}$ ② $\frac{1}{13,750}$
③ $\frac{1}{12,000}$ ④ $\frac{1}{11,000}$

해설 폐합비$= \frac{\text{폐합오차}}{\text{전측선의 길이}}$

$= \frac{E}{\Sigma L} = \frac{\sqrt{0.15^2 + 0.2^2}}{2,750}$

$= \frac{0.25}{2,750} = \frac{1}{11,000}$

10. 등고선의 성질에 대한 설명으로 틀린 것은?

① 등고선은 도면 내·외에서 반드시 폐합한다.
② 최대 경사방향은 등고선과 직각방향으로 교차한다.
③ 등고선은 급경사지에서는 간격이 넓어지며, 완경사지에서는 간격이 좁아진다.
④ 등고선은 경사가 같은 곳에서는 간격이 같다.

해설 등고선은 급경사에서 간격이 좁고, 완경사에서 간격이 넓다.

11. 폐합 트래버스 측량에서 각관측의 정밀도가 거리관측의 정밀도보다 높을 때 오차를 배분하는 방법으로 옳은 것은?

① 해당 측선길이에 비례하여 배분한다.
② 해당 측선길이에 반비례하여 배분한다.
③ 해당 측선의 위거와 경거의 크기에 비례하여 배분한다.
④ 해당 측선의 위거와 경거의 크기에 반비례하여 배분한다.

12. 측선 $\overline{AB}$의 관측거리가 100m일 때, 다음 중 B점의 $X(N)$ 좌푯값이 가장 큰 경우는?(단, A의 좌표 X_A=0m, Y_A=0m)

① $\overline{AB}$의 방위각(α)=30°
② $\overline{AB}$의 방위각(α)=60°
③ $\overline{AB}$의 방위각(α)=90°
④ $\overline{AB}$의 방위각(α)=120°

해설
- $X_n = X_A + l\cos\theta$
- $X_{30} = 0 + 100 \times \cos 30° = 86.6$
  $X_{60} = 0 + 100 \times \cos 60° = 50$
  $X_{90} = 0 + 100 \times \cos 90° = 0$
  $X_{120} = 0 + 100 \times \cos 120° = -50$
- 30°일 때 가장 크다.

13. 축척 1 : 50,000 지도상에서 4cm²인 영역의 지상에서 실제면적은?

① 1km² ② 2km²
③ 100km² ④ 200km²

해설 실제면적 = 도상면적 × M^2

$= 4 \times 50,000^2 = 1 \times 10^{10}\text{cm}^2$

$= 1\text{km}^2$

14. 그림과 같이 A점에서 편심점 B'점을 시준하여 $T_B{}'$를 관측했을 때 B점의 방향각 T_B를 구하기 위한 보정량 x의 크기를 구하는 식으로 옳은 것은?

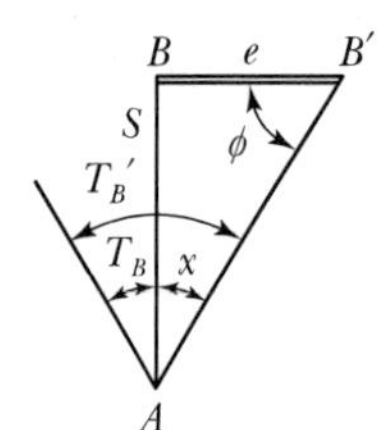

① $\rho''\dfrac{e\sin\phi}{S}$ ② $\rho''\dfrac{e\cos\phi}{S}$
③ $\rho''\dfrac{S\sin\phi}{e}$ ④ $\rho''\dfrac{S\cos\phi}{e}$

해설 $\dfrac{e}{\sin x} = \dfrac{S}{\sin\phi}$

$\sin x = \dfrac{e}{S}\sin\phi$

$x = \sin^{-1}\left(\dfrac{e\sin\phi}{S}\right) = \rho''\left(\dfrac{e\sin\phi}{S}\right)$

15. 축척 1 : 5,000 지형도(30cm×30cm)를 기초로 하여 축척이 1 : 50,000인 지형도(30cm×30cm)를 제작하기 위해 필요한 1 : 5,000 지형도의 수는?

① 50장 ② 100장
③ 150장 ④ 200장

해설
- 면적비는 축척$\left(\dfrac{1}{M}\right)^2$에 비례한다.
- 면적비 $= \left(\dfrac{50,000}{5,000}\right)^2 = 100$장

16. 기하학적 측지학에 속하지 않는 것은?

① 측지학적 3차원 위치의 결정
② 면적 및 체적의 산정
③ 길이 및 시(時)의 결정
④ 지구의 극운동과 자전운동

해설 지구의 극운동과 자전운동은 물리학적 측지학이다.

17. 교호수준측량에서 A점의 표고가 60.00m일 때, a_1 =0.75m, b_1 =0.55m, a_2 =1.45m, b_2 = 1.24m이면 B점의 표고는?

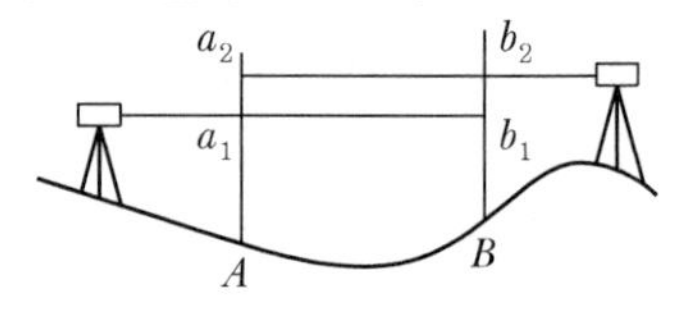

① 60.205m ② 60.210m
③ 60.215m ④ 60.200m

해설
- $\Delta H = \dfrac{(a_1 + a_2) - (b_1 + b_2)}{2}$
  $= \dfrac{(0.75 + 1.45) - (0.55 + 1.24)}{2}$
  $= 0.205\text{m}$
- $H_P = H_A \pm \Delta H = 60 + 0.205 = 60.205\text{m}$

18. 곡선반지름이 200m인 단곡선을 설치하기 위하여 그림과 같이 교각 I를 관측할 수 없어 $\angle AA'B'$, $\angle BB'A'$의 두 각을 관측하여 각각 141° 40′과 90° 20′의 값을 얻었다. 교각 I는?(단, A : 곡선시점, B : 곡선종점)

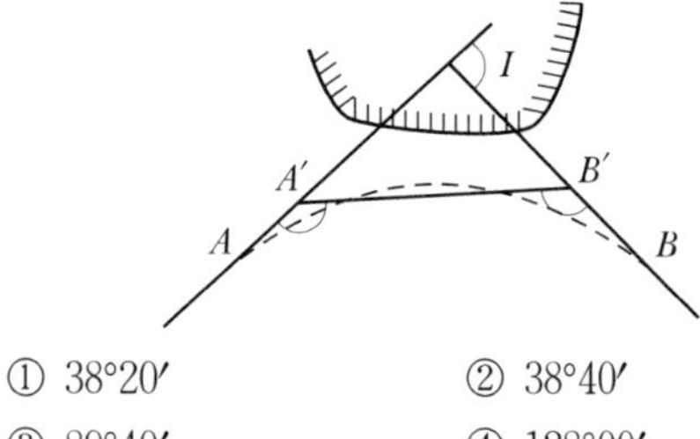

① 38°20′ ② 38°40′
③ 89°40′ ④ 128°00′

해설 $I = (180° - 141°40') + (180 - 90°20') = 128°$

 |해답| 13.① 14.① 15.② 16.④ 17.① 18.④

19. 거리측량의 허용정밀도를 $\frac{1}{10^5}$ 이라 할 때, 반지름 몇 km까지를 평면으로 볼 수 있는가?(단, 지구반지름 r=6,400km이다.)

① 11km ② 22km
③ 35km ④ 70km

해설
- 정도$\left(\frac{\Delta L}{L}\right)=\frac{L^2}{12R^2}$
- $\frac{1}{10^5}=\frac{L^2}{12\times 6,400^2}$

  $\therefore\ L=\sqrt{\frac{12\times 6,400^2}{10^5}}=70.1\text{km}$ (직경)
- 반경$=\frac{L}{2}=\frac{70.1}{2}=35\text{km}$

20. 수준측량에서 전시와 후시의 시준거리를 같게 하여 소거할 수 있는 오차는?

① 표척 눈금의 오독으로 발생하는 오차
② 표척을 연직방향으로 세우지 않아 발생하는 오차
③ 시준축이 기포관축과 평행하지 않기 때문에 발생하는 오차
④ 시차(조준의 불완전)에 의해 발생하는 오차

해설 전 · 후거리를 같게 하면 제거되는 오차
- 시준축 오차
- 양차(기차, 구차)

Item pool (기사 2020년 9월 시행)

과년도 출제문제 및 해설

01. 지형측량의 순서로 옳은 것은?

① 측량계획 - 골조측량 - 측량원도 작성 - 세부측량
② 측량계획 - 세부측량 - 측량원도 작성 - 골조측량
③ 측량계획 - 측량원도 작성 - 골조측량 - 세부측량
④ 측량계획 - 골조측량 - 세부측량 - 측량원도 작성

02. 항공사진의 특수 3점이 아닌 것은?

① 주점　② 보조점
③ 연직점　④ 등각점

■ 해설 특수 3점(주점, 연직점, 등각점)

03. 수준측량에서 전시와 후시의 거리를 같게 하여 소거할 수 있는 오차가 아닌 것은?

① 지구의 곡률에 의해 생기는 오차
② 기포관축과 시준축이 평행되지 않기 때문에 생기는 오차
③ 시준선상에 생기는 빛의 굴절에 의한 오차
④ 표척의 조정 불완전으로 인해 생기는 오차

■ 해설 전 · 후거리를 같게 하면 제거되는 오차
• 시준축 오차
• 양차(기차, 구차)

04. 노선측량의 일반적인 작업 순서로 옳은 것은?

A : 종·횡단측량　B : 중심선측량
C : 공사측량　D : 답사

① A → B → D → C　② A → C → D → B
③ D → B → A → C　④ D → C → A → B

■ 해설 답사 → 중심측량 → 종 · 횡단측량 → 공사측량

05. 수준망의 관측 결과가 표와 같을 때, 관측의 정확도가 가장 높은 것은?

구분	총거리 (km)	폐합오차 (mm)
Ⅰ	25	±20
Ⅱ	16	±18
Ⅲ	12	±15
Ⅳ	8	±13

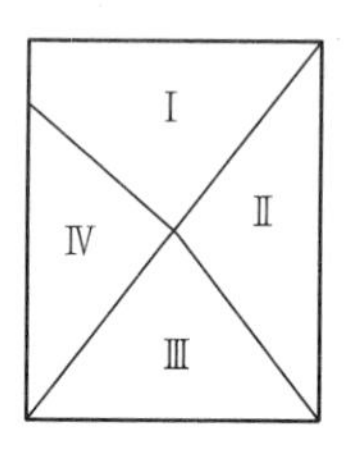

① Ⅰ　② Ⅱ
③ Ⅲ　④ Ⅳ

■ 해설
• Ⅰ 구간 : $\delta = \frac{\pm 20}{\sqrt{25}} = \pm 4$
• Ⅱ 구간 : $\delta = \frac{\pm 18}{\sqrt{16}} = \pm 4.5$
• Ⅲ 구간 : $\delta = \frac{\pm 15}{\sqrt{12}} = \pm 4.33$
• Ⅳ 구간 : $\delta = \frac{\pm 13}{\sqrt{8}} = \pm 4.596$
∴ Ⅰ 구간의 정확도가 가장 높다.

06. 수평각 관측을 할 때 망원경의 정위, 반위로 관측하여 평균하여도 소거되지 않는 오차는?

① 수평축 오차　② 시준축 오차
③ 연직축 오차　④ 편심오차

■ 해설 오차처리방법
• 정 · 반위 관측 : 시준축, 수평축, 시준축의 편심오차
• A, B 버니어의 읽음값의 평균 : 내심오차
• 분도원의 눈금 부정확 : 대회관측

 |해답| 1.④ 2.② 3.④ 4.③ 5.① 6.③

07. 트래버스 측량의 일반적인 사항에 대한 설명으로 옳지 않은 것은?

① 트래버스 종류 중 결합 트래버스는 가장 높은 정확도를 얻을 수 있다.
② 각관측 방법 중 방위각법은 한번 오차가 발생하면 그 영향은 끝까지 미친다.
③ 폐합오차 조정방법 중 컴퍼스 법칙은 각관측의 정밀도가 거리관측의 정밀도보다 높을 때 실시한다.
④ 폐합트래버스에서 편각의 총합은 반드시 360°가 되어야 한다.

해설
- 컴퍼스 법칙 : 각관측과 거리관측의 정밀도가 동일한 경우
- 트랜싯 법칙 : 각관측의 정밀도가 거리관측의 정밀도보다 높은 경우

08. 축척 1 : 1,500 지도상의 면적을 축척 1 : 1,000으로 잘못 관측한 결과가 10,000m²이었다면 실제면적은?

① 4,444m² ② 6,667m²
③ 15,000m² ④ 22,500m²

해설

$$A_0 = \left(\frac{m_2}{m_1}\right)^2 \times A = \left(\frac{1,500}{1,000}\right)^2 \times 10,000 = 22,500\text{m}^2$$

09. 도로의 노선측량에서 반지름(R) 200m인 원곡선을 설치할 때, 도로의 기점으로부터 교점(IP)까지의 추가거리가 423.26m, 교각(I)이 42°20′일 때 시단현의 편각은?(단, 중심말뚝 간격은 20m이다.)

① 0°50′00″ ② 2°01′52″
③ 2°03′11″ ④ 2°51′47″

해설
- 접선장(TL) $= R\tan\frac{I}{2} = 200 \times \tan\frac{42°20'}{2}$ $= 77.44\text{m}$
- BC 거리 $= IP - TL = 423.26 - 77.44 = 345.82\text{m}$
- 시단현길이(l_1) $= 360 - 345.82 = 14.18\text{m}$
- 시단편각(δ_1) $= \frac{l_1}{R} \times \frac{90°}{\pi} = \frac{14.18}{200} \times \frac{90°}{\pi}$ $= 2°01'55''$

10. 폐합트래버스 $ABCD$에서 각 측선의 경거, 위거가 표와 같을 때, $\overline{AD}$ 측선의 방위각은?

측선	위거		경거	
	+	−	+	−
AB	50		50	
BC		30	60	
CD		70		60
DA				

① 133° ② 135°
③ 137° ④ 145°

해설 위거, 경거의 총합은 0이 되어야 한다.

측선	위거		경거	
	+	−	+	−
AB	50		50	
BC		30	60	
CD		70		60
DA	50			50

- $\overline{DA}$의 방위각($\tan\theta$) $= \frac{\text{경거}}{\text{위거}} = \frac{-50}{50}$

  $\theta = \tan^{-1}\left(\frac{-50}{50}\right) = 45°$
- X(+값), Y(−값)이므로 4상한
- $\overline{DA}$ 방위각 $= 360° - 45° = 315°$
- $\overline{AD}$ 방위각 $= \overline{DA}$ 방위각 $+ 180°$ $= 315° + 180° = 495°$

  360°보다 크므로

  $\overline{AD}$ 방위각 $= 495° - 360° = 135°$

11. 초점거리가 210mm인 사진기로 촬영한 항공사진의 기선고도비는?(단, 사진 크기는 23cm×23cm, 축척은 1 : 10,000, 종중복도 60%이다.)

① 0.32 ② 0.44
③ 0.52 ④ 0.61

■해설

$$\text{기선고도비}\left(\frac{B}{H}\right)=\frac{m\cdot a\cdot\left(1-\frac{P}{100}\right)}{mf}$$
$$=\frac{10{,}000\times0.23\times\left(1-\frac{60}{100}\right)}{10{,}000\times0.21}$$
$$=0.438\fallingdotseq0.44$$

12. GNSS 데이터의 교환 등에 필요한 공통적인 형식으로 원시 데이터에서 측량에 필요한 데이터를 추출하여 보기 쉽게 표현한 것은?

① Bernese ② RINEX
③ Ambiguity ④ Binary

■해설 RINEX[Receiver Independent Exchange Format]
GPS 측량에서 수신기의 기종이 다르고 기록형식, 데이터의 내용이 다르기 때문에 기선 해석이 되지 않는다. 이를 통일시킨 데이터 형식으로 다른 기종 간에 기선 해석이 가능하도록 한 것

13. 교호수준측량을 한 결과로 a_1 =0.472m, a_2 = 2.656m, b_1 =2.106m, b_2 =3.895m를 얻었다. A점의 표고가 66.204m일 때 B점의 표고는?

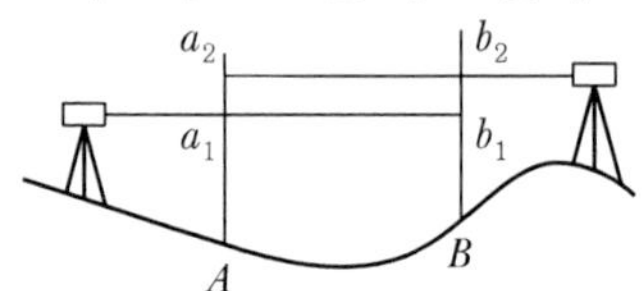

① 64.130m ② 64.768m
③ 65.238m ④ 67.641m

■해설

• $\Delta H=\frac{(a_1+a_2)-(b_1+b_2)}{2}$
$=\frac{(0.472+2.656)-(2.106+3.895)}{2}$
$=-1.4365\text{m}$

• $H_B=H_A\pm\Delta h=66.204-1.4365=64.768\text{m}$

14. 2,000m의 거리를 50m씩 끊어서 40회 관측하였다. 관측 결과 총오차가 ±0.14m이었고, 40회 관측의 정밀도가 동일하다면, 50m 거리관측의 오차는?

① ±0.022m ② ±0.019m
③ ±0.016m ④ ±0.013m

■해설 • $M=\pm\delta_1\sqrt{n}$, $\pm0.14=\delta_1\sqrt{40}$, $\delta_1=0.022$
• 1회 측정 시 오차$(\delta_1)=0.022$

15. 구면 삼각형의 성질에 대한 설명으로 틀린 것은?

① 구면 삼각형의 내각의 합은 180°보다 크다.
② 2점 간 거리가 구면상에서는 대원의 호 길이가 된다.
③ 구면 삼각형의 한 변은 다른 두 변위 합보다는 작고 차보다는 크다.
④ 구과량은 구 반지름의 제곱에 비례하고 구면 삼각형의 면적에 반비례한다.

■해설 • 구과량$(\varepsilon'')=\frac{E}{r^2}\rho''$
• 반경(r)의 제곱에 반비례, 면적(E)에 비례한다.

16. 그림과 같은 횡단면의 면적은?

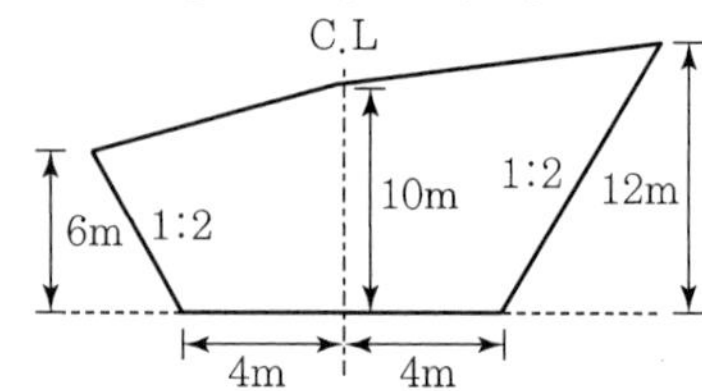

① 196m² ② 204m²
③ 216m² ④ 256m²

■해설 $A=\left[\frac{6+10}{2}\times(4+12)+\frac{10+12}{2}\times(4+24)\right]-\left(\frac{6\times12}{2}+\frac{12\times24}{2}\right)$
$=256\text{m}^2$

17. 30m에 대하여 3mm 늘어나 있는 줄자로써 정사각형의 지역을 측정한 결과 80,000m²이었다면 실제의 면적은?

① 80,016m² ② 80,008m²
③ 79,984m² ④ 79,992m²

■ 해설 • $\frac{1}{m}=\frac{\text{도상거리}}{\text{실제거리}}$, $\left(\frac{1}{m}\right)^2=\frac{\text{도상면적}}{\text{실제면적}}$

• 실제면적$(A_0)=\left(\frac{L+\Delta L}{L}\right)^2\times A$

$$=\left(\frac{30+0.003}{30}\right)^2\times 80{,}000$$

$$=80{,}016\text{m}^2$$

18. 삼변측량을 실시하여 길이가 각각 a=1,200m, b=1,300m, c=1,500m이었다면 $\angle ACB$는?

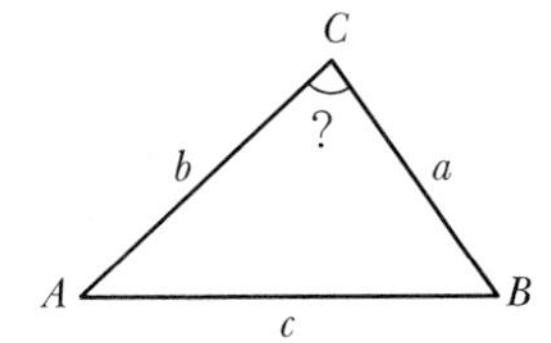

① 73°31′02″ ② 73°33′02″
③ 73°35′02″ ④ 73°37′02″

■ 해설 코사인 제2법칙에 의해

$$\cos C=\frac{a^2+b^2-c^2}{2ab}$$

$$=\frac{1{,}200^2+1{,}300^2-1{,}500^2}{2\times 1{,}200\times 1{,}300}=0.282$$

$$C=\cos^{-1}0.282=73°37'02''$$

19. GPS 위성측량에 대한 설명으로 옳은 것은?

① GPS를 이용하여 취득한 높이는 지반고이다.
② GPS에서 사용하고 있는 기준타원체는 GRS80 타원체이다.
③ 대기 내 수증기는 GPS 위성신호를 지연시킨다.
④ GPS 측량은 별도의 후처리 없이 관측값을 직접 사용할 수 있다.

■ 해설 대류권 지연
이 층은 지구 기후에 의해 구름과 같은 수증기가 있어 굴절오차의 원인이 된다.

20. 완화곡선에 대한 설명으로 옳지 않은 것은?

① 완화곡선의 접선은 시점에서 원호에, 종점에서 직선에 접한다.
② 완화곡선에 연한 곡선반지름의 감소율은 캔트(Cant)의 증가율과 같다.
③ 완화곡선의 반지름은 그 시점에서 무한대, 종점에서는 원곡선의 반지름과 같다.
④ 모든 클로소이드(Clothoid)는 닮은꼴이며 클로소이드 요소는 길이의 단위를 가진 것과 단위가 없는 것이 있다.

■ 해설 완화곡선의 접선은 시점에서 직선에, 종점에서 원호에 접한다.

Item pool (기사 2021년 3월 시행)

과년도 출제문제 및 해설

01. 삼각망 조정에 관한 설명으로 옳지 않은 것은?

① 임의의 한 변의 길이는 계산경로에 따라 달라질 수 있다.
② 검기선은 측정한 길이와 계산된 길이가 동일하다.
③ 1점 주위에 있는 각의 합은 360°이다.
④ 삼각형의 내각의 합은 180°이다.

해설 ① 측점조건 : 한 측점 둘레의 각의 합 360°(점방정식)
② 도형조건
- 다각형의 내각의 합 180°$(n-2)$ ┐(각 방정식)
- 삼각형 내각의 합 180° ┘
- 삼각망 임의의 한 변의 길이는 순서에 관계없이 같은 값(변방정식)

02. 삼각측량과 삼변측량에 대한 설명으로 틀린 것은?

① 삼변측량은 변 길이를 관측하여 삼각점의 위치를 구하는 측량이다.
② 삼각측량의 삼각망 중 가장 정확도가 높은 망은 사변형삼각망이다.
③ 삼각점의 선점 시 기계나 측표가 동요할 수 있는 습지나 하상은 피한다.
④ 삼각점의 등급을 정하는 주된 목적은 표석설치를 편리하게 하기 위함이다.

해설 삼각점은 각종 측량의 골격이 되는 기준점이다.

03. 그림과 같은 유토곡선(Mass Curve)에서 하향구간이 의미하는 것은?

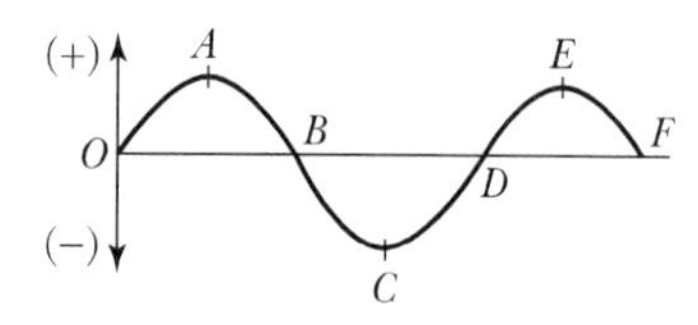

① 성토구간 ② 절토구간
③ 운반토량 ④ 운반거리

해설 유토곡선에서 상향구간은 절토구간, 하향구간은 성토구간이다.

04. 조정계산이 완료된 조정각 및 기선으로부터 처음 신설하는 삼각점의 위치를 구하는 계산순서로 가장 적합한 것은?

① 편심조정 계산 → 삼각형 계산(변, 방향각) → 경위도 결정 → 좌표조정 계산 → 표고 계산
② 편심조정 계산 → 삼각형 계산(변, 방향각) → 좌표조정 계산 → 표고 계산 → 경위도 결정
③ 삼각형 계산(변, 방향각) → 편심조정 계산 → 표고 계산 → 경위도 결정 → 좌표조정 계산
④ 삼각형 계산(변, 방향각) → 편심조정 계산 → 표고 계산 → 좌표조정 계산 → 경위도 결정

해설 계산순서
편심조정 계산 → 삼각형 계산(변, 방향각) → 좌표조정 계산 → 표고 계산 → 경위도 계산

05. 기지점의 지반고가 100m이고, 기지점에 대한 후시는 2.75m, 미지점에 대한 전시가 1.40m일 때 미지점의 지반고는?

① 98.65m ② 101.35m
③ 102.75m ④ 104.15m

해설 $H_B = H_A + 2.75 - 1.40 = 100 + 2.75 - 1.40$
$= 101.35\text{m}$

 |해답| 01. ① 02. ④ 03. ① 04. ② 05. ②

06. 어느 두 지점 사이의 거리를 A, B, C, D 4명의 사람이 각각 10회 관측한 결과가 다음과 같다면 가장 신뢰성이 낮은 관측자는?

- A : 165.864±0.002m
- B : 165.867±0.006m
- C : 165.862±0.007m
- D : 165.864±0.004m

① A ② B
③ C ④ D

해설 ① 경중률(P)은 오차$\left(\frac{1}{m}\right)$의 제곱의 반비례한다.

$$P_A : P_B : P_C : P_D = \frac{1}{{m_A}^2} : \frac{1}{{m_B}^2} : \frac{1}{{m_C}^2} : \frac{1}{{m_D}^2}$$
$$= \frac{1}{2^2} : \frac{1}{6^2} : \frac{1}{7^2} : \frac{1}{4^2}$$
$$= 12.25 : 1.36 : 1 : 3.06$$

② 경중률이 낮은 C작업이 신뢰성이 가장 낮다.

07. 레벨의 불완전 조정에 의하여 발생한 오차를 최소화하는 가장 좋은 방법은?

① 왕복 2회 측정하여 그 평균을 취한다.
② 기포를 항상 중앙에 오게 한다.
③ 시준선의 거리를 짧게 한다.
④ 전시, 후시의 표척거리를 같게 한다.

해설 전·후시 거리를 같게 하여 소거하는 것은 시준축 오차이며, 기포관축과 시준선이 평행하지 않아 생기는 오차이다.

08. 원곡선에 대한 설명으로 틀린 것은?

① 원곡선을 설치하기 위한 기본요소는 반지름(R)과 교각(I)이다.
② 접선길이는 곡선반지름에 비례한다.
③ 원곡선은 평면곡선과 수직곡선으로 모두 사용할 수 있다.
④ 고속도로와 같이 고속의 원활한 주행을 위해서는 복심곡선 또는 반향곡선을 주로 사용한다.

해설 고속도로는 완화곡선 중 클로소이드 곡선을 이용한다.

09. 트래버스측량에서 1회 각관측의 오차가 ±10″라면 30개의 측점에서 1회씩 각관측하였을 때의 총 각관측 오차는?

① ±15″ ② ±17″
③ ±55″ ④ ±70″

해설 $M = \pm\delta\sqrt{n}$
$= \pm 10''\sqrt{30} = \pm 55''$

10. 노선측량에서 단곡선 설치 시 필요한 교각이 95°30′, 곡선반지름이 200m일 때 장현(L)의 길이는?

① 296.087m ② 302.619m
③ 417.131m ④ 597.238m

해설 $L = 2R\sin\frac{I}{2}$
$= 2 \times 200 \times \sin\frac{95°30'}{2} = 296.087\text{m}$

11. 등고선에 관한 설명으로 옳지 않은 것은?

① 높이가 다른 등고선은 절대 교차하지 않는다.
② 등고선 간의 최단거리 방향은 최대경사 방향을 나타낸다.
③ 지도의 도면 내에서 폐합되는 경우에 등고선의 내부에는 산꼭대기 또는 분지가 있다.
④ 동일한 경사의 지표에서 등고선 간의 간격은 같다.

해설 등고선은 절벽이나 동굴에서는 교차한다.

12. 설계속도 80km/h의 고속도로에서 클로소이드 곡선의 곡선반지름이 360m, 완화곡선길이가 40m일 때 클로소이드 매개변수 A는?

① 100m ② 120m
③ 140m ④ 150m

해설 $A^2 = RL$
$A = \sqrt{R \cdot L} = \sqrt{360 \times 40} = 120\text{m}$

13. 교호수준측량의 결과가 아래와 같고, A점의 표고가 10m일 때 B점의 표고는?

- 레벨 P에서 $A \rightarrow B$ 관측 표고차 : −1.256m
- 레벨 Q에서 $B \rightarrow A$ 관측 표고차 : +1.238m

① 8.753m ② 9.753m
③ 11.238m ④ 11.247m

■ 해설

$$H_B = H_A \pm \frac{H_1 + H_2}{2}$$
$$= 10 - \frac{1.256 + 1.238}{2} = 8.753\text{m}$$

14. 직사각형 토지의 면적을 산출하기 위해 두 변 a, b의 거리를 관측한 결과가 a=48.25±0.04m, b=23.42±0.02m이었다면 면적의 정밀도($\triangle A / A$)는?

① $\frac{1}{420}$ ② $\frac{1}{630}$
③ $\frac{1}{840}$ ④ $\frac{1}{1,080}$

■ 해설

- $\triangle A = \sqrt{(a \cdot m_b)^2 + (b \cdot m_a)^2}$
  $= \sqrt{(48.25 \times 0.02)^2 + (23.42 \times 0.04)^2}$
  $= 1.3449\text{m}^2$
- $A = 48.25 \times 23.42 = 1,130\text{m}^2$
- $\frac{\triangle A}{A} = \frac{1}{840}$

15. 각관측 장비의 수평축이 연직축과 직교하지 않기 때문에 발생하는 측각오차를 최소화하는 방법으로 옳은 것은?

① 직교에 대한 편차를 구하여 더한다.
② 배각법을 사용한다.
③ 방향각법을 사용한다.
④ 망원경의 정 · 반위로 측정하여 평균한다.

■ 해설 오차처리방법

① 정 · 반위 관측=시준축, 수평축, 시준축의 편심오차
② A, B버니어 읽음값의 평균=내심오차
③ 분도원의 눈금 부정확 : 대회관측

16. 원격탐사(Remote Sensing)의 정의로 옳은 것은?

① 지상에서 대상 물체에 전파를 발생시켜 그 반사파를 이용하여 측정하는 방법
② 센서를 이용하여 지표의 대상물에서 반사 또는 방사된 전자 스펙트럼을 측정하고 이들의 자료를 이용하여 대상물이나 현상에 관한 정보를 얻는 기법
③ 우주에 산재해 있는 물체의 고유스펙트럼을 이용하여 각각의 구성 성분을 지상의 레이더망으로 수집하여 처리하는 방법
④ 우주선에서 찍은 중복된 사진을 이용하여 지상에서 항공사진의 처리와 같은 방법으로 판독하는 작업

■ 해설 원격탐사는 센서를 이용하여 지표대상물에서 방사, 반사하는 전자파를 측정하여 정량적 · 정성적 해석을 하는 탐사다.

17. 초점거리 153mm, 사진크기 23cm×23cm인 카메라를 사용하여 동서 14km, 남북 7km, 평균표고 250m인 거의 평탄한 지역을 축척 1 : 5,000으로 촬영하고자 할 때, 필요한 모델 수는?(단, 종중복도=60%, 횡중복도=30%)

① 81 ② 240
③ 279 ④ 961

■ 해설

① 종모델수 $= \frac{S_1}{B_0} = \frac{S_1}{ma\left(1 - \frac{P}{100}\right)}$
$= \frac{14,000}{5,000 \times 0.23 \times \left(1 - \frac{60}{100}\right)}$
$= 30.43 = 31$매

② 횡모델수 $= \frac{S_2}{C_o} = \frac{S_2}{ma\left(1 - \frac{q}{100}\right)}$
$= \frac{7,000}{5,000 \times 0.23 \times \left(1 - \frac{30}{100}\right)}$
$= 8.69 = 9$매

③ 총모델수=종모델수×횡모델수=279

 |해답| 13. ① 14. ③ 15. ④ 16. ② 17. ③

18. 그림과 같이 한 점 O에서 A, B, C 방향의 각관측을 실시한 결과가 다음과 같을 때 $\angle BOC$의 최확값은?

- $\angle AOB$ 2회 관측 결과 40°30′25″
  3회 관측 결과 40°30′20″
- $\angle AOC$ 6회 관측 결과 85°30′20″
  4회 관측 결과 85°30′25″

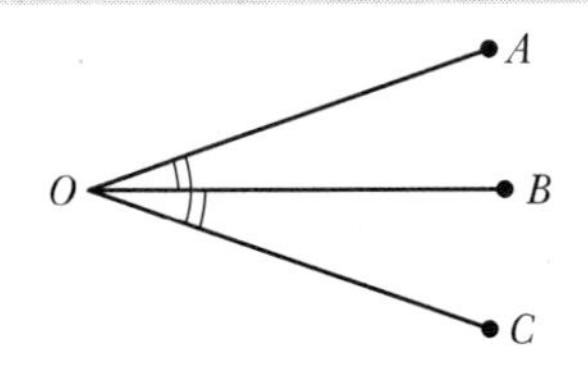

① 45°00′05″ ② 45°00′02″
③ 45°00′03″ ④ 45°00′00″

■해설
- 최확값($\angle AOB$)
  $= 40°30' + \dfrac{2\times25'' + 3\times20''}{2+3} = 40°30'22''$
- 최확값($\angle AOC$)
  $= 85°30' + \dfrac{6\times20'' + 4\times25''}{6+4} = 85°30'22''$
- $\angle AOC = \angle AOB + \angle BOC$
- $\angle BOC = 85°30'22'' - 40°30'22'' = 45°00'00''$

19. 측지학에 관한 설명 중 옳지 않은 것은?

① 측지학이란 지구 내부의 특성, 지구의 형상, 지구 표면의 상호 위치관계를 결정하는 학문이다.
② 물리학적 측지학은 중력측정, 지자기측정 등을 포함한다.
③ 기하학적 측지학에는 천문측량, 위성측량, 높이의 결정 등이 있다.
④ 측지측량이란 지구의 곡률을 고려하지 않는 측량으로 11km 이내를 평면으로 취급한다.

■해설 평면측량은 지구의 곡률을 고려하지 않는 측량으로 측량의 정밀도를 $\dfrac{1}{10^6}$ 이하로 할 때 반경 11km 이내의 지역을 평면으로 취급한다.

20. 해도와 같은 지도에 이용되며, 주로 하천이나 항만 등의 심천측량을 한 결과를 표시하는 방법으로 가장 적당한 것은?

① 채색법 ② 영선법
③ 점고법 ④ 음영법

■해설 점고법
① 표고를 숫자에 의해 표시한다.
② 해양, 항만, 하천 등의 지형도에 사용한다.

Item pool (기사 2021년 5월 시행)

과년도 출제문제 및 해설

01. 수로조사에서 간출지의 높이와 수심의 기준이 되는 것은?

① 약최고고저면
② 평균중등수위면
③ 수애면
④ 약최저저조면

해설 ① 평균최고수위 : 치수목적, 제방, 교량, 배수 등
② 평균최저수위 : 이수목적, 주운, 수력발전, 관개 등

02. 그림과 같이 각 격자의 크기가 10m×10m로 동일한 지역의 전체 토량은?

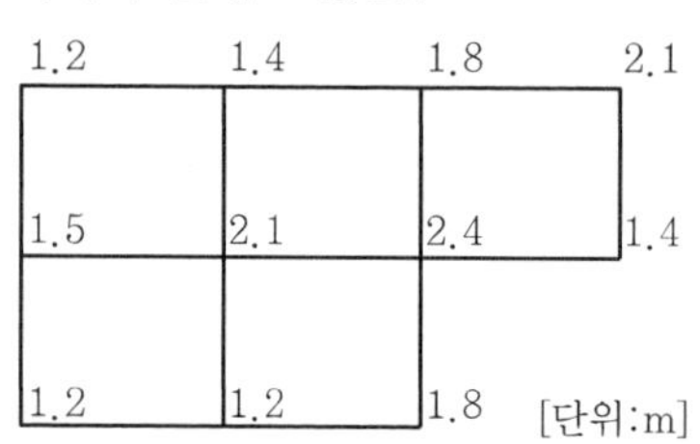

① 877.5m^3 ② 893.6m^3
③ 913.7m^3 ④ 926.1m^3

해설 ① $V=\frac{A}{4}(\Sigma h_1+2\Sigma h_2+3\Sigma h_3+4\Sigma h_4)$

② $\Sigma h_1 = 1.2+2.1+1.4+1.8+1.2=7.7$

$\Sigma h_2 = 1.4+1.8+1.2+1.5=5.9$

$\Sigma h_3 = 2.4$

$\Sigma h_4 = 2.1$

③ $V=\frac{10\times10}{4}(7.7+2\times5.9+3\times2.4+4\times2.1)$

$=877.5\text{m}^3$

03. 동일 구간에 대해 3개의 관측군으로 나누어 거리관측을 실시한 결과가 표와 같을 때, 이 구간의 최확값은?

관측군	관측값(m)	관측횟수
1	50.362	5
2	50.348	2
3	50.359	3

① 50.354m ② 50.356m
③ 50.358m ④ 50.362m

해설 ① 경중률(P)은 횟수(n)에 비례

$P_1 : P_2 : P_3 = 5:2:3$

② 최확치$(L_0)=\frac{P_1L_1+P_2L_2+P_3L_3}{P_1+P_2+P_3}$

$=50+\frac{5\times0.362+2\times0.348+3\times0.359}{5+2+3}$

$=50.358\text{m}$

04. 클로소이드 곡선(Clothoid Curve)에 대한 설명으로 옳지 않은 것은?

① 고속도로에 널리 이용된다.
② 곡률이 곡선의 길이에 비례한다.
③ 완화곡선의 일종이다.
④ 클로소이드 요소는 모두 단위를 갖지 않는다.

해설 모든 클로소이드는 닮은꼴이며, 클로소이드 요소는 길이의 단위를 가진 것과 없는 것이 있다.

05. 표척이 앞으로 3° 기울어져 있는 표척의 읽음값이 3.645m이었다면 높이의 보정량은?

① 5mm ② −5mm
③ 10mm ④ −10mm

해설 • 실제표척값=3.645×cos3°=3.640m
• 보정량=−5mm

 |해답| 01. ④ 02. ① 03. ③ 04. ④ 05. ②

06. 최근 GNSS 측량의 의사거리 결정에 영향을 주는 오차와 거리가 먼 것은?

① 위성의 궤도오차
② 위성의 시계오차
③ 위성의 기하학적 위치에 따른 오차
④ SA(Selective Availability) 오차

해설 오차의 요인
① 위성 관련 오차 : 궤도 편의, 위성시계의 편의
② 신호전달 관련 오차 : 전리층 편의, 대류권지연, 주파수오차
③ 수신기 관련 오차 : 수신기시계의 편의, 주파수오차
④ 위성 배치상태 관련 편의

07. 평탄한 지역에서 9개 측선으로 구성된 다각측량에서 2′의 각관측 오차가 발생하였다면 오차의 처리 방법으로 옳은 것은?(단, 허용오차는 $60''\sqrt{N}$로 가정한다.)

① 오차가 크므로 다시 관측한다.
② 측선의 거리에 비례하여 배분한다.
③ 관측각의 크기에 역비례하여 배분한다.
④ 관측각에 같은 크기로 배분한다.

해설 ① 허용오차 : $60''\sqrt{N} = 60''\sqrt{9} = 180'' = 3'$
② 측각오차(2′) < 허용오차(3′)이므로 등배분한다.

08. 도로의 단곡선 설치에서 교각이 60°, 반지름이 150m이며, 곡선시점이 No.8+17m(20m×8+17m)일 때 종단현에 대한 편각은?

① 0°02′45″ ② 2°41′21″
③ 2°57′54″ ④ 3°15′23″

해설 ① $CL = RI\dfrac{\pi}{180} = 150 \times 60° \times \dfrac{\pi}{180°} = 157.08\text{m}$
② $EC = BC + CL = (20 \times 8 + 17) + 157.08 = 334.08\text{m}$
③ 종단현(l_2) $= 334.08 - 320 = 14.08\text{m}$
④ $\delta_2 = \dfrac{l_2}{R} \times \dfrac{90°}{\pi} = \dfrac{14.08}{150} \times \dfrac{90°}{\pi} = 2°41'21''$

09. 표고가 300m인 평지에서 삼각망의 기선을 측정한 결과 600m이었다. 이 기선에 대하여 평균해수면상의 거리로 보정할 때 보정량은?(단, 지구반지름 R=6,370km)

① +2.83cm ② +2.42cm
③ −2.42cm ④ −2.83cm

해설 평균해면상 보정
$C = -\dfrac{LH}{R} = -\dfrac{600 \times 300}{6,370 \times 1,000} = -0.02825\text{m} = -2.83\text{cm}$

10. 수치지형도(Digital Map)에 대한 설명으로 틀린 것은?

① 우리나라는 축척 1 : 5,000 수치지형도를 국토기본도로 한다.
② 주로 필지정보와 표고자료, 수계정보 등을 얻을 수 있다.
③ 일반적으로 항공사진측량에 의해 구축된다.
④ 축척별 포함 사항이 다르다.

해설 수치지형도는 측량결과에 따라 지표면상의 위치와 지형 및 지명 등의 공간정보를 일정한 축척에 따라 기호나 문자, 속성 등으로 표시하여, 정보시스템에서 분석, 편집, 입·출력할 수 있도록 제작된 것을 말한다.

11. 등고선의 성질에 대한 설명으로 옳지 않은 것은?

① 등고선은 분수선(능선)과 평행하다.
② 등고선은 도면 내·외에서 폐합하는 폐곡선이다.
③ 지도의 도면 내에서 등고선이 폐합하는 경우에 등고선의 내부에는 산꼭대기 또는 분지가 있다.
④ 절벽에서 등고선은 서로 만날 수 있다.

해설 등고선은 능선, 계곡선과 직교한다.

12. 트래버스 측량의 작업순서로 알맞은 것은?

① 선점 – 계획 – 답사 – 조표 – 관측
② 계획 – 답사 – 선점 – 조표 – 관측
③ 답사 – 계획 – 조표 – 선점 – 관측
④ 조표 – 답사 – 계획 – 선점 – 관측

|해답| 06. ④ 07. ④ 08. ② 09. ④ 10. ② 11. ① 12. ②

■해설 트래버스 측량순서
계획 → 답사 → 선점 → 조표 → 거리관측 → 각관측 → 거리와 각관측 정도의 평균 → 계산

13. 지오이드(Geoid)에 대한 설명으로 옳지 않은 것은?

① 평균해수면을 육지까지 연장시켜 지구 전체를 둘러싼 곡면이다.
② 지오이드면은 등포텐셜면으로 중력방향은 이 면에 수직이다.
③ 지표 위 모든 점의 위치를 결정하기 위해 수학적으로 정의된 타원체이다.
④ 실제로 지오이드면은 굴곡이 심하므로 측지측량의 기준으로 채택하기 어렵다.

■해설 지오이드면은 불규칙한 곡면으로 준거타원체와 거의 일치한다.

14. 장애물로 인하여 접근하기 어려운 2점 P, Q를 간접거리 측량한 결과가 그림과 같다. $\overline{AB}$의 거리가 216.90m일 때 $\overline{PQ}$의 거리는?

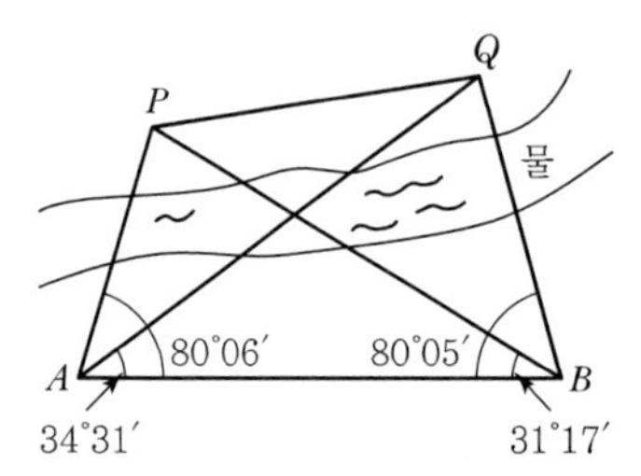

① 120.96m ② 142.29m
③ 173.39m ④ 194.22m

■해설
- $\angle APB = 68°37'$

$$\frac{\overline{AP}}{\sin 31°17'} = \frac{216.90}{\sin 68°37'}$$

- $\overline{AP} = \dfrac{\sin 31°17'}{\sin 68°37'} \times 216.9 = 120.96\text{m}$
- $\angle AQB = 65°24'$

$$\frac{\overline{AQ}}{\sin 80°05'} = \frac{216.90}{\sin 65°24'}$$

- $\overline{AQ} = \dfrac{\sin 80°05'}{\sin 65°24'} \times 216.9 = 234.99\text{m}$
- $\overline{PQ}$

$$= \sqrt{(\overline{AP})^2 + (\overline{AQ})^2 - 2 \cdot \overline{AP} \cdot \overline{AQ} \cdot \cos \angle PAQ}$$

$$= \sqrt{120.96^2 + 234.99^2 - 2 \times 120.96 \times 234.99 \times \cos 45°35'}$$

$$= 173.39\text{m}$$

15. 수준측량야장에서 측점 3의 지반고는?

[단위 : m]

측점	후시	전시		지반고
		T.P	I.P	
1	0.95			10.00
2			1.03	
3	0.90	0.36		
4			0.96	
5		1.05		

① 10.59m ② 10.46m
③ 9.92m ④ 9.56m

■해설
- 측점 1 지반고=10m
- 측점 2 지반고=10.95−1.03=9.92m
- 측점 3 지반고=10.95−0.36=10.59m

16. 다각측량의 특징에 대한 설명으로 옳지 않은 것은?

① 삼각점으로부터 좁은 지역의 세부측량 기준점을 측설하는 경우에 편리하다.
② 삼각측량에 비해 복잡한 시가지나 지형의 기복이 심한 지역에는 알맞지 않다.
③ 하천이나 도로 또는 수로 등의 좁고 긴 지역의 측량에 편리하다.
④ 다각측량의 종류에는 개방, 폐합, 결합형 등이 있다.

■해설 다각측량
산림지대·시가지 등 삼각측량이 불리한 지점의 기준점 설치

17. 항공사진측량에서 사진상에 나타난 두 점 A, B의 거리를 측정하였더니 208mm이었으며, 지상좌표는 아래와 같았다면 사진축척(S)은? (단, X_A=205,346.39m, Y_A=10,793.16m, X_B=205,100.11m, Y_B=11,587.87m)

① $S=1:3{,}000$　② $S=1:4{,}000$
③ $S=1:5{,}000$　④ $S=1:6{,}000$

해설 ① $\overline{AB}$거리 $=\sqrt{(X_B-X_A)^2+(Y_B-Y_A)^2}$
$=\sqrt{(205{,}110.11-205{,}346.39)^2+(11{,}587.87-10.793{,}16)^2}$
$=831.996$m

② 축척과 거리 관계

$$\frac{1}{m}=\frac{도상거리}{실제거리}=\frac{0.208}{831.996}=\frac{1}{4{,}000}$$

18. 그림과 같은 수준망에서 높이차의 정확도가 가장 낮은 것으로 추정되는 노선은?(단, 수준환의 거리 Ⅰ=4km, Ⅱ=3km, Ⅲ=2.4km, Ⅳ(㉯㉳㉱)=6km)

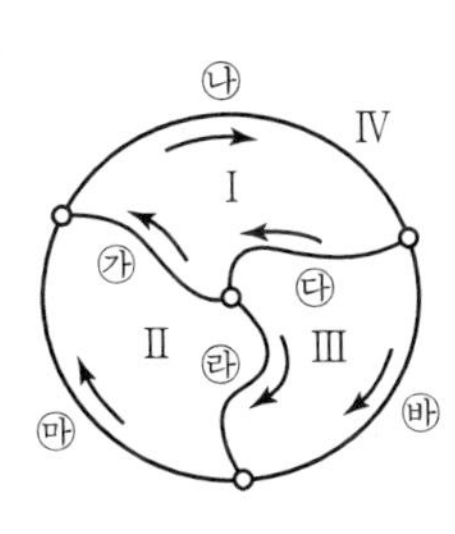

노선	높이차(m)
㉮	+3.600
㉯	+1.385
㉰	−5.023
㉱	+1.105
㉲	+2.523
㉳	−3.912

① ㉮　② ㉯
③ ㉰　④ ㉱

해설 ① Ⅰ노선=3.6+1.385−5.023=−0.037m
Ⅱ노선=1.105+2.523−3.6=+0.028m
Ⅲ노선=−5.023+1.105−(−3.912)
=−0.006m

② 1km당 오차는 $\frac{0.037}{\sqrt{4}}:\frac{0.028}{\sqrt{3}}:\frac{0.006}{\sqrt{2.4}}$
$=0.0185:1.016:0.004$

결과를 볼 때 Ⅰ노선과 Ⅱ노선의 성과가 나쁘므로 두 노선에 포함된 ㉮를 재측한다.

19. 도로의 곡선부에서 확폭량(Slack)을 구하는 식으로 옳은 것은?(단, L : 차량 앞면에서 차량의 뒤축까지의 거리, R=차선 중심선의 반지름)

① $\frac{L}{2R^2}$　② $\frac{L^2}{2R^2}$
③ $\frac{L^2}{2R}$　④ $\frac{L}{2R}$

해설 확폭$(\varepsilon)=\frac{L^2}{2R}$

20. 표준길이에 비하여 2cm 늘어난 50m 줄자로 사각형 토지의 길이를 측정하여 면적을 구하였을 때, 그 면적이 88m²이었다면 토지의 실제면적은?

① 87.30m²　② 87.93m²
③ 88.07m²　④ 88.71m²

해설 ① 축척과 거리, 면적의 관계

$$\frac{1}{m}=\frac{도상거리}{실제거리},\ \left(\frac{1}{m}\right)^2=\frac{도상\ 면적}{실제\ 면적}$$

② 실제면적$(A_0)=\left(\frac{L+\Delta L}{L}\right)^2\times A$
$=\left(\frac{50.02}{50}\right)^2\times 88=88.07\text{m}^2$

Item pool (기사 2021년 8월 시행)

과년도 출제문제 및 해설

01. 하천의 심천(측심)측량에 관한 설명으로 틀린 것은?

① 심천측량은 하천의 수면으로부터 하저까지 깊이를 구하는 측량으로 횡단측량과 같이 행한다.
② 측심간(Rod)에 의한 심천측량은 보통 수심 5m 정도의 얕은 곳에 사용한다.
③ 측심추(Lead)로 관측이 불가능한 깊은 곳은 음향측심기를 사용한다.
④ 심천측량은 수위가 높은 장마철에 하는 것이 효과적이다.

02. 트래버스측량의 각 관측방법 중 방위각법에 대한 설명으로 틀린 것은?

① 진북을 기준으로 어느 측선까지 시계방향으로 측정하는 방법이다.
② 방위각법에는 반전법과 부전법이 있다.
③ 각이 독립적으로 관측되므로 오차 발생 시, 개별 각의 오차는 이후의 측량에 영향이 없다.
④ 각 관측값의 계산과 제도가 편리하고 신속히 관측할 수 있다.

■ 해설 방위각법은 직접방위각이 관측되어 편리하나 오차 발생 시 이후 측량에도 영향을 끼친다.
※ ③ 교각법의 내용임

03. 종단 및 횡단수준측량에서 중간점이 많은 경우에 가장 편리한 야장기입법은?

① 고차식　　② 승강식
③ 기고식　　④ 간접식

■ 해설 ① 기고식 야장기입법 : 중간점이 많은 길고 좁은 지형
② 승강식 야장기입법 : 정밀한 측정을 요할 때
③ 고차식 야장기입법 : 두 점 간의 고저차를 구할 때

04. 일반적으로 단열삼각망으로 구성하기에 가장 적합한 것은?

① 시가지와 같이 정밀을 요하는 골조측량
② 복잡한 지형의 골조측량
③ 광대한 지역의 지형측량
④ 하천조사를 위한 골조측량

■ 해설 하천조사 시 골조측량으로 정밀도가 낮은 단열삼각망을 사용한다.

05. GNSS 측량에 대한 설명으로 옳지 않은 것은?

① 상대측위기법을 이용하면 절대측위보다 높은 측위정확도의 확보가 가능하다.
② GNSS 측량을 위해서는 최소 4개의 가시위성(Visible Satellite)이 필요하다.
③ GNSS 측량을 통해 수신기의 좌표뿐만 아니라 시계오차도 계산할 수 있다.
④ 위성의 고도각(Elevation Angle)이 낮은 경우 상대적으로 높은 측위정확도의 확보가 가능하다.

■ 해설 고도각이 높을수록 높은 측위 정확도의 확보가 가능하다.

06. 축척 1 : 5,000인 지형도에서 AB 사이의 수평거리가 2cm이면 AB의 경사는?

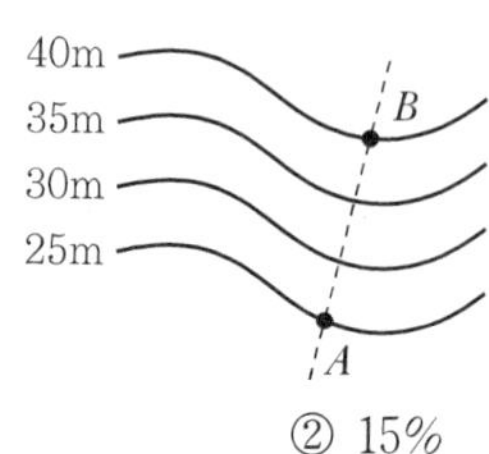

① 10%　　② 15%
③ 20%　　④ 25%

|해답| 01. ④ 02. ③ 03. ③ 04. ④ 05. ④ 06. ②

■ 해설 $경사(i) = \frac{H}{D} \times 100 = \frac{15}{0.02 \times 5{,}000} \times 100$
$= 15\%$

07. A, B 두 점에서 교호수준측량을 실시하여 다음의 결과를 얻었다. A점의 표고가 67.104m일 때 B점의 표고는?(단, a_1=3.756m, a_2=1.572m, b_1=4.995m, b_2=3.209m)

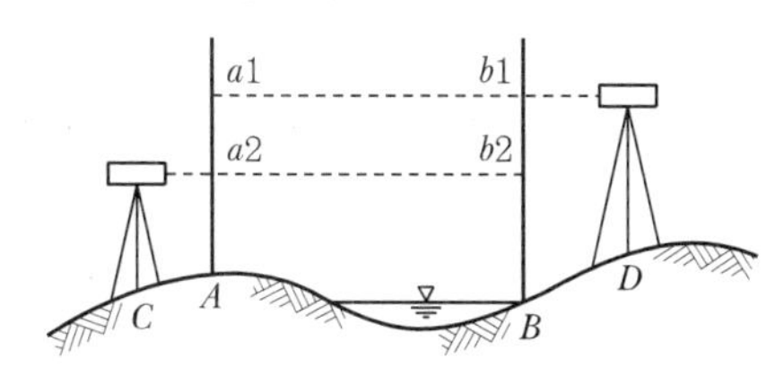

① 64.668m ② 65.666m
③ 68.542m ④ 69.089m

■ 해설
- $\Delta H = \frac{(a_1 - b_1) + (a_2 - b_2)}{2}$
$= \frac{(3.756 - 4.995) + (1.572 - 3.209)}{2}$
$= -1.438\text{m}$
- $H_B = H_A - \Delta H = 67.104 - 1.438 = 65.666\text{m}$

08. 폐합 트래버스에서 위거의 합이 −0.17m, 경거의 합이 0.22m이고, 전 측선의 거리의 합이 252m일 때 폐합비는?

① 1/900 ② 1/1,000
③ 1/1,100 ④ 1/1,200

■ 해설 $폐합비 = \frac{폐합오차}{전측선의\ 길이} = \frac{E}{\Sigma L}$
$= \frac{\sqrt{(-0.17)^2 + 0.22^2}}{252} \fallingdotseq \frac{1}{900}$

09. 토털스테이션으로 각을 측정할 때 기계의 중심과 측점이 일치하지 않아 0.5mm의 오차가 발생하였다면 각 관측오차를 2″ 이하로 하기 위한 관측변의 최소 길이는?

① 82.51m ② 51.57m
③ 8.25m ④ 5.16m

■ 해설
- $\frac{\Delta l}{l} = \frac{\theta''}{\rho''}$
- $l = \Delta l \cdot \frac{\rho''}{\theta''} = 0.5 \times \frac{206{,}265''}{2''} = 51{,}566\text{mm}$
$= 51.57\text{m}$

10. 상차라고도 하며 그 크기와 방향(부호)이 불규칙적으로 발생하고 확률론에 의해 추정할 수 있는 오차는?

① 착오 ② 정오차
③ 개인오차 ④ 우연오차

■ 해설 우연오차는 오차원인이 불분명하여 제거할 수 없다.

11. 평면측량에서 거리의 허용오차를 1/500,000까지 허용한다면 지구를 평면으로 볼 수 있는 한계는 몇 km인가?(단, 지구의 곡률반지름은 6,370km이다.)

① 22.07km ② 31.2km
③ 2,207km ④ 3,121km

■ 해설
- $정도\left(\frac{\Delta L}{L}\right) = \frac{L^2}{12R^2}$
- $\frac{1}{500{,}000} = \frac{L^2}{12 \times 6{,}370^2}$
- $L = \sqrt{\frac{12 \times 6{,}370^2}{500{,}000}} = 31.2\text{km}$

12. 수준측량과 관련된 용어에 대한 설명으로 틀린 것은?

① 수준면(Level Surface)은 각 점들이 중력방향에 직각으로 이루어진 곡면이다.
② 어느 지점의 표고(Elevation)라 함은 그 지역 기준타원체로부터의 수직거리를 말한다.
③ 지구곡률을 고려하지 않는 범위에서는 수준면(Level Surface)을 평면으로 간주한다.
④ 지구의 중심을 포함한 평면과 수준면이 교차하는 선이 수준선(Level Line)이다.

■ 해설 표고는 기준면에서 어떤 점까지의 연직높이

|해답| 07. ② 08. ① 09. ② 10. ④ 11. ② 12. ②

13. 축척 1 : 20,000인 항공사진에서 굴뚝의 변위가 2.0mm이고, 연직점에서 10cm 떨어져 나타났다면 굴뚝의 높이는?(단, 촬영 카메라의 초점거리 = 15cm)

① 15m ② 30m
③ 60m ④ 80m

해설
- $\frac{1}{m} = \frac{f}{H}$
- $H = mf = 20,000 \times 0.15 = 3,000\text{m}$
- $h = \frac{H}{b_0} \triangle P = \frac{3,000}{0.1} \times 0.002$
  $= 60\text{m}$

14. 대단위 신도시를 건설하기 위한 넓은 지형의 정지공사에서 토량을 계산하고자 할 때 가장 적합한 방법은?

① 점고법
② 비례 중앙법
③ 양단면 평균법
④ 각주공식에 의한 방법

해설 점고법
넓고 비교적 평탄한 지형의 체적계산에 사용하고 지표상에 있는 점의 표고를 숫자로 표시해 높이를 나타내는 방법

15. 곡선반지름이 500m인 단곡선의 종단현이 15.343m 라면 종단현에 대한 편각은?

① 0°31′37″ ② 0°43′19″
③ 0°52′45″ ④ 1°04′26″

해설 $\delta_2 = \frac{l_2}{R} \times \frac{90°}{\pi} = \frac{15.343}{500} \times \frac{90°}{\pi}$
$= 0°52'45''$

16. 축척 1 : 500 도상에서 3변의 길이가 각각 20.5cm, 32.4cm, 28.5cm인 삼각형 지형의 실제면적은?

① 40.70m² ② 288.53m²
③ 6,924.15m² ④ 7,213.26m²

해설 ① $S = \frac{1}{2}(a+b+c)$
$= \frac{1}{2}(20.5+32.4+28.5) = 40.7\text{m}$

② 면적(A)
$= \sqrt{S(S-a)(S-b)(S-c)} \times m^2$
$= \sqrt{40.7 \times (40.7-20.5) \times (40.7-32.4) \times (40.7-28.5)} \times 500^2$
$= 7,213.26\text{m}^2$

17. 지형의 표시법에서 자연적 도법에 해당하는 것은?

① 점고법 ② 등고선법
③ 영선법 ④ 채색법

해설 자연적 도법은 음영법, 영선법이다.

18. 완화곡선에 대한 설명으로 옳지 않은 것은?

① 완화곡선의 곡선반지름은 시점에서 무한대, 종점에서 원곡선의 반지름 R로 된다.
② 클로소이드의 형식에는 S형, 복합형, 기본형 등이 있다.
③ 완화곡선의 접선은 시점에서 원호에, 종점에서 직선에 접한다.
④ 모든 클로소이드는 닮은꼴이며 클로소이드 요소에는 길이의 단위를 가진 것과 단위가 없는 것이 있다.

해설 완화곡선의 접선은 시점에서 직선에, 종점에서 원호에 접한다.

19. 측점 A에 토털스테이션을 정치하고 B점에 설치한 프리즘을 관측하였다. 이때 기계고 1.7m, 고저각 +15°, 시준고 3.5m, 경사거리가 2,000m이었다면, 두 측점의 고저차는?

① 512.438m ② 515.838m
③ 522.838m ④ 534.098m

해설 $\triangle H = IH + D\sin\alpha - h$
$= 1.7 + 2,000\sin 15° - 3.5\text{m}$
$= 515.838\text{m}$

 |해답| 13. ③ 14. ① 15. ③ 16. ④ 17. ③ 18. ③ 19. ②

20. 곡선반지름 R, 교각 I인 단곡선을 설치할 때 각 요소의 계산공식으로 틀린 것은?

① $M=R\left(1-\sin\frac{I}{2}\right)$　② $TL=R\tan\frac{I}{2}$

③ $CL=\frac{\pi}{180°}RI°$　④ $E=R\left(\sec\frac{I}{2}-1\right)$

■ 해설　중앙종거$(M)=R\left(1-\cos\frac{I}{2}\right)$

Item pool (기사 2022년 3월 시행)

과년도 출제문제 및 해설

01. 노선거리 2km의 결합트래버스측량에서 폐합비를 1/5,000로 제한한다면 허용폐합오차는?

① 0.1m ② 0.4m
③ 0.8m ④ 1m

■ 해설
• $\frac{1}{M} = \frac{\text{폐합오차}}{\text{총길이}}$
• 폐합오차 $= \frac{\text{총길이}}{M} = \frac{2,000}{5,000} = 0.4\text{m}$

02. 다음 설명 중 옳지 않은 것은?

① 측지선은 지표상 두 점 간의 최단거리선이다.
② 라플라스 점은 중력 측정을 실시하기 위한 점이다.
③ 항정선은 자오선과 항상 일정한 각도를 유지하는 지표의 선이다.
④ 지표면의 요철을 무시하고 적도반지름과 극반지름으로 지구의 형상을 나타내는 가상의 타원체를 지구타원체라고 한다.

■ 해설 라플라스 점은 방위각, 경도 측정, 측지망을 바로잡기 위한 점을 의미한다.

03. 그림과 같은 반지름=50m인 원곡선에서 $\overline{HC}$의 거리는?(단, 교각=60°, α=20°, ∠AHC=90°)

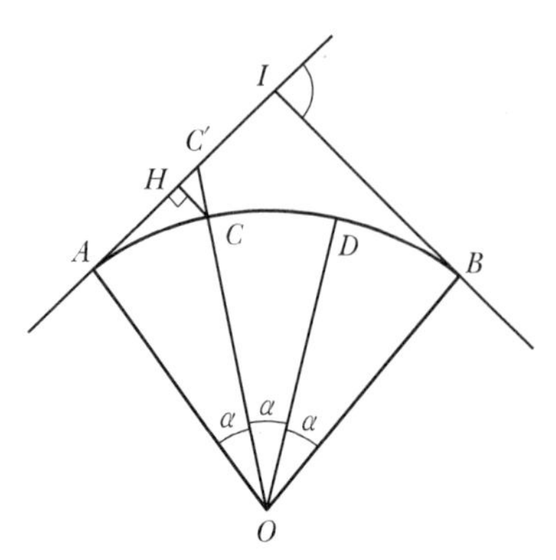

① 0.19m ② 1.98m
③ 3.02m ④ 3.24m

■ 해설
• $\cos\alpha = \frac{\overline{AO}}{\overline{CO'}}$

$\overline{OC'} = \frac{\overline{AO}}{\cos\alpha} = \frac{50}{\cos 20°} = 53.21\text{m}$

• $\overline{CC'} = \overline{OC'} - R = 53.21 - 50 = 3.21\text{m}$

• $\cos\alpha = \frac{\overline{HC}}{\overline{CC'}}$

$\overline{HC} = \overline{CC'}\cos\theta = 3.21 \times \cos 20° = 3.02\text{m}$

04. GNSS 상대측위 방법에 대한 설명으로 옳은 것은?

① 수신기 1대만을 사용하여 측위를 실시한다.
② 위성의 수신기 간의 거리는 전파의 파장 개수를 이용하여 계산할 수 있다.
③ 위상차의 계산은 단순차, 2중차, 3중차와 같은 차분기법으로는 해결하기 어렵다.
④ 전파의 위상차를 관측하는 방식이나 절대측위 방법보다 정확도가 떨어진다.

■ 해설 GNSS 상대측위
• 2대 이상의 수신기를 이용하며 4대 이상의 위성으로부터 동시에 전파신호를 수신하는 방법이다.
• 절대측위보다 정밀도가 높다.
• 수신기의 좌표뿐만 아니라 시계오차도 계산할 수 있다.

05. 지형측량에서 등고선의 성질에 대한 설명으로 옳지 않은 것은?

① 등고선의 간격은 경사가 급한 곳에서는 넓어지고, 완만한 곳에서는 좁아진다.
② 등고선은 지표의 최대경사선 방향과 직교한다.
③ 동일 등고선 상에 있는 모든 점은 같은 높이이다.
④ 등고선 간의 최단거리 방향은 그 지표면의 최대경사 방향을 가리킨다.

 |해답| 01. ② 02. ② 03. ③ 04. ② 05. ①

■해설 등고선은 급경사에서 간격이 좁고, 완경사에서 간격이 넓다.

06. 지형의 표시법에 대한 설명으로 틀린 것은?

① 영선법은 짧고 거의 평행한 선을 이용하여 경사가 급하면 가늘고 길게, 경사가 완만하면 굵고 짧게 표시하는 방법이다.

② 음영법은 태양광선이 서북쪽에서 45° 각도로 비친다고 가정하고, 지표의 기복에 대하여 그 명암을 2~3색 이상으로 채색하여 기복의 모양을 표시하는 방법이다.

③ 채색법은 등고선의 사이를 색으로 채색, 색채의 농도를 변화시켜 표고를 구분하는 방법이다.

④ 점고법은 하천, 항만, 해양측량 등에서 수심을 나타낼 때 측점에 숫자를 기입하여 수심 등을 나타내는 방법이다.

■해설 영선법
- 단상의 선으로 지표의 기복을 표시한다.
- 경사가 급하면 굵고 짧은 선, 완만하면 가늘고 긴 선으로 표시한다.

07. 동일한 정확도로 세 변을 관측한 직육면체의 체적을 계산한 결과가 1,200m³였다. 거리의 정확도를 1/10,000까지 허용한다면 체적의 허용오차는?

① 0.08m^3 ② 0.12m^3
③ 0.24m^3 ④ 0.36m^3

■해설
- 체적과 거리의 정밀도

$$\frac{\Delta V}{V}=3\times\frac{\Delta L}{L}$$

- $\frac{\Delta V}{1,200}=3\times\frac{1}{10,000}$
- $\Delta V=0.36\text{m}^3$

08. ΔABC의 꼭짓점에 대한 좌푯값이 (30, 50), (20, 90), (60, 100)일 때 삼각형 토지의 면적은?(단, 좌표의 단위 : m)

① 500m^2 ② 750m^2
③ 850m^2 ④ 960m^2

■해설

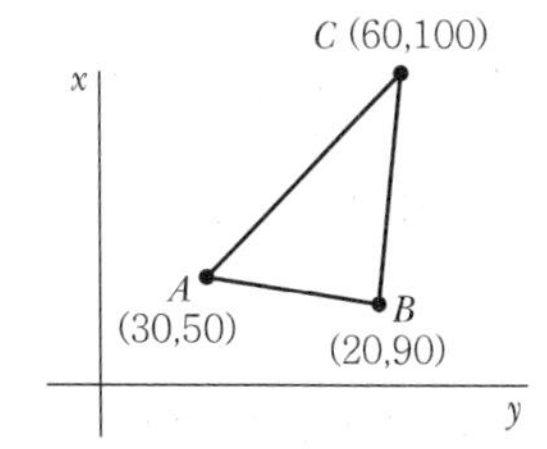

- $\overline{AB}=\sqrt{(30-20)^2+(90-50)^2}=41.23\text{m}$
- $\overline{BC}=\sqrt{(60-20)^2+(100-90)^2}=41.23\text{m}$
- $\overline{AC}=\sqrt{(60-30)^2+(100-50)^2}=58.31\text{m}$
- 삼변법

$$S=\frac{1}{2}(a+b+c)=\frac{1}{2}(41.23+41.23+58.31)=70.385\text{m}$$

$$A=\sqrt{s(s-a)(s-b)(s-c)}=\sqrt{70.385(70.385-41.23)(70.385-41.23)(70.385-58.31)}=849.96\text{m}^2\fallingdotseq 850\text{m}^2$$

09. 교각 I=90°, 곡선반지름 R=150m인 단곡선에서 교점(IP)의 추가거리가 1,139.250m일 때 곡선종점(EC)까지의 추가거리는?

① 875.375m
② 989.250m
③ 1,224.869m
④ 1,374.825m

■해설
- $TL=R\tan\frac{I}{2}=150\times\tan\frac{90^\circ}{2}=150\text{m}$
- $CL=R\cdot I\frac{\pi}{180^\circ}=150\times 90^\circ\times\frac{\pi}{180^\circ}=235.619\text{m}$
- BC 거리 $=IP-TL=1139.250-150=989.25\text{m}$
- EC 거리 $=BC$ 거리 $+CL(=IP-TL+CL)$ $=989.25+235.619=1,224.869\text{m}$

10. 수준측량의 부정오차에 해당되는 것은?

① 기포의 순간 이동에 의한 오차
② 기계의 불완전 조정에 의한 오차
③ 지구 곡률에 의한 오차
④ 표척의 눈금 오차

|해답| 06. ① 07. ④ 08. ③ 09. ③ 10. ①

■ 해설 정오차
- 표척의 3점 오차
- 표척 눈금 부정의 오차
- 광선의 굴절오차
- 지구의 곡률오차
- 표척 기울기 오차

11. 어떤 노선을 수준측량하여 작성된 기고식 야장의 일부 중 지반고 값이 틀린 측점은?

[단위 : m]

측점	B.S	F.S		기계고	지반고
		T.P	I.P		
0	3.121				123.567
1			2.586		124.102
2	2.428	4.065			122.623
3			−0.664		124.387
4		2.321			122.730

① 측점 1　② 측점 2
③ 측점 3　④ 측점 4

■ 해설 측점 3의 지반고=12.051+0.664=125.715m

12. 노선측량에서 실시설계측량에 해당하지 않는 것은?

① 중심선 설치　② 지형도 작성
③ 다각측량　④ 용지측량

■ 해설 실시설계측량
- 지형도 작성
- 중심선 선정
- 중심선 설치(도상)
- 다각 측량
- 중심선의 설치 현장
- 고저측량
  - 고저측량
  - 종단면도 작성

13. 트래버스측량에서 측점 A의 좌표가 (100m, 100m)이고 측선 AB의 길이가 50m일 때 B점의 좌표는?(단, AB 측선의 방위각은 195°이다.)

① (51.7m, 87.1m)　② (51.7m, 112.9m)
③ (148.3m, 87.1m)　④ (148.3m, 112.9m)

■ 해설
- $X_B = X_A + l\cos\theta = 100 + 50 \cdot \cos 195° = 51.7\text{m}$
- $Y_B = Y_A + l\sin\theta = 100 + 50 \cdot \sin 195° = 87.06\text{m}$
- $(X_B,\ Y_B) = (51.7,\ 87.1)$

14. 수심 H인 하천의 유속측정에서 수면으로부터 깊이 $0.2H$, $0.4H$, $0.6H$, $0.8H$인 지점의 유속이 각각 0.663m/s, 0.556m/s, 0.532m/s, 0.466m/s이었다면 3점법에 의한 평균유속은?

① 0.543m/s　② 0.548m/s
③ 0.559m/s　④ 0.560m/s

■ 해설 3점법에 의한 평균 유속(V_m)

$$= \frac{V_{0.2} + 2V_{0.6} + V_{0.8}}{4}$$

$$= \frac{0.663 + 2 \times 0.532 + 0.466}{4}$$

$=0.548\text{m/s}$

15. L_1과 L_2의 두 개의 주파수 수신이 가능한 2주파 GNSS 수신기에 의하여 제거가 가능한 오차는?

① 위성의 기하학적 위치에 따른 오차
② 다중경로 오차
③ 수신기 오차
④ 전리층 오차

■ 해설 전리층 오차는 전파가 전리층을 통화하며 발생하는 신호전달 관련 오차로 두 개의 주파수 수신이 가능한 GNSS 수신기에 의해 제거가 가능하다.

16. 줄자로 거리를 관측할 때 한 구간 20m의 거리에 비례하는 정오차가 +2mm라면 전 구간 200m를 관측하였을 때의 정오차는?

① +0.2mm　② +0.63mm
③ +6.3mm　④ +20mm

|해답| 11. ③ 12. ④ 13. ① 14. ② 15. ④ 16. ④

■해설 정오차$(m_1) = m\delta = \frac{200}{20} \times 2 = +20\text{mm}$

17. 삼변측량에 대한 설명으로 틀린 것은?

① 전자파거리측량기(EDM)의 출현으로 그 이용이 활성화되었다.
② 관측값의 수에 비해 조건식이 많은 것이 장점이다.
③ 코사인 제2법칙과 반각공식을 이용하여 각을 구한다.
④ 조정방법에는 조건방정식에 의한 조정과 관측방정식에 의한 조정방법이 있다.

■해설 삼각측량에 비하여 조건식 수가 적다.

18. 트래버스측량의 종류와 그 특징으로 옳지 않은 것은?

① 결합트래버스는 삼각점과 삼각점을 연결시킨 것으로 조정계산 정확도가 가장 좋다.
② 폐합트래버스는 한 측점에서 시작하여 다시 그 측점에 돌아오는 관측 형태이다.
③ 폐합트래버스는 오차의 계산 및 조정이 가능하나, 정확도는 개방트래버스보다 좋지 못하다.
④ 개방트래버스는 임의의 한 측점에서 시작하여 다른 임의의 한 점에서 끝나는 관측 형태이다.

■해설 폐합트래버스는 측량결과가 검토는 되나 정확도는 결합트래버스보다 낮다.

19. 수준점 A, B, C에서 P점까지 수준측량을 한 결과가 표와 같다. 관측거리에 대한 경중률을 고려한 P점의 표고는?

측량경로	거리	P점의 표고
$A \rightarrow P$	1km	135.487m
$B \rightarrow P$	2km	135.563m
$C \rightarrow P$	3km	135.603m

① 135.529m ② 135.551m
③ 135.563m ④ 135.570m

■해설 • 경중률은 거리에 반비례한다.

$$P_A : P_B : P_C = \frac{1}{S_1} : \frac{1}{S_2} : \frac{1}{S_3} = \frac{1}{1} : \frac{1}{2} : \frac{1}{3} = 6 : 3 : 2$$

• $$H_P = \frac{P_A H_A + P_B H_B + P_C H_C}{P_A + P_B + P_C} = \frac{6 \times 135.487 + 3 \times 135.563 + 2 \times 135.603}{6+3+2} = 135.529\text{m}$$

20. 도로노선의 곡률반지름 R=2,000m, 곡선길이 L=245m일 때, 클로소이드의 매개변수 A는?

① 500m ② 600m
③ 700m ④ 800m

■해설 • $A^2 = RL$
• $A = \sqrt{R \cdot L} = \sqrt{2{,}000 \times 245} = 700\text{m}$

Item pool (기사 2022년 4월 시행)

과년도 출제문제 및 해설

01. 다음 중 완화곡선의 종류가 아닌 것은?

① 렘니스케이트 곡선 ② 클로소이드 곡선
③ 3차 포물선 ④ 배향곡선

■ 해설 • 배향곡선은 원곡선이다.
• 완화곡선의 종류
 - 렘니스케이트 곡선
 - 클로소이드 곡선
 - 3차 포물선
 - 반파장 체감곡선

02. 그림과 같이 교호수준측량을 실시한 결과가 a_1 =0.63m, a_2 =1.25m, b_1 =1.15m, b_2 =1.73m이었다면, B점의 표고는?(단, A점의 표고=50.00m)

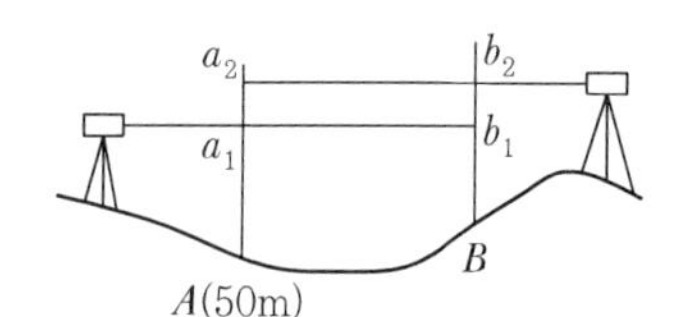

① 49.50m ② 50.00m
③ 50.50m ④ 51.00m

■ 해설
• $\Delta H = \dfrac{(a_1 - b_1) + (a_2 - b_2)}{2}$

$= \dfrac{(0.63 - 1.15) + (1.25 - 1.73)}{2} = -0.5\text{m}$

• $H_B = H_A \pm \Delta H = 50 - 0.5 = 49.5\text{m}$

03. 수심 h인 하천의 수면으로부터 0.2h, 0.4h, 0.6h, 0.8h인 곳에서 각각의 유속을 측정하여 0.562m/s, 0.521m/s, 0.497m/s, 0.364m/s의 결과를 얻었다면 3점법을 이용한 평균유속은?

① 0.474m/s ② 0.480m/s
③ 0.486m/s ④ 0.492m/s

■ 해설 3점법에 의한 평균유속(V_m)

$$V_m = \frac{V_{0.2} + 2V_{0.6} + V_{0.8}}{4}$$

$$= \frac{0.562 + 2 \times 0.497 + 0.364}{4}$$

$$= 0.48\text{m/s}$$

04. GNSS가 다중주파수(Multi-frequency)를 채택하고 있는 가장 큰 이유는?

① 데이터 취득 속도의 향상을 위해
② 대류권 지연 효과를 제거하기 위해
③ 다중경로 오차를 제거하기 위해
④ 전리층 지연 효과의 제거를 위해

■ 해설 전리층 오차는 전파가 전리층을 통화하며 발생하는 신호전달 관련오차로 두 개의 주파수 수신이 가능한 GNSS 수신기에 의해 제거가 가능하다.

05. 측점 간의 시통이 불필요하고 24시간 상시 높은 정밀도로 3차원 위치 측정이 가능하며, 실시간 측정이 가능하여 항법용으로도 활용되는 측량방법은?

① NNSS 측량 ② GNSS 측량
③ VLBI 측량 ④ 토털스테이션 측량

■ 해설 GNSS의 특징
• 고정밀 측량이 가능하다.
• 장거리를 신속하게 측량할 수 있다.
• 관측점 간의 시통이 필요 없다.
• 기상조건의 영향이 없고, 야간 관측도 가능하다.
• 3차원 공간 계측이 가능하며 움직이는 대상물도 측정이 가능하다.

 |해답| 01. ④ 02. ① 03. ② 04. ④ 05. ②

06. 어떤 측선의 길이를 관측하여 다음 표와 같은 결과를 얻었다면 최확값은?

관측군	관측값(m)	관측횟수
1	40.532	5
2	40.537	4
3	40.529	6

① 40.530m ② 40.531m
③ 40.532m ④ 40.533m

해설 • 경중률(P)은 횟수(n)에 비례

$P_1 : P_2 : P_3 = 5 : 4 : 6$

• 최확치(L_0) $= \dfrac{P_1L_1 + P_2L_2 + P_3L_3}{P_1 + P_2 + P_3}$

$= 40 + \dfrac{5\times0.532 + 4\times0.537 + 6\times0.529}{5+4+6}$

$= 40.532\text{m}$

07. 그림과 같은 구역을 심프슨 제1법칙으로 구한 면적은?(단, 각 구간의 지거는 1m로 동일하다.)

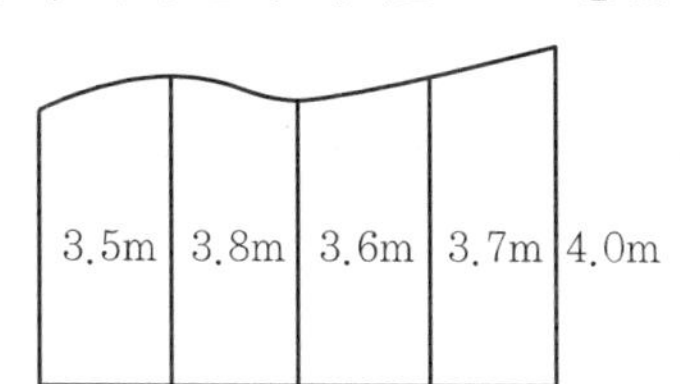

① 14.20m^2 ② 14.90m^2
③ 15.50m^2 ④ 16.00m^2

해설 심프슨 제1법칙

$A = \dfrac{h}{3}[(h_0 + h_n + 4(h_{홀}) + 2(h_{짝})]$

$= \dfrac{1}{3}[(3.5 + 4.0 + 4\times(3.8+3.7) + 2\times3.6)]$

$= 14.9\text{m}^2$

08. 단곡선을 설치할 때 곡선반지름이 250m, 교각이 116°23′, 곡선시점까지의 추가거리가 1,146m일 때 시단현의 편각은?(단, 중심말뚝 간격=20m)

① 0°41′15″ ② 1°15′36″
③ 1°36′15″ ④ 2°54′51″

해설 • l_1(시단현) $= 1,160 - 1,146 = 14\text{m}$

• δ_1(시단편각) $= \dfrac{l_1}{R}\times\dfrac{90}{\pi} = \dfrac{14}{250}\times\dfrac{90}{\pi}$

$= 1°36'15''$

09. 그림과 같은 트래버스에서 AL의 방위각이 29°40′15″, BM의 방위각이 320°27′12″, 교각의 총합이 1,190°47′32″일 때 각관측 오차는?

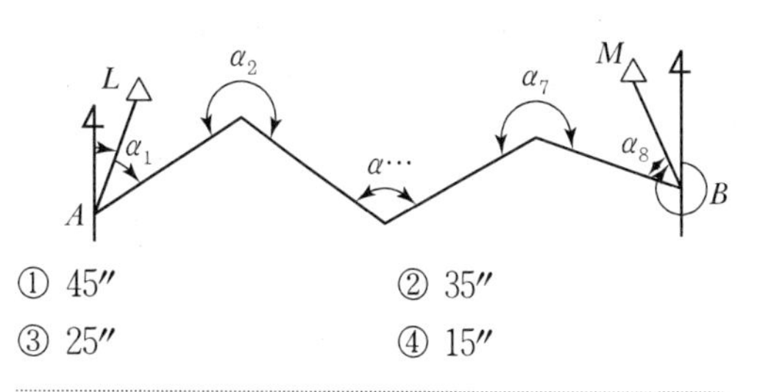

① 45″ ② 35″
③ 25″ ④ 15″

해설 각관측 오차(E)

$= W_a + [\alpha] - 180°(n-3) - W_b$

$= 29°40'15'' + 1,190°47'32'' - 180°(8-3) - 320°27'12''$

$= 35''$

10. 지형측량을 할 때 기본 삼각점만으로는 기준점이 부족하여 추가로 설치하는 기준점은?

① 방향전환점 ② 도근점
③ 이기점 ④ 중간점

해설 삼각점만으로 기준점이 부족할 때는 도근점을 추가적으로 설치하여 측량한다.

11. 지구 반지름이 6,370km이고 거리의 허용오차가 1/10^{5}이면 평면측량으로 볼 수 있는 범위의 지름은?

① 약 69km
② 약 64km
③ 약 36km
④ 약 22km 이내 측량

■ 해설
- 정도$\left(\frac{\Delta L}{L}\right)=\frac{L^2}{12R^2}$
- $\frac{1}{100,000}=\frac{L^2}{12\times 6,370^2}$
- $L=\sqrt{\frac{12\times 6,370^2}{100,000}}=69.7\text{km}$

12. 그림과 같은 수준망을 각각의 환에 따라 폐합오차를 구한 결과가 표와 같고 폐합오차의 한계가 $\pm 1.0\sqrt{S}$ cm일 때 우선적으로 재관측할 필요가 있는 노선은?(단, S : 거리[km])

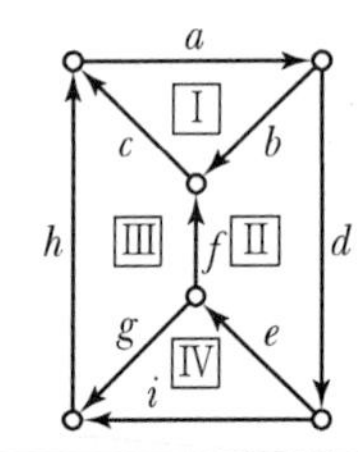

환	노선	거리(km)	폐합오차(m)
Ⅰ	abc	8.7	−0.017
Ⅱ	$bdef$	15.8	0.048
Ⅲ	$cfgh$	10.9	−0.026
Ⅳ	eig	9.3	−0.083
외주	$adih$	15.9	−0.031

① e노선 ② f노선
③ g노선 ④ h노선

■ 해설 오차가 가장 큰 부분은 Ⅱ, Ⅳ이므로 이 중 공통으로 들어가는 e노선을 우선 재측한다.

13. 수준측량에서 발생하는 오차에 대한 설명으로 틀린 것은?

① 기계의 조정에 의해 발생하는 오차는 전시와 후시의 거리를 같게 하여 소거할 수 있다.
② 삼각수준측량은 대지역을 대상으로 하기 때문에 곡률오차와 굴절오차는 그 양이 상쇄되어 고려하지 않는다.
③ 표척의 영눈금 오차는 출발점의 표척을 도착점에서 사용하여 소거할 수 있다.
④ 기포의 수평조정이나 표척면의 읽기는 육안으로 한계가 있으나 이로 인한 오차는 일반적으로 허용오차 범위 안에 들 수 있다.

■ 해설 구차와 기차, 즉 양차를 보정해야 한다.

$\Delta h=\frac{D^2}{2R}(1-K)$

14. 그림과 같은 관측결과 $\theta=30°11'00''$, $S=1{,}000$m일 때 C점의 X좌표는?(단, AB의 방위각 = 89°49′00″, A점의 X좌표 = 1,200m)

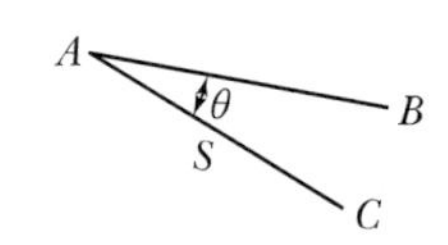

① 700.00m ② 1,203.20m
③ 2,064.42m ④ 2,066.03m

■ 해설
- AC 방위각 = 89°46′ + 30°11′ = 120°
- $X_C=X_A+\overline{AC}$ 위거
  $=1{,}200+1{,}000\cos 120°=700\text{m}$

15. 그림과 같은 복곡선에서 t_1+t_2의 값은?

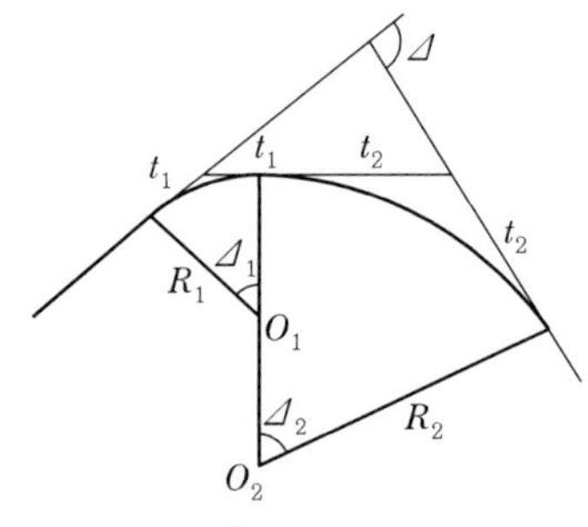

① $R_1(\tan\Delta_1+\tan\Delta_2)$
② $R_2(\tan\Delta_1+\tan\Delta_2)$
③ $R_1\tan\Delta_1+R_2\tan\Delta_2$
④ $R_1\tan\frac{\Delta_1}{2}+R_2\tan\frac{\Delta_2}{2}$

■ 해설
- 접선장$(TL)=R\tan\frac{I}{2}$
- $t_1=R_1\tan\frac{\Delta_1}{2}$, $t_2=R_2\tan\frac{\Delta_2}{2}$
- $t_1+t_2=R_1\tan\frac{\Delta_1}{2}+R_2\tan\frac{\Delta_2}{2}$

 |해답| 12. ① 13. ② 14. ① 15. ④

16. 노선 설치방법 중 좌표법에 의한 설치방법에 대한 설명으로 틀린 것은?

① 토털스테이션, GPS 등과 같은 장비를 이용하여 측점을 위치시킬 수 있다.
② 좌표법에 의한 노선의 설치는 다른 방법보다 지형의 굴곡이나 시통 등의 문제가 적다.
③ 좌표법은 평면곡선 및 종단곡선의 설치요소를 동시에 위치시킬 수 있다.
④ 평면적인 위치의 측설을 수행하고 지형표고를 관측하여 종단면도를 작성할 수 있다.

해설 좌표법은 편각법의 설치가 곤란할 때 사용하며, 굴 속의 설치나 산림지대에서 벌채량을 줄일 목적으로 사용한다.

17. 다각측량에서 각 측량의 기계적 오차 중 시준축과 수평축이 직교하지 않아 발생하는 오차를 처리하는 방법으로 옳은 것은?

① 망원경을 정위와 반위로 측정하여 평균값을 취한다.
② 배각법으로 관측을 한다.
③ 방향각법으로 관측을 한다.
④ 편심관측을 하여 귀심계산을 한다.

해설 오차 처리방법
- 정·반위 관측=시준축, 수평축, 시준축의 편심오차
- A, B버니어의 읽음값 평균=내심오차
- 분도원의 눈금 부정확 : 대회관측

18. 30m당 0.03m가 짧은 줄자를 사용하여 정사각형 토지와 한 변을 측정한 결과 150m이었다면 면적에 대한 오차는?

① $41m^2$ ② $43m^2$
③ $45m^2$ ④ $47m^2$

해설
- $A = 150 \times 150 = 22,500m^2$
- 실제면적$(A_o) = \left(\dfrac{L \pm \Delta L}{L}\right) \times A$
$= \left(\dfrac{30-0.03^2}{30}\right)^2 \times 22,500$
$= 22,455m^2$
- 면적오차=실제면적−측정면적
$=22,455-22,500=-45m^2$

19. 지성선에 관한 설명으로 옳지 않은 것은?

① 철(凸)선은 능선 또는 분수선이라고 한다.
② 경사변환선이란 동일 방향의 경사면에서 경사의 크기가 다른 두 면의 접합선이다.
③ 요(凹)선은 지표의 경사가 최대로 되는 방향을 표시한 선으로 유하선이라고 한다.
④ 지성선은 지표면이 다수의 평면으로 구성되었다고 할 때 평면 간 접합부, 즉 접선을 말하며 지세선이라고도 한다.

해설
- 최대경사선을 유하선이라 하며 지표의 경사가 최대인 방향으로 표시한 선을 의미한다.
- 요(凹)선은 계곡선 합수선이라 한다.

20. 그림과 같은 지형에서 각 등고선에 쌓인 부분의 면적이 표와 같을 때 각주공식에 의한 토량은?(단, 윗면은 평평한 것으로 가정한다.)

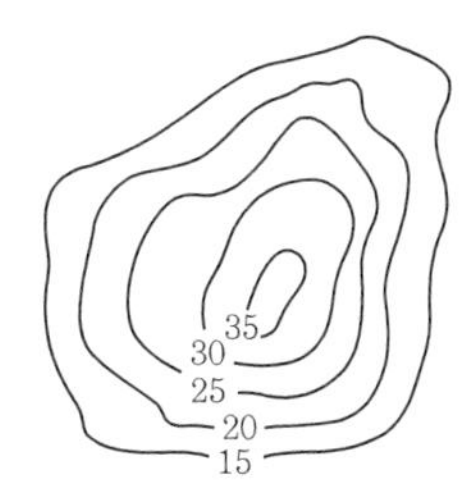

등고선	면적(m^2)
15	3,800
20	2,900
25	1,800
30	900
35	200

① $11,400m^3$ ② $22,800m^3$
③ $33,800m^3$ ④ $38,000m^3$

해설
- 각주공식$(V) = \dfrac{L}{6}(A_1 + 4A_m + A_2)$
- $V = \dfrac{20}{6}(3,800 + 4 \times 1,800 + 200)$
$= 37,333m^3 \doteqdot 38,000m^3$

토목기사 / 산업기사 필기 ❷ 측량학

발행일 | 2010. 1. 5 초판 발행
2011. 1. 15 개정 1판1쇄
2012. 2. 20 개정 2판1쇄
2013. 1. 20 개정 3판1쇄
2014. 1. 15 개정 4판1쇄
2015. 1. 15 개정 5판1쇄
2016. 1. 15 개정 6판1쇄
2017. 1. 20 개정 7판1쇄
2018. 1. 20 개정 8판1쇄
2019. 1. 20 개정 9판1쇄
2020. 1. 20 개정 10판1쇄
2021. 1. 15 개정 11판1쇄
2022. 1. 15 개정 12판1쇄
2023. 1. 10 개정 13판1쇄

저 자 | 진성덕
발행인 | 정용수
발행처 | 예문사

주 소 | 경기도 파주시 직지길 460(출판도시) 도서출판 예문사
TEL | 031) 955 – 0550
FAX | 031) 955 – 0660
등록번호 | 11 – 76호

정가 : 17,000원

ISBN 978-89-274-4906-5 13530